재미있는 식품과 조리원리

FOOD PRINCIPLES and PREPARATIONS

재미있는 식품과 조리원리

주세영 · 계인숙 · 김미정 · 김지상
배인영 · 이지현 · 장세은

수학사

머리말

인공 지능 및 4차 산업혁명이 도래함에 따라 우리의 식생활에도 많은 변화가 일어나고 있습니다. 이러한 시대의 변화에 따라 식품 관련 업계나 최신 식문화 트렌드에 있어서도 '먹방', '쿡방'과 같은 신조어가 생겨나고, 일반인들도 휴대전화(스마트 폰)로 클릭만 하면 수많은 식품 관련 정보에 손쉽게 접근할 수 있는 시대가 되었습니다.

필자들은 시대의 흐름에 맞추어 전공 관련 서적도 변화되어야 한다는 데 뜻을 같이 했습니다. 그래서 이 책은 학생들이 전공과 관련된 전반적인 시대 흐름을 읽을 수 있도록 돕고, 식품 및 조리와 관련하여 준비하는 자격증 시험은 물론이고 전공 관련 시험에서 꼭 필요로 하는 정보만을 수록하고자 노력하였습니다.

아직은 부족한 점이 많이 눈에 띄지만 시간을 갖고 개정 및 수정을 통해 보강해 나갈 것임을 약속드리며, 많은 식품 관련 전공자들이 식품·조리 관련 분야로 진출하는 데 있어서 이 책이 조금이나마 도움이 되기를 희망하는 바입니다.

필자들 외에도 이 책을 집필하는 데 많은 도움을 주신 분들과 출판사 관계자께 지면을 빌려 진심으로 감사의 뜻을 전합니다.

저자 대표 주세영

차례

CHAPTER 03 탄수화물

CHAPTER 04 지질

CHAPTER 05 단백질

CHAPTER 06 무기질, 비타민 및 효소

CHAPTER 07 식품의 성분 및 특성 변화

CHAPTER 09 수조 육류

CHAPTER 10 어패류

CHAPTER 15 식품의 감각평가

CHAPTER **01**

식품의 개요 및 조리의 기초

1. 조리의 정의 및 목적

1) 조리의 정의

조리는 인간이 식품 재료의 특성을 이용하여 기호성을 고려하고, 영양 및 위생적으로 섭취할 수 있도록 조작과 가공 처리하여 음식을 만드는 과정을 말한다. 조리의 범위는 식품 섭취의 계획에서부터 식품 재료의 선택 및 구매, 조리 방법을 정하고 조리 과정을 통하여 식탁의 구성인 상차림까지를 포괄적으로 포함한다.

2) 조리의 목적

① 식품의 소화·흡수율을 증가시켜 영양적 효용성을 높인다.

조리 과정 중의 침수, 절단, 가열, 연화 작용으로 식품 재료의 성분을 인체 내에서 소화력 및 흡수력을 높여 식품 내의 영양적 효용성을 증가시켜 준다.

② 식품의 안전성을 향상시킨다.

식품 재료의 유해 성분, 세균, 불순물 등을 세척, 침수, 가열 등으로 제거하여 식품의 안전성을 높여 준다.

③ 식품의 기호성을 높인다.

다양한 조리 방법과 조리 과정을 통하여 식품의 질감과 풍미가 증진되고 적절한 온도가 유지되어 식품의 기호적 가치가 증가한다.

④ 식품의 저장성과 운반성을 높인다.

가열, 절임 등의 조리 과정을 통하여 식품 재료 내의 효소나 미생물의 작용을 억제하여 저장성을 향상시켜 주고, 조리를 통하여 식품의 부피를 줄여 운반이나 이동을 용이하게 한다.

조리학은 이와 같이 식품 재료가 가지고 있는 성분, 조직 및 특성을 잘 파악하고, 조리 과정을 통한 식품의 영양 성분, 질감, 향미와 색 등의 물리화학적 변화를 잘 이해하여 위생적이고 영양적 가치가 높은 맛있는 음식을 만드는 데 목적이 있다.

2. 조리와 기초 과학

1) 조리와 열

열은 물질 내에서 분자들의 빠른 운동이나 진동을 일으켜서 에너지를 발생시킨다. 열을 이용한 조리 과정은 식품의 성분과 상태를 변화시켜서 맛, 냄새, 색, 질감 등의 변화로 영양가와 기호도를 증진시키는 역할을 한다.

(1) 온도계 단위

온도를 재는 단위는 세 종류로 나뉘는데 미국에서 주로 사용하는 화씨°F와 전 세계에서 일반적으로 사용하는 섭씨°C가 있으며, 과학적 용도로 사용되는 절대온도absolute temperature, K가 있다. 섭씨온도는 1기압에서 물과 얼음이 공존하는 온도를 0°C로 하고 물이 끓는 온도를 100°C로 하여 그 사이를 100등분한 것이다. 화씨온도는 물의 어는점을 32°F로 하고 끓는점을 212°F로 하여 그 사이를 180등분하였다. 섭씨와 화씨의 환산법은 다음과 같다.

$$\text{섭씨}(^\circ C) = \frac{5}{9} \times (^\circ F - 32)$$

$$\text{화씨}(^\circ F) = \frac{9}{5} \times (^\circ C) + 32$$

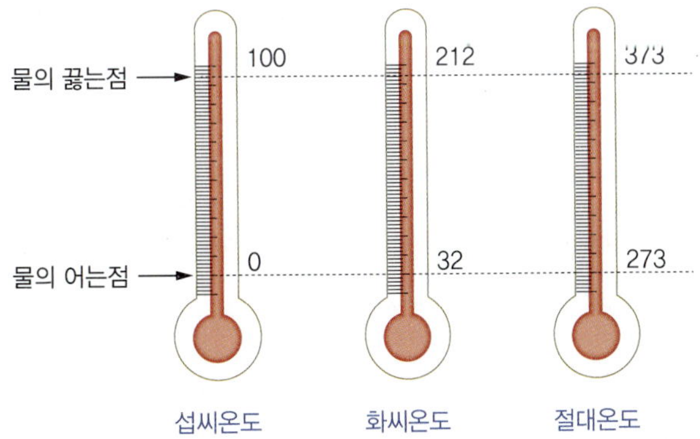

그림 1-1 화씨 및 섭씨 온도와 절대온도의 비교

Tip 높은 산에 올라가서 밥을 하면 왜 설익을까?

쌀이 충분히 호화되어 밥이 되려면 물이 100°C에서 충분히 끓어 쌀이 익어야 하는데, 높은 산은 대기압이 낮아서 끓는점이 낮기 때문에 쌀이 호화되기도 전에 끓어서 쌀이 충분히 익지 못하여 설익게 된다.

(2) 열원과 열효율

가열 조리할 때에 사용하는 연료는 화학 변화를 일으켜 열에너지를 만들어 내는 물질을 가리킨다. 조리할 때 주로 사용하는 열원으로는 고체 연료(장작, 목탄, 석탄 등), 액체 연료(알코올, 석유, 가솔린 등), 기체 연료(프로판가스, 석탄가스 등) 등이 있으며, 전기 연료와 전자레인지(마이크로파)가 있다.

열효율은 한 종류의 연료를 사용하여 발생한 열량의 활용효율을 나타내는 것으로, 0℃의 물을 100℃로 가열하기 위해서 필요로 하는 연료의 발열량을 100% 사용하였을 때를 열효율 100으로 한다. 열원의 종류에 따른 열의 효율은 표 1-1과 같다.

표 1-1 열원의 종류와 열효율

열원	열효율(%)	열원	열효율(%)
전열	50~60	목탄	35~45
가스	40~45	장작	25~45
석탄, 연탄	30~40	나뭇잎으로 만든 짚	20

(3) 숨은열

숨은열latent heat은 잠열 또는 잠재열이라고도 하며, 물질의 온도를 상승시키지 않고 물질의 상태를 변화시키는 데 필요한 열이다. 증발열(기화열)과 녹음열(융해열)로 분류된다.

① 증발열

액체 상태의 물이 기체로 바뀌는 데 필요한 열을 증발열heat of evaporation(기화열)이라고 한다. 100℃의 물 1 g이 수증기로 변하는 데 소요되는 열량은 539 cal이다. 증발열을 이용하여 조리하는 방법이 찌기이다.

② 녹음열

고체가 액체로 변할 때 사용되는 숨은열을 녹음열heat of fusion(융해열)이라 한다. 0℃의 얼음이 0℃의 물로 변할 때 80 cal의 열량을 주변에서 흡수한다.

(4) 열의 전달

식품에 열을 전달하는 직접적인 매체는 물, 기름, 수증기 등이고, 열원에서 식품으로

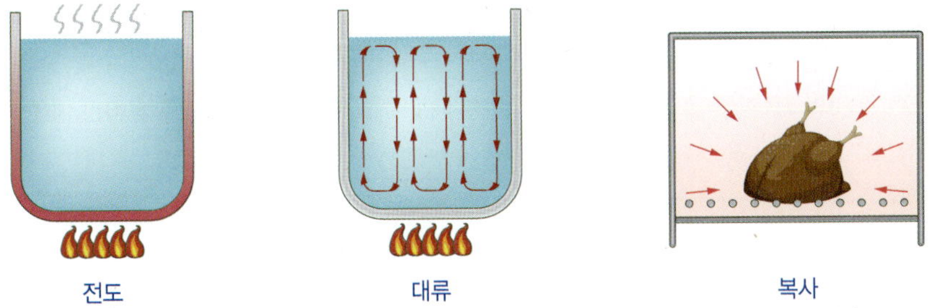

그림 1-2 열의 전달 방법

열이 전달되는 방법은 전도, 대류, 복사의 세 가지 방법이 있다. 열의 전달 속도는 복사 > 대류 > 전도의 순이다.

① 전도

전도conduction는 열이 직접적으로 접하고 있는 물질에 전달되는 것으로, 열원에 프라이팬이나 냄비 등의 물질이 직접 닿아서 열이 팬이나 냄비에 담긴 물이나 기름으로 전달되고 이는 다시 식품으로 전달되어 가열 조리되는 방식이다. 조리 기구의 소재에 따라서 열이 전달되는 효율이 다르다. 구리, 알루미늄, 철 등의 금속 소재는 열전도율이 좋은 반면 유리나 도자기류는 열전도율이 낮다. 열전도율이 좋으려면 팬이나 냄비 바닥이 편평한 것이 좋으며 두께는 두꺼울수록 내구력이 우수하다.

② 대류

대류convection는 액체나 기체의 흐름에 의해 열에너지가 전달되는 방법이다. 가열하여 온도가 올라가면 액체와 기체는 부피가 커지고 밀도는 작아져서 위로 올라가는 반면에, 위에 있던 찬 물질은 부피가 작아지고 밀도는 커져서 아래로 내려온다. 이러한 흐름과 순환에 의해 온도가 점점 올라가서 가열 조리되는 방식이다. 공기에 의한 대류는 주로 오븐 요리에서 볼 수 있고, 액체에 의한 대류는 물이나 기름을 이용하여 조리할 때 볼 수 있다.

③ 복사

복사radiation는 열을 전달해 주는 매개체 없이 열에너지가 직접 식품에 전달되는 방식이다. 복사에너지는 열이 물질로 바로 이동하여 음식 표면에 닿아서 에너지가 음식 표면으로 흡수되고, 전도에 의해서 식품 내부로 이동하여 조리가 된다. 바비큐, 구이 등과 오븐을 이용하는 요리가 복사를 이용하는 조리 방법이다.

Tip 알루미늄 머그컵을 넣고 전자레인지를 돌리면 따뜻해지지 않는 이유는?

알루미늄이 전자레인지의 마이크로파를 흡수하지 않고 반사하기 때문에 알루미늄 머그컵 안의 음식은 따뜻해지지 않는다.

④ 마이크로파

마이크로파microwave 에너지를 이용하여 식품을 가열하는 방식으로, 흔히 전자레인지를 사용하는 조리 방법이 해당한다. 마이크로파가 식품에 조사되어 식품 내부의 물 분자를 진동하게 하여 열을 발생시켜서 식품을 조리하는 방법이다.

2) 식품과 물성

식품의 기호성에 영향을 주는 요인으로는 맛, 냄새, 색, 질감 등이 있다. 그중에서 식품의 질감은 기호도에 매우 중요한 작용을 한다. 식품의 질감은 식품의 구성 성분 간 구조와 상호 관계에 의해서 형성된다. 물성으로는 점성, 가소성(소성), 탄성, 점탄성 등의 성질이 있다.

(1) 점성

점성viscosity은 외부에서 힘을 가할 때 유동하는 액체 내부에서 그 흐름에 저항하는 성질이다. 점성은 온도나 압력의 영향을 받는데 온도가 높아지면 점성은 감소하고 압력이 높아지면 점성이 증가한다. 죽, 물엿, 잼 등이 점성을 가지는 대표적 식품이다.

(2) 가소성

외부로부터 힘이 가해져서 모양이 변형된 고체 식품이나 반고체 식품이 외부의 힘이 제거되어도 원상태의 모양으로 되돌아가지 않고 변형된 상태의 모양을 유지하는 성질을 가소성plasticity 또는 소성이라고 한다. 가소성이 높은 식품은 버터, 마가린, 쇼트닝 등이다.

(3) 탄성

탄성elasticity은 식품이 외부의 힘을 받아 변형이 되었다가 그 힘이 제거되면 원상태로 되돌아가려는 성질을 말한다.

(4) 점탄성

점탄성viscoelasticity은 외부로부터 힘을 가했을 때 식품에 점성 유동과 탄성에 의한 변형이 같이 일어나는 성질이다. 이러한 성질은 밀가루 반죽, 젤리, 연유, 달걀흰자, 껌 등의 물성과 관련이 있다.

3) 식품의 분산계

식품의 분산계는 연속상인 분산매와 불연속성의 분산질로 이루어져 있다. 식품의 분산 형태를 분산매에 있는 분산질 입자의 크기에 따라 진용액, 콜로이드(교질) 용액, 현탁액으로 나눈다.

(1) 진용액

진용액true solution은 직경이 1 nm 이하의 소금이나 설탕 같은 분자나 이온이 분산매인 물에 완전히 녹은 용액을 말한다. 소금물, 설탕물, 설탕 시럽 등이 진용액에 속한다. 진용액은 여과지를 통과할 수 있으며 현미경으로 관찰할 수 없다.

(2) 콜로이드 용액

콜로이드 용액colloidal solution(교질 용액)은 직경 1~100 nm 크기의 입자 분산질이 분산매에 침전하지 않고 골고루 분산되어 있는 용액이다. 우유, 두유, 젤라틴 용액 등이 이에 해당하며, 분산매와 분산질의 종류와 상태에 따라 유화액, 거품, 졸, 젤로 나누어진다. 콜로이드 용액은 여과지는 통과하지만 반투막을 통과하지 못하며, 전자현미경으로 관찰할 수 있다.

표 1-2 분산 상태의 종류

종류		입자 크기(nm)	분산매	분산질	식품의 예
진용액		1 nm 이하	액체	고체	소금물, 설탕물
콜로이드 용액	졸	1~100 nm	액체	고체	우유, 사골국, 젤라틴 용액
	젤		고체	액체	족편, 젤리, 묵, 달걀찜
	유화		액체	액체	아이스크림, 마요네즈, 버터
	거품		액체	기체	맥주, 달걀흰자 거품
현탁액		100 nm 이상	액체	고체	전분액, 밀가루 물

(3) 현탁액

현탁액suspension은 직경이 100 nm 이상으로 계속 젓거나 흔들지 않으면 중력에 의해 쉽게 가라앉아 분리되는 혼합물이다. 현탁액은 여과지를 통과하지 못하며 육안이나 현미경으로도 관찰이 가능하다.

4) 식품과 콜로이드성

콜로이드성은 2가지 이상의 물질이 분산되어 만들어 내는 성질로 교질, 포말, 유화 등을 말한다.

(1) 졸과 젤

콜로이드colloid는 보통 직경이 1~100 nm의 크기를 가진 입자가 침전되지 않고 균일하게 분산되어 있는 상태를 가리킨다. 이 중에서 분산매는 액상이고 분산상이 고체 또는 액체이며 전체적으로 액상 상태인 콜로이드를 졸sol이라 한다. 대표적 식품으로는 곰국이나 사골국, 젤라틴 용액 등이 있다. 젤gel은 졸을 가열했다가 냉각시키거나 물을 증발시켜 굳혀서 유동성을 잃은 상태이다. 젤은 융해, 축화, 팽윤의 특성을 가지며, 대표적 식품으로는 족편, 젤리, 묵, 달걀찜 등이 있다.

(2) 표면장력(계면장력)

표면장력은 액체가 다른 고체, 액체, 기체 등과 접촉할 때 되도록 접촉 표면을 작게 하려고 내부로 작용하는 힘을 말한다. 온도가 높을수록 표면장력은 감소하며 지방이나 알코올도 감소시키는 물질로 작용한다. 표면장력은 거품과 유화에 중요한 역할을 한다.

(3) 유화

유화란 서로 다른 성질을 가진 액체가 서로 간에 작용하는 계면장력을 낮추어 두 물질이 균일하게 분산·혼합되어 있는 상태이다. 유화제는 친수기와 소수기를 모두 가지고 있어서 기름과 물을 균일하게 혼합해 주는 역할을 한다. 분산매와 분산상의 종류에 따라 수중유적형oil in water, O/W(물속기름형)과 유중수적형water in oil, W/O(기름속물형)으로 나누어진다. 우유, 아이스크림, 마요네즈는 수중유적형이고, 버터, 마가린은 유중수적형이다(그림 1-3).

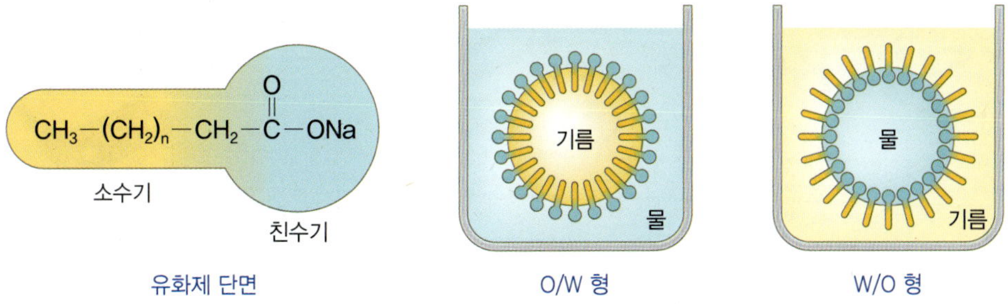

그림 1-3 유화제에 의해 안정한 유화액 형성

3. 조리와 계량

식품을 과학적으로 조리하기 위해서는 식품 재료의 분량과 배합 비율이 정확해야 하므로 조리 목적에 맞는 계량 기구를 잘 선택함은 물론이고 반드시 정확하고 올바른 방법으로 측정해야 한다.

1) 계량 단위와 계량 기구

계량 단위는 나라마다 기준이 다른데 우리나라에서는 주로 미터법을 이용해서 부피의 단위를 리터L로, 무게의 단위를 그램g으로 사용하며, 미국은 쿼트법을 채택하여 부피는 갤런gallon이나 쿼트quart를, 무게는 파운드pound나 온즈ounce를 사용한다.

표 1-3 부피와 무게의 계량 단위 환산

1 Ts(Tablespoon, 큰술)	15 g = 15 mL = 15 cc = 3 ts
1 ts(teaspoon, 작은술)	5 g = 5 mL = 5 cc
1 Cup	200 mL (미국은 236.59 mL)

중량을 측정할 때는 주로 저울을 사용하고 부피를 측정할 때는 계량컵이나 계량스푼을 많이 이용한다. 저울은 아날로그 저울과 전자저울이 있으며 사용할 때는 수평한 곳

Tip 서양에서 사용하는 계량 단위

1 lb(파운드) = 453.6 g
1 oz(온즈) = 28.25g
1 gal(갤런) = 3.8 L
1 qt(쿼트) = 946.4 mL

그림 1-4 계량 기구의 종류

에 놓고 항상 영점을 잘 맞춘 후에 측정해야 한다. 소량의 식품을 사용할 때는 계량스푼이나 계량컵을 많이 쓴다.

2) 계량 방법

(1) 액체 식품

액체 식품은 투명한 계량컵이나 메스실린더 같은 기구를 이용하여 기구를 수평 상태로 놓고 액체 표면의 아랫선과 일치하도록 눈금을 읽어야 한다. 점도가 있는 꿀이나 기름은 컵에 가득 채운 후 위를 편평하게 깎아서 계량하는 할편계량컵을 사용하는 것이 좋다. 고추장, 케첩, 마요네즈는 컵에 남는 공간이 없도록 눌러 담은 후 위를 깎아서 측정한다.

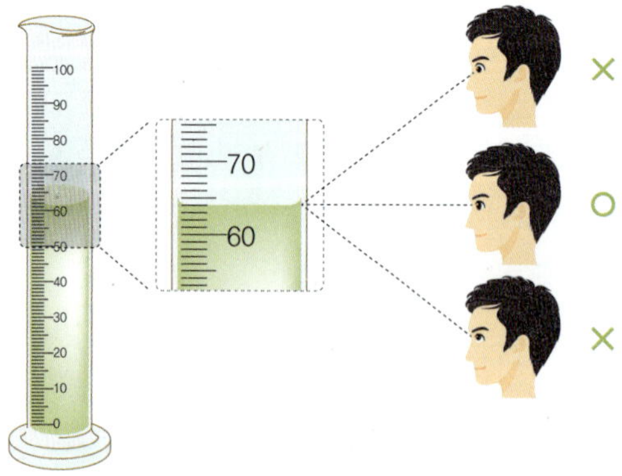

그림 1-5 메스실린더 눈금 읽는 법

(2) 밀가루

밀가루는 부피를 재기 전에 2회 정도 체에 친 후에 계량컵에 수북이 담아 스파튤라나 칼등을 사용하여 윗면을 편평하게 깎아서 계량한다.

그림 1-6 밀가루 계량 방법

(3) 설탕

백설탕은 덩어리가 있는 경우는 부수어서 덩어리가 없는 상태로 해서 누르지 않고 계량컵이나 계량스푼에 수북이 담아서 윗면을 편평하게 깎아서 측정한다. 흑설탕은 당밀이 남아 있어 끈끈하게 서로 달라붙어 있으므로 계량컵에 꾹 눌러 담아 윗면을 수평으로 깎아서 계량하고 컵을 뒤집어 설탕을 꺼냈을 때 컵 모양이 유지되도록 측정한다.

그림 1-7 흑설탕 계량 방법

(4) 지방

버터, 마가린, 쇼트닝 등의 고체 지방의 경우는 냉장고에 보관했다가 쓰는 경우는 실온에 두어 부드럽게 만든 후에 계량컵에 빈 공간이 없도록 꾹 눌러 담고 윗면을 편평하게 수평으로 깎아서 계량한다.

4. 조리 과정과 조리법

1) 전처리 과정

(1) 다듬기

다듬기는 식품의 조리 과정 중 전처리 과정에 해당된다. 식품 재료에서 예를 들어 채소류의 껍질, 뿌리 등이나 육류 및 어패류의 뼈, 내장, 껍질 등과 같이 먹을 수 없는 부분을 벗기고 잘라 내서 먹을 수 있는 식재료로 만드는 과정이다. 이때 식품의 무게 중에서 버려지는 부위의 비율을 폐기율이라 하며, 폐기율이 높은 식품 재료를 구매할 때는 이 비율을 고려하여 식품의 양을 가늠해 구매하여야 한다.

$$\text{식품의 폐기율(\%)} = \frac{\text{폐기되는 식품의 무게(g)}}{\text{식품 전체의 무게(g)}} \times 100$$

(2) 씻기

식품 재료의 다듬기 과정에 이어지는 전처리 과정이며, 재료에 부착된 흙이나 유해 물질과 오염물을 제거하는 방법의 하나로 식품 재료를 위생적이고 안전하게 만드는 데 목적이 있다. 일반적으로 식품의 씻기 과정은 단시간에 처리하는 것이 좋으며, 채소나 과일을 씻기 위해서 중성세제를 사용할 경우에는 3~5번 정도 충분히 헹구어 주는 작업이 중요하다. 수용성 영양소, 특히 단백질, 비타민 등은 씻기 과정에서 손실이 많이 발생하므로 식품을 썰기 전에 씻도록 한다.

(3) 담그기와 불리기

담그기는 주로 식품이 가지고 있는 짠맛, 쓴맛, 떫은맛 등 선호하지 않는 맛을 제거하거나 채소와 과일의 갈변 현상을 막기 위한 목적으로 사용하는 방법이다.

불리기는 건조 상태의 식품인 곡류, 미역, 건채소 등을 원래와 비슷한 상태로 복원하기 위해서 물에 불려서 팽윤시키는 방법이다.

(4) 썰기

조리 과정 중에서 가장 많이 쓰이는 방법으로 식품을 적당한 크기로 자르는 과정이다. 즉 식품에서 먹을 수 없는 부위인 채소류의 뿌리, 생선의 껍질이나 비늘, 머리 등을 제거하거나 식재료의 크기를 먹기 좋은 크기나 쉽게 익을 수 있도록 하기 위하여 적당한 크기로 자를 때 사용하는 방법이다. 음식의 종류나 재료의 특성에 따라 여러 가지 써는 방법을 사용할 수 있다. 조미료가 재료에 잘 배어들게 하거나 단시간에 식품의 성분을 국물로 용출시키려고 할 때는 작게 썰어서 표면적을 크게 하고, 식품의 성분을 적게 용출하고자 할 때는 크게 썰어서 표면적을 작게 한다.

(5) 갈기, 으깨기와 다지기

① 갈기

갈기grinding는 수분 함량이 적은 곡류나 마른 열매류 같은 것을 믹서 등을 이용하여 미세한 입자로 만드는 방법이다. 소화가 잘되게 하고 질감이나 향미에 변화를 주는 것으로 쌀가루, 후춧가루, 고춧가루 등이 해당된다.

② 으깨기

으깨기mashing는 수분 함량이 비교적 많은 식품을 익혀서 고운 입자로 만드는 방법이다. 일반적으로 채에 내리거나 수저 등을 이용하여 으깨는데, 삶은 감자나 달걀을 으깨서 먹거나 다른 식품에 섞을 때 많이 사용된다.

③ 다지기

다지기mincing는 식품의 재료 등을 아주 작은 조각으로 자르는 것으로 주로 기계를 이용한다. 일반적으로 초핑chopping보다 더 작은 조각으로 자르는 방법으로, 채소 중에서 마늘이나 생상을 나질 때 많이 쓰인다.

(6) 섞기와 젓기

섞기는 음식을 만드는 과정 중에서 전처리 단계에 해당하며 식품의 재료를 잘 섞이게 하기 위해서 사용하는 방법이다. 음식을 균일하게 잘 섞어서 조미액이 골고루 잘 침투되고, 가열할 때는 골고루 열이 전달되어 균일하게 음식이 익도록 한다.

젓기stirring는 조리 과정 중 재료가 부드러워지도록 하기 위해서 사용하는 방법이다.

(7) 냉각, 냉장

냉각cooling은 가열 조리한 음식의 온도를 내려서 안전하게 보관하기 위해서, 또는 묵이나 젤라틴처럼 졸 상태를 젤 상태로 만드는 음식의 성분 특성을 이용하여 맛을 좋게 하기 위한 목적으로 사용한다.

(8) 냉동

식품을 0℃ 이하로 온도를 낮추어 식품의 수분을 동결시키는 방법이다. 냉동은 식품 내의 수분 성분을 얼려서 미생물의 번식을 억제하고, 효소 작용이나 산화를 방지하여 품질의 저하와 부패를 막아 준다. 냉동 시 동결이 빨리 이루어지면 얼음 결정의 크기가 작게 형성되어 식품의 조직 파괴가 적고, 동결이 천천히 진행되면 얼음 결정이 커져서 세포 조직의 파괴가 커지며 해동할 때는 수분이 많이 빠져나와서 식품의 맛이 감소한다. 그러므로 냉동할 때는 -18℃ 이하에서 급속 동결시키고, 냉동시키는 식품의 크기를 작고 얇게 만들어 잘 포장해서 냉동시켜야 한다.

(9) 해동

해동은 냉동 상태의 식품을 냉동하기 전 상태로 되돌리기 위해서 녹이는 방법이다. 가장 바람직한 방법은 냉장고로 옮겨 천천히 해동시켜서 표면과 중심부의 온도 차이를 작게 하고 동결된 얼음이 세포에서 빠져나오지 않도록 하면 원상태로 회복이 가능하다. 급속 해동이나 실온 해동을 해야 하는 경우에는 전자레인지를 이용하거나 흐르는 찬물에 냉동 상태의 포장을 뜯지 말고 해동시킨다. 일단 해동된 식품은 다시 냉동시키지 않도록 한다.

2) 조리 방법

(1) 비가열 조리법

식품에 열을 가하지 않고 신선한 상태로 조리하는 방법으로, 주로 채소나 과일을 생

Tip 냉동 변질(freezer burn)

냉동고에 식품을 저장하는 과정에서 식품의 수분이 서서히 증발되어 발생하는 현상으로 식품 재료의 색, 향, 질감 등의 품질이 저하된다. 냉동 변질을 막기 위해서는 재료를 1회분씩으로 나누어 수분 증발이 발생하지 않도록 폴리필름이나 밀폐용기를 사용하여 공기를 차단할 수 있도록 한 상태에서 냉동 보관하는 것이 바람직하다.

Tip 냉동 참치회가 선명한 붉은색을 띠는 이유는?

참치의 살은 미오글로빈 색소 단백질로 인해 붉은색을 띠는데, 산소와 만나면 메트미오글로빈(metmyoglobin)의 갈색으로 변한다. 참치를 잡아서 갈색으로 변하지 않도록 급속 냉동한 뒤 선명한 붉은색을 유지하도록 초저온대로 보관하기 때문에 선명한 붉은색을 띨 수 있다.

채나 샐러드로 먹거나 신선한 육류와 어류를 회로 먹는 방법이 해당한다. 비가열 조리는 조리법이 간단하고 열에 약한 영양소의 손실을 줄여 식품 자체의 색, 맛, 향을 그대로 유지할 수 있다는 장점이 있다. 식품 자체가 가지고 있는 유해 성분이나 농약, 균 등에 오염되었을 경우 그대로 인체로 유입될 가능성이 높으므로 철저한 세척과 위생적 처리가 무엇보다 중요한 방법이다.

(2) 가열 조리법

가열 조리법은 물을 이용하는 습열 조리, 공기나 기름을 이용하는 건열 조리, 습열과 건열 조리를 모두 이용하는 복합 조리, 마이크로파를 이용하는 전자레인지 조리가 있다. 가열 조리는 식품의 조직을 부드럽게 하여 섭취했을 때 소화율을 높여 주고 맛이 좋지 않은 성분과 유해 성분을 제거하여 안전성과 기호성을 증가시킨다. 너무 오랫동안 가열하면 영양 성분이 파괴되고 향미나 질감이 오히려 나빠질 수 있으므로 적절하게 조리하는 것이 좋다.

① 습열 조리법

습열 조리는 물이나 증기를 이용하여 열을 전달시켜서 조리하는 방법으로 데치기, 끓이기, 삶기, 찌기, 포칭poaching, 시머링simmering 등이 있다.

- 데치기 : 끓는 물에 식품 재료를 넣고 짧은 시간에 익히는 조리 방법이다. 주로 채소를 순간적으로 익혀서 효소를 불활성화하고 색을 보존하기 위한 방법으로 많이 사용한다. 또한 토마토의 껍질을 벗기거나 단백질 식품의 육질을 단단하게 하기 위해서 사용하기도 한다.
- 끓이기 : 재료를 액체에 잠기게 하여 100℃ 이상에서 조리하는 방법이다. 식품 재료에 함유되어 있는 여러 가지 맛 성분들을 우려내어 국물로 이용하며, 식품 조직의 연화, 전분의 호화, 단백질의 응고 작용과 콜라겐 등의 결체 조직의 젤라틴화 등으로 소화가 잘 되고 기호도도 증가한다. 곰탕이나 사골국, 찌개, 전골 등이 있다.

Tip 수비드(sous vide) 조리법

'진공 상태(under vacuum)'라는 뜻의 프랑스어로 물의 온도를 50~60℃의 저온에서 재료를 진공 포장한 상태로 오랫동안 조리하는 방법으로, 음식물의 겉과 속을 골고루 가열하고 수분을 잘 유지해 준다. 특히 고기를 수비드 방식으로 조리하면 고기가 연하고 육즙이 잘 유지된다.

국물도 같이 먹기 위한 경우는 찬물에 처음부터 넣어서 끓이는 것이 좋고, 수육이나 보쌈처럼 고기를 주로 먹기 위한 경우는 끓는 물에 넣어서 단백질을 응고시켜 수용성 성분들의 용출을 막아 고기의 영양과 맛을 좋게 하는 방법을 선택한다.

- 삶기 : 재료를 많은 양의 액체 속에 넣고 가열하여 물의 대류 현상을 이용해 식품으로 열을 전달하는 방식이며 식품 재료의 조직감을 부드럽게 한다. 건조식품인 경우는 수분의 흡수를 증가시키고 좋지 않은 맛 성분이나 유해 성분을 제거하는 역할을 한다. 콩류, 면류, 채소류, 육류, 달걀 등을 조리할 때에 많이 이용하는 방법이다.
- 찌기 : 100℃의 수증기를 이용하여 식품을 가열하는 조리 방법이다. 식품 고유의 형태를 유지할 수 있고 물을 직접적으로 식품에 가하지 않으므로 식품이 가지고 있는 수용성 성분의 영양소나 맛 성분의 손실이 적다. 채소류, 생선류, 육류, 서류 등 다양한 재료의 요리에 이용하는 조리법이다.
- 포칭 : 포칭poaching은 서양 조리에서 많이 사용하는 조리 방법으로 65~80℃ 정도의 액체에 재료를 넣고 조리한다. 흰살생선이나 달걀과 같은 음식을 조리할 때 주로 단백질을 부드럽게 응고시키려고 사용하는 조리법이다. 우리나라 음식으로는 수란이나 샤브샤브에 이용한다.
- 시머링 : 시머링simmering은 물의 끓는점 이하(90℃) 온도를 일정하게 유지하면서 액체에서 오랫동안 끓이는 조리 방법이다. 주로 오랫동안 끓여야 부드러워지는 육류의 결체 조직이나 질긴 부위를 조리하는 방법으로 사골, 설렁탕, 곰탕 등이 이에 해당한다. 시머링은 식품의 조직을 연화시켜 주고 수용성 맛 성분이 많이 빠져나와 감칠맛이 풍부하다.

② 건열 조리법

건열 조리는 기름이나 공기를 열의 전달 매체로 이용해서 조리하는 방법으로 굽기, 로스팅, 베이킹, 그릴링, 브로일링, 볶기, 지지기, 튀기기 등이 있다.

Tip 만두를 찔 때 찜기에 들러붙는 것을 방지하는 방법

만두를 찔 때 양배추나 배추를 깔고 그 위에 만두를 올려놓으면 바닥에 들러붙지 않아서 모양을 유지해 주고 깔았던 채소도 같이 먹을 수 있어서 일석이조의 방법이다.

- 굽기 : 기름이나 물을 사용하지 않고 주로 복사열이나 대류열을 이용하여 열원이 직접 식품 재료에 닿아서 조리되는 방법이다. 빠른 시간 안에 조리가 가능하고 액체를 이용하지 않기 때문에 영양소의 손실이 적으며, 당이나 단백질의 캐러멜화, 지방의 분해 등으로 향미를 증가시킬 수 있다는 장점이 있다.
- 로스팅 : 로스팅roasting은 주로 오븐을 이용하는 조리 방법으로 복사열과 공기의 대류열을 이용하여 식품을 조리한다. 육류나 가금류를 덩어리째로 조리할 때 많이 사용하는 방법이다.
- 베이킹 : 베이킹baking은 주로 오븐을 이용하는 조리 방법으로 빵, 케이크, 과자류를 구울 때 베이킹이라고 한다. 원리는 로스팅과 같이 주로 복사열과 대류열을 이용하여 조리한다.
- 그릴링 : 그릴링grilling은 열원이 아래에 있어서 주로 식품 재료를 불 위에 직접 올려놓고 복사열을 이용하여 조리하는 방법이다. 높은 열로 빠르게 조리하는 방법으로 육류, 어류, 채소류를 주로 조리할 때 사용하는 조리법이다. 그릴 판을 뜨겁게 달구어 사용해야 조리하는 식품 재료가 판에 달라붙지 않고 조리할 수 있다.
- 브로일링 : 브로일링broiling은 열원이 위에 있고 식품 재료에 직접 복사열이 작용하여 조리하는 방법이다. 브로일러나 샐러맨더가 주로 브로일링 방식으로 조리하는 기기이며, 처음에는 높은 온도에서 표면을 갈색으로 익힌 다음 온도를 낮추어 속까지 익힌다.
- 볶기 : 소량의 기름을 사용하여 팬이나 냄비에 식품을 넣고 단시간 내에 조리하는 방법이다. 수용성 영양소의 손실이 적고 지용성 영양소의 흡수를 도와주며, 식품에 기름이 흡수되어 독특한 풍미가 증가한다. 음식을 볶을 때에는 팬을 충분히 달구고 높은 온도에서 단시간에 조리해야 재료의 색과 질감은 살리고 풍미를 증가시킬 수 있다. 조리 도구로는 두껍고 열용량이 큰 재질의 냄비를 선택하고, 조리할 때는 재료가 냄비 용량의 반을 넘지 않도록 하며, 자주 섞어 주어 온도를 균일하게 유지하는 것도 중요하다.
- 지지기 : 팬에 소량의 기름을 사용하여 조리하는 방법이다. 재료를 그대로 지지거나 밀가루나 빵가루 같은 옷을 입혀서 지지는 경우가 있다. 우리나라에서는 주로 생선, 육류, 채소를 얇게 해서 옷을 입혀서 지지는 전을 만들 때에 많이 이용한다.

Tip 튀김옷을 냉수로 반죽하는 이유는?

밀가루에 물을 첨가하면 밀의 단백질인 글루테닌과 글리아딘이 글루텐을 만들어 찰기가 생기고 튀김을 하면 눅눅해진다. 높은 온도는 글루텐의 형성을 도와주므로 찬물로 반죽해야 글루텐 형성을 막아서 바삭한 튀김을 만들 수 있다.

- 튀기기 : 기름을 주로 열의 전달 매체로 하여 식품을 기름에 넣어 익혀 내는 조리 방법이다. 높은 온도에서 단시간에 조리하므로 영양소의 손실이 적고, 튀기는 도중에 수분이 증발하여 바삭한 식감을 주며 기름의 독특한 향미를 가지게 된다. 튀김용 기름은 발연점이 높은 것을 사용하는 것이 좋다. 튀기기를 할 때 너무 낮은 온도에서 튀기면 식품 재료가 기름을 많이 흡수하여 눅눅해지고, 너무 높은 온도에서 튀기면 속이 익기도 전에 겉면이 타므로 각 재료에 따라 적정한 온도를 유지하며 튀겨야 한다.
- 에어프라이 : 에어프라이air fry는 대류를 이용하여 공기를 순환시켜서 음식을 조리하는 방법이다. 뜨거운 공기를 순환시켜서 식품 재료의 외부와 내부에 열이 전달되어 바삭한 외층을 만든다. 전통적인 튀김보다 기름을 훨씬 덜 사용하면서 음식을 바삭하게 조리해서 먹을 수 있다.

③ 복합 조리법

복합 조리법은 습열 조리와 건열 조리를 모두 이용해서 조리하는 방법으로, 브레이징braising과 스튜잉stewing이 있다.

- 브레이징 : 건열과 습열 조리를 모두 이용하는 조리 방법으로, 먼저 팬에 소량의 기름을 두르고 재료의 양면을 익힌 후 액체를 재료의 반 정도 부어 오랫동안 끓여서 조리한다. 조리할 때 밖으로 노출된 식품 재료의 겉면이 마르지 않도록 밑의 액체를 자주 끼얹으며 조리해야 한다. 주로 질기거나 결체 조직이 많은 부위의 덩어리 재료를 조리할 때 사용하며, 조리된 음식은 겉은 바삭하고 속은 부드러운 상태가 된다.
- 스튜잉 : 브레이징보다 작은 크기의 육류를 재료가 잠길 정도로 액체를 넣어 오랫동안 조리하는 방법이다. 먼저 재료를 팬에 넣어 표면이 갈색으로 변하도록 익힌 후 액체를 재료가 잠길 정도로 부어서 낮은 온도에서 오래 익혀 낸다.

④ 마이크로파를 이용한 조리

마이크로파 조리microwave cooking는 극초단파 에너지를 열원으로 하여 식품 자체의 내부 물 분자를 진동시킴으로써 열을 발생시켜 식품을 익히는 방법이다. 주로 가정에서 쓰는 전자레인지가 이 원리를 이용한 기기로, 이 기기를 이용하면 가열 시간이 짧고 영양소의 손실이 적으며 갈변 현상이 일어나지 않는다. 식품 재료의 두께가 얇은 것이 조리하기에 좋으며 주로 식품의 데우기, 해동, 조리에 많이 사용된다. 조리할 때에 사용하는 용기로는 금속류는 피해야 하며 그 외 종이, 유리, 자기, 플라스틱 용기는 사용할 수 있다.

Summary

1. 조리의 목적은 식품의 소화·흡수율을 증가시켜 영양적 효용성을 높이고 식품의 안전성을 향상시키며, 식품의 기호성과 식품의 저장성 및 운반성을 높이는 데 있다.

2. 조리할 때 사용하는 열원으로는 고체 연료(장작, 목탄, 석탄 등), 액체 연료(알코올, 석유, 가솔린 등), 기체 연료(프로판가스, 석탄가스 등)와 더불어 전기 연료 및 전자레인지가 있다.

3. 숨은열(latent heat)은 잠열 또는 잠재열이라고도 하며, 물질의 온도를 상승시키지 않고 그 물질의 상태를 변화시키는 데 필요한 열로 증발열과 녹음열로 분류한다.

4. 열의 전달 방법으로는 전도(열이 직접적으로 접하고 있는 물질에 의해 전달), 대류(액체나 기체의 흐름에 의해 열에너지가 전달되는 방법으로 비중의 차이에 의해서 액체나 기체가 이동하면서 열이 전달), 복사(열을 전달해 주는 매개체 없이 열에너지가 직접 식품에 전달)가 있으며, 이들의 열 전달 속도는 복사 > 대류 > 전도 순이다. 그 외 마이크로파(초단파에너지를 이용하여 식품을 가열하는 방식으로 전자레인지가 대표적 예) 등도 있다.

5. 식품의 대표적 물성으로는 점성(viscosity : 외부에서 힘을 가할 때 유동하는 액체 내부에서 그 흐름에 저항하는 성질), 가소성(plasticity : 외부의 힘이 가해져서 모양이 변형된 고체 식품이나 반고체 식품이 외부의 힘이 제거되어도 원래 모양으로 되돌아가지 않고 변형된 상태의 모양을 유지하고 있는 성질), 탄성(elasticity : 식품이 외부의 힘을 받아 변형되더라도 힘이 제거되면 원상태로 되돌아가려는 성질), 점탄성(viscoelasticity : 외부에서 힘을 가했을 때 식품에 점성 유동과 탄성에 의한 변형이 같이 일어나는 성질) 등이 있다.

6. 식품의 분산계 용액으로는 진용액(직경이 1 nm 이하의 소금이나 설탕 같은 분자나 이온이 분산매인 물에 완전히 녹아서 용해된 용액), 콜로이드 용액(직경 1~100 nm 크기 입자의 분산질이 분산매에 침전되지 않고 골고루 분산되어 있는 용액), 현탁액(직경이 100 nm 이상으로 계속 젓거나 흔들지 않으면 중력에 의해 쉽게 가라앉아 분리되는 혼합물)이 있다.

7. 식품의 콜로이드성을 나타내는 용어로는 졸과 젤(전체적으로 액상 상태인 콜로이드를 졸이라 하고, 젤은 졸을 가열했다가 냉각시키거나 물을 증발시키면 굳어져서 유동성을 잃은 상태로 융해, 축화, 팽윤의 특성을 지님), 표면장력(계면장력이라고도 하며 액체가 다른 고체, 액체, 기체 등과 접촉할 때 되도록 접촉 표면을 작게 하려고 내부로 작용하는 힘), 유화〔서로 다른 성질을 가진 액체가 서로 간에 작용하는 계면장력을 낮추어서 두 물질이 균일하게 분산·혼합되어 있는 상태로 수중유적형(oil in water, O/W)과 유중수적형(water in oil, W/O)이 있음〕 등이 있다.

8. 식품의 계량 단위는 아래 표와 같이 정리할 수 있다.

1 Ts(Tablespoon, 큰술)	15 g = 15 mL = 15 cc = 3 ts
1 ts(teaspoon, 작은술)	5 g = 5 mL = 5 cc
1 Cup	200 mL(미국은 236.59 mL)

9. 식품의 계량 방법 몇 가지를 소개하면 우선 액체 식품은 투명한 계량컵이나 메스실린더 같은 기구를 이용하여 기구를 수평 상태로 놓고 액체 표면의 아랫선과 일치하도록 눈금을 측정하고, 밀가루는 부피를 재기 전에 2회 정도 체에 친 후에 계량컵에 수북이 담아 스파튤라나 칼등을 이용하여 윗면을 편평하게 깎아서 계량한다. 흑설탕은 계량컵에 꾹 눌러 담아서 윗면을 수평으로 깎아서 계량하고 컵을 뒤집어 설탕을 꺼냈을 때 컵 모양이 유지되도록 측정하며, 지방은 실온에 두어서 부드럽게 한 후 계량컵에 빈 공간이 없도록 꾹 눌러 담아 윗면을 편평하게 수평으로 깎아서 계량한다.

10. 조리의 전처리 과정으로는 다듬기, 씻기, 담그기(불리기), 썰기, 갈기, 으깨기와 다지기, 섞기와 젓기, 냉각 또는 냉장, 냉동, 해동 등이 포함된다.

11. 조리 과정은 비가열 조리(식품에 열을 가하지 않고 신선한 상태로 조리하는 방법)와 가열 조리로 구분되며, 가열 조리에는 습열 조리〔물이나 증기를 이용하여 열을 전달시켜서 조리되는 방법으로 데치기, 끓이기, 삶기, 찌기, 포칭(poaching), 시머링(simmering) 등이 해당〕, 건열 조리(기름이나 공기를 열의 전달 매체로 이용해서 조리하는 방법으로 굽기, 로스팅, 베이킹, 그릴링, 브로일링, 볶기, 지지기, 튀기기 등이 해당), 복합 조리법(습열 조리와 건열 조리를 모두 이용해서 조리하는 방법으로 브레이징과 스튜잉이 해당) 등이 있다.

연습문제

1. 조리의 목적으로 옳은 것은?

① 식품의 기호성이 감소된다.
② 식품의 영양가가 향상된다.
③ 가열 조작에 의해서만 이루어진다.
④ 식품의 영양적 효용성이 증가한다.
⑤ 가열함으로써 소화 흡수성이 감소된다.

2. 가열 조리 중 데치기의 특성에 대한 설명으로 옳은 것은?

① 조리 중 형태의 변화가 크다.
② 수란의 제조에 적용하는 방법이다.
③ 가열 시 수분의 숨은열(증발열)을 이용한다.
④ 수용성 영양소의 손실이 가장 적은 방법이다.
⑤ 효소의 불활성화로 채소의 변색을 방지한다.

3. 조리를 위한 에너지 전달 방법에 관한 설명으로 옳은 것은?

① 대류는 고체를 통해서만 일어난다.
② 금속 용기는 복사에너지의 좋은 전도체이다.
③ 전도는 밀도 차에 의해서 일어나는 것이다.
④ 복사열의 흡수는 검은색이고 표면이 거친 것이 좋다.
⑤ 파이렉스 유리 용기는 복사열을 투과시키지 못한다.

4. 식품 계량에 대한 설명으로 옳은 것은?

① 밀가루는 눌러 담은 후 계량한다.
② 백설탕은 꾹꾹 눌러 담아 계량한다.
③ 흑설탕은 가볍게 흔들어 담아 계량한다.
④ 마가린은 실온에 방치한 후 부드럽게 하여 계량컵에 꾹꾹 눌러 담아 컵 위를 깎은 후 계량한다.
⑤ 꿀 등 점성이 있는 액체는 메스실린더를 이용한다.

5. 다음 중 복합식 가열 조리에 해당되는 것은?

① 구이
② 베이킹
③ 포우칭
④ 브레이징
⑤ 브로일링

6. 콜로이드 용액 상태로 존재하는 것은?

① 두유
② 소금물
③ 간장
④ 꿀
⑤ 전분물

7. 현탁액의 특성을 설명하는 용어로 옳은 것은?

① 흡착 ② 점성 ③ 가소성
④ 침전 ⑤ 젤화

8. 조리법과 조리열의 전달 매체를 연결한 것으로 옳은 것은?

① 굽기 – 물 ② 데치기 – 증기 ③ 볶기 – 공기
④ 찌기 – 물 ⑤ 삶기 – 물

9. 튀기기에 대한 설명으로 옳은 것은?

① 표면만 가열할 음식은 고온에서 단시간 가열해야 한다.
② 튀김옷을 얼음물로 반죽하면 점도가 높게 유지되어 끈적거리게 된다.
③ 가열 시간이 짧아 영양소 손실이 적다.
④ 너무 낮은 온도에서 튀기면 기름을 많이 흡수한다.
⑤ 기름의 대류 작용으로 열이 식품에 전달되는 방법이다.

10. 썰기의 목적으로 옳지 않은 것은?

① 고기는 섬유 방향과 평행하게 썰면 질긴 느낌이 완화된다.
② 비가식 부분을 제거하고 가식 부분의 이용 효율을 높인다.
③ 재료의 표면적을 넓혀 열의 이동과 조미 성분이 용이하게 침투할 수 있도록 한다.
④ 모양, 크기, 외관 등을 정리하여 음식을 아름답게 해준다.
⑤ 소화 흡수율을 증진시킨다.

풀이와 정답

1. ④ **2.** ⑤ 데치기는 끓는 물에 재료를 넣어 순간적으로 익히는 방법으로 효소를 불활성화하여 변색을 방지할 수 있다. **3.** ④ **4.** ④ 밀가루는 체에 친 후 계량컵에 담아 계량하고, 흑설탕은 계량컵에 꾹꾹 눌러 담은 후 스패튤라로 컵 위를 깎은 후 측정한다. 꿀이나 기름과 같은 점성의 액체는 할편 계량컵을 사용한다. **5.** ④ 복합식 가열 조리는 건열 조리와 습열 조리가 같이 이루어지는 것으로 브레이징과 스튜잉이 있다. **6.** ① 콜로이드 용액 상태는 침전되지 않은 상태이며 우유, 두유 등이 해당된다. **7.** ④ 흡착, 점성, 가소성, 젤화는 콜로이드 용액의 특성이다. **8.** ⑤ **9.** ① **10.** ①

References

김완수·신말식·이경애·김미정, **조리과학 및 원리**, 라이프사이언스, 2008.

아라후네 요시타카·카와이 사치코·코야마 켄지·타카하시 시게유키·타나카 시마코·나카가와 유키코·하기야 미야코·야츠시로 타케루·야마자키 토모요시 지음, 김나나·주미경·이여주 옮김, **맛있는 요리에는 과학이 있다**, 홍익출판사, 2018.

안미령·유주연·전태연·나정숙·배현수·이윤정·이미영·조한용, **메뉴개발을 위한 조리원리**, 지구문화사, 2016.

윤계순·이명희·류은순·민성희·신원선·정혜정·김지향·박옥진, **새로 쓴 식품학 및 조리원리**, 수학사, 2014.

이주희·김미리·민혜선·이영은·송은승·권순자·김미정·송효남, **과학으로 풀어쓴 식품과 조리원리**, 교문사, 2014.

정해정·최일숙·이영승·최해연·장윤혁·주신윤, **실험으로 배우는 조리과학**, 라이프사이언스, 2017.

조미자·강옥주·계인숙·김명숙·김병숙·김애정·문숙희·박재희·박희옥·이근종·이미경·이미영·최은영·최진영·한정순, **조리원리**, 교문사, 2015.

한진숙·강희진, **최신 식품조리원리**, 효일, 2014.

Amy Christine Brown, *Understanding Food Principles and Preparation*, Cengage Learning, 2015.

CHAPTER 02
수분

1. 물의 특성

대부분의 식품을 구성하는 성분 중 물은 가장 높은 함량을 보인다. 일반적으로 곡류, 콩류(건조), 해조류(건조)는 20% 이하, 콩류(생), 수조 육류는 50~70% 범위, 서류, 채소류, 과일류, 해조류(생)는 70% 이상의 수분이 함유되어 있다(표 2-1). 이와 같이 식품의 주요 구성 성분인 수분은 식품의 외관, 물성, 신선도, 맛과 향미 등에 영향을 준다. 또 식품 성분의 용매 또는 분산매로 작용하며, 수화와 효소 반응 및 갈변을 포함한 각종 색의 변화를 일으키는 화학적 반응에도 관여한다.

표 2-1 식품군 및 주요 식품 종류별 수분 함량

(단위 : %)

식품군	수분 함량(%)	식품 종류	수분 함량(%)
곡류	8.8~13.4	밥	63.6
서류	60.3~96.5	식빵	34.8
콩류(건조)	7.8~11.9	국수	30.5
콩류(생)	57.7~63.3	백설기	42.6
채소류	71.9~96.3	분유(전지)	2.0~2.7
과일류	77.1~93.2	두부	81.2
해조류(건조)	10.0~16.0	우유	87.4
해조류(생)	70.3~99.2	배추김치	92.8
수조육류	55.3~75.4	잼	22.7~47.0
유지류	≈0	버터, 마가린	14.5~15.3

자료 : 농촌진흥청 국립농업과학원, 농식품종합정보시스템, http://koreanfood.rda.go.kr

수분은 조리 및 가공 과정에서 일어나는 물리화학적 변화와, 식품의 저장 안정성과 연계되는 미생물학적 변화에도 관여한다. 식품의 종류에 따라 수분이 감소하면 저장성이 증가하기도 하지만, 경우에 따라서는 식품 본래의 기능과 특성을 잃고 선도 및 품질 저하의 요인이 되기도 한다.

물 분자는 산소 원자(O) 하나에 수소 원자(H) 두 개가 공유결합하고 있으며, 두 분자 O–H 간 각도가 약 104.5°를 유지하는 사면체 입체 구조를 갖는다(그림 2-1). 이때 공유결합에 참여하지 않는 산소의 비공유 전자쌍 사이에서 형성된 반발력이 산소와 수소

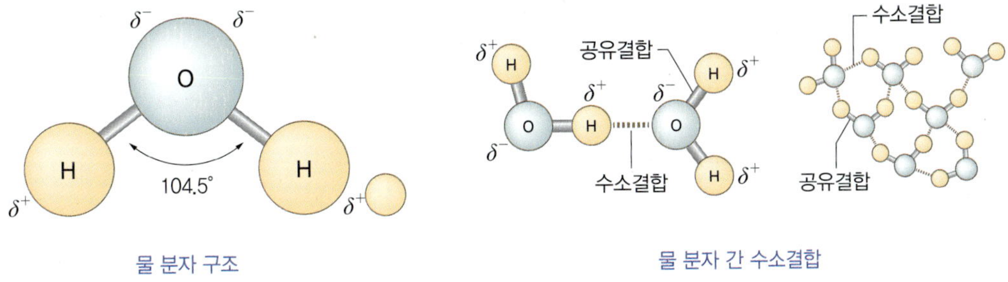

그림 2-1 물 분자의 구조와 물 분자 간 결합 형태

간의 공유 전자쌍을 밀어냄으로써 휘어진 구조를 형성하게 된다. 물 분자는 비공유 전자를 가지고 있어서 (−)전하를 띠는 산소 원자와 (+)전하를 갖는 수소 원자로 구성된 양극성 분자이다. 따라서 물 분자들은 전기적 친화력으로 서로 수소결합을 형성하고, 다른 극성 분자 및 소금과 같은 이온 물질과 잘 섞이는 좋은 용매가 되지만, 지질이나 비극성 분자와는 그렇지 않다.

2. 식품 및 조리에서 수분의 역할 및 형태

1) 자유수와 결합수

수분은 식품 내 성분과의 관계에 따라 자유수free water와 결합수bound water로 구분된다. 자유수는 식품 내에서 자유롭게 존재하는 형태로 수용성 물질(염, 당 등)들을 녹여주는 용매로 작용한다. 반면에 결합수는 식품 성분(단백질, 탄수화물 등)들과 수소 및 이온 결합으로 잘 결합하여 운동성이 없는 고정된 형태를 말한다. 자유수와 결합수는 주변 온도와 물에 녹아 있는 성분의 양과 종류에 따라 서로 가역적으로 존재한다.

자유수는 식품 세포 내 그물 조직과 막, 혈관 등에 물리적으로 갇혀 있는 경우도 있으며, 조직 성분과 결합하지 않고 압착, 증발, 동결 등에 의해 쉽게 제거될 수 있다. 이처럼 주변 환경이나 물리적 작용에 의해 변동이 가능한 자유수는 미생물에 의해 이용되거나 화학반응에 관여할 수 있다.

한편 결합수는 0℃ 이하에서 얼지 않고 100℃ 이상에서 증발하지 않는 등 변동이 적어 미생물의 증식이나 발아 등에 이용할 수 없으며 식품의 구조 유지에 관여한다. 일반적으로 식품 내 수분 함량 중 동물 조직은 8~10%, 과일과 채소는 6% 미만, 곡류는

34% 정도가 결합수로 존재한다.

2) 용매로서의 물

식품 가공 및 조리학적 측면에서 물은 소금, 설탕, 산 등의 수용성 성분을 용해시키거나 단백질, 전분, 지질, 천연 다당류(펙틴, 알기네이트 등) 등을 고르게 분산시키는 역할을 한다. 분산계dispersion system는 분산매dispersion medium와 분산상dispersion phase으로 구분되는데 각각 고체, 액체, 기체의 조합으로 다양하게 존재한다. 식품에서 가장 흔한 분산매는 물이며 여기에 고체, 액체, 기체의 식품 성분이 분산상으로 존재하는데 그 크기에 따라 진용액true solution, 콜로이드 용액colloidal solution(교질 용액), 현탁액suspension으로 구분한다.

진용액은 소금물, 설탕물, 식초, 탄산수 등으로 분산상 크기가 1 nm 이하로 규칙적인 분자운동을 하는 안정된 형태이다. 콜로이드 용액은 우유, 호화 전분액, 맥주 거품 등으로 1~100 nm 크기의 분자가 브라운 운동을 하여 비교적 안정하다. 현탁액은 생전분액이나 된장 국물처럼 100 nm 이상의 큰 분산상이 불안정하게 존재하는 형태이다. 일반적으로 조리식품은 이 3가지 형태로 독립되어 있다기보다는 서로 혼합되어 존재하는 경우가 흔하다. 예를 들어 된장 국물에 존재하는 소금은 진용액 상태이지만 콩은 입자 크기에 따라 콜로이드 용액 또는 현탁액의 형태가 될 수 있다.

용매로 작용하는 물의 특성을 설명할 때 필요한 개념 중 확산diffusion과 삼투osmosis 현상이 있다. 투과막이 존재하는 분산계에서 농도가 높은 쪽에서 낮은 쪽으로 용질이나 분산상이 이동하는 현상이 확산이며, 이는 농도 차이에 비례하여 일어난다. 삼투는 용매만 통과하는 반투막이 존재할 때 낮은 농도 쪽의 용매가 높은 농도 쪽으로 이동하여 용액의 농도가 같아지는 현상이다(그림 2-2). 예를 들어 김장김치용 배추를 소금에 절이는 과정에서 소금물의 소금은 배추의 세포벽을 통과하여 이동하고(확산 작용), 배추

Tip 식품 조리와 물

- 경수(센물, hard water) : 칼슘염이나 마그네슘염을 함유한 물로, 조리에 사용하면 물이 끓으면서 염이 용출되어 조리 도구 바닥에 하얀 침전물이 생성된다.
- 연수(단물, soft water) : 양이온 금속을 제거하고자 이온 교환수지 또는 석회로 처리한 물로, 경수보다 염이 용출되는 정도가 약해서 조리에 사용하기가 적합하다.

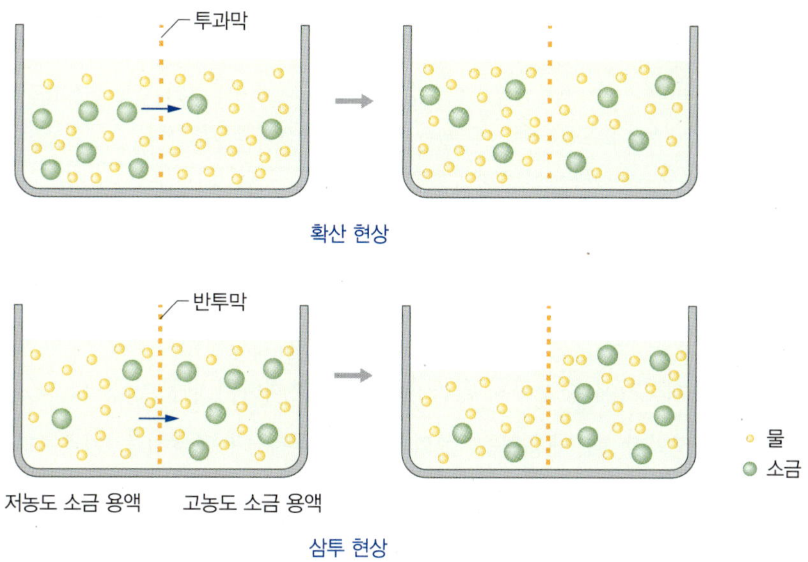

그림 2-2 확산과 삼투 현상

의 수분은 원형질막을 통과하여 외부로 빠져나와서(삼투 현상) 결과적으로 배추 조직이 연해지면서 절여지게 된다.

3. 수분활성도

1) 수분활성도

식품에 존재하는 성분의 함량은 일반적으로 %로 표시하지만, 물의 경우 주변 환경에 따라 상태가 달라지고 식품과 조리에서의 역할이 변화하기 때문에 수분활성도라는 개념을 사용한다. 식품을 밀폐용기에 보관하면 원형과 식감을 유지하는 것이 용이하지만 외부에 노출시킨 상태로 두면 주변 습도에 따라 수분을 잃거나 흡수하게 되어 식감을 잃기 쉽다. 이와 같이 식품에 존재하는 수분은 수분 함량% 과 주변 대기의 상대습도relative humidity, RH의 영향을 받기에 이 두 값의 상관관계를 활용하여 수분활성도water activity, a_w 개념을 이해할 수 있다.

수분활성도는 일정한 온도에서 식품이 나타내는 수증기압P과 순수한 물의 수증기압P_0의 비율P/P_0로 정의한다. 식품의 수증기압은 수분 외에 녹아 있는 성분(용질)의 종류와 양에 의해서도 달라질 수 있기에 식품의 수분활성도는 다음과 같이 구할 수 있다.

$$a_w = \frac{P}{P_0} = \frac{N_w}{N_w + N_s}$$

a_w : 수분활성도　P : 식품 속의 수증기압　P_0 : 동일 온도에서의 순수한 물의 수증기압

N_w : 물의 몰분율moles fraction　N_s : 수용성 용질solute의 몰분율

밀폐된 공간에서 순수한 물과 식품에 존재하는 물(자유수)이 증발하여 수증기압을 형성할 때 식품의 수증기압이 순수한 물의 수증기압보다 항상 낮기 때문에 일반적으로 식품의 수분활성도는 1보다 작은 값을 갖는다. 이것은 식품에는 자유수 외에 식품 성분과 결합되어 존재하기에 증발하지 않는 결합수도 존재하기 때문이다.

수분활성도를 정의할 때 사용하는 물의 개념은 식품 내 존재하는 자유수의 형태이며, 미생물의 증식과 부패, 갈변과 산화와 같은 화학반응에 사용할 수 있으므로 식품의 저장성을 평가할 때 수분 함량보다는 수분활성도를 지표로 사용한다(표 2-2).

표 2-2 식품별 수분 함량과 수분활성도

식품	수분활성도(a_w)	수분 함량(%)	식품	수분활성도(a_w)	수분 함량(%)
수돗물	0.99	100	식빵	0.90~0.95	38
과일, 채소	0.97~0.99	74~96	건조 과일	0.72~0.80	18~22
주스	0.95~0.99	92	콩류	0.60~0.64	13~15
생선류	0.98~0.99	65~88	곡류	0.60~0.64	13~16
육류	0.96~0.98	70~80	젤리	0.64~0.69	18
달걀	0.96~0.97	72~78	국수	0.50	12

자료 : 농촌진흥청 국립농업과학원, 농식품종합정보시스템, http://koreanfood.rda.go.kr

세균, 효모, 곰팡이는 각각 0.91, 0.88, 0.80 이상의 수분활성도에서만 성장이 가능하므로 일반적으로 수분활성도 0.61 이하에서는 미생물이 성장할 수 없어 식품 내에서는 화학적 변질만 일어난다. 이와 같이 최저 수분활성도 근처 조건에서 미생물은 증식이 어렵지만, 동결 건조와 같이 미생물 세포 내 수분을 급속히 제거한 경우에는 오히려 휴면 상태로 생존하게 된다. 한편 당절임(당장)이나 염장의 경우에는 삼투 현상을 통하여 미생물 세포 중의 수분을 제거하여 비가역적 손상과 사멸을 통해 저장성을 향상시킬 수 있다.

2) 등온흡습곡선과 등온탈습곡선

일정한 온도에서 식품은 대기 중의 상대습도와 평형을 이루고자 수분을 흡수하거나 식품 내 수분을 잃게 되는데 이때의 수분 함량을 평형수분함량이라고 한다. 평형수분함량과 상대습도와의 관계를 표시한 곡선이 등온흡습곡선과 등온탈습곡선이다. 식품이 평형수분함량에 도달하고자 대기 중의 수분을 흡수하는 경우를 등온흡습곡선, 반대로 대기 중으로 수분을 내놓는 경우를 등온탈습곡선이라 한다(그림 2-3). 가로축은 수분활성도, 세로축은 평형수분함량으로 연결한 곡선이며 일반적으로 역S자형 곡선을 보인다. 주로 가열 건조식품(곡류, 건조 채소, 삶아 말린 건어류, 빵, 초콜릿, 비스킷 등)은 등온흡습곡선 주변에 분포하여 대기 중에서 쉽게 수분을 흡수하는 경향을 보이는 반면에, 수분이 많은 식품들(신선 과일, 생선, 육류, 젓갈 등)은 등온탈습곡선 근처에 있어 건조가 용이하다. 식품에서는 보통 흡습에 의해 가수분해반응, 부피 팽창, 효소반응, 미생물 생육, 조직감 변화 등이 발생하고, 탈습이 일어나면 조직감 변화, 부피 감소, 효소반응이나 미생물의 생육 억제, 유지 산패 등이 일어난다.

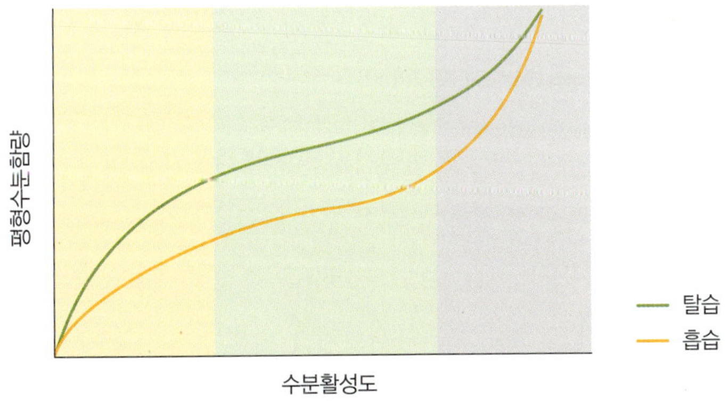

그림 2-3 등온흡습곡선과 등온탈습곡선

그림 2-4에서 보면 등온흡습곡선과 등온탈습곡선이 일치하지 않고 차이가 생기는데 이를 이력 현상hysteresis이라고 한다. 이력 현상은 어떤 임의의 수분활성도에 도달하기 위해서 식품이 대기 중에서 흡수하는 수분 함량과 탈습 과정에서 배출하는 수분 함량이 다르게 나타남으로써 발생한다. 예를 들어 식품의 수분활성도를 0.8로 조정(A지점)하고자 탈습 과정을 진행하는 과정에서 건조가 과도하게 이루어져 수분 함량이 15%가

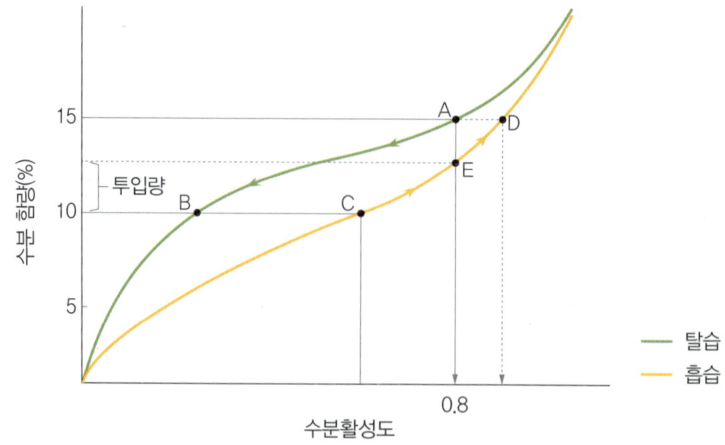

그림 2-4 등온흡(탈)습곡선에서 수분 함량 조절과 수분활성도의 변화

아닌 10%가 되었다. 이에 다시 재흡습 과정으로 수분을 첨가할 때 수분활성도 0.8인 흡습량 E와 잘못된 B(10% 수분 함량)의 수분활성도에 해당하는 흡습량 C의 차이를 투입하여야 한다.

4. 수분 활성과 식품의 저장성

식품의 저장은 식품 본연의 특성을 변질시키거나 부패시키지 않고 일정 기간 이상 보존하는 것을 말한다. 식품의 변질과 부패의 원인은 수분, 산소, 온도, 빛(광선), 미생물, 효소 등 다양하겠지만, 가장 주요한 요인은 미생물 증식에 의한 변질이다. 미생물에 의한 식품의 변질을 방지하고 저장성을 향상시키기 위해서는 무엇보다 미생물의 생육을 억제하거나 살균을 통하여 사멸시키는 방법이 필요하다. 미생물이 증식하기 어려운 환경으로 만들기 위해서는 수분을 감소시키거나 삼투압을 높임으로써 수분활성도를 일정 수준 이하로 조절하는 것이 가장 유용하게 이용하는 방법이다.

이와 같이 수분 활성을 제어함으로써 미생물 증식을 억제하고 저장성을 향상시키는 방법으로는 건조, 염장, 당절임 등이 주로 사용된다.

1) 건조

건조drying, dehydration는 식품에 존재하는 수분을 증발이나 승화 등의 방법으로 제거하는 것으로, 수분 중 미생물이 이용할 수 있는 자유수의 감소로 수분활성도가 낮아지게 된다. 수분활성도의 저하는 효소 작용이나 식품 내 성분들 간의 화학반응에 의한 변화를 제어하면서 식품의 중량과 부피를 감소시켜 저장 공간 축소와 수송 및 포장의 용이성도 제공한다. 아울러 단위 중량당 영양 성분이 농축되고, 식품 종류에 따라 건조 수산물이나 건조 과일로 가공되면서 새로운 식감texture을 부여하는 효과도 있다.

식품 건조에 사용하는 방법은 열풍 건조, 접촉 건조, 복사 건조, 동결 건조로 구분하며 가장 많이 사용하는 방법은 열풍 건조법이다. 보통 열풍 건조에서 사용하는 공기는 식품에 열을 가하여 온도를 상승하는 데 필요한 느낌열과 수분 증발에 필요한 숨은열을 제공하면서 식품에서 방출된 수분을 수증기로 제거하는 운반 기체의 역할도 한다. 접촉 건조는 스팀으로 가열한 금속 실린더를 이용하여 액체식품을 건조하거나, 열에 민감한 식품을 가열 매체가 있는 진공실을 이용, 건조하는 방법이다. 복사 건조는 적외선과 마이크로파를 이용하는 방법으로, 열 침투가 제한되어 균일한 건조가 어려운 단점이 있다. 동결 건조는 식품을 낮은 온도에서 유지하는 유일한 건조 방법이며 표면 경화, 수축 현상 등이 없고 재수화성이 우수하여 가장 좋은 건조 방법이다.

일반적으로 식품의 건조는 식품 표면과 공기가 평형을 이루는 단계(조절 기간settling down period), 일정한 속도로 건조되는 단계(항률 건조 기간constant rate period), 건조 속도가 감소하는 단계(감률 건조 기간falling rate period)의 3단계로 진행된다. 건조 과정에서는 식품 내부의 수분이 표면으로 이동하여 증발하는데 건조 속도가 빠르면 내부의 수분은 남아 있는 상태에서 표면만 건조되는 표면 경화(겉마르기 현상casehardening)가 일어날 수 있다. 동결 건조를 제외하고는 건조 초기에 수분이 제거되면서 수축 현상shrinkage이 일어난다. 수축은 제거되는 수분의 양과 비례하여 일어나며 건조 후반부로 가면서는 식품의 크기와 형태가 어느 정도 고정된다.

건조 과정에서 식품의 외형적인 변화와 함께 색, 향미, 질감, 영양가 등에도 변화가 일어난다. 특히 비타민 C와 같이 산소와 열에 민감한 영양소는 열풍 건조를 할 때는 손실이 크지만 동결 건조에는 안전하다. 갈변이 잘 일어나는 식품은 데치기나 아황산 처리를 하여 갈변을 최소화할 수 있고, 지질 식품은 산화방지제를 함께 사용하는 것이 좋다.

2) 염장

염장salting은 소금의 삼투압 현상으로 식품 내 수분이 탈수되면서 수분활성도가 저하되어 저장성이 향상되는 방법으로 건염법과 염수법이 있다. 미생물 세포에 탈수 현상이 일어나면서 원형질 분리로 생육이 억제되어 부패가 지연되며, 동시에 소금이 단백질 성분의 분해를 억제하고 산소 용해도를 감소시키는 등의 원리도 저장성에 영향을 준다. 염장할 때 소금 용액의 농도와 온도가 높을수록 삼투 현상은 빠르게 진행되며, 건염법보다는 염수법이 효과적이고 껍질이 제거된 식품에 더 큰 영향을 준다.

건염법은 식품에 직접 소금을 뿌리는 마른간법dry salting으로, 식품 표면과 내부의 수분이 소금에 녹아 포화 상태의 소금 용액이 식품 표면을 감싸는 방법이다. 염수법은 소금 용액에 식품을 침지하는 습염법(물간법brine salting)으로 식품 내 수분이 빠져나와 주변 소금 용액 농도를 희석하므로 지속적으로 소금을 첨가하며 교반하여 염수층을 유지해야 한다. 건염법은 적은 양의 소금으로도 효과를 볼 수 있지만, 균일한 소금 침투가 잘 안되고 지나친 경우 탈수로 인한 외관 불량과 낮은 수율 등의 단점이 있다. 반면에 염수법은 균일한 소금 침투로 간과 품질을 일정하게 유지하고 공기 접촉도 막을 수 있어 산화 예방도 가능하지만, 염장 초기에 제대로 교반해 주지 않으면 부패가 일어날 수 있고 소금 사용량이 많은 단점이 있다.

이 두 가지 방법의 장단점을 보완하고자 개량 염수법(소금으로 처리한 식품을 한 층씩 쌓아 올리는 방법)이나 개량 건염법(염수법으로 1차 침지 후 건염법으로 본염지하여 효과를 높이는 방법) 등이 개발되기도 하였다.

보통 세균은 10% 소금 농도에서 생육이 억제되는 반면에 부패균, 구균, 포자 형성균은 소금에 대한 저항성이 강하며, *Clostridium botulinum*은 6%, *Bacillus cereus*는 10% 농도에서 억제된다. 효모(*Saccharomyces*속)는 15%, 간장효모(*Zygosaccharomyces*속)는 20%, *Penicillium*속 곰팡이는 20~30%의 소금 농도에서 생육이 억제된다.

3) 당절임(당장)

당절임sugaring법은 당액에 식품을 첨가하여 삼투압 작용으로 식품 내 수분을 감소시키고 당의 농도를 증가시킴으로써 수분활성도를 낮추어서 미생물 세포의 삼투압과 원형질 분리를 유발하는 방법이다. 하지만 소금에 비해 당의 삼투압이 낮고(1% 소금 용액

7.6기압, 1% 설탕 용액 0.68기압), 식품 내부로의 침투률이 낮아 당절임법을 사용하기 전에 묽은 당액이나 물로 가열하여 조직을 연화한 후 당장을 진행하는 것이 효과적이다.

당절임에서 삼투압에 영향을 주는 요인 중 동일한 농도에서 사용하는 당의 분자량이 작을수록 삼투압은 크게 일어난다. 따라서 미생물 생육을 저해하고자 할 때 사용하는 당의 효율은 과당 > 포도당 > 설탕 > 젖당의 순으로 나타나며, 보통 50% 이상의 당 농도에서는 내삼투압성 효모를 제외하고는 생육이 억제된다. 당 농도가 80% 이상인 꿀, 초콜릿, 잼, 당밀 등도 효모의 번식에 의한 부패를 막기는 어렵다. 당절임에서는 파라핀이나 밀폐용기 등을 사용하여 산소를 차단하면 식품 표면에 발생하기 쉬운 곰팡이의 성장을 억제할 수 있다.

Summary

1. 식품에서 가장 많은 부분을 차지하는 물은 식품의 외관, 물성, 신선도, 맛과 향미 등에 영향을 준다. 물은 식품 성분의 용매 또는 분산매로 작용하며, 수화와 효소 반응 및 갈변을 포함한 각종 색의 변화를 일으키는 화학적 반응에도 관여한다.

2. 수분은 식품 성분과의 관계에 따라서 식품 내에서 자유롭게 존재하는 형태 그대로 미생물에 이용되거나 화학반응에 관여할 수 있는 자유수와, 식품 성분들과 잘 결합하여 운동성이 없는 고정된 형태로 미생물의 증식이나 발아 등에 이용될 수 없으며 식품의 구조 유지에 관여하는 결합수로 분류한다.

3. 물은 용매로서 투과막이 존재하는 분산계에서 농도가 높은 쪽에서 낮은 쪽으로 용질이나 분산상이 이동하는 확산(농도 차이에 비례)과, 용매만 통과하는 반투막이 존재할 때 낮은 농도 쪽의 용매가 농도가 높은 쪽으로 이동하여 용액의 농도가 같아지는 삼투 현상에 관여한다.

4. 수분활성도는 일정한 온도에서 식품이 나타내는 수증기압P과 순수한 물의 수증기압P_0의 비율P/P_0로 정의한다. 식품의 수증기압은 수분 외에도 수용성으로 녹아 있는 성분(용질)들의 종류와 양에 따라서도 달라질 수 있다.

5. 미생물이 성장할 수 있는 수분활성도는 최소한 세균 0.91, 효모 0.88, 곰팡이 0.80이다. 일반적으로 수분활성도 0.61 이하에서는 미생물이 성장할 수 없으므로 식품 내에서는 화학적 변질만 일어난다.

6. 식품의 저장은 식품 본연의 특성을 변질 또는 부패시키지 않고 일정 기간 이상 보존하는 것을 말한다. 식품의 변질과 부패의 원인으로는 수분, 산소, 온도, 빛(광선), 미생물, 효소 등 다양하지만 가장 주요한 요인은 미생물 증식에 의한 변질이므로 식품의 저장성 향상을 위해 수분활성도를 일정 수준 이하로 조절하는 건조, 염장, 당절임 방법 등을 사용한다.

7. 건조는 식품에 존재하는 수분을 증발이나 승화 등의 방법으로 제거하는 것으로 열풍 건조, 접촉 건조, 복사 건조, 동결 건조로 구분하며 가장 많이 사용하는 방법은 열풍 건조법이다.

8. 염장은 소금의 삼투압 현상으로 식품 내 수분이 탈수되면서 수분활성도가 저하되어 저장성이 향상되는 방법이다. 염장 시 소금 용액의 농도와 온도가 높을수록 삼투 현상은 빠르게 진행되고 건염법보다는 염수법이 효과적이다.

9. 당절임(당장)은 당액에 식품을 첨가하여 삼투압 작용으로 식품 내 수분을 감소시키고 당의 농도를 증가시킴으로써 수분활성도를 낮추어서 미생물 세포의 삼투압과 원형질 분리를 유발하는 방법이다. 당의 효율은 과당 > 포도당 > 설탕 > 젖당 순으로 나타난다.

연습문제

1. 식품에는 물이 두 가지 형태로 존재한다. 두 가지 형태의 물에 대하여 정의하고, 예를 들어 각각 설명하시오.

2. 수분활성도(water activity, a_w)를 정의하고, 세균, 곰팡이, 효모 중 미생물이 생장하는 데 높은 수분 활성을 필요로 하는 순서대로 나열하시오.

3. 20% 수분, 20% 포도당, 비타민 A 1%를 함유하는 가상 식품의 수분활성도를 구하시오.

4. 식품의 저장성을 향상시키기 위해서는 무엇보다 미생물에 의한 식품의 변질을 방지하는 것이 중요하다. 보통 수분활성도를 일정 수준 이하로 낮추는 방법이 사용되는데 주로 사용되는 건조, 염장, 당절임의 원리를 설명하시오.

풀이와 정답

1. 식품에 물은 자유수와 결합수의 형태로 존재한다. 자유수는 식품 내에 자유롭게 존재하여 쉽게 제거될 수 있는 형태이며, 수용성 물질(염, 당 등)들을 잘 녹여 주는 용매로 작용하고, 미생물에 의해 이용되거나 화학반응에 관여할 수 있다. 대표적인 예는 토스터를 구울 때 빵에서 증발한 물이 해당된다. 결합수는 식품 성분(단백질, 탄수화물 등)들과 수소결합 및 이온 결합으로 잘 결합하여 운동성 없이 고정되어 식품에서 쉽게 분리될 수 없는 형태이며, 미생물 증식이나 발아 등에 이용될 수 없고 식품의 구조 유지에 관여한다. 대표적 예로는 건조 젤라틴에 존재하는 물이다.
2. 수분활성도는 어떤 임의의 온도에서 식품이 나타내는 수증기압(P)에 대한 그 온도에서의 순수한 물의 수증기압(P_0)의 비로, 미생물이 실제 이용할 수 있는 수분 함량을 의미한다. 세균, 효모, 곰팡이는 각각 0.91, 0.88, 0.80의 수분활성도에서 번식할 수 있어 세균 > 효모 > 곰팡이 순으로 높은 수분활성도를 보인다.
3. $$\text{수분활성도} = \frac{\text{물 몰분율}}{\text{물 몰분율} + \text{용질 몰분율}}$$
$$= \frac{\text{물 몰분율}}{\text{물 몰분율} + \text{포도당 몰분율}}$$ ※ 비타민 A는 지용성이므로 제외
$$= \frac{20/18}{(20/18) + (20/180)}$$
$$= 0.91$$
4. 건조는 식품에 존재하는 수분을 증발이나 승화 등의 방법으로 제거하는 방법이며, 염장은 소금의 삼투압 현상으로 식품 내 수분이 탈수되면서 수분활성도가 저하되어 저장성이 향상되는 방법이다. 당절임(당장)은 당액에 식품을 첨가하여 삼투압 작용으로 식품 내 수분을 감소시키고 당의 농도를 증가시킴으로써 수분활성도를 낮추어서 미생물 세포의 삼투압과 원형질 분리를 유발하는 방법이다.

References

마가렛 맥윌리엄스(Margaret McWilliams) 저, 이진성·김강성·김근성·김명희·김석중·권순복·이경태·황성희 옮김, **식품학 이론과 실제**, 바이오사이언스, 2015.

윤계순·이명희·류은순·민성희·신원선·정혜정·김지향·박옥진, **새로 쓴 식품학 및 조리원리**, 수학사, 2017.

조신호·조경련·강명수·송미란·주난영, **식품학**, 교문사, 2018.

한국식품영양관련학과 교수협의회 편저, **영양사 시험문제집**(제23판), 문운당, 2018.

한국식품영양관련학과 교수협의회 편저, **영양사 요점정리**(제19판), 문운당, 2018.

한국식품영양관련학과 교수협의회 편저, **영양사 요점정리**(제20판), 문운당, 2019.

황인경·김정원·변진원·한진숙·김수희·박찬경·강희진, **스마트 식품학**, 수학사, 2018.

농촌진흥청 국립농업과학원, 농식품종합정보시스템, http://koreanfood.rda.go.kr

CHAPTER **03**

탄수화물

1. 탄수화물의 개념 및 구성

탄수화물carbohydrate은 탄소C, 산소O, 수소H의 세 가지 원소로 구성되어 포도당, 자당, 전분, 식이섬유 등의 형태로 곡류, 콩류, 구근류 등에 존재하는 등 자연계에 널리 분포되어 있는 물질이다. 탄수화물 분자에는 최소 2개 이상의 하이드록시기hydroxy group, -OH와 1개의 알데하이드기aldehyde group, -CHO 또는 1개의 케톤기ketone group, -CO가 존재한다. 탄수화물은 탄소, 산소, 수소가 $C_x(H_2O)_y$의 비율로 구성되어 있어 광합성을 통해 녹색식물로부터 생성되며, 단맛을 부여하기에 당질glucoside이라 부르기도 한다.

탄수화물은 사람과 동물이 에너지원으로 이용하기 위해 섭취하며, 체내에서 대사 과정 중 단백질, 지질 및 다른 성분의 중간 대사 물질로 합성되기도 한다. 식품 및 조리학적 측면에서는 감미료나 다양한 식품첨가제로 사용된다.

2. 탄수화물의 분류

탄수화물은 가수분해되어 생성되는 당 분자의 수에 따라 단당류monosaccharides, 이당류disaccharides, 소당류oligosaccharides, 다당류polysaccharides로 분류된다(표 3-1).

단당류는 더는 가수분해될 수 없는 포도당, 과당과 같은 가장 간단한 화합물로, 탄소 수에 따라 삼탄당, 사탄당, 오탄당, 육탄당으로 구분한다. 이당류는 단당 2개가 결합되어 있는 것으로 자당, 맥아당 등이 있고 소당류에 포함되기도 한다.

표 3-1 탄수화물의 분류

당의 종류			당류의 일반 명칭
단당류	삼탄당		글리세르알데하이드, 다이하이드록시아세톤
	오탄당		리보스, 데옥시리보스, 자일로스, 아라비노스
	육탄당	알도스	포도당, 갈락토스, 만노스
		케토스	과당
소당류	이당류		자당, 맥아당, 젖당, 셀로바이오스
	삼당류		라피노스(포도당+과당+갈락토스)
	사당류		스타키오스(갈락토스 2분자+과당+포도당)
다당류	단순 다당류		전분, 덱스트린, 셀룰로스, 글리코겐, 키틴
	복합 다당류		헤미셀룰로스, 펙틴, 이눌린, 식물성 검류, 한천, 알긴산 등

(계속)

당의 종류		당류의 일반 명칭
당유도체	글리코사이드(당+비당 부분)	솔라닌, 안토사이아닌, 나린진, 헤스페리딘, 시니그린, 루틴, 아미그달린 등
	당알코올	자일리톨, 솔비톨, 리비톨, 만니톨, 이노시톨
	아미노당	글루코사민, 갈락토사민
	티오당	티오글루코스
	데옥시당	데옥시리보스
	우론산	갈락투론산, 글루쿠론산

단당류 3~10개 정도가 결합된 것을 소당류라고 하며 결합하는 당류의 중합 정도에 따라 삼당류, 사당류 등으로 구분한다.

다당류는 많은 수의 당류가 결합된 중합체로 구성하는 당류의 종류에 따라 단순 다당류(단일 당류로 구성)와 복합 다당류(여러 종류의 당류로 구성)로 분류하고, 다당류의 출처에 따라 동물성, 식물성, 검류로 분류하기도 한다. 한편 당이 산화, 환원 반응을 하거나, 아미노기나 비당류가 결합한 형태의 당유도체sugar derivatives가 있다.

3. 단당류와 소당류

1) 화학 구조

단당류는 물에 잘 용해되는 단맛이 강한 환원성 물질로 천연 식품에 많이 존재하고, 알데하이드기(-CHO)를 갖는 알도스aldose와 케톤기(-CO)를 갖는 케토스ketose로 분류한다(그림 3-1). 특히 6개의 탄소로 구성된 육탄당hexose은 포도당, 과당, 갈락토스, 만노스 등으로 식품 가공 및 조리에 널리 사용되는 반면, 오탄당pentose은 섬유소나 식물성 검

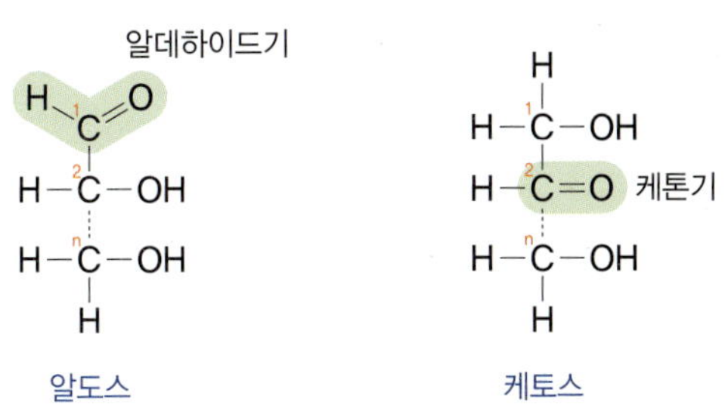

그림 3-1 단당류의 화학적 구조

류의 주요 구성 성분이 된다.

단당류는 $C_x(H_2O)_y$의 동일한 화학식을 갖지만 카보닐기(알데하이드기, 케톤기)와 비대칭탄소(부제탄소)asymmetric carbon, chiral carbon가 있어 입체적으로 차이가 발생하여 입체 이성질체stereoisomer를 가지며, 편광polarized light 면을 회전시키는 광학적 성질을 갖는다.

삼탄당인 글리세르알데하이드glyceraldehyde와 같이 중앙 탄소에 있는 4개의 결합선에 서로 다른 4개의 원자 또는 원자단이 결합되는 경우를 비대칭탄소라고 한다. 비대칭탄소는 구성 원자와 결합 종류는 같지만 공간적 배치가 달라 서로 포개놓을 수 없는 거울상 이성질체enantiomer를 만든다.

비대칭탄소와 결합한 −OH가 오른쪽에 있으면 D-형, 왼쪽에 있으면 L-형이 된다(그림 3-2). 만약 −OH기가 다수인 경우에는 1번 탄소에서 가장 멀리 있는 비대칭탄소와 결합한 −OH의 위치에 따라 구분한다.

그림 3-2 단당류의 비대칭탄소 구조

단당류는 사슬 구조chain structure와 환상 구조ring structure(하워드식 구조)로 표현할 수 있다(그림 3-3). 단당류의 비대칭탄소와 결합하고 있는 −H와 −OH가 좌우 양쪽으로 배치된 탄소들이 세로로 이어져 있는 구조를 사슬 구조라 한다. 동일 분자 내에서 −OH와 −CHO 또는 −CO가 결합하여 안정적인 고리 모양의 헤미아세탈(hemiacetal)을 형성하면 환상 구조가 된다.

포도당과 같은 알도스는 5번 탄소의 −OH와 1번 탄소의 −CHO가 결합하여 육각형의 피라노스pyranose를 형성한다. 과당과 같은 케토스는 5번 탄소의 −OH와 2번 탄소의 −CO가 결합하여 오각형의 푸라노스furanose를 형성한다.

환상 구조에서 포도당의 비대칭탄소인 1번 탄소와 결합한 −OH가 평면 아래에 위치하면 α형, 위에 위치하면 β형으로 분류하며 이러한 이성질체를 아노머anomer라고 한다. 보통

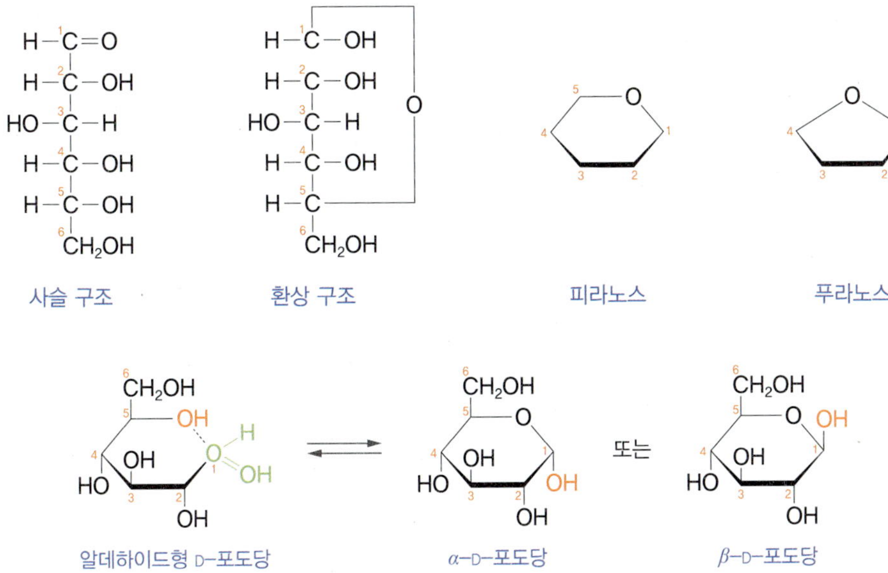

그림 3-3 단당류의 사슬 구조와 환상 구조

수용액 상에서 입체 배치만 다른 α-D-포도당과 β-D-포도당은 평형 상태로 존재한다.

당은 환상 구조를 형성하며 새롭게 생성된 −OH가 다른 탄소와 결합하고 있는 −OH보다 높은 반응성과 환원성을 보인다. 이와 같이 새롭게 생성된 글리코사이드glycoside성 하이드록시기의 존재 유무에 따라 환원당reducing sugar과[1] 비환원당non-reducing sugar으로 구분한다. 환원당에는 모든 단당류와 맥아당, 젖당 등이 있고, 비환원당에는 자당과 다당류가 포함된다. 보통 알칼리 용액에서 당류 자신은 산화하고 다른 물질을 환원시키는 환원성은 당류의 정성·정량 실험에 이용된다. 황산구리$CuSO_4$ 알칼리 용액에 당류를 가하면 Cu^{2+}가 Cu^{+}로 환원되어 이산화구리Cu_2O의 붉은 침전을 형성한다. 이러한 펠링 시험Fehling's test을 통해 환원당과 비환원당을 구분할 수 있다.

2) 단당류

단당류는 분자 내에 존재하는 탄소 수에 따라 삼탄당, 사탄당, 오탄당, 육탄당으로 구분하며, 식품에서 중요한 것은 유리 상태로 존재하는 오탄당과 육탄당이다(표 3-2). 오탄

1 환원당 : 아민과 결합하여 메일라드 반응을 통해 비효소적 갈변을 일으키는 유리 카보닐기를 가진 당류

표 3-2 단당류의 종류별 특성

<table>
<tr><th>구분</th><th>종류</th><th colspan="2">특성</th></tr>
<tr><td rowspan="3">오탄당</td><td>아라비노스
(arabinose)</td><td colspan="2">• 아라비아검의 주성분인 아라반(araban)의 구성 당류
• 과즙이나 검류에서 단백질과 결합한 형태로 주로 존재</td></tr>
<tr><td>자일로스
(xylose)</td><td colspan="2">• 자일란(xylan)의 구성 당류
• 무칼로리 감미료(설탕의 60% 단맛, 에너지원으로 사용 못함)</td></tr>
<tr><td>리보스
(ribose)</td><td colspan="2">• 핵산(DNA, RNA)의 구성 당류
• 생리 성분 구성 당류(ATP, 조효소, 비타민 B_2, 비타민 B_{12}, 등)</td></tr>
<tr><td rowspan="4">육탄당</td><td>포도당
(glucose)</td><td colspan="2">• 식품에 가장 널리 분포(특히 과일과 채소)
• 설탕의 70% 단맛, 제빵이나 가공식품 감미료(결정형 포도당)</td></tr>
<tr><td>과당
(fructose)</td><td colspan="2">• 과일, 벌꿀에 많이 함유, 이눌린(inulin)의 구성 성분
• 가장 강한 단맛, 탄산음료 등 가공식품용 감미료</td></tr>
<tr><td>갈락토스
(galactose)</td><td colspan="2">• 우유, 모유에 이당류로 존재(우유 발효 시 젖당 분해로 생성)
• 뇌, 신경 조직의 구성 당류(영유아의 뇌 발달에 영향)</td></tr>
<tr><td>만노스
(mannose)</td><td colspan="2">• 감귤류, 발아 종자, 곤약, 감자 등의 다당류 구성 당류
• 약한 단맛, 쓴 뒷맛, 인체에서 대사되지 않음</td></tr>
<tr><td rowspan="10">유도체</td><td>글리코사이드
(glycoside)</td><td colspan="2">• 당과 비당류(아글리콘(aglycone))의 -OH 간 결합한 화합물
• 약리 작용, 독성, 식품의 색, 맛 등의 기호성에 관여
• 솔라닌(감자), 안토사이아닌(오디, 포도 등), 나린진과 헤스페리딘(밀감류), 시니그린(고추냉이, 겨자 등), 루틴(메밀), 아미그달린(매실) 등</td></tr>
<tr><td rowspan="5">당알코올
(sugar alcohol)</td><td colspan="2">• 1번 탄소의 -CHO가 $-CH_2OH$(알코올기)로 변화된 것
• 저열량 대체 감미료(물에 잘 용해, 단맛, 낮은 열량)</td></tr>
<tr><td>자일리톨
(xylitol)</td><td>• 자일로스의 환원형
• 감미도[2] 75, 낮은 열량으로 당뇨 환자용 감미료
• 충치 예방</td></tr>
<tr><td>소비톨
(sorbitol)</td><td>• 포도당의 환원형
• 비타민 C 합성 원료
• 인공 감미료</td></tr>
<tr><td>만니톨
(mannitol)</td><td>• 만노스의 환원형
• 해조류, 버섯, 미생물에 분포
• 다시마, 미역 등 표면의 흰 가루 성분
• 감미도 45, 낮은 열량으로 당뇨 환자용 감미료</td></tr>
<tr><td>이노시톨
(inositol)</td><td>• 환상의 다가 알코올로 체내에서 포도당으로 합성
• 콩류, 과일, 동물의 근육, 뇌, 내장 등에 분포
• 동물 근육에 미오이노시톨(*myo*-inositol)로 존재
• 식물에는 피트산(phytic acid)으로 존재하여 무기질의 생체 이용 효율을 감소시킴</td></tr>
<tr><td>아미노당
(amino sugar)</td><td colspan="2">• 2번 탄소의 -OH가 $-NH_2$(아미노기)로 치환
• 글루코사민(glucosamine)은 키틴의 구성 성분
• 갈락토사민(galactosamine)은 황산콘드로이틴의 구성 성분</td></tr>
<tr><td>티오당
(thio sugar)</td><td colspan="2">• 식품의 매운 성분인 시니그린(sinigrin)의 구성 당류
• 티오글루코스(thioglucose)</td></tr>
<tr><td>데옥시당
(deoxy sugar)</td><td colspan="2">• 당류의 -OH가 수소로 환원
• DNA를 구성하는 데옥시리보스(deoxyribose)</td></tr>
<tr><td>우론산
(uronic acid)</td><td colspan="2">• 당류 말단의 $-CH_2OH$가 $-COOH$(카복실기)로 산화
• 글루쿠론산(glucuronic acid)은 해독 작용</td></tr>
</table>

당은 탄소 5개로 구성되며 핵산의 주요 성분이 된다. 탄소 수 6개를 갖는 육탄당은 대부분의 탄수화물을 구성하는 주요 성분으로 동식물계에 널리 분포한다. 단맛을 가지고 있어 식품 가공이나 조리학적으로 매우 중요하다. 한편 단당의 기본 구조는 유지하면서 일부 화학 구조가 변형된 경우를 유도체라고 하며 글리코사이드, 당알코올 등이 있다.

3) 소당류

소당류는 단당류가 2~10개 결합한 당류이며 구성 단당류의 수에 따라서 이당류, 삼당류, 사당류 등으로 구분한다. 이당류는 단당류 2분자가 글리코사이드 결합을 하고 있고, 가수분해 시 물 한 분자가 빠져나오면서 두 개의 단당류가 생성된다(그림 3-4). 식품에 널리 분포되어 있는 이당류는 맥아당, 자당, 젖당으로 식품의 성분이 되기도 하면서 가공이나 조리 과정에서 중요한 역할을 한다(표 3-3).

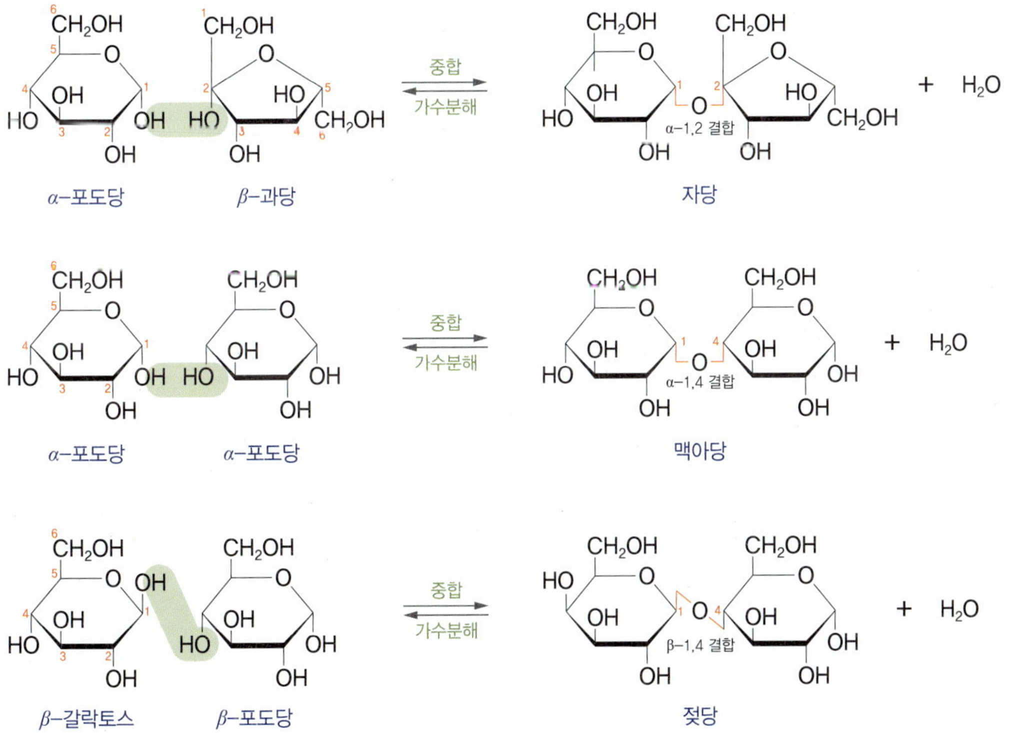

그림 3-4 식품에서 주요한 이당류의 구조

2 감미도 : 단맛의 강도

표 3-3 이당류의 종류별 특성

종류	특성
맥아당 (maltose)	• 포도당 2분자가 α-1,4 글리코사이드로 결합 • 엿당, 환원당 • 식혜, 물엿 등에 존재, 전분의 구성 당류 • 식혜 : 엿기름의 아밀레이스(amylase)가 쌀 전분을 당화시켜 발효 → 전분의 부분적 가수분해로 맥아당 생성 → 단맛 부여
자당 (sucrose)	• 포도당(-CHO)과 과당(-CO)이 α-1,2 글리코사이드로 결합 • 설탕, 비환원당 • 과일, 꽃, 종자, 벌꿀 등에 존재 • 사탕수수 줄기와 사탕무 뿌리에 많아 이들의 즙을 농축 후 결정화하여 제조 • 자연식품의 주요 감미 성분, 높은 단맛 수용도와 비환원성으로 감미 기준 물질 • 감미도 : 과당 > 자당 > 포도당 > 맥아당 > 젖당(용해도 순서와 동일) • 가수분해 중 동량의 포도당-과당 혼합물 생성(전화당(invert sugar)) → 단맛 증가(설탕 감미도 100에 비해 130으로 상승) → 높은 흡습성[3], 결정 형성이 잘 되지 않아서 농후 시럽 제조에 이용 • 160℃ 이상으로 가열 시 캐러멜화(caramelization)로 캐러멜 생성 → 색소 성분으로 식품 제조 시 착색제로 사용
젖당 (lactose)	• 포도당과 갈락토스가 β-1,4 글리코사이드로 결합 • 포유동물의 젖에 함유(모유 6~7%, 우유 4~5%), 환원당 • 포유동물의 성장과 뇌신경 조직 형성에 중요한 역할 • 젖산균의 영양원으로 발육을 촉진하고 유해균을 억제하는 정장 작용 • 젖산균의 번식으로 장내 칼슘 흡수 증가에 영향
아이소말토스 (isomaltose)	• 포도당 2분자가 α-1,6 글리코사이드로 결합 • 청주, 식혜, 벌꿀, 물엿 등에 존재, 전분의 가수분해로 생성
셀로바이오스 (cellobiose)	• 포도당 2분자가 β-1,4 글리코사이드로 결합 • 섬유소의 구성 성분
겐티오바이오스 (gentiobiose)	• 포도당 2분자가 β-1,6 글리코사이드로 결합 • 삼당류인 겐티아노스 또는 글루코사이드인 아미그달린(amygdalin)의 구성 성분 • 단맛은 없고, 쓴맛이 있어 미각 개선제로 사용
트레할로스 (trehalose)	• 포도당 2분자가 α-1,1 글리코사이드로 결합 • 버섯, 효모, 맥각 등에 존재

이당류를 포함하여 식품에 주요한 소당류로는 삼당류와 사당류가 있다. 이들은 물에 잘 녹고 산에 쉽게 분해되며 알칼리에는 안정하다. 체내의 소화효소로 가수분해되지 않고 대장 내 세균에 의해 발효되는 성질을 갖는다. 대표적인 삼당류와 사당류로는 각각 라피노스raffinose와 스타키오스stachyose가 있다(그림 3-5). 라피노스는 포도당과 과당이 결합한 자당에 갈락토스가 결합한 것이고, 여기에 갈락토스 한 분자가 추가된 것이 스타키오스이다. 두 종류 모두 대두, 면실 등 식물의 종자와 뿌리에 존재하는 비환원당으로 장내 세균에 의해 발효되어 가스를 형성하고 복통을 유발하기도 한다. 최근 스타

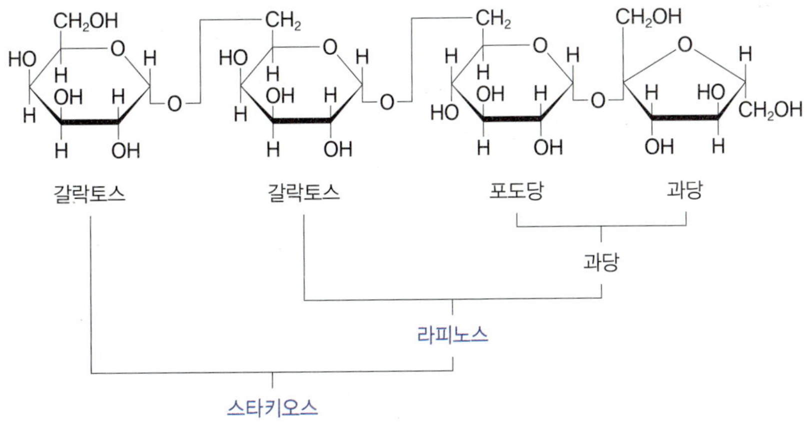

그림 3-5 라피노스와 스타키오스의 구조

키오스가 장내 젖산균(유산균)인 비피두스균의 활성을 증가시키고, 간 기능 보호, 변비 예방, 혈압 강하, 항암 등의 생리 활성에 영향을 준다는 연구가 보고되기도 하였다.

올리고당은 섭취 후 체내의 소화효소에 의해 가수분해되지 않아 에너지를 생성하지 않고 대장에서 유용 미생물의 영양원이 된다. 특히 프럭토올리고당, 갈락토올리고당, 아이소말토올리고당, 자일로올리고당 등은 비피두스 젖산균의 증식을 돕고 유해균을 억제하여 설사, 변비, 대장암 등을 예방하는 데 효과적이다. 그 외에도 충치 예방, 혈중 콜레스테롤 감소, 혈당 수치 개선 등의 생리 활성이 보고되면서 기능성 식품 원료로 각광받고 있다.

4. 단순 다당류

단순 다당류는 단일의 당류가 많은 수로 결합된 중합체이며 대표적으로 전분, 이눌린, 섬유소 등이 포함된다.

1) 전분

전분starch은 포도당이 수백, 수천, 수만 개가 연결된 가장 대표적인 단순 다당류로, 녹색식물의 엽록소에서 공기 중 이산화탄소와 토양의 물을 사용하여 태양에너지를 받

3 흡습성 : 수분을 흡수하여 보유하려는 성질

아서 광합성으로 합성되는 식물성 저장 탄수화물이다. 쌀, 보리, 밀, 옥수수, 감자 등 곡류와 서류의 주성분이며 동물의 에너지원으로 사용된다. 전분은 무미 무취의 흰색 알갱이granule 형태로 물에 녹지 않고 비중이 커서 흰색 침전으로 가라앉으며 요오드 반응에서 청색을 띤다. 전분에 물을 넣고 열을 가하면 팽윤하면서 호화되어 투명해지고 점성을 갖게 된다. 전분 입자는 전분의 출처에 따라 원형, 타원형, 렌즈형, 다각형 등 다양하며, 크기도 식물 종류에 따라 곡류는 지름이 2~20 μm 정도로 소형인 반면에 근경류는 지름이 5~150 μm 정도로 차이가 있다.

전분은 포도당이 α-1,4 결합으로 연결된 직쇄상의 아밀로스amylose와 α-1,6 결합의 가지를 갖는 아밀로펙틴amylopectin으로 구성된다(그림 3-6). 아밀로스는 6개의 포도당마다 회전을 하는 나선 구조로 분자량은 40,000~340,000 정도(포도당 420~980개 정도 중합)이다. 아밀로펙틴은 α-1,4 기본 구조에 α-1,6 가지를 갖는 나뭇가지 모양으로 4,000,000~6,000,000(포도당 최소 1,000개 이상 중합)으로 분자량이 훨씬 크다. 보통 전분 입자 내 아밀로스와 아밀로펙틴의 함량은 20:80 정도이지만 찹쌀, 찰옥수수는 거의 아밀로펙틴으로 구성되어 있다.

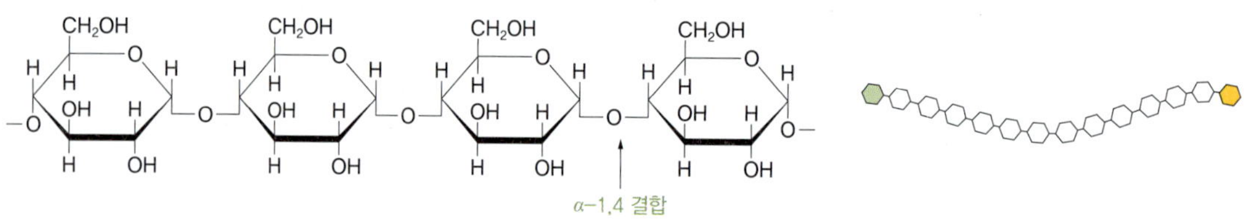

아밀로스

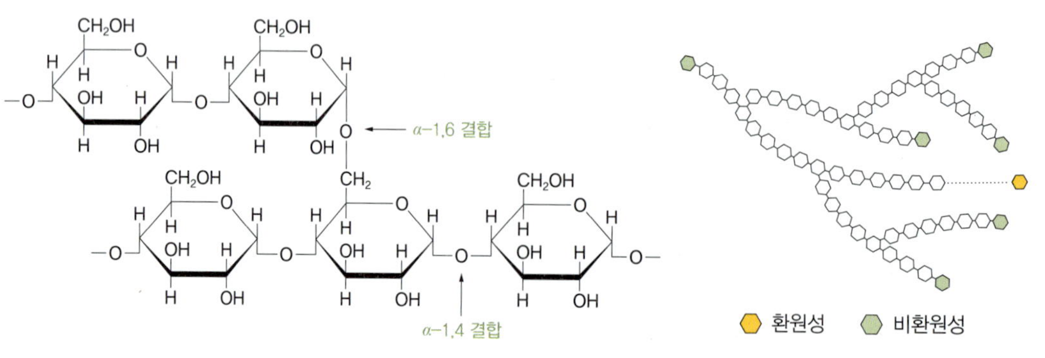

아밀로펙틴

그림 3-6 아밀로스와 아밀로펙틴의 구조

아밀로스와 아밀로펙틴의 서로 다른 구조는 이들의 화학적 및 물리적 특성 차이에도 영향을 준다. 조리학적 측면에서 직선 구조의 아밀로스는 요오드 반응에서 청색을 보이고 물에 잘 용해되며 호화와 노화가 잘 일어나는 반면에, 가지 모양의 아밀로펙틴은 물에 거의 녹지 않고 호화와 노화가 잘 일어나지 않으며 요오드 반응에서 적자색을 띤다. 이와 같은 성질은 아밀로스 분자는 나선 구조 내부 공간에 요오드 분자가 들어가서 포접화합물이 형성되기에 청색의 정색반응이 나타나며 아밀로스 길이가 길수록 진하게 발색된다(그림 3-7). 호화 조건에서는 아밀로스 분자 내부 공간에 물 분자가 침투하여 쉽게 팽윤되어 젤gel[4]을 형성하지만, 온도가 낮아지면 수분이 빠지면서 수소결합이 생겨 침전되는 노화가 일어나게 된다. 한편 아밀로펙틴은 나선형 구조가 아니기에 요오드와 포접화합물을 형성할 수 없어서 적자색을 보이게 된다.

전분은 가수분해에 의해 중간 분해 산물인 덱스트린dextrin을 형성하고, 더 분해되어 소당류와 이당류를 거쳐 최종적으로 포도당이 만들어진다(그림 3-8). 이와 같이 전분을 가수분해하는 주요 효소로는 알파아밀레이스α-amylase, 베타아밀레이스β-amylase, 글루코아밀레이스glucoamylase가 있다(표 3-4).

전분에 물을 넣고 가열하면 60~80℃ 부근에서부터 전분 입자가 파괴되면서 점도가 증가하여 풀처럼 되는 현상을 호화gelatinization[5]라고 한다. 이는 전분 입자에 갇혀 있던 아밀로스가 분자 내 미셀 구조가 붕괴되어 밖으로 용출되면서 나타나는 현상으로, 미셀 구조 상태의 생전분을 β-전분, 구조가 붕괴된 것을 호화전분(α-전분)이라 한다.

호화는 3단계로 진행되는데 전분의 미셀 구조 내부로 물 분자가 침투하는 수화hydration, 미셀 구조 붕괴로 물 분자가 자유로이 전분 분자 사이로 침투하는 팽윤swelling,

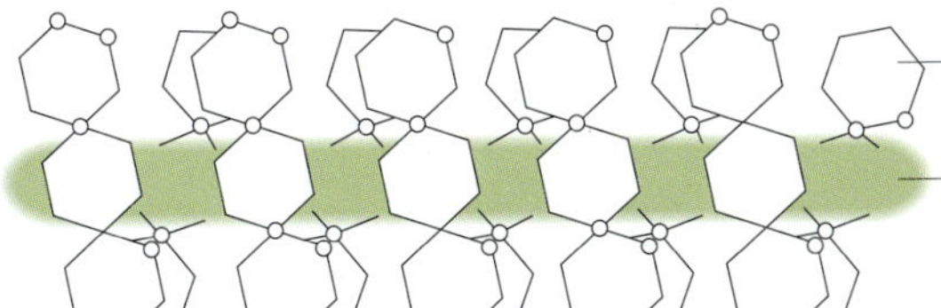

그림 3-7 아밀로스와 요오드 분자 간 포접화합물 형성 개념도

4 젤(gel) : 콜로이드 시스템으로 액체가 흩어지고 고체 형태로 되어 흐름성을 잃은 형태
5 호화(gelatinization) : 전분에 물을 넣고 가열하면 전분 알갱이가 팽창하는 현상

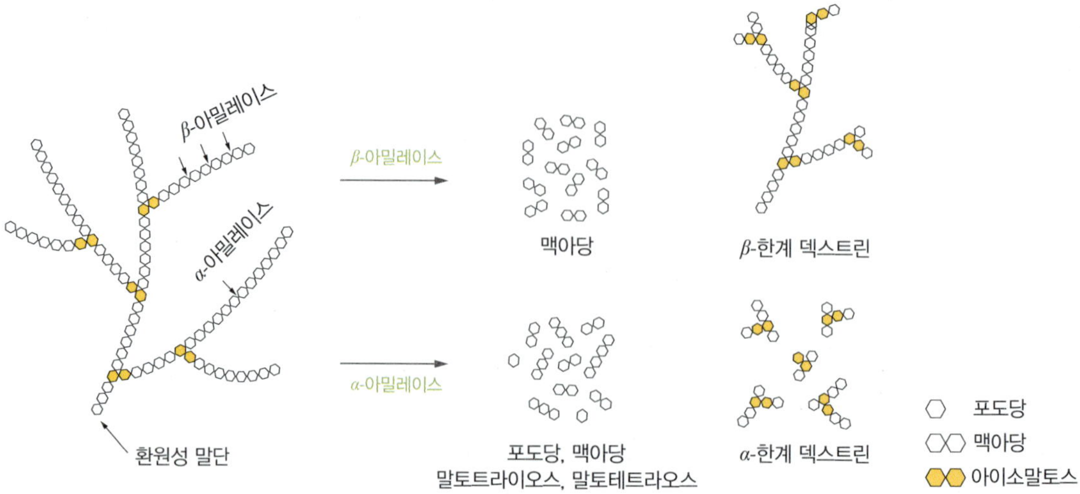

그림 3-8 전분의 가수분해

표 3-4 전분 분해효소의 종류별 특성

종류	특성
알파아밀레이스 (α-amylase)	• 타액, 췌장액, 발아 중 종자, 미생물에 존재 • 아밀로스 내부의 α-1,4결합을 분해하여 덱스트린과 소당류 생성 • 전분 용액의 점도를 감소시키는 액화 효소(liquefying enzyme)
베타아밀레이스 (β-amylase)	• 감자, 콩류, 엿기름에 존재 • 전분의 비환원성 말단부터 α-1,4결합을 분해하여 맥아당 생성 • 가수분해로 인해 단맛을 증가시키는 당화 효소(saccharifying enzyme)
글루코아밀레이스 (glucoamylase)	• 곰팡이, 효모, 간 조직에 존재 • 전분의 비환원성 말단부터 α-1,4 및 α-1,6 결합을 분해하여 포도당 생성 • 전분을 직접 포도당으로 분해(아밀로스 100%, 아밀로펙틴 80~90% 분해) • 전분을 이용하여 결정 포도당을 생산할 때 사용

전분의 호화 온도에 도달하여 현탁액이 콜로이드colloid(교질) 용액을 형성하는 단계로 진행된다. 호화된 전분을 방치하면 냉각되면서 아밀로스 분자 사이에 수소결합이 형성되어 회합 지점이 증가하면서 젤을 형성하는데 이를 노화(β-화)라고 한다(그림 3-9).

전분의 호화와 노화에 영향을 주는 인자로는 전분의 종류, 수분, pH, 온도, 염류가 있다(표 3-5).

조리학적 측면에서는 앞서 설명한 호화와 노화 현상과 함께 전분의 덱스트린화dextrinization를 이해해야 한다. 덱스트린화는 전분에 수분을 첨가하지 않은 상태에서 150~190℃ 고온으로 가열하면 전분 자체의 수분에 의해 덱스트린이 생성되는 현상이

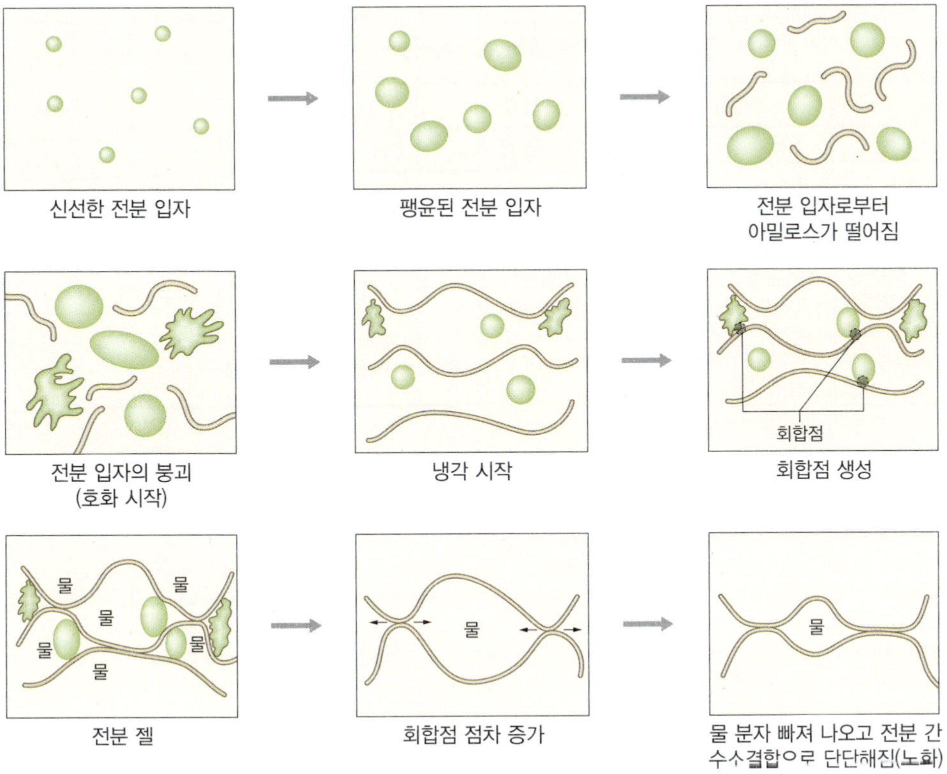

그림 3-9 **전분의 호화와 노화 개념도**

표 3-5 **전분의 호화와 노화에 영향을 주는 요인**

호화	종류	노화
• 입자 크기가 작을수록 호화 온도 높음 • 아밀로펙틴 함량이 많을수록 호화 속도 느림	전분 종류	• 입자 크기가 작을수록 노화 용이 • 아밀로스는 쉽게 노화, 아밀로펙틴은 노화 어려움
• 수분 함량이 높을수록 호화 촉진	수분	• 30~60% 수분 함량에서 노화 촉진 • 10% 이하, 60% 이상에서 노화 억제 • 자당 첨가 시 노화 억제(탈수 작용)
• pH 높을수록 호화 촉진	pH	• pH 낮을수록 노화 촉진(강산성에서는 지연)
• 온도가 높을수록 호화 시간 단축	온도	• 냉장 온도(0~5℃)에서 노화 촉진 • 60℃ 이상, -2℃ 이하에서 노화 지연
• 호화 촉진(단, 황산염은 억제)	염류	• 노화 억제(단, 황산염은 예외)

다. 화학적으로 분해되어 생성된 덱스트린은 용해도가 높고 소화효소가 작용하기 용이하여 소화성이 우수하다. 해당 식품으로는 비스킷, 팽화곡물puffed cereal, 토스트 등으로 비효소적 갈변과 함께 고소한 향이 형성된다.

Tip 전분 종류별 조리 시 장단점

종류	장점	단점	사용 예
감자	농후성	장시간 가열 시 건조	푸딩
옥수수	반투명성	적당한 농후성	푸딩, 파이 필링(filling)
찰옥수수	젤 형성이 불가능	질긴 텍스처	그레이비 소스
찬물에 부푸는 종류	얇은 필름 안정성 우수	농후성 감소 전형적 젤 형성 불가	프로트파이 필링, 식용 필름, 즉석식품
산화 가교 전분류	유동성 졸(저점도) 노화에 안정	강한 점착성	검 드롭, 저장 전분 제품

2) 그 외 단순 다당류

전분을 제외한 단순 다당류에는 이눌린, 셀룰로스, 베타글루칸, 글리코겐, 키틴, 덱스트란 등이 있으며 출처에 따라 식물성과 동물성, 검류로 구분한다(표 3-6).

표 3-6 전분 외 단순 다당류의 종류와 특성

구분	종류	특성
식물성	이눌린 (inulin)	• 돼지감자, 백합, 우엉, 달리아 뿌리에 존재하는 저장 다당류 • 과당이 β-1,2 결합된 중합체 • 인체에서 소화, 흡수되지 않음(식품으로서 영양적 가치 없음) • 가수분해하여 과당 제조 원료로 사용
	셀룰로스 (cellulose)	• 식물 세포벽 구성 성분으로 자연계에 널리 분포 • 수천 개의 포도당이 β-1,4 결합된 중합체 • 분자 간 수소결합으로 규칙적인 섬유상 구조 형성(불용성) • 인체에서 소화, 흡수되지 않음(식품으로서 영양적 가치 없음) • 장운동 촉진, 포만감, 혈중 콜레스테롤 저하 등의 생리 활성 • 메틸기 또는 카복시메틸기를 첨가하여 수용화시킨 메틸셀룰로스와 카복시메틸셀룰로스는 증점제, 안정제, 부피감 부여제 등으로 사용 • 염산으로 분해한 결정 셀룰로스가 식품첨가물로 사용(착색 안료, 휘발성이 강한 향기의 흡착 또는 유지에 사용)
	베타글루칸 (β-glucan)	• 효모의 세포벽, 버섯류, 곡류(특히, 보리와 귀리에 다량) 등에 존재 • 포도당이 β-1,3 결합된 중합체(버섯의 경우 β-1,6 분지결합도 존재) • 면역 증강, 혈당 강하, 지질 개선, 혈중 콜레스테롤 저하 등의 생리 활성
동물성	글리코겐 (glycogen)	• 간과 근육에 존재하는 저장 다당류 • 구조와 성질이 전분과 유사하여 동물성 전분이라고도 함 • 아밀로펙틴보다 가지가 많고 사슬 길이가 짧은 구조 • 요오드 정색반응에서 적갈색(호화, 노화 현상 없음) • 무미 무취로 찬물에 녹아 콜로이드 용액 형성

(계속)

구분	종류	특성
동물성	키틴 (chitin)	• 새우, 게, 바닷가재, 곤충 등 갑각류의 구조 다당류 • 2-*N*-아세틸글루코사민(2-*N*-acetylglucosamine)이 β-1,4 결합 • 단백질, 지질, 무기염류와 함께 존재 • 인체에서 소화, 흡수되지 않음(식품으로서 영양적 가치 없음) • 기능성 식품 제조에 사용되는 키토산(chitosan)의 원료 • 키토산은 중금속 흡착제, 점도 조절제, 접착제, 응집제 등으로 사용(항균, 항암, 면역 활성, 혈중 콜레스테롤 저하 등 보고)
검류	덱스트란 (dextran)	• 류코노스톡속(*Leuconostoc*)에 속하는 세균이 설탕이나 과당을 소비하여 생산 • 포도당이 α-1,6으로 결합 • 혈장 용량 증가제, 식품 안정제 • (조리 측면) 김치 담글 때 설탕을 많이 첨가하면 세균 작용으로 덱스트란이 다량 생성되어 국물이 걸쭉해지는 현상 발생

5. 복합 다당류

1) 펙틴

펙틴질pectic substances은 식물의 뿌리, 줄기, 열매 또는 과일이나 해조류에 존재한다. 식물 조직의 세포벽 사이에서 세포를 결착시켜 주기 때문에 채소나 과일류의 가공, 저장 중 조직감에 영향을 주고 신선도를 유지하는 역할을 한다. 특히 사과(15~18%)와 감귤류(30~35%)에 다량 함유되어 있는 펙틴은 영양 성분은 아니지만 pH 3.0~3.5 및 50% 이상의 당과 함께 가열하면 겔화gelation[6]되는 성질이 있어 잼, 젤리, 마멀레이드 marmalade 제조에 사용한다.

펙틴질의 기본 구조는 갈락투론산이 α-1,4 결합으로 연결된 직선상의 나선형 구조α-helical form이다(그림 3-10). 갈락투론산의 카복실기(-COOH)가 유리 상태인 경우를 펙트산pectic

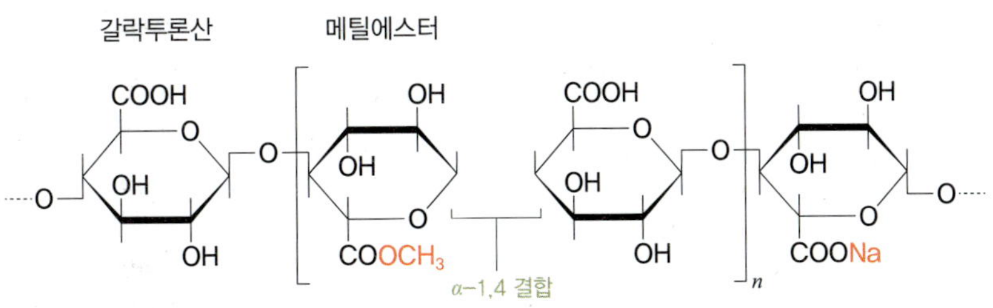

그림 3-10 펙틴질의 구조

6 겔화(gelation) : 겔이 형성되는 현상

acid, 갈락투론산의 카복실기 일부가 메틸에스터(-$COOCH_3$)화된 경우를 펙틴산pectinic acid이라고 한다. 덜 익은 과일에는 불용성인 프로토펙틴protopectin이 존재하다가 성숙해지면 효소 작용에 의해 가수분해되어 펙틴산이 되고, 과숙 과일이 되면 메틸에스터기가 가수분해되면서 펙트산으로 된다.

이론적으로 펙틴 분자 내 모든 카복실기가 메틸에스터화되면 메톡실methoxyl, -CH_3 함량은 16.32%이지만 실제로는 최대 14%가 된다. 따라서 중간값인 7%를 기준으로 메톡실기가 7% 이하이면 저메톡실펙틴low methoxyl pectin, LM pectin, 7% 이상이면 고메톡실펙틴high methoxyl pectin, HM pectin이라 한다.

펙틴의 젤 형성력은 사슬 길이와 메틸에스터화 정도에 따라 다르다(그림 3-11). 고메톡실펙틴은 설탕과 산이 존재할 때 젤을 형성한다. 고메톡실펙틴 용액에 설탕을 넣으면 펙틴 분자에 수화되어 있던 물 분자가 탈수되면서 접합 부위가 발생하고, 산(H^+)을 첨가하면 음전하(-COO^-)를 갖는 펙틴과 결합하면서 주변 펙틴 분자 간 수소결합으로 젤 구조가 안정화된다. 반면에 저메톡실펙틴은 2가 이상의 양이온(Ca^{2+}, Na^{2+} 등)이 존재하면 당과 산이 적어도 펙틴의 음전하(-COO^-)가 양이온과 이온 결합을 하면서 그물 구조의 젤을 형성한다.

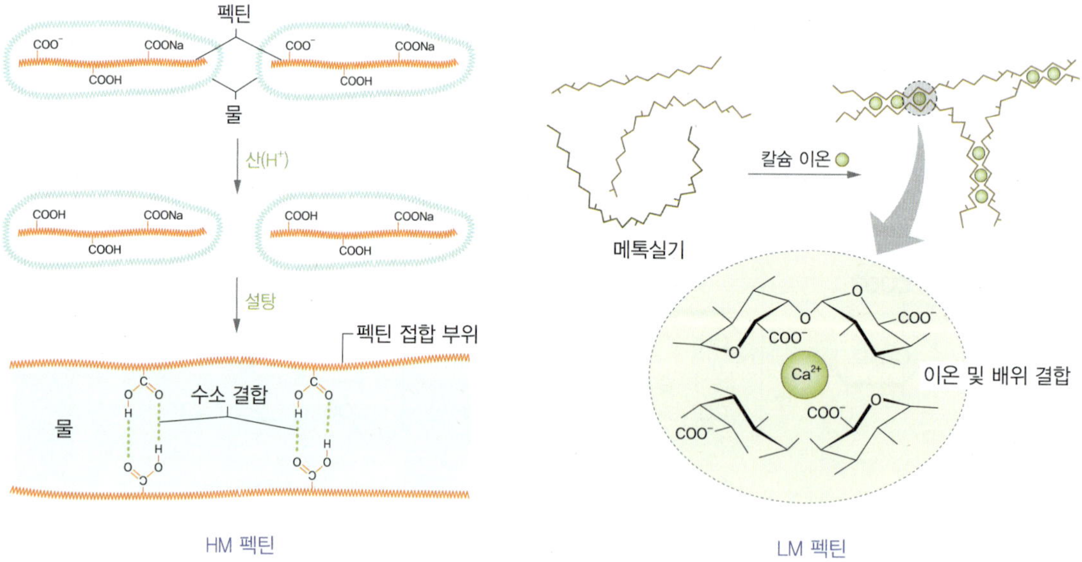

그림 3-11 펙틴의 젤 형성 메커니즘

2) 그 외 복합 다당류

펙틴 외의 복합 다당류에는 헤미셀룰로스, 글루코만난, 점성 다당류와 함께 식물성, 해조류 및 미생물 유래 검류가 있다(표 3-7). 특히 검류는 점도가 높은 수용성 다당체와 그 유도체들로 식품에서 바디body감을 형성하는 역할을 한다. 그 외에도 분산 용액의 안정화, 수분 증발 속도 감소, 얼음 결정 형성 변화로 식품의 유동 특성 개선 등의 용도로도 사용한다.

표 3-7 펙틴 외 복합 다당류의 종류와 특성

구분		종류	특성
식물성		헤미셀룰로스 (hemicellulose)	• 식물 세포벽 성분으로 구조 안정성 부여 • 오탄당인 자일로스와 아라비노스가 주요 구성 당
		글루코만난 (glucomannan)	• 만노스와 포도당이 2:1 비율 • 곤약, 고구마 등에 존재 • 소화 흡수가 거의 안 되는 저칼로리 식품 원료
동물성		황산콘드로이틴 (chondroitin sulfate)	• 점성 다당류(mucopolysaccharide) • 생체 점성 물질, 연조직, 결합 조직 성분으로 존재
검류	식물성	아라비아검 (arabia gum)	• 아카시아나무 껍질에서 얻는 분비물(수액에 존재) • 칼슘, 마그네슘, 칼륨 등과 염을 형성하는 형태 • 결정화 방지, 제과·제빵·청량음료 유화제, 맥주거품 안정제 등으로 사용
		구아검 (guar gum)	• 구아 식물(*Cyamopsis tetragonolobus*, 콩과 식물) 종자에 존재 • 만노스 β-1,4결합에 갈락토스 α-1,6결합 가지 • 냉수에 잘 녹고, 1% 이하의 낮은 농도에서도 점성 형성(2~3%에서는 안정한 젤 형성) • 아이스크림 증점제, 샐러드드레싱과 소스의 안정제 및 증점제
	해조	한천 (agar)	• 홍조류인 우뭇가사리에서 추출 • 아가로스(직선형)와 아가로펙틴(가지형)의 7:3 구성 • 1~2%에서 단단한 젤 형성(85℃ 이하에서 안정) • 제과·제빵·우유·청량음료 안정제, 미생물 배지
		알긴산 (alginic acid)	• 갈조류(미역, 다시마 등)의 세포벽 성분 • 불용성이지만 나트륨, 칼슘, 마그네슘, 칼륨 등과 염을 형성한 형태인 알긴(algin)은 물에 잘 녹음 • 아이스크림, 냉동과자 안정제
		카라기난 (carrageenan)	• 홍조류의 세포벽 성분 • 한천 젤보다 탄력과 보수성 우수(냉·해동 안정성) • 냉동식품 얼음 결정 억제제, 유화 안정제
	미생물	잔탄검 (xanthan gum)	• *Xanthomonas campestris*에서 생산 • 포도당 β-1,4결합에 만노스, 글루크론산, 6-*O*-아세틸-만노스, 피루브산 등이 가지로 결합된 구조 • 수용성으로 낮은 농도에서 높은 점도 형성 • 고온, 염류, 산 등에 안정 • 오렌지주스·과일 필링 안정제, 냉장 샐러드드레싱, 유동성 보존제

Tip 식이섬유

식이섬유(dietary fiber)는 인체 내에서 소화 흡수되지 않는 식품 성분이며, 식물성 식품은 식이섬유의 우수한 급원이 된다. 영양학적으로 장운동 개선, 변비 예방과 함께 최근에는 다양한 생리 활성에도 도움이 된다고 보고되면서 건강 기능성 원료로서 관심이 집중되고 있다. 특히 식품 가공 및 조리학적 측면에서서는 식이섬유의 물에 대한 용해 정도에 따라 사용 목적이 달라지며, 기능성에도 차이를 보인다.

구분	수용성	불용성
종류	펙틴, 베타글루칸, 이눌린, 검류	셀룰로스, 헤미셀룰로스
급원	과일류, 귀리, 콩과 식물 등	채소류, 밀, 쌀 등
기능	혈중 콜레스테롤 감소	체내 폐기물 배출

Summary

1. 탄수화물carbohydrate은 곡류, 콩류, 구근류 등에 존재하며 자연계에 널리 분포되어 있는 물질로 탄소, 산소, 수소가 $C_x(H_2O)_y$의 비율로 구성되어 있다.

2. 탄수화물은 가수분해되어 생성되는 당 분자의 수에 따라 단당류, 이당류, 소당류, 다당류로 분류된다. 또 존재하는 식품의 출처에 따라 식물성과 동물성, 그리고 검류로 구분할 수도 있다.

3. 단당류는 더는 가수분해될 수 없는 포도당, 과당과 같은 가장 간단한 화합물로, 탄소 수에 따라 삼탄당, 사탄당, 오탄당, 육탄당으로 구분한다. 식품에서 중요한 것은 유리 상태로 존재하는 오탄당과 육탄당이다.

4. 단당류 2~10개 정도가 결합된 소당류는 결합에 참여하는 당류의 중합 정도에 따라 이당류, 삼당류, 사당류 등으로 구분하며, 식품학적으로 중요한 이당류에는 맥아당, 자당, 젖당이 있다.

5. 다당류는 많은 수의 당류가 결합된 중합체이며 구성하는 당류의 종류에 따라 단순 다당류와 복합 다당류로 분류한다. 당이 산화, 환원 반응을 하거나 아미노기나 비당류가 결합한 형태의 당 유도체가 있다.

6. 전분은 직쇄상의 아밀로스와 가지를 갖는 아밀로펙틴으로 구성되며, 알파아밀레이스, 베타아밀레이스, 글루코아밀레이스 등의 효소에 의해 가수분해되어 중간 분해 산물인 덱스트린을 형성하고, 더 분해되어 소당류와 이당류를 거쳐 최종적으로 포도당이 된다.

7. 전분에 물을 넣고 가열하면 전분 입자가 파괴되면서 점도가 증가하여 풀처럼 되는 현상을 호화(α-화)라고 하며, 호화된 전분을 방치하면 냉각되면서 겔을 형성하는데 이를 노화(β-화)라고 한다.

8. 펙틴은 갈락투론산이 α-1,4 결합으로 연결된 직선상의 나선형 구조로 분자 내 메틸에스터화 정도에 따라 저메톡실펙틴과 고메톡실펙틴으로 구분하며, pH 3.0~3.5 및 50% 이상의 당과 함께 가열하면 겔화되는 성질이 있다. 고메톡실펙틴은 설탕과 산이 존재할 때 겔을 형성하는 반면에 저메톡실펙틴은 2가 이상의 양이온이 존재하면 당과 산이 적어도 그물 구조의 겔을 형성한다.

연습문제

1. 탄수화물을 정의하고, 가수분해 정도에 따른 분류를 답하시오.

2. 식품에서 중요한 맥아당, 자당, 젖당의 구성 단당류와 식품의 주요 출처를 기술하시오.

3. 식품에 존재하는 대표적 단순 다당류인 전분을 구성하는 아밀로스와 아밀로펙틴의 구조를 비교하고, 호화와 노화의 조건과 이에 따른 현상 변화를 설명하시오.

4. 당뇨나 비만을 고려하여 무가당 식품으로 잼을 제조할 수 있는 방안을 제시하시오.

풀이와 정답

1. 탄수화물은 곡류, 콩류, 구근류 등에 존재하며 자연계에 널리 분포되어 있는 물질로 탄소, 산소, 수소가 $C_x(H_2O)_y$의 비율로 구성된 주요 에너지원이다. 탄수화물은 가수분해되어 생성되는 당 분자의 수에 따라 단당류, 이당류, 소당류, 다당류로 분류된다.

2.

구분	구성 단당류	출처
맥아당	포도당+포도당	꿀, 엿기름, 발아 중 곡류
자당	포도당+과당	사탕수수, 사탕무, 비환원성 당류
젖당	포도당+젖당	우유

3. 아밀로스와 아밀로펙틴의 구조 비교

구분	아밀로스	아밀로펙틴
구성 당	포도당	포도당
결합 형태	α-1,4결합	α-1,4결합 + α-1,6 가지
구조		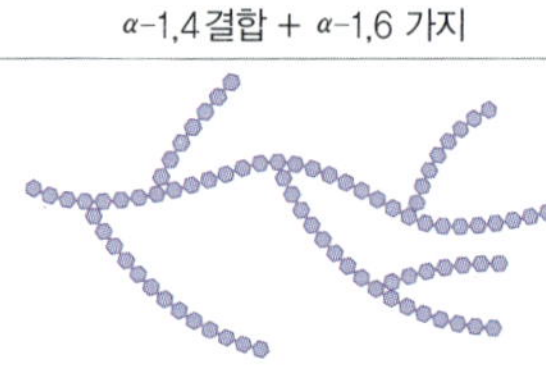

호화와 노화의 비교

구분	조건	현상
호화	전분+물+가열	팽윤, 점도 증가, 전분 분자의 규칙성 파괴
노화	전분+물+가열+방치	수분 방출(이액 현상), 분자 간 접합으로 규칙성 재생

4. 펙틴은 pH 3.0~3.5 및 50% 이상의 당과 함께 가열하면 젤화되는 성질이 있다. 특히 설탕과 산이 필수적인 고메톡실펙틴과 달리 저메톡실펙틴은 2가 이상의 양이온이 존재하면 당과 산이 적어도 펙틴의 음전하가 양이온과 이온 결합을 하면서 그물 구조의 젤을 형성한다. 따라서 저메톡실펙틴을 사용하여 혈당과 체중 증가를 고민하는 사람에게 적합한 잼을 제조할 수 있다.

References

마가렛 맥윌리엄스(Margaret McWilliams) 저, 이진성·김강성·김근성·김명희·김석중·권순복·이경태·황성희 옮김, **식품학 이론과 실제**, 바이오사이언스, 2015.

윤계순·이명희·류은순·민성희·신원선·정혜정·김지향·박옥진, **새로 쓴 식품학 및 조리원리**, 수학사, 2017.

조신호·조경련·강명수·송미란·주난영, **식품학**, 교문사, 2018.

한국식품영양관련학과 교수협의회 편저, **영양사 시험문제집**(제23판), 문운당, 2018.

한국식품영양관련학과 교수협의회 편저, **영양사 요점정리**(제19판), 문운당, 2018.

한국식품영양관련학과 교수협의회 편저, **영양사 요점정리**(제20판), 문운당, 2019.

황인경·김정원·변진원·한진숙·김수희·박찬경·강희진, **스마트 식품학**, 수학사, 2018.

농촌진흥청 국립농업과학원, 농식품종합정보시스템, http://koreanfood.rda.go.kr

FOOD

PRINCIPLES and PREPARATIONS

CHAPTER **04**

지질

1. 지질의 개요

지질은 동식물에 널리 분포하며 일반적으로 물과 같은 극성 용매에 녹지 않고 다이에틸에테르diethyl ether, 석유에테르petroleum ether, 아세톤acetone, 클로로폼chloroform, 벤젠benzene 및 사염화탄소carbon tetrachloride 등의 비극성 유기용매에 녹는다. 대부분 탄소, 수소, 산소의 3원소로 이루어진 생체 구성 성분인 유기화합물을 총칭하여 말한다. 식품 중의 지질은 에너지원으로서 중요한 영양소이며, 주성분인 글리세롤과 지방산의 에스터ester 화합물인 트라이아실글리세롤triacylglycerol뿐만 아니라 왁스wax, 인지질phospholipid, 스테롤sterol, 카로티노이드carotenoid 색소 등도 포함된다.

식품학적으로는 식품의 향과 맛에 대하여 다른 영양소보다 큰 영향을 미치는 성분이며, 튀김 과정에서 식품의 열전달 매체(100℃ 이상)로 매우 중요한 역할을 한다. 또 수소화(경화) 과정을 통한 유지의 가공은 제과 공정에서 매우 중요한 역할을 하며, 비스킷과 스낵류의 바삭함 또는 부드러운 식감을 부여하여 식품의 조직감에도 영향을 미친다. 최근에는 오메가-3 지방(DHA, EPA) 또는 공액리놀레산conjugated linoleic acid, CLA 등과 같은 기능성 지질과 LDL-콜레스테롤이나 트랜스지방과 같은 부정적인 영향을 미치는 지질에 대한 관심이 높아지고 있다.

2. 지질의 종류

지질은 화학 구조에 따라 단순 지질, 복합 지질, 유도 지질의 세 가지로 분류되며, 단순 지질은 에너지원으로 이용될 수 있으나 인지질과 콜레스테롤cholesterol은 조직의 구성 성분으로 존재하며 에너지원으로 이용할 수 없는 특징이 있다.

1) 단순 지질

유지는 한 분자의 글리세롤glycerol과 세 분자의 지방산fatty acid이 에스터 결합을 한 지질이며 단순 지질simple lipid의 구조는 그림 4-1과 같다.

- 중성지질 : 세 개의 탄소와 하이드록시기(-OH) 3개를 가지고 있는 3가 알코올인 글리세롤과 3개의 유리지방산이 에스터 결합한 것을 말한다.
- 왁스 : 고급 지방족 알코올과 고급 지방산이 에스터 결합한 것을 말한다.

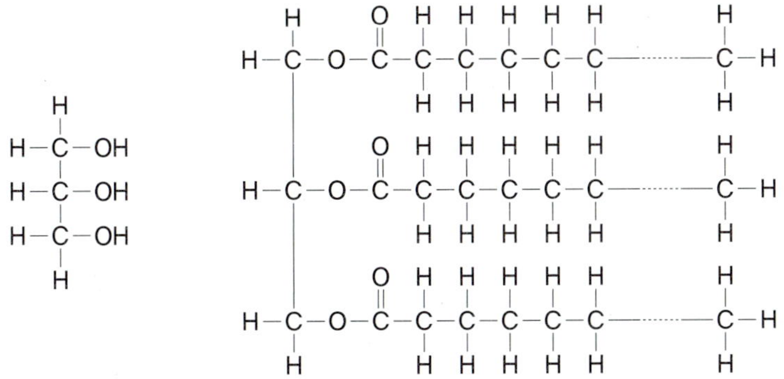

글리세롤　　　　포화 중성지질

그림 4-1 단순 지질의 구조

2) 복합 지질

복합 지질conjugated lipid은 지방산과 여러 알코올의 에스터에 다른 원자단이 결합한 것을 말한다.

- 인지질 : 글리세롤에 지방산, 질소화합물, 인산이 결합한 것으로 레시틴lecithin, 세팔린cephalin, 스핑고미엘린sphingomyelin 등이 있다.
- 당지질 : 지방산, 스핑고신과 당류가 결합한 것으로 세레브로사이드cerebroside, 강글리오사이드ganglioside 등이 있다.
- 황지질 : 지질에 유황이 함유된 것을 말한다.
- 지단백질 : 단백질과 결합한 지질이다.

3) 유도 지질

유도 지질derived lipid은 단순 지질과 복합 지질의 가수분해에 의해 얻어지는 화합물이며, 고급 지방산, 스테롤sterol류, 테르페노이드terpenoids, 지용성 비타민fat-soluble vitamins과 같은 지용성 물질도 포함된다. 유지는 알칼리에 의한 가수분해 성질에 따라 비누화가 되는 지질saponifiable lipid과 비누화가 되지 않는 지질unsaponifiable lipid로 분류된다. 비누화 지질에는 유지, 왁스, 인지질, 당지질 등이 있고, 비비누화 지질에는 스테롤, 탄화수소, 지용성 비타민 등이 속한다.

- 고급 지방산 : 탄소 6개 이상인 친유기와 카복실기(-COOH)를 가지고 있는 지방산

을 의미하며, 친유기가 이중결합이 없는 단일결합으로만 이루어진 것을 포화지방산, 이중결합이 존재하는 것을 불포화지방산이라고 한다.

- 스테롤류 : 스테로이드steroid 핵을 기본 골격으로 갖는 화합물로, 그 출처에 따라 동물성 지질에서 얻은 동물성 스테롤, 식물성 지질에서 얻는 식물성 스테롤, 그리고 미생물에서 얻는 미생물 스테롤류로 분류된다. 이들 스테롤의 구조는 스테로이드 핵의 3번 탄소 위치에 하이드록시기(-OH)를 갖는 공통점이 있다.
- 테르페노이드 : 아이소프렌C_5H_8 n을 구성 단위로 하는 천연 유기화합물의 총칭이며, 스콸렌squalene과 같이 간단한 구조에서 지용성 비타민인 비타민 K나 비타민 E와 같은 복잡한 구조를 가진 것이 있다.

표 4-1 지질의 분류와 특징

종류			특징	예
단순 지질	중성지질		글리세롤과 지방산의 에스터	트라이글리세라이드 다이글리세라이드 모노글리세라이드
	왁스		고급 1가 알코올과 고급 지방산의 에스터	밀랍, 경랍
	스테롤 에스터		스테롤과 지방산의 에스터	
복합 지질	인지질	글리세로인지질	글리세롤, 지방산, 인산이 결합한 지질	레시틴, 세팔린
		스핑고인지질	스핑고신, 지방산, 인산이 결합한 지질	스핑고미엘린
	당지질	글리세로당지질	글리세롤, 지방산, 당질이 결합한 지질 식물의 엽록체에 존재	다이갈락토-다이글리세라이드
		스핑고당지질	스핑고신, 지방산, 당질이 결합한 지질 동물의 세포막에 존재	갈락토-세레브로사이드
	황지질		분자 내 황을 포함하는 지질	
	지단백(아미노 지질)		단백질과 결합한 지질	
유도 지질	지방산			
	고급 알코올	스테롤	알칼리로 비누화한 유지의 비비누화물	콜레스테롤 에고스테롤
		고급 1가 알코올		
	각종 탄화수소	스콸렌	심해 상어의 간유에 존재	
		지용성 비타민 지용성 색소		비타민 A, D, E, K 카로틴

3. 지질의 구조

1) 지질의 구성

지질은 탄소, 수소, 산소의 3원소로 구성되어 있으며 구조상으로는 1분자의 글리세롤과 3분자의 지방산이 결합되어 있다. 글리세롤은 3개의 하이드록시기(-OH)를 가진 알코올이다. 3개의 하이드록시기에 모두 지방산이 에스터 결합을 이루고 있는 경우 중성지질triglyceride, TG이라 하고 이때 3분자의 지방산이 같은 경우에는 단순 중성지질simple triglyceride, 두 가지 이상의 지방산으로 구성된 경우에는 복합 중성지질mixed triglyceride이라고 한다.

중성지질은 항상 3개의 유리지방산이 결합하는 것은 아니며 경우에 따라서는 2개의 유리지방산 또는 1개의 유리지방산만이 에스터 결합을 하고, 이러한 중성지방neutral fat은 결합한 유리지방산의 개수에 따라서 2개가 결합한 다이글리세라이드diglyceride와 1개가 결합한 모노글리세라이드monoglyceride가 있다. 중성지질은 소수성의 성질을 갖고 있는 데 비해 다이글리세라이드와 모노글리세라이드는 에스터 결합을 만들지 않은 하이드록시기로 인하여 부분적으로 친수성 성질을 갖는다.

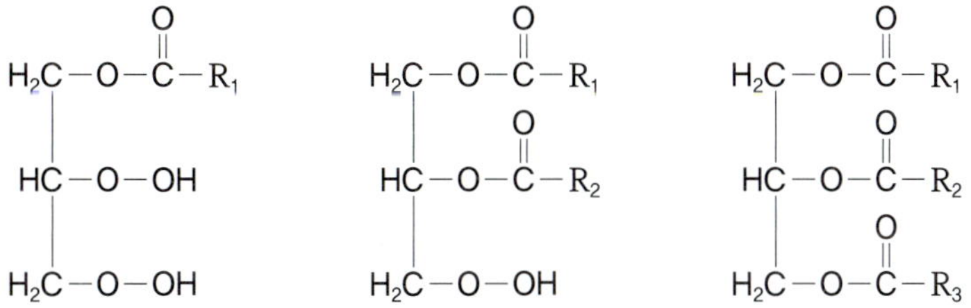

모노글리세라이드　　다이글리세라이드　　중성지질

그림 4-2 글리세라이드의 종류

2) 지방산

지방산은 지질의 대표적인 구성 요소로 에스터 결합을 가진 지질이 가수분해될 때 얻어지는 물질이다. 일반적으로 직쇄상으로 결합한 탄소 사슬이며, 끝에 작용기로 카복실기(-COOH)를 가지고 있고 약식으로는 RCOOH로 표시한다. 천연 유지에 존재하는 대부분의 지방산은 짝수 개의 탄소가 직쇄상으로 연결되어 있으며, 한쪽 끝은 카복실기, 다른 한쪽 끝에는 메틸기가 연결되어 있다.

직쇄상으로 연결된 탄화수소 사슬에서 2개 이상의 수소가 제거되어 이중결합을 가지는 부분이 있으면 그 지방산을 불포화지방산이라 하고, 이중결합이 2개 이상인 지방산을 다가 불포화지방산polyunsaturated fatty acid, PUFA이라고 한다. 동물성 고체 지방은 이중결합이 없는 포화지방산의 함량이 높고, 식물성 지방은 불포화지방산의 함량이 높으나 생선유, 팜유, 코코넛유 등 예외적인 경우도 있다.

(1) 포화지방산

포화지방산saturated fatty acid은 탄소 사슬에 이중결합이나 삼중 결합을 포함하지 않는 지방산으로, 탄소가 3개인 프로피온산propionic acid부터 탄소가 36개인 헥사트라이아콘틸산hexatriacontylic acid 범위에 있는 카복실산이 포화지방산으로 분류된다. 포화지방산은 이중결합을 포함하지 않는 동물성 지방에 많이 함유되어 있으며, 단일결합으로 포화되어 있어 산화에 안정되고 탄소 수가 증가할수록 녹는점과 끓는점이 올라간다. 자연계에 가장 많이 존재하는 대표적인 포화지방산으로는 팔미트산(C16:0) 등이 있다.

(2) 불포화지방산

불포화지방산unsaturated fatty acid은 분자 내에 이중결합이 1개 이상 존재하는 지방산을 말하며, 존재하는 이중결합의 개수에 따라 단일 불포화지방산(이중결합 1개)과 다가 불포화지방산(이중결합 2개 이상)으로 분류한다. 불포화지방산은 식물성 유지에 높은 비

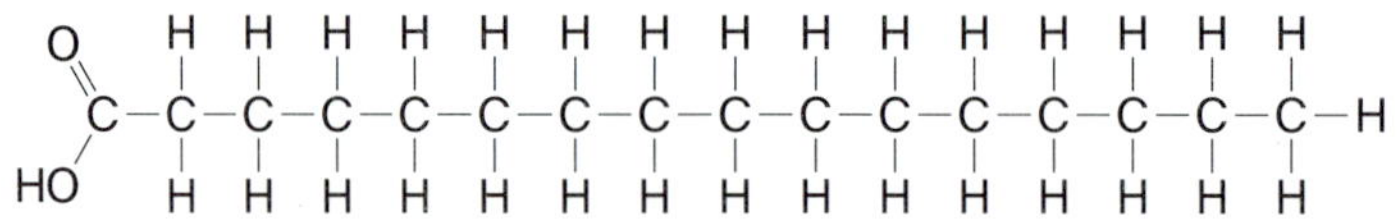
포화지방산

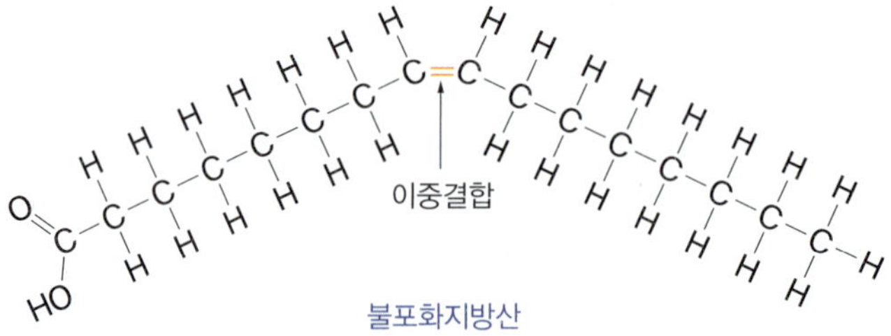

불포화지방산

그림 4-3 지방산의 구조

표 4-2 주요 동식물 식용유지의 지방산 조성

종류	지방산																								
	4:0	6:0	8:0	10:0	12:0	14:0	14:1	16:0	16:1	17:0	17:1	18:0	18:1	18:2	18:3	20:0	20:1	20:2	20:4	20:5	22:0	22:1	22:2	22:6	24:0
콩기름						0.1		11.0	0.1			4.0	23.4	53.2	7.8	0.3					0.1				
들기름								6.5	0.1			2.0	17.8	15.3	58.3										
땅콩기름						0.1		11.6	0.2	0.1		3.1	46.5	31.4		1.5	1.4	0.1			3.0				1.0
면실유						0.9		24.7	0.7	0.1		2.3	17.6	53.3	0.3	0.1									
미강유			0.1	0.1	0.4	0.5		16.4	0.3			2.1	43.8	34.0	1.1	0.5	0.4				0.2				0.1
옥수수유								12.2	0.1			2.2	27.5	57.0	0.9	0.1									
올리브유								13.7	1.2			2.5	71.1	10.0	0.6	0.9									
유채유								3.9	0.2			1.9	64.1	18.7	0.2	0.6	1.0	0.6			0.2	1.0	0.3		1.0
참기름								9.9	0.3			5.2	41.2	43.2	0.2										
코코넛유		0.5	8.0	6.4	48.5	17.6		8.4				2.5	6.5	1.5		0.1									
팜유					0.3	1.1		45.1	0.1			4.7	38.8	9.4	0.3	0.2									
팜핵유		0.3	3.9	4.0	49.6	16.0		8.0				2.4	13.7	2.0		0.1									
해바라기유					0.5	0.2		6.8	0.1			4.7	18.6	68.2	0.5	0.4									
닭기름					0.2	1.3	0.2	23.2	6.5	0.3	0.1	6.4	41.6	18.9	1.3										
돼지기름				0.1	0.1	1.5		24.8	3.1	0.5	0.3	12.3	45.1	9.9	0.1	0.2	1.3	0.1	0.4						
버터	3.8	23	1.1	2.0	3.1	11.7	0.8	26.2	1.9	0.7	0.2	2.5	28.2	2.9	0.5		0.2		0.1						
쇠기름				0.1	0.1	3.3	0.2	25.5	3.4	1.5	0.7	21.6	38.7	2.2	0.6	0.1			0.4		0.1				

자료 : 노봉수·장판식·백형희·김석중·이광근·유상호·이재환·이기원·최승준·변상균, 식품화학, 수학사, 2020.

율로 함유되어 있으며, 불포화되어 있는 부분에서 쉽게 산화반응이 일어나고 일반적인 산화반응의 속도는 이중결합의 수가 많을수록 급격히 빨라진다. 굴절률 역시 불포화도가 클수록 높고 녹는점은 낮아진다.

일반적으로 자연 중에 존재하는 불포화지방산은 팔미톨레산(C16 : 1), 올레산(C18 : 1), 리놀레산(C18 : 2), 리놀렌산(C18 : 3), 아라키돈산(C20 : 4), 에이코사펜타엔산(EPA, C20 : 5), 그리고 도코사헥사엔산DHA(C22 : 6) 등이 있다.

(3) 오메가-3 지방산과 오메가-6 지방산

불포화지방산은 이중결합의 위치에 따라 오메가-3 지방산Omega-3 fatty acid, ω-3 fatty acid과 오메가-6 지방산Omega-6 fatty acid, ω-6 fatty acid으로 불리기도 한다. 지방산 구조에서 메틸기($-CH_3$)를 지닌 말단으로부터 탄소에 번호를 붙였을 때 3번째 탄소에 처음 이중결합이 위치하면 오메가-3 지방산, 6번째 탄소에 이중결합이 처음 위치하면 오메가-6 지방산이라 한다. 오메가-3 지방산의 예로는 들기름이나 대두유에 많이 들어 있는 리놀렌산, 등푸른생선에 많이 함유된 EPA와 DHA를 들 수 있다. 참기름, 면실유, 땅콩기름, 해바라기유 등에 주로 존재하는 리놀레산과 동물성 식품에 들어 있는 아라키돈산은 오메가-6 지방산의 예이다.

(4) 트랜스지방산

액체 상태에 있는 식물성 기름을 고체·반고체 상태로 가공해 마가린, 마요네즈 소스 등과 같이 만드는 과정에서 공기 중에 오래 방치하면 맛과 색깔이 변하기 때문에 이를 방지하려고 수소를 첨가하는데 이 과정에서 만들어지는 지방산을 트랜스지방산trans fatty acid이라 한다. 경화 처리 과정에서 중성지질 분자 지방산 부분의 탄소 원자 사이에 있는 이중결합의 일부가 깨지고 수소가 채워지나, 부분적으로 수소가 첨가된 유지에 남아 있는 이중결합의 일부에서 변화가 일어나 다수의 위치이성질체와 기하이성질체가 생기는데 이때 트랜스지방산이 형성된다. 시스형 지방산은 포화지방산과 좌우 탄소의

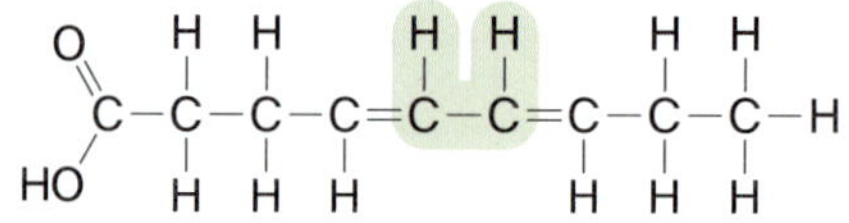

시스형 지방산

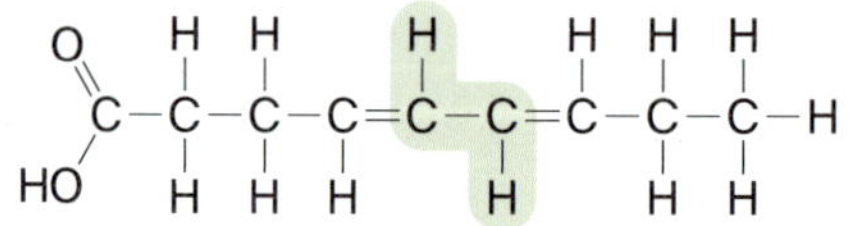

트랜스형 지방산

그림 4-4 시스형과 트랜스형 지방산의 구조

Tip 경화유의 사용

유지나 유지 식품의 불포화지방산 함량이 높은 경우 산화가 빨리 진행된다. 반면에 이중결합에 수소를 첨가하여 포화지방으로 만든 경화유의 경우 산화 속도가 느려진다. 그러므로 지방 함량이 높은 음식의 산화 안정성을 높이기 위해 시중에서 판매되는 도넛이나 치킨 등의 튀김 음식을 만들 때 쇼트닝과 같은 경화유를 사용해 왔다. 그러나 경화 과정에서 형성되는 트랜스지방이 인체에 해로울 수 있다는 사실이 알려지면서 트랜스지방을 함유한 경화유 대신 식물성 기름을 사용하는 추세이다.

위치가 달라 구조적으로 큰 각도로 휘는 구조를 보이는 데 비해, 트랜스형으로 변할 경우는 포화지방산의 탄소 배치와 매우 비슷한 직쇄상의 모습을 보인다. 현재 미국 등 여러 나라에서는 가공식품에 어느 정도의 트랜스지방산이 포함되어 있는지 표시하는 제도를 의무화하고 있다.

4. 유지의 이화학적 성질

1) 유지의 물리적 성질

(1) 용해성

유지는 물에 용해되지 않고 매개체가 없으면 물과 섞이지도 않지만 클로로폼, 에테르 및 석유에테르 등의 유기용매에는 녹는다. 지방산의 카복실기 부분은 수용성이지만 탄화수소 부분은 물과 친화력이 낮은 소수성 영역이므로 탄화수소의 길이가 짧은 저급 지방산의 경우 물에 녹기도 하나 탄화수소의 직쇄 구조 길이가 길어질수록 용해성은 떨어진다. 예를 들어 4개의 탄소를 가진 지방산인 부티르산은 우유 중 유지방을 구성하는 지방산으로 수용성을 띤다.

(2) 비중

유지의 비중은 보통 측정 온도가 명시되어 있고 대체로 25℃에서 측정한다. 일반적으로 물보다 가벼우며, 탄소 수가 많을수록 비중은 감소한다. 일반적으로 유지의 비중은 0.92~0.94 정도이며 일반적으로 저급 지방산의 함량이 많을수록, 지방산의 불포화도가 높은 지방산으로 구성된 지방일수록 비중은 크다.

(3) 녹는점

지방의 녹는점은 지방이 완전히 녹을 때의 온도를 의미하며 유지류의 녹는점은 여러 가지 요인에 의해 영향을 받으나 지방산의 탄소 사슬의 길이, 포화 정도, 이중결합의 수, 결정 구조 등에 크게 영향을 받는다.

① 지방산의 포화 정도

유지의 녹는점은 구성 지방산의 종류에 의해 큰 영향을 받는다. 불포화지방산의 함량과 포화지방산의 탄소 사슬의 길이에 의하여 영향을 받는데 지방이 팔미트산이나 스테아르산 같은 포화지방산을 높은 비율로 함유하면 녹는점이 비교적 높고 실온에서 고체 상태가 된다. 반면에 올레산이나 리놀레산과 같은 불포화지방산의 함량이 많으면 비교적 녹는점이 낮고 실온에서 액체 상태가 된다.

② 지방산의 탄소 사슬 길이

지방산의 탄소 원자의 수가 증가함에 따라 녹는점이 높아진다. 일반적으로 동물성 유지는 탄소의 사슬이 긴 포화지방산의 함량이 많아 녹는점이 높고, 식물성 유지는 불포화지방산의 함량이 많으므로 녹는점이 낮다.

③ 시스-트랜스 구조

올레산의 시스형은 14℃에서 녹으나 트랜스형은 44℃에서 녹는다. 즉, 시스형은 트랜스형보다 녹는점이 낮으며 수소화 과정은 시스형을 트랜스형으로 변화시킨다.

④ 결정 구조

지방산을 이루는 다양한 결정형은 각기 다른 녹는점을 가지는데 결정 크기가 크면 녹는점은 더 높아진다. 또한, 구성 지질의 결정 구조에 따라 몇 개의 녹는점을 가질 수 있으며 이를 동질이상 현상이라고 한다. 동질이상 현상이란 동일 화합물이 2개 이상의 결정형을 갖는 현상으로 이러한 현상은 중성지질뿐만 아니라 지방산 분자에서도 발견된다. 이런 이유로 유지를 구성하는 중성지질 분자가 같다고 하여도 결정형에 따라 녹는점이 달라지기 때문에 유지의 녹는점은 순수한 화합물과 달리 불명확하게 나타난다.

(4) 가소성

가소성은 물체에 어떠한 힘을 주어 변형시키면 힘을 제거해도 변형된 상태를 유지하는 성질이다. 유지는 각기 녹는점이 다른 다양한 결정형으로 이루어져 있으며 실온에서 고체상으로 보이는 유지들이 실제로는 고체 지방 결정과 액체 상태의 기름을 함께 함유하고 있다. 액체 부분은 작은 결정체의 그물 조직 내에 포함되어 있어 가소성을 나타내는 온도 영역에서는 반고체 상태를 나타내며, 유지가 부스러지지 않고 다양한 모양으로 성형되거나 눌러 펴질 수 있게 한다.

(5) 발연점, 인화점, 연소점

발연점은 유지를 가열할 때 표면에서 엷은 푸른색 연기가 발생할 때의 온도이며, 이때 유지에서 발생한 증기가 공기와 섞여 발화하는 온도를 인화점이라고 한다. 이러한 연소가 계속 지속하는 온도를 연소점이라고 한다. 발연점은 지방의 종류나 그 외의 여러 조건에 따라 다르며, 기름의 발연점에 영향을 주는 조건은 유리지방산의 함량, 기름의 표면적, 이물질의 존재, 사용 횟수 등이다.

① 유리지방산 함량

유리지방산의 함량은 발연점과 밀접한 관련이 있으며 그 함량이 많은 기름일수록 발연점은 낮다.

② 기름의 표면적

같은 기름이라고 해도 끓이는 용기의 면적이 넓을수록 기름의 표면적이 넓어져 발연점이 낮아진다.

③ 이물질의 존재

기름 이외의 이물질이 존재할 때 발연점은 낮아진다. 그러므로 튀김을 할 때 되도록 밀가루나 빵가루 등이 떨어지지 않도록 해야 한다. 정제도가 낮은 유지의 경우 순수 지방 외에 다른 성분이 포함되어 있으므로 정제도가 높은 유지보다 발연점이 낮다.

④ 사용 횟수

반복하여 사용한 기름은 사용 횟수가 증가할수록 발연점이 낮아진다. 한 번 사용할 때마다 10~15℃ 정도씩 발연점이 낮아진다.

(6) 점도

점도는 유지를 구성하는 지방산의 종류에 따라 차이가 있어 구성 지방산의 탄소 수가 증가할수록 점도가 커지고, 불포화도가 커짐에 따라 점도는 감소한다. 또한, 유지류를 가열할 때 공기와의 접촉 면적이 넓어지고 고온으로 가열할 때에는 산화 중합되기 때문에 점도가 증가한다.

(7) 응고점

응고점이란 액체 유지를 냉각하여 굳게 하는 온도이다. 모노글리세라이드의 응고점은 녹는점과 일치하지만, 복합 중성지질은 녹는점과 응고점이 다르다. 예를 들어 야자유는 녹는점이 20~28℃이고 응고점은 14~25℃이다.

(8) 굴절률

유지의 굴절률은 얇은 기름층에서 빛의 투과 속도에 대한 진공에서 빛의 속도 비율을 나타낸 값이다. 굴절률은 버터처럼 저급 지방산이 많은 유지는 낮고 불포화지방산의 함량이 높은 아마인유나 유채기름은 높은 편이다. 탄소 수 및 불포화지방산이 증가할수록 굴절률은 증가하며, 식용유지의 품질 평가에 이용되기도 한다. 일반적으로 식용유지의 굴절률은 1.42~1.48 정도이다.

2) 유지의 화학적 성질

(1) 비누화값

유지에 알칼리 용액을 가하여 가열하면 글리세롤과 지방산염이 형성되는데 이를 비누화 또는 검화라고 한다. 비누화값saponification value이란 유지 1 g을 비누화시키는 데 소요되는 수산화칼륨KOH의 mg 수를 의미한다. 보통 유지의 비누화값은 180~200 정도이며 분자량이 작은 저급 지방산의 함량이 높을수록 커지고, 고급 지방산이 많이 함유된 유지일수록 작아진다.

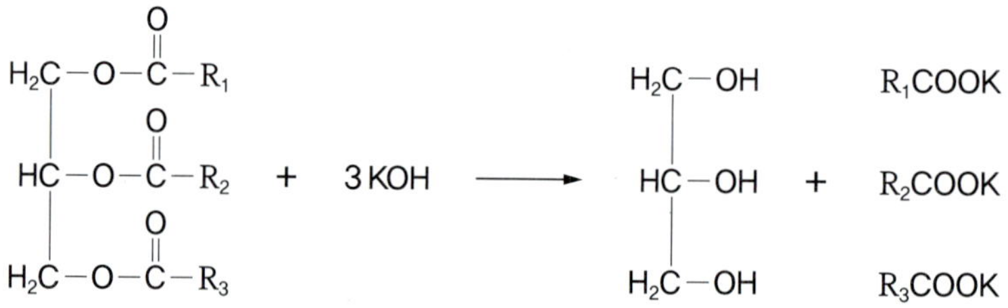

그림 4-5 비누화 반응

(2) 산가

신선한 유지는 유리지방산의 함량이 매우 낮은 편이나 유지를 가열 또는 저장하면 가수분해되어 유리지방산이 생성된다. 산가acid value는 유지 1 g 중에 함유된 유리지방산을 중화하는 데 필요한 수산화칼륨의 mg 수로 정의한다. 대체로 식용유지의 산가는 1.0 이하를 보이나 유지의 종류에 따라 그 값이 다르다. 쇠기름 0.25, 대두유 0.3~1.8, 돼지기름lard 9.8, 야자유 10 등으로 정제하지 않은 참기름이나 올리브유 등은 높은 산가를 보인다. 산가는 유지의 품질을 나타내는 척도로 이용하여 산가가 높으면 변질된 유지로 판단한다. 산가의 변화는 튀김과 같은 가열 산화 시 크게 증가하므로 튀김 유지의 산패 정도를 측정할 수 있다.

(3) 요오드가

불포화지방산의 이중결합 부위는 수소 이온 또는 할로겐 원소에 의해 쉽게 부가반응을 일으킨다. 유지 100 g에 첨가되는 요오드의 g 수를 요오드가iodine value라고 하며 유지의 불포화도를 측정하는 데 활용한다. 요오드가가 높은 유지는 일반적으로 산화가 잘 되는 편이며, 식물성 유지는 불포화지방산이 많으므로 요오드가가 높다.

식용유지를 요오드가에 따라 건성유, 반건성유, 불건성유로 분류하기도 한다. 건성유는 요오드가가 130 이상인 해바라기씨유, 호두유, 들깨유, 아마인유 등이 해당하고, 반건성유는 요오드가가 100~130 사이로 면실유, 옥수수유, 참기름, 대두유 등이 포함된다. 요오드가가 100 이하인 불건성유로는 올리브유, 팜유, 돼지기름, 쇠기름 등이 있다.

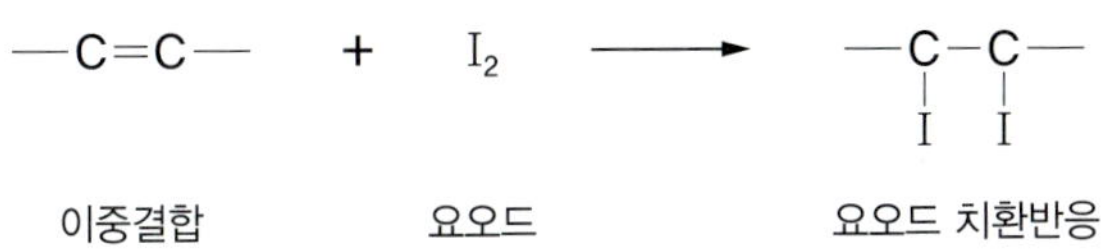

그림 4-6 지방산과 요오드의 치환반응

(4) 아세틸가

아세틸가acetyl value는 유지 속에 존재하는 하이드록시기를 가진 지방산의 함량을 나타낸다. 유지에 아세트산무수물을 첨가하면 유지 속의 하이드록시기와 반응하여 아세틸화되는데, 이 아세틸화된 유지를 다시 가수분해하여 생성된 아세트산을 중화하는 데

> **Tip 비누의 원리**
>
> 비누는 산(유지의 지방산)과 알칼리(수산화나트륨, 수산화칼륨) 사이의 화학반응으로 만들어진다. 비누가 때와 더러움을 쉽게 제거하는 이유는 바로 비누의 화학 구조에 있다. 비누는 하나의 분자 속에 친유기(기름과 친한 부분)와 친수기(물과 친한 부분)를 동시에 가지고 있으며, 친유기는 더러움(기름)과 결합하고 친수기는 물과 결합하여 더러움(기름)과 물이 분리되기 때문에 피부 등으로부터 때와 더러움이 떨어져 나가는 것이다. 비누화 과정 중에 부산물로 글리세린이 생성되는데 투명하고 끈적이는 액체인 글리세린은 공기 중의 수분을 끌어당기는 성질이 있어서 피부의 수분과 촉촉함을 유지해 주는 천연 보습 작용을 한다. 일반적으로 시중에 판매하는 비누는 제조 단계에서 여분의 알칼리와 기타 찌꺼기 등을 걸러 내는 염석 과정을 거치게 되며, 이 과정에서 글리세린 역시 추출되어 다른 용도(화장품 등의 보습 성분)로 사용된다. 천연비누는 식물성 유지와 수산화나트륨(수산화칼륨), 물과 허브 등을 재료로 하여 불을 사용하지 않고 비누화 반응 시에 발생하는 열만으로 만들어지며, 이렇게 만든 비누는 천연의 보습제인 글리세린을 그대로 포함하고 있어서 보습 효과가 좋다.

필요한 수산화칼륨의 mg 수로 표시한다.

(5) 폴렌스키가

폴렌스키가polenske value는 유지 5 g을 비누화한 후 얻은 휘발성의 불용성 지방산을 중화하는 데 필요한 0.1 N 수산화칼륨의 mL 수로 미리스트산, 로르산의 함량을 나타낸다. 일반 유지의 폴렌스키가는 1.0 이하이며 버터는 1.5~3.5, 팜유는 16.8~18.2를 나타낸다. 팜유가 버터보다 수치가 높은 이유는 팜유가 수용성인 휘발성 지방산은 적고 불용성인 휘발성 지방산이 많기 때문이다.

(6) 라이헤르트-마이슬가

라이헤르트-마이슬가Reichert-Meissl value는 유지 중 수용성의 휘발성 지방산 양을 나타내는 값이다. 유지 5 g을 비누화하여 산성에서 중화되는 데 필요한 0.1 N 수산화칼륨의 mL 수로 표시된다. 버터는 26~32, 마가린은 0.55~5.5로 차이가 커서 버터의 위조 검정에 이용한다.

(7) 헤너가

헤너가Hehner value는 유지 내 물에 녹지 않는 지방산의 함량을 전체 유지의 양에 대한 비율(%)로 표시한 값이다. 이 값은 불용성 지방산과 비비누화물의 함량을 나타내는 척도이며, 일반적으로 유지의 헤너가는 95 내외이다.

(8) 과산화물가

유지 1 kg에 함유된 과산화물의 mg 당량 수를 측정하여, 유지의 초기 산패도를 측정하는 값을 과산화물가peroxide value라고 한다. 일반적으로 과산화물가가 식물 유지의 경우 60~100 meq/kg, 동물 유지의 경우 20~40 meq/kg에 도달할 때까지를 유도 기간으로 간주한다.

5. 유지의 산패

유지는 시간이 지나거나 외부 요인에 의해서 본래의 품질을 잃고 빛깔, 맛, 냄새가 변하는데 이런 유지의 변화를 산패rancidity라고 한다. 특히 지방이 고도로 불포화되었거나 환경 조건이 그러한 반응을 유발하기에 적합한 경우에 산패가 일어난다. 산패를 일으키는 화학 변화는 주로 두 가지 형태로 가수분해에 의한 것과 산화에 의한 것이 있다.

1) 가수분해에 의한 산패

가수분해에 의한 산패는 유지가 수분과 반응하여 화학적으로, 또는 라이페이스lipase와 같은 효소의 작용으로 중성지질이 유리지방산과 글리세롤로 가수분해되어 일어난다. 이 반응은 효소인 라이페이스나 가열에 의해 촉진될 수 있다. 차고 젖은 상태의 음식을 튀김 기름에 넣으면 기름이 가수분해에 의해 산패되기 쉽고, 역으로 지방이 가열되지 않으면 라이페이스가 활성을 유지해서 가수분해반응을 더 촉진한다. 가수분해에 의한 산패의 영향은 유지의 구성 성분에 따라 다르며, 유지나 지질 식품의 품질을 저하시키는 물리화학적 변화의 직접 또는 간접적인 원인이 된다.

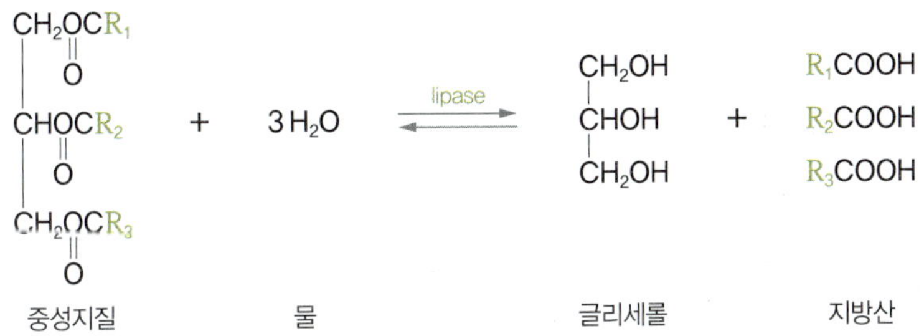

그림 4-7 유지의 가수분해반응

저급 지방산인 부티르산, 카프로산은 실온에서도 휘발성을 띠기 때문에 이들 지방산의 함량이 높은 우유나 낙농 제품에서는 가수분해에 의한 산패로 비정상적인 냄새나 맛이 날 수 있다. 그러나 치즈를 만들 때 발효 과정에서 생성된 이들 저급 지방산은 치즈에 독특한 향미를 부여한다. 반면에 고급 지방산은 산화가 함께 일어나지 않는 한 이러한 향미 변화를 초래하지 않는다. 라이페이스는 식물 조직에 널리 존재하여 지방 분해에 따른 변질을 초래하지만 가열하면 불활성화되므로 조리·가공 과정에서 효소를 불활성화시킬 만큼 높은 온도에서 가열한 식품에서는 가수분해에 의한 산패는 일어나지 않는다.

2) 산화에 의한 산패

산화적 산패는 유지 식품의 변질에 가장 큰 원인이다. 산패는 일부 식품에 존재하는 효소인 리폭시제네이스lipoxygenase에 의해 발생할 수도 있으나, 대개는 유지가 공기와 접촉함으로써 산소를 흡수하여 산화되는 자동산화autoxidation에 의한 것이 일반적이다. 산화적 산패를 받기 쉬운 것은 주로 불포화지방이며, 고도로 수소가 첨가된 지방이나 대부분 포화지방산으로 구성된 천연 지방은 산화적 산패에 대해 비교적 저항력이 있다.

(1) 자동산화

유지가 공기와 접촉하여 산소를 흡수하면 흡수된 산소는 유지를 산화시켜 산화 생성물을 형성하는 데 이를 자동산화라고 한다. 유지 식품과 공기의 접촉을 완전히 차단하는 것은 특별한 경우를 제외하고는 불가능하므로 자동산화는 일상에서 흔히 볼 수 있는 현상이다. 불포화도가 높은 유지는 함유된 이중결합이 공기 중의 산소와 결합하여 산화 생성물을 만든다.

자동산화는 유지 산패의 주된 원인이다. 유지의 자동산화는 상온에서 산소가 존재하면 자연스럽게 일어나는 산화반응이지만, 일정 시간 동안 유지는 산소를 흡수하지 않는다. 그러나 일정 시간이 지나면 산소의 흡수가 증가하면서 과산화물과 카보닐 화합물의 생성도 증가하며 자동산화가 시작된다. 자동산화로 산소의 흡수가 증가하면 과산화물과 카보닐 화합물의 생성도 증가한다. 유도 기간 이후에는 과산화물이 생성되는데 저장 시간이 길어짐에 따라 함량이 증가하다가 최고점 이후에는 오히려 감소한다. 이는 과산화물이 불안정하여 분해되기 때문이다.

자동산화 과정은 초기반응 단계, 연쇄반응(전파반응) 단계, 종결반응 단계의 3단계로 진행되며, 초기반응이 일어나기 전 유지가 산소를 천천히 흡수해 가는 유도 기간을 가진다. 유도 기간이 지나면 유지의 산소 흡수 속도는 급속도로 증가하여 본격적인 산패가 시작된다.

초기반응 단계는 유지 분자들이 빛(광선)이나 가열, 금속, 분자 상호 간 충돌 등의 이유로 에너지를 얻어 활성화되어 결합 상태에서 떨어져 나와 자유라디칼R·을 생성하는 단계이다. 라디칼 생성은 올레산과 리놀레산, 리놀렌산, 아라키돈산과 같은 불포화지방산의 이중결합 부분에서 잘 일어나며, 이중결합에 인접한 메틸렌기에서 수소가 이탈되

초기반응 단계 $RH \longrightarrow R\cdot + H\cdot$

연쇄반응 단계 $R\cdot + O_2 \longrightarrow ROO\cdot$

$ROO\cdot + R_1H \longrightarrow ROOH + R_1\cdot$

종결반응 단계 $R\cdot + R\cdot \longrightarrow RR$

$ROO\cdot + ROO\cdot \longrightarrow ROOR + O_2$

$RO\cdot + R\cdot \longrightarrow ROR$

$ROO\cdot + R\cdot \longrightarrow ROOR$

그림 4-8 **유지의 자동산화 과정**

면서 자유라디칼이 만들어지는데 이것은 반응성이 매우 큰 상태이다.

연쇄반응 단계는 초기반응에서 만들어진 자유라디칼R·이 공기 중의 산소와 빠르게 결합하여 과산화라디칼peroxy radical, ROO·을 형성한다. 이는 다른 유지에서 수소를 얻어 하이드로과산화물ROOH을 형성하면서 또 다른 자유라디칼을 만든다. 하이드로과산화물ROOH은 불안정하므로 쉽게 분해되지만, 자동산화 초기 단계에서는 분해 속도보다 생성 속도가 더 빠르므로 결과적으로 과산화물의 양은 증가한다. 연쇄반응은 지방산의 이중결합이 제거될 때까지 반복되며 하이드로과산화물은 계속 분해되어 연쇄반응을 지속할 수 있는 여러 가지 라디칼을 만들어 내는 동시에 분자량이 적은 산이나 알코올, 알데하이드, 케톤 등으로 분해되어 유지의 풍미가 떨어지고 산패취가 발생하게 된다.

종결반응 단계는 연쇄반응에서 생성된 각종 라디칼이 서로 결합하여 중합체polymer를 형성하는 단계이다. 모든 라디칼이 다른 라디칼 또는 항산화제와 반응했거나, 불포화지방산의 이중결합에 산소와 반응하여 더 이상 수소가 존재하지 않을 때 반응은 종결된다. 종결반응 단계가 되면 하이드로과산화물의 함량이 감소하고, 유지는 불쾌한 냄새 및 점도 증가, 산가 증가, 요오드가 증가의 특징들을 보인다. 또 알데하이드, 케톤, 산, 중합체 등의 양도 늘어난다. 이러한 유형의 산패는 유지류와 지질 식품을 변질시키는 주된 원인이며, 곡류 가공품같이 소량의 지방을 함유한 건조식품에서도 문제를 일으킬 수 있다.

(2) 효소적 산화

지질의 산화를 촉진하는 효소로는 리폭시제네이스와 리포하이드로퍼옥시데이스 lipohydroperoxidase의 두 종류가 있다. 리폭시제네이스는 불포화지방산을 산화하여 과산화물hydroperoxide을 만드는 반응을 촉매하는 데 비하여, 리포하이드로퍼옥시데이스는 과산화물을 분해하는 반응을 촉매한다. 또한 리폭시제네이스는 일반적인 효소반응에서처럼 기질 특이성을 지니며 온도, pH 등의 영향을 받아 작용한다. 리폭시제네이스는 *cis*-*cis*-1,4-펜타다이엔pentadiene, -CH=CH-CH_2-CH=CH- 구조를 갖는 리놀레산, 리놀렌산과 아라키돈산에 작용하여 과산화물 생성을 촉진한다.

RH + lipoxygenase ⟶ RH–lipoxygenase

RH–lipoxygenase + O_2 ⟶ RH–O_2–ipoxygenase

RH–O_2–ipoxygenase ⟶ (R· + ·OOH)–lipoxygenase

(R· + ·OOH)–lipoxygenase ⟶ (ROOH)–lipoxygenase

(ROOH)–lipoxygenase ⟶ ROOH + lipoxygenase

RH : 불포화지방산으로 이루어진 유지 분자

ROOH : 과산화물(hydroperoxide)

그림 4-9 리폭시제네이스에 의한 산화 과정

(3) 가열에 의한 산화

유지는 산소가 존재하는 상태에서 150~200℃로 가열하면 산패가 발생하므로 일반적인 튀김 과정에서 산패가 발생한다. 가열에 의한 산화는 고온으로 처리되기 때문에 자동산화가 가속화되며, 중합반응 때문에 유지의 점도가 상승하고 탄소 간 결합의 분해로 카보닐 화합물의 생성과, 이미 및 이취 생성, 유리지방산의 증가 등이 일어난다. 고온 상태로 가열된 유지의 경우 공기 중에 노출되면 산소와 수분이 유입되는데 이 과정에서 유지의 산화가 촉진된다. 이때 산패의 부산물인 공액 이중결합 물질과 알코올, 케톤 등의 카복실 화합물이 생성된다. 식품에 존재하던 수증기가 빠져나와 유지의 가수분해를 촉진하여 유리지방산과 글리세롤의 함량을 증가시킨다.

기름을 계속 가열하면 거품이 생기는데 이 거품은 잘 소멸하지 않는다. 이러한 변화는 기름을 공기 중에서 200~230℃ 정도로 가열한 경우에 일어나는 열산화 중합반응의 결과이다. 이 산화 중합반응은 건성유에서 가장 일어나기 쉽고 반건성유가 그 뒤를 이으며, 올리브유, 땅콩기름 같은 불건성유는 중합되기가 어렵다. 기름을 가열하였을 때의 변화로는 요오드가가 낮아지고, 점도와 굴절률은 일반적으로 올라간다. 이외에도 기름의 발연점이 변하고 기름이 착색되며, 보존성이 떨어지고 안정성 등도 낮아진다.

3) 산화를 촉진하는 요인

유지의 자동산화에는 많은 인자가 촉진 또는 억제에 관여한다. 이들 중 유지의 산화를 촉진하는 물질을 산화촉진제라고 한다. 흔히 유지 중에 존재하는 금속, 금속염, 광선, 온도, 수분, 산화효소, 헤모글로빈 등이 산화촉진제로 알려져 있다.

(1) 온도

온도의 상승은 자유라디칼의 생성을 촉진하여 자동산화의 초기반응을 빨리 일어나게 하므로 전체적으로 자동산화의 반응 속도를 증가시킨다. 온도계수temperature coefficient, Q_{10}는 2 정도이다.

(2) 광선

광선(빛) 역시 라디칼의 생성을 촉진하는 인자로 유지의 산패를 촉진한다. 특히 파장이 짧은 광선일수록 유지의 산화에 큰 영향을 끼치므로 자외선과 파장이 짧은 일부 가시광선도 산패에 영향을 미친다. 광선에 의한 유지의 산패를 방지하기 위해서는 광선에 노출되지 않도록 함은 물론이고, 포장 용기나 그 재질을 광선 차단성이 큰 것으로 선택하면 좋다.

(3) 산소

산패는 산소를 소비하는 반응이므로 산소가 줄어들면 산패 반응 역시 줄어든다. 따라서 산소나 공기의 접촉을 최소화하는 것이 중요하다. 진공으로 포장하거나 질소나 이산화탄소 등으로 가스 치환 포장, 탈산소제를 첨가하는 방법을 이용할 수 있다.

(4) 금속

금속은 자동산화 과정에서 생기는 하이드로과산화물의 분해를 촉진하여 라디칼의 생성 속도를 높여 산화를 촉진한다. 모든 금속의 효과가 같은 것이 아니라 구리 > 철 > 니켈 > 주석 > 아연 > 알루미늄 > 망간의 순으로 산화를 촉진한다.

(5) 수분

유지에 함유되어 있는 미량의 수분은 금속의 촉매 작용에 영향을 주어 자동산화를 촉진한다. 따라서 수분 함량이 높으면 금속의 촉매 작용을 유발한다. 유지의 산패 속도는 단분자층 수분 함량에서 가장 낮다. 단분자층 수분 함량일 때 식품 속의 금속 이온을 킬레이팅chelating하여 줌으로써 금속 이온이 산화 과정에 참여하는 것을 억제하는 것으로 알려져 있다. 그러나 수분 함량이 단분자층 수분 함량보다 적을 경우에는 단분자층이 파괴되어 식품 중 지질이 공기 중의 산소와 직접 접촉하게 되므로 산패가 빨라진다.

(6) 지방산의 불포화도

지방산의 불포화 정도나 불포화를 이루는 이중결합의 형태, 에스터화 정도 등이 산패의 속도에 영향을 미친다. 이중결합이 많아 불포화도가 높을수록 산화는 빨리 일어나고, 트랜스형 지방산이 시스형 지방산보다 산패 속도가 느리다. 지방산과 글리세롤이 에스터화되어 있으면 유리지방산 형태로 있을 때보다 산패가 천천히 일어난다.

4) 산화를 억제하는 요인

산화를 억제하는 물질을 항산화제라고 하며 토코페롤, 비타민 C, 세사몰, 고시폴 등이 항산화 작용을 하는 것으로 알려져 있다. 항산화제는 유지의 자동산화 초기에 생기는 과산화라디칼과 반응하여 과산화라디칼을 하이드로과산화물로 바꾸어 연쇄반응을 정지시키고, 자유라디칼에 작용하여 수소를 제공함으로써 산화를 방지하며, 시트르산 등은 기름의 산화를 촉진하는 금속과 킬레이트 화합물을 만들어 촉매 작용을 불활성화한다.

(1) 항산화제

항산화제는 일반적으로 천연 항산화제와 합성 항산화제로 구분한다. 천연 항산화제로는 토코페롤, 고시폴, 세사몰, 레시틴, 폴리페놀류 등이 있다.

토코페롤은 일종의 페놀 화합물로 대두유, 옥수수기름, 참기름 등에 많이 함유되어 있는 비타민 E이다. 하이드록시기가 붙는 위치와 수에 따라 α, β, γ, δ의 네 종류가 있으며, 항산화력은 $\delta > \gamma > \beta > \alpha$의 순이다.

고시폴은 면실유에 다량 함유되어 있으며 강력한 항산화력을 가지고 있지만 독성이 강하므로 반드시 정제하여 독성 물질을 제거하여야 한다.

세사몰은 참깨에 들어 있는 세사몰린sesamolin의 글리코사이드로 존재하는 천연 항산화제이다.

레시틴은 인지질의 일종으로 대두유와 옥수수기름에 다량으로 존재하나 항산화력이 강하지는 않다.

폴리페놀 화합물 중 항산화력으로 주목을 받는 물질은 녹차에 들어 있는 카테킨이며, 이외에도 갈산gallic acid, 다이갈산digallic acid 등도 항산화력이 있다.

반면에 합성 항산화제에는 부틸하이드록시아니솔butylated hydroxyanisole, BHA, 부틸하이드록시톨루엔butylated hydroxytoluene, BHT, 삼차부틸하이드로퀴논tertiary butylhydroquinone, TBHQ 및 갈산프로필propyl gallate, PG 등이 있다. 식용유지나 지질 식품에 사용되는 이들 합성 항산화제는 대부분 페놀계 물질로 과량 사용하면 독성을 유발할 수 있으므로 사용량과 사용 식품에 대하여 규제를 하고 있다.

(2) 상승제

상승제는 스스로는 항산화 능력이 없지만 항산화제와 같이 사용할 경우 항산화제의 항산화 효과를 크게 높여 주는 물질이다. 대표적인 예로는 시트르산, 피트산, 중인산염 등이 있다. 상승제는 금속과 결합하거나 킬레이트 화합물을 형성하여 산화 과정을 촉매하는 금속의 작용을 방해하여 산화 속도를 늦추기도 한다.

Tip 항산화 네트워크

항산화 네트워크란 특정 성분의 과다 섭취로 인한 부작용을 방지하고 보다 효율적인 항산화 기능을 위해 각종 유효 성분(비타민 C, 비타민 E, 코엔자임 Q_{10}, 알파리포산, 글루타티온)들이 산화 및 재생 등의 연쇄반응을 일으키는 유기적 리사이클링 과정을 가리킨다. 미국 UC 버클리대학 분자생화학과 레스터 파커(Lester Packer) 교수가 저술한 『The antioxidant miracle(항산화의 기적)』에서 처음 소개한 개념이다.

Summary

1. 지질은 물과 같은 극성 용매에 녹지 않고 비극성 유기 용매에 녹는 유기화합물을 총칭한다.

2. 지질은 화학 구조에 따라 단순 지질, 복합 지질, 유도 지질의 세 가지로 분류되며, 비누화(검화) 여부에 따라 비누화되는 지질과 비누화되지 않는 지질로 나눌 수 있다.

3. 지질은 1분자의 글리세롤과 3분자의 지방산이 결합되어 있으며 이중결합 여부에 따라 포화지방산과 불포화지방산으로 구분된다.

4. 유지는 종류와 형태, 그리고 구조에 따라 용해성, 비중, 녹는점, 가소성, 발연점, 인화점, 연소점, 점도, 응고점, 굴절률 등이 달라진다.

5. 유지의 화학적 성질을 측정하는 방법에는 비누화값, 산가, 요오드가, 아세틸가, 폴렌스키가, 라이헤르트-마이슬가, 헤너가, 과산화물가 등이 있으며 유지의 산패 정도에 따라 그 값들은 달라진다.

6. 유지의 산패는 가수분해에 의한 산패, 산화에 의한 산패로 분류할 수 있으며, 유지 식품의 변질에 있어서 산화적 산패가 가장 주요한 요인이다.

7. 유지의 산패는 지방산의 종류, 금속류, 온도, 수분, 광선, 소금 및 기타의 염 등에 의해 영향을 받으며, 항산화제에 의해서 산화 발생을 지연하거나 산화 속도를 지연시킬 수 있다.

연습문제

1. 단순 지질의 구조에 대하여 설명하시오.

2. 포화지방산과 불포화지방산의 산화 안정성에 대하여 설명하시오.

3. 유지의 녹는점에 영향을 미치는 요인에 대하여 설명하시오.

4. 유지의 발연점, 인화점, 연소점에 대하여 설명하시오.

5. 요오드가에 대하여 설명하시오.

6. 유지의 자동산화 과정에 대하여 설명하시오.

7. 효소적 산화를 촉진하는 효소에 대하여 설명하시오.

풀이와 정답

1. 유지는 한 분자의 글리세롤(glycerol)과 세 분자의 지방산(fatty acid)이 에스터 결합한 지질이다.
2. 포화지방산은 이중결합을 포함하지 않는 동물성 지방에 많이 함유되어 있으며 단일결합으로 포화되어 있어 산화에 안정하고 탄소 수가 증가할수록 녹는점과 끓는점이 올라간다. 불포화지방산은 식물성 유지에 높은 비율로 함유되어 있으며 불포화되어 있는 부분에서 쉽게 산화반응이 일어나고 일반적인 산화반응의 속도는 이중결합의 수가 많을수록 급격히 빨라진다. 굴절률 역시 불포화도가 클수록 높고 녹는점은 낮아진다.
3. 유지의 녹는점은 불포화지방산의 함량이 많을수록 낮아지고, 포화지방산의 탄소 사슬의 길이가 길어질수록 높아진다. 또한 시스형은 트랜스형보다 녹는점이 낮으며 유지의 결정 크기가 크면 녹는점은 높아진다.
4. 발연점은 유지를 가열할 때 표면에서 엷은 푸른색 연기가 발생할 때의 온도이며, 인화점은 유지에서 발생한 증기가 공기와 섞여 발화하는 온도이고, 연소점은 연소가 지속하는 온도를 말한다.
5. 유지 100 g에 첨가되는 요오드의 g 수를 요오드가라고 하며 유지의 불포화도를 측정하는 데 활용한다. 요오드가가 높은 유지는 일반적으로 산화가 잘 되는 편이며, 식물성 유지는 불포화지방산이 많으므로 요오드가가 높다.
6. 지방에서 라디칼이 생성되는 초기반응 단계와 생성된 라디칼이 산소를 흡수하여 과산화물을 생성하고 새로운 라디칼을 계속 생성하는 연쇄반응 단계, 그리고 라디칼이 서로 중합하여 새로운 고분자의 중합체(polymer)를 생성하면서 산패가 마무리되는 종결반응 단계가 있다.
7. 지질의 산화를 촉진하는 효소로는 리폭시제네이스와 리포하이드로퍼옥시데이스의 두 종류가 있다. 리폭시제네이스는 불포화지방산을 산화하여 과산화물을 만드는 반응을 촉매하는 데 비하여 리포하이드로퍼옥시데이스는 과산화물을 분해하는 반응을 촉매한다.

References

김건희·강일준·정윤화·한정아·황은선·윤기선·김묘정, **재미있는 식품화학**, 수학사, 2018.

김지상·정근희·신경옥, **식품학**, 효일, 2011.

노봉수·장판식·백형희·김석중·이광근·유상호·이재환·이기원·최승준·변상균, **식품화학**, 수학사, 2020.

윤계순·이명희·박희옥·민성희·김유경·최미경, **알기 쉬운 식품학개론**, 수학사, 2014.

CHAPTER 05

단백질

1. 단백질의 개념과 특징

단백질protein은 탄수화물, 지질과 함께 일반 식품에 다량 들어 있는 중요한 영양소이며, 생체를 구성할 뿐만 아니라 생체의 기능을 유지하기 위한 생리학적 역할도 많이 한다. 화학적으로는 아미노산이 펩타이드peptide 결합을 하여 폴리펩타이드 사슬polypeptide chain을 이룬 복잡한 화학 구조로 된 고분자화합물이다. 'Protein'의 어원은 그리스어로 '가장 중요한 것'이란 의미이다. 단백질은 구성 원소로 탄소, 수소, 산소 이외에 질소를 반드시 가지고 있으며 황 또는 인을 함유한 것도 있다. 식품 중의 질소는 아미노산의 아미노기($-NH_2$)에서 유래하기 때문에 단백질은 약 16%의 질소를 함유하고 있으며, 일반적으로 질소의 양을 측정하여 이것에 100/16 = 6.25(질소 계수)를 곱하여 얻은 단백질을 조단백질이라고 한다.

단백질은 체내에서 아미노산으로 가수분해되어 흡수된 후 인체에서 필요한 단백질로 다시 합성되어 근육, 피부, 모발, 적혈구의 헤모글로빈, 체내 효소, 그리고 대사를 조절하는 호르몬 등의 체내 단백질을 형성한다. 단백질 급원 식품은 동물성 단백질 식품과 식물성 단백질 식품으로 분류하며, 동물성 단백질 식품은 필수아미노산essential amino acid이 풍부하지만 식물성 단백질 식품은 필수아미노산이 결여되어 있다.

2. 단백질의 종류

단백질은 수백 개 이상의 아미노산들이 펩타이드 결합으로 구성된 고분자화합물로, 현재 사용하고 있는 단백질 분류법은 용해성 분류법에 기초하고 있지만 용해성에 따른 분류는 한계가 있어서 실용도가 한정되어 있다. 일반적으로 단백질은 단백질의 조성과 이화학적 성질의 차이, 구조상의 특징 및 출처 등에 따라 여러 가지로 분류할 수 있다.

1) 이화학적 성질에 따른 분류

단백질은 조성 및 이화학적 성질에 따라 단순 단백질simple protein, 복합 단백질conjugated protein 및 유도 단백질derived protein의 3가지로 크게 분류한다.

(1) 단순 단백질

가수분해에 의하여 아미노산과 그 유도체만을 생성하는 것으로, 특정 용매에 대한 용해 특성에 따라 다음과 같이 분류한다.

① 알부민

알부민albumin은 물, 묽은 염류 용액, 묽은 산 및 묽은 알칼리에 잘 녹으며 가열에 의하여 응고된다. 각종 아미노산을 소량씩 전부 함유하나 글리신glycine 함량이 특히 적으며 분자량도 비교적 적다. 동식물 세포의 원형질에 함유된 대부분의 단백질이 여기에 속한다. 오브알부민ovalbumin(달걀흰자위), 락토알부민lactalbumin(우유), 혈청알부민serum albumin(혈청), 류코신leucosin(맥류), 레구멜린legumelin(대두) 등이 그 예이다.

② 글로불린

물에는 거의 녹지 않고 묽은 염류 용액, 묽은 산 및 묽은 알칼리에 잘 녹으며 가열에 의하여 대개 응고된다. 글로불린globulin은 각종 아미노산을 함유하고 있으나 글리신 함량이 많은 점이 알부민과 다르며, 동식물계에 많이 분포되어 있다. 혈청 글로불린serum globulin(혈청), 락토글로불린lactoglobulin(우유), 미오신myosin(근육), 글리시닌glycinin(대두), 바이실린vicilin(콩류) 등이 여기에 속한다.

③ 글루텔린

글루텔린glutelin은 물, 묽은 염류 용액에는 녹지 않고 묽은 산, 묽은 알칼리에 잘 녹으며 가열해도 응고되지 않는다. 곡류의 종자 단백질과 화본과 식물의 배유 중에 많이 함유되어 있으며 글루탐산glutamic acid을 많이 함유하고 있다. 오리제인oryzenin(쌀), 글루테닌glutenin(밀), 호데인hordein(보리) 등이 그 예이다.

④ 프롤라민

프롤라민prolamin의 용해성은 글루텔린과 비슷하나, 글루텔린이 알코올에 녹지 않는 데 비하여 프롤라민은 70~80%의 알코올에 녹는 특징이 있다. 이들 단백질은 곡류의 종자에 많이 함유되어 있으며 글루탐산과 프롤린proline을 다량 함유하고 있다. 제인zein(옥수수), 글리아딘gliadin(밀), 호데인(보리) 등이 이에 속한다.

⑤ 알부미노이드

알부미노이드albuminoid는 물, 묽은 염류 용액, 묽은 산, 묽은 알칼리에 녹지 않고 효소의 가수분해에 저항력이 있으며, 구조나 결합 기능을 하는 섬유성 단백질로 경단백질scleroprotein이라고도 한다. 콜라겐collagen(근육 조직), 케라틴keratin(손톱, 머리털, 뿔), 엘라스틴elastin(인대) 등이 여기에 속한다.

⑥ 히스톤

히스톤histone은 물, 묽은 염류 용액, 묽은 산, 묽은 알칼리에 잘 녹으나 암모니아에는 잘 녹지 않으며 가열해도 응고되지 않는다. 아르기닌arginine, 라이신lysine을 많이 함유한 염기성 단백질로 동물의 체세포 핵이나 정자 핵에 DNA나 단백질과 공존한다. 적혈구 중의 글로빈globin, 흉선 중의 흉선 히스톤thymus histone 등이 알려져 있으며 식물계에는 존재하지 않는다.

⑦ 프로타민

프로타민protamine의 용해성은 히스톤과 비슷하나 알칼로이드 시약에 의하여 알칼리성에서 침전하지 않는 것이 히스톤histone과 다르다. 아르기닌을 다량 함유한 염기성 단백질로, 어류의 정자 핵 중에 DNA와 결합하여 존재한다. 살민salmin(연어), 클루페인clupein(청어), 스콤브린scombrin(고등어), 스투린sturin(상어) 등이 여기에 속한다.

(2) 복합 단백질

아미노산으로 구성된 단순 단백질에 핵산, 당질, 지질, 색소, 금속 및 인 등의 비단백성 물질이 결합한 단백질이다. 이 중 비단백성 물질을 보결분자단prosthetic group이라고 한다. 복합 단백질은 보결분자단의 종류에 따라 분류되며, 핵산nucleic acid기가 포함된 핵단백질nucleoprotein, 탄수화물이 포함된 당단백질glycoprotein, 인산기가 포함된 인단백질phosphoprotein, 지질이 포함된 지단백질lipoprotein, 색소체가 있는 색소 단백질chromoprotein과 금속이 있는 금속 단백질metalloprotein이 있다.

① 인단백질

단순 단백질과 인산이 결합한 것으로, 식물성 식품에는 존재하지 않고 동물성 식품에서 많이 발견된다. 대표적인 것으로 카세인casein(우유), 비텔린vitellin(달걀노른자), 비텔레닌vitellenin(달걀노른자) 등이 있다.

② 지단백질

지질과 단백질이 결합한 것으로 지질 부분은 레시틴lecithin과 세팔린cephalin 등의 인지질로 이루어진 것이 많다. 유화 능력이 있으며 거의 모든 동식물 세포에 들어 있다. 리포비텔레닌lipovitellenin(달걀노른자) 등이 대표적이다.

③ **핵단백질**

단순 단백질에 핵산(DNA, RNA)이 결합한 단백질로 단백질 부분은 염기성의 히스톤 또는 프로타민이다. 핵단백질은 동식물의 세포핵의 주성분이며, 동물체의 흉선thymus, 식물체의 배아germ, 효모, 세균 등에 함유되어 있다.

④ **당단백질**

단백질에 당질이 결합한 것으로 독특한 점성이 있어 점성 단백질mucoprotein이라고도 한다. 이 단백질은 동식물 세포와 조직을 보호하며 조직 및 장내의 윤활 작용을 한다. 당단백질 중 아세트산에 의해 침전되는 것을 뮤신mucin, 침전되지 않는 것을 뮤코이드mucoid라고 한다. 오보뮤코이드ovomucoid(달걀흰자), 오보뮤신ovomucin(달걀흰자), 뮤신mucin(타액, 점액 분비물) 등이 여기에 속한다.

⑤ **색소 단백질**

단순 단백질과 색소가 결합한 것으로 색소 성분은 엽록소chlorophyll, 카로티노이드carotenoid, 헴heme, 플라보노이드flavonoid 등이 있다. 이들은 생체 내에서 중요한 생리 작용을 나타내며 식품의 색과 밀접한 관계가 있다. 헤모글로빈hemoglobin(혈액), 미오글로빈myoglobin(근육), 클로로필 단백질chlorophyll protein(녹색 잎), 아스타잔틴 단백질astaxanthin protein(갑각류의 껍질), 황색 효소yellow enzyme(우유, 혈액, 조직) 등이 여기에 속한다.

⑥ **금속 단백질**

금속(Fe, Cu, Zn 등)과 단백질이 결합한 것으로 철단백질로는 페리틴ferritin(간), 구리 단백질로는 헤모사이아닌hemocyanin(연체동물의 혈액), 폴리페놀 산화효소polyphenol oxidase, 아스코브산 산화효소ascorbate oxidase 등이 있고, 아연 단백질로는 인슐린insulin(이자)이 있다.

(3) 유도 단백질

단백질(단순 단백질, 복합 단백질)이 물리화학적 또는 효소의 작용으로 변화를 받은 것으로, 변화된 정도에 따라 제1차 유도 단백질과 제2차 유도 단백질로 구분한다. 제1차 유도 단백질은 단백질이 산, 알칼리, 효소 등의 작용이나 가열 등에 의하여 분자의 골격은 변하지 않고 그 특성만 변한 것으로, 변성 단백질denatured protein이라고도 한다. 콜라겐을 물과 함께 오랜 시간 끓여서 만든 젤라틴gelatin이나 단백질 용액에 알코올이나 산

Tip 고기보다 좋은 고기

고기 대신 충분히 먹어도 좋은 단백질 식품은 무엇일까? 짐작한 대로 '콩'이다. 콩은 '밭에서 나는 고기'라고 한다. 유엔 산하 기관인 식량농업기구(Food and Agriculture Organization of the United Nations, FAO)도 콩을 '지속 가능한 미래를 위한 영양가 높은 식품'으로 인정하고 2016년을 '콩의 해'로 지정했던 것을 보면 콩에 대한 인식이 많이 달라진 것을 알 수 있다. 콩은 대표적인 식물성 단백질 급원 식품으로 단백질 함량이 36%나 되고, 필수아미노산을 모두 고르게 함유하고 있다. 오메가-3 불포화지방, 비타민, 무기질도 풍부하게 들어 있고, 아이소플라본이나 올리고당, 사포닌 같은 다양한 기능성 물질도 많다.

을 가하여 만든 변성 단백질들이 여기에 속한다. 제2차 유도 단백질은 단백질이 가수분해되어 만들어지는 중간 생성물로 분해 단백질이라고도 한다. 프로테오스proteose, 펩톤peptone 및 펩타이드 등이 여기에 속한다.

2) 구조와 형태에 따른 분류

단백질은 구조와 형태에 따라 섬유상 단백질fibrous protein과 구상 단백질globular protein로 분류한다.

(1) 섬유상 단백질

섬유상 단백질은 긴 섬유상의 폴리펩타이드 사슬이 수소결합 또는 이황화 결합disulfide bond에 의해 일정한 방향으로 규칙적인 배열을 하여 섬유 모양의 구조를 갖는 단백질로 보통의 용매에 녹지 않는다. 섬유상 단백질에는 콜라겐, 엘라스틴, 케라틴 등이 있다.

(2) 구상 단백질

아미노산 곁사슬의 여러 가지 결합 때문에 폴리펩타이드 사슬이 구부러지고 겹쳐져서 전체적으로 둥근 모양을 가지는 단백질로 비교적 물에 잘 녹는다. 알부민, 글로불린, 헤모글로빈, 인슐린, 효소 단백질 등이 구상 단백질에 속한다.

3) 출처에 따른 분류

식물성 단백질, 동물성 단백질, 미생물 단백질과 단백질 농축물로 나눌 수 있다. 식물성 단백질은 곡류 단백질, 콩류 단백질 들이 있고, 동물성 단백질은 육류 단백질, 달걀

단백질과 우유 단백질이 있다. 미생물 단백질에는 생산하는 미생물의 종류에 따라 세균 단백질, 효모 단백질, 곰팡이 단백질 등으로 더 나눌 수 있다. 단백질 농축물에는 어류 단백질 농축물fish protein concentrate, FPC과 잎단백질 농축물leaf protein concentrate, LPC 등이 있다. 이들 중 단백질의 영양적 가치를 나타내는 단백가의 경우 동물성 단백질들이 일반적으로 높게 나타난다.

3. 단백질의 구조 및 성질

1) 아미노산의 구조

아미노산amino acids은 단백질을 구성하는 기본 단위이며, 천연의 단백질을 구성하는 아미노산은 약 20여 종이 있다. 이외에 흔하지 않은 아미노산이 천연에 존재하는데 이들은 생물학적 기능을 한다. 아미노산은 한 분자 내에 한 개 또는 그 이상의 아미노기($-NH_2$)와 한 개 또는 그 이상의 카복실기(-COOH)를 가지는 화합물로, 카복실기가 결합되어 있는 탄소 위치를 기점으로 하여 아미노기가 결합하는 탄소의 위치에 따라 α-amino acid, β-amino acid, γ amino acid이라 부른다. 또한 글리신을 제외한 α-아미노산은 비대칭 탄소 원자를 가지고 있으므로 광학적 성질을 가지고 있어서 아미노산은 L-형과 D-형의 두 이성질체가 존재한다. 각종 식품에 함유된 유리아미노산이나 자연 단백질을 구성하고 있는 아미노산은 L-α-amino acid들이다.

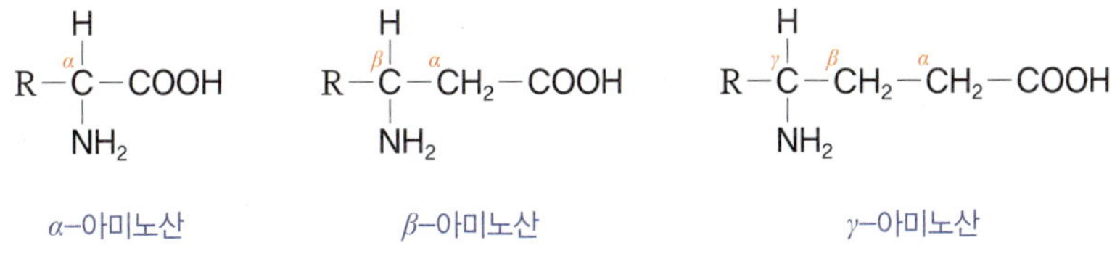

그림 5-1 α-, β-, γ-아미노산의 구조

그림 5-2 L-형과 D-형의 거울상 이성질체

2) 아미노산의 종류와 구조

아미노산은 단백질을 구성하는 아미노산과 단백질을 구성하지 않은 아미노산으로 구분한다.

(1) 단백질을 구성하는 아미노산

단백질을 구성하는 아미노산은 약 20여 종에 이르며, 이들은 물과 작용하는 능력에 따라 ① 비극성nonpolar과 중성, ② 극성polar과 중성, ③ 산성, ④ 염기성 아미노산으로 분류한다. 중성의 비극성(소수성) 아미노산들은 탄화수소로 된 R그룹을 가지고 있으며, 이 R그룹은 + 또는 − 전하를 가지고 있지 않아 중성이라고 한다. 물과 잘 반응하지 않기 때문에 비극성 아미노산은 단백질의 3차 구조를 유지하는 데 중요한 역할을 한다. 탄화수소 곁사슬에는 방향족과 지방족의 두 형태가 있다. 중성의 극성 아미노산은 수소결합을 할 수 있는 작용기를 가지고 있으므로 물과 잘 반응하므로 친수성을 나타낸다. 산성 아미노산은 카복실기(-COOH)를 가지는 곁사슬을 갖고 있으며, 염기성 아미노산은 아미노기(-NH_2)를 비롯하여 다른 염기성 기를 가지는 곁사슬을 가지고 있다.

단백질을 구성하는 아미노산 중에서 발린valine, 루신leucine, 아이소루신isoleucine, 트레오닌threonine, 라이신lysine, 메티오닌methionine, 페닐알라닌phenylalanine, 트립토판tryptophan의 8개 아미노산은 성인의 경우 인체 내에서 합성할 수 없거나 합성하는 양이 적기 때문에 반드시 식품으로 섭취해야 한다. 이러한 아미노산을 필수아미노산이라고 하며, 발육기 어린이와 환자는 체내에서 필요한 히스티딘histidine과 아르기닌arginine의 양을 충분히 합성하지 못하므로 이들을 필수아미노산에 포함하여 10개이다. 이상적인 필수아미노산 분포에 가까운 필수아미노산 조성을 가진 식품으로는 달걀, 우유, 육류 등이 있다.

표 5-1 단백질을 구성하는 아미노산의 종류와 구조

분류	아미노산	약호	화학 구조	pI
비극성과 중성 아미노산	글리신 (glycine)	Gly(G)	$^{-}OOC-C(H)(NH_3^+)-H$	6.0
	알라닌 (alanine)	Ala(A)	$^{-}OOC-C(H)(NH_3^+)-CH_3$	6.0

(계속)

분류	아미노산	약호	화학 구조	pI
비극성과 중성 아미노산	발린 (valine)	Val(V)	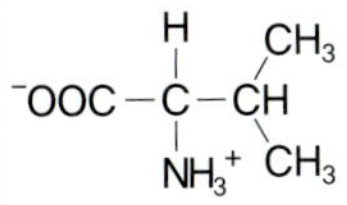	6.0
	루신 (leucine)	Leu(L)	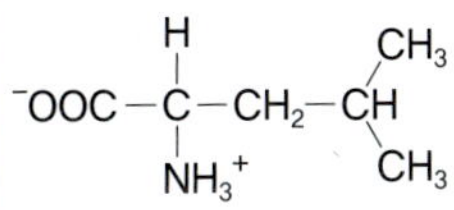	6.0
	아이소루신 (isoleucine)	Ile(I)	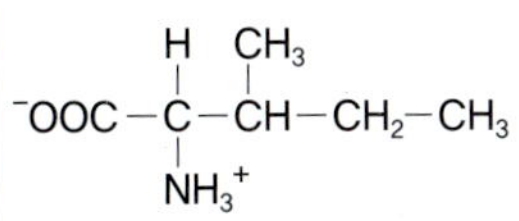	6.1
	프롤린 (proline)	Pro(P)	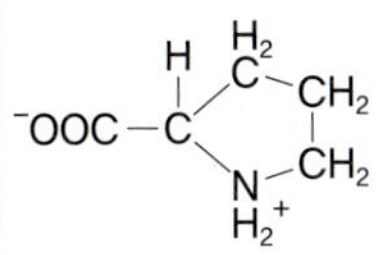	6.3
	시스테인 (cysteine)	Cys(C)	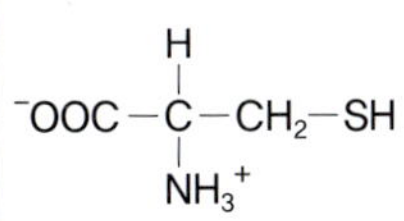	5.0
	메티오닌 (mcthionine)	Met(M)	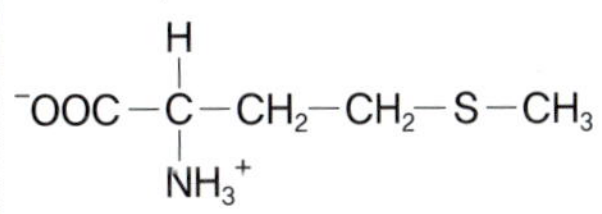	5.8
	페닐알라닌 (phenylalanine)	Phe(P)	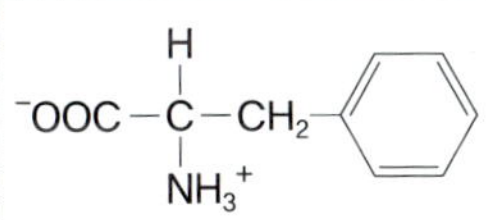	5.5
	트립토판 (tryptophan)	Trp(W)	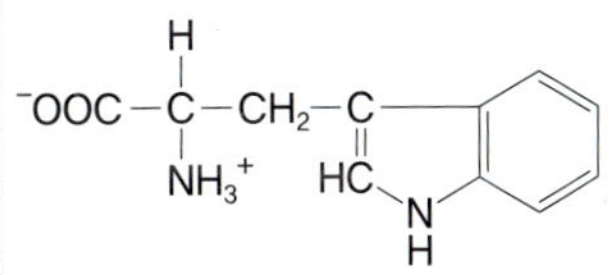	5.9
극성과 중성 아미노산	세린 (serine)	Ser(S)	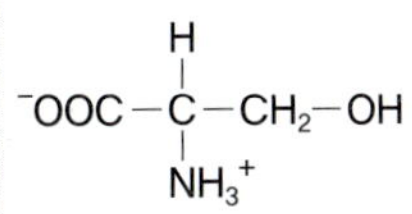	5.7
	트레오닌 (threonine)	Thr(T)	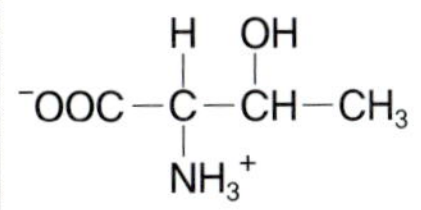	6.5
	티로신 (tyrosine)	Tyr(Y)	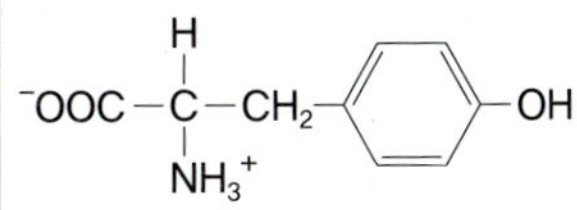	5.7

(계속)

분류	아미노산	약호	화학 구조	pI
극성과 중성 아미노산	아스파라긴 (asparagine)	Asn(N)	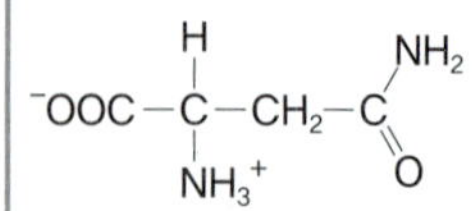	5.4
	글루타민 (glutamine)	Gln(Q)	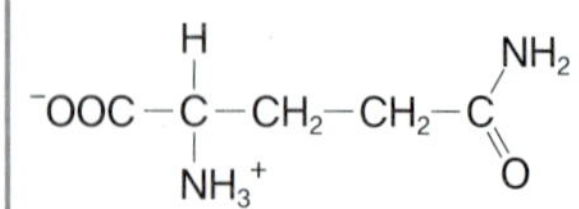	5.7
산성 아미노산	아스파트산 (aspartic acid)	Asp(D)	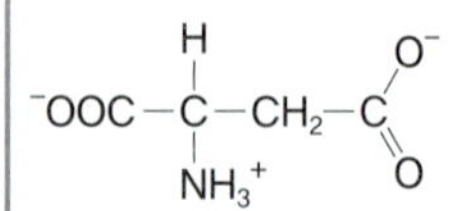	3.0
	글루탐산 (glutamic acid)	Glu(E)	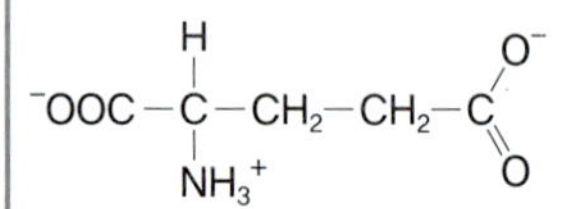	3.2
염기성 아미노산	라이신 (lysine)	Lys(K)	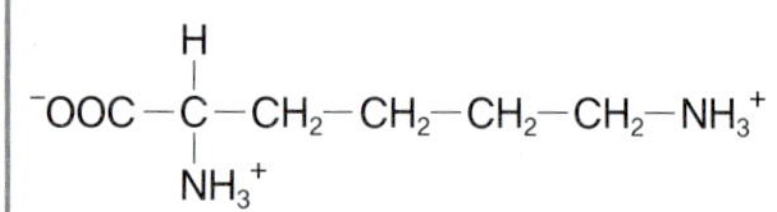	9.8
	아르기닌 (arginine)	Arg(R)	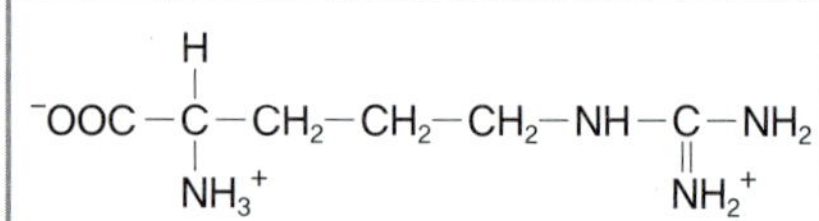	10.8
	히스티딘 (histidine)	His(H)	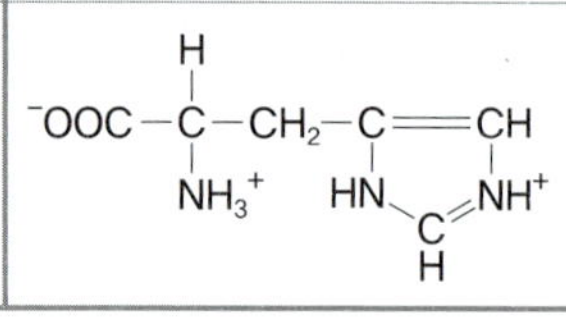	7.6

Tip 노벨상을 가져다준 거울상 이성질체

미국의 윌리엄 놀스(William Standish Knowles) 박사는 몬산토사 연구원 시절인 1968년 화학반응을 촉진하는 촉매를 이용해 두 개의 탄소 결합 사이에 수소 두 개를 끼워 넣는 데 성공하였다. 수소가 들어가면 물질이 한쪽으로 뒤틀렸는데, 놀스 박사는 수소를 넣는 방향에 따라 원하는 거울상 이성질체가 만들어진다는 사실을 밝혀내고, 이 방법으로 1974년 파킨슨병 치료제로 쓰이는 아미노산 거울상 이성질체를 합성해 냈다. 또 다른 수상자인 일본 나고야 대학 노요리 료지(Noyori Ryoji) 교수와 미국 스크립스 연구소의 배리 샤플리스(Karl Barry Sharpless) 박사는 각각 수소를 끼워 넣는 새로운 촉매와 탄소 결합 사이에 수소 대신 산소를 끼워 넣어 한쪽 이성질체를 만드는 촉매를 개발해 냈다. 샤플리스 박사는 이 방법으로 심장 질환 치료제인 글라이시돌을 개발하였다.

(2) 단백질을 구성하지 못하는 아미노산

아미노산 중에는 단백질의 구성 요소는 아니지만, 유리 상태 또는 비타민 등 특수한 화합물의 구성 성분으로 존재하는 것이 20여 종 있다. 이들 중 식품과 관계 깊은 것은 표 5-2와 같다.

표 5-2 단백질을 구성하지 않는 아미노산의 소재와 역할

일반명	구조식	소재 및 역할
베타-알라닌 (β-Alanine)	$H_2N-CH_2-CH_2-COOH$	자연계에 존재하는 유일한 β-아미노산으로 판토텐산, coenzyme A의 구성 성분이며 근육 속에 유리 상태 또는 다이펩타이드로 존재
시트룰린 (Citrulline)	$H_2N-\underset{NH}{\overset{\overset{O}{\|}}{C}}-(CH_2)_3-\underset{NH_2}{CH}-COOH$	수박의 과즙에 존재 아르기닌의 가수분해에 의한 생성 요소 사이클 중에서 요소 생성에 관여
오니틴 (Ornithine)	$H_2N-(CH_2)_3-\underset{NH_2}{CH}-COOH$	동식물 조직에 존재 요소 사이클 중에서 요소 생성에 관여
다이하이드록시페닐알라닌 (Dihydroxyphenylalanine, DOPA)	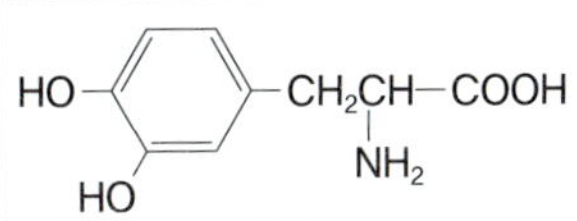	티로신 산화로 생성된 멜라닌 색소의 전구물질
감마-아미노부티르산 (γ-Aminobutyric acid, GABA)	$CH_2(NH_2)CH_2CH_2COOH$	감자, 사과 속에서 발견 뇌 속에 존재하며 혈압 강하 작용
알리인 (Alliin)	$CH_2=CH-CH_2-\underset{\underset{O}{\|}}{S}-CH_2-\underset{NH_2}{CH}-COOH$	마늘에 존재 마늘냄새 알리신의 전구물질
타우린 (Taurine)	$H_2N-CH_2-CH_2-SO_3H$	오징어, 문어 담즙에 존재 말린 오징어 표면이 하얗게 되는 것은 주로 이 물질의 작용
테아닌 (Theanine)	$C_2H_5NH\overset{\overset{O}{\|}}{C}CH_2CH_2-\underset{NH_2}{\overset{H}{C}}-COOH$	녹차, 차의 감칠맛 성분

3) 단백질의 구조

단백질은 1차, 2차, 3차, 4차의 순차적인 4단계 구조로 형성되는데, 각 단계에서 단백질의 구성과 형태가 결정된다. 1차 구조는 아미노산이 직선으로 연결된 폴리펩타이드이고, 2차 구조는 폴리펩타이드가 α-나선α-helix, β-병풍β-pleated sheet 모양을 형성한 것이다. 3차 구조는 2차 구조를 형성한 폴리펩타이드가 구부러져서 3차원적 입체 구조를 형성한 것이며, 4차 구조는 3차 구조를 형성한 단백질이 집합체를 형성한 것을 말한다.

단백질의 구조는 각 단백질의 생리적, 식품학적 기능성에 매우 중요한 역할을 하며, 대부분의 단백질은 구조가 변형되면 고유의 기능성을 상실한다.

(1) 단백질의 1차 구조

자연계에 존재하는 단백질은 동식물의 체내에서 합성되거나 식품으로부터 공급된 20개의 아미노산으로 구성된다. 20개의 아미노산 중 11개는 체내에서 합성할 수 있으므로 비필수아미노산nonessential amino acid이라고 하고, 나머지 9개는 반드시 체외에서 공급되어야 하므로 필수아미노산이라고 한다.

아미노산은 탄소 원자에 염기성인 아미노기(-NH_2)와 산성인 카복실기(-COOH), 곁사슬side chain인 R기가 결합한 기본 공통 구조를 가지며 곁사슬인 R기의 종류에 따라 아미노산의 성질이나 기능이 달라진다.

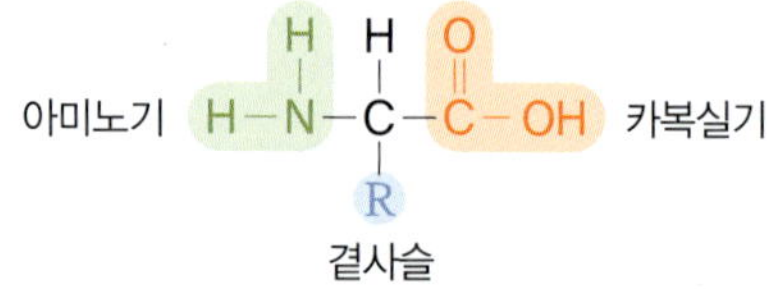

그림 5-3 아미노산의 구조

유전자의 염기서열에 따라 특정 단백질을 구성하는 아미노산의 종류와 서열이 결정되는데, 아미노산과 아미노산은 펩타이드 결합peptide bond으로 연결되어 단일 고분자 물질인 폴리펩타이드를 형성한다. 펩타이드 결합은 한 아미노산의 아미노기 질소와 다른 아미노산의 카복실기 탄소 사이의 공유결합을 의미하며 이 반응에서 물 한 분자가 제거된다. 아미노산이 펩타이드 결합으로 연결된 단백질 분자를 폴리펩타이드라고 하며, 대부분 단백질은 100개 이상의 아미노산으로 구성된 거대 분자이다. 이처럼 아미노

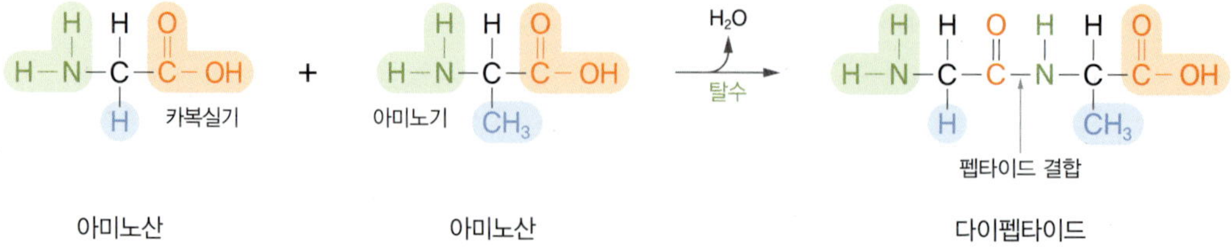

그림 5-4 아미노산의 펩타이드 결합

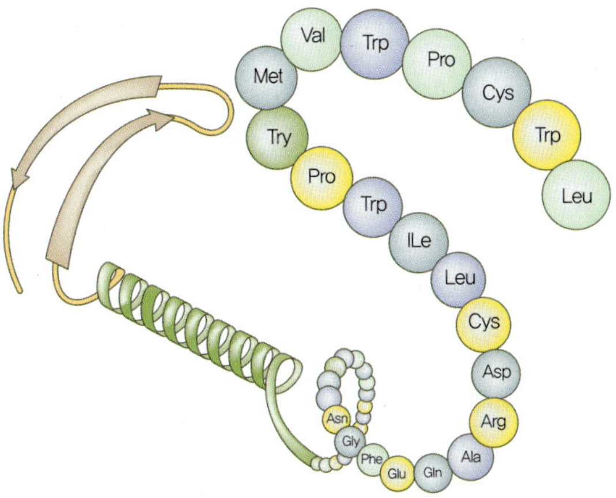

그림 5-5 단백질의 1차 구조

산 배열에 의한 단백질의 기본 분자 구조를 단백질의 1차 구조primary structure라고 한다.

(2) 단백질의 2차 구조

단백질을 구성하는 아미노산의 종류와 연결 순서에 따라 특정 단백질의 구조와 성질이 결정된다. 즉 폴리펩타이드 사슬을 구성하는 아미노산의 곁사슬 구조들이 상호 작용하여 입체적인 2차 구조secondary structure를 형성한다. 2차 구조에는 α-나선 구조, β-병풍 구조, 무작위 코일 구조random coil 등이 있으며 단백질의 종류에 따라 각각의 비율이 다르다. 예를 들어 알부민과 글로불린 등의 구상 단백질은 α-나선 구조가 많으며, 콜라겐, 케라틴 등의 섬유상 단백질은 주로 β-병풍 구조로 구성되어 조직이 치밀하고 질기다.

① α-나선 구조

α-나선 구조α-helix structure는 한 펩타이드 내에서 나선을 따라 규칙적인 형태로 카보닐기(-C=O)와 아미노기(-NH_2) 사이의 수소결합으로 안정한 구조를 이룬다. 펩타이드 사슬 내의 모든 카보닐기 산소와 아미노기 수소 사이에 수소결합이 형성되고 코일 밖으로 모든 아미노산 잔기의 곁사슬이 향하고 있으므로 나선 구조는 매우 안정하게 유지된다. 천연 단백질에서는 1회전에 3.6 아미노산 잔기가 들어가는 매우 안정한 나선형만을 가진다. α-나선 구조를 많이 가지고 있는 단백질은 미오신, 헤모글로빈, 피브린, 케라틴 등의 섬유상 단백질이다.

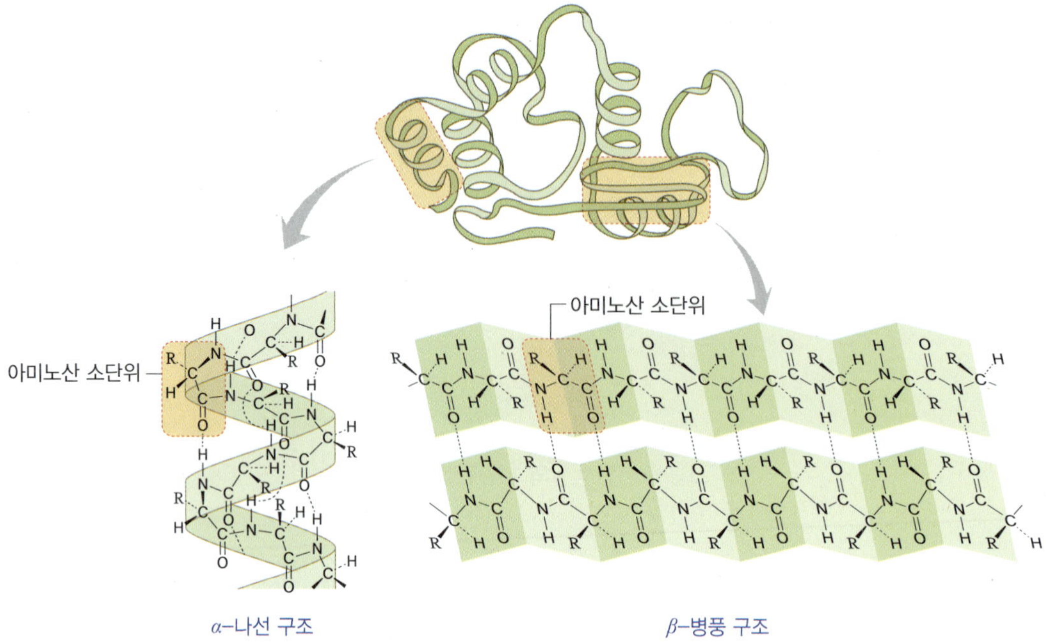

그림 5-6 단백질의 2차 구조

② β-병풍 구조

β-병풍 구조β-pleated sheet structure는 β-구조라고도 하며, 병풍을 펼친 것과 같은 모양을 유지하는 β-병풍 구조는 주름진 형태를 하고 있다. 주름진 구조에서는 2개의 펩타이드가 카보닐기와 아미노기 사이의 수소결합 때문에 안정화되어 있는데, 2개의 펩타이드 사슬이 같은 방향으로 배열되어 있으면 수소결합이 기울어지는 평행형 주름진 구조, 서로 반대 방향으로 늘어질 때는 평행의 수소결합을 이루는 비평행형 주름진 구조를 이룬다.

③ 무작위 코일 구조

한 아미노산의 곁사슬은 정전기적 또는 입체적 특성 때문에 규칙성이 없는 불규칙한 무작위 코일 구조random coil structure(랜덤 코일 구조)를 이루게 된다. 락토글로불린의 경우 전체에서 α-나선 구조는 약 6.8%이고 β-병풍 구조는 약 51.2%이며, 나머지 약 31.5%는 무작위 코일 구조를 하고 있다.

(3) 단백질의 3차 구조

2차 구조를 이루는 선상의 폴리펩타이드 사슬이 구부러지고 중첩되어 3차원적 공간에서 입체 구조를 이룬 형태를 말한다. 단백질은 종류에 따라 고유한 3차 구조tertiary structure를 갖는데 이는 아미노산의 조성과 결합 순서가 단백질마다 다르기 때문이다. 하나의 폴리펩타이드 사슬은 각 영역의 1차 구조에 따라 α-나선 구조 또는 β-병풍 구조, 그리고 무작위 코일 구조를 형성하고 이것이 수소결합, 이황화 결합, 이온 결합, 소수성 결합 등에 의해 서로 조합되어 구상 및 섬유상의 입체 형태를 이룬 것을 3차 구조라고 한다. 물에 녹지 않고 유기 용매에 녹는 지단백질과 같은 단백질의 분자 표면에 소수성 아미노산들이 더 많이 분포한다. 단백질의 3차 구조는 아미노산의 R-기 사이에 작용하는 수소결합, 이온 결합, 이황화S-S 결합, 소수성 결합 등으로 안정화되어 있다. 그러나 천연의 단백질이 열, 압력, 산, 알칼리, 염 등의 물리화학적 작용을 받으면 3차 구조가 변형되고 그로 인하여 생리적 활성을 상실하거나 식품학적 기능이 변화한다.

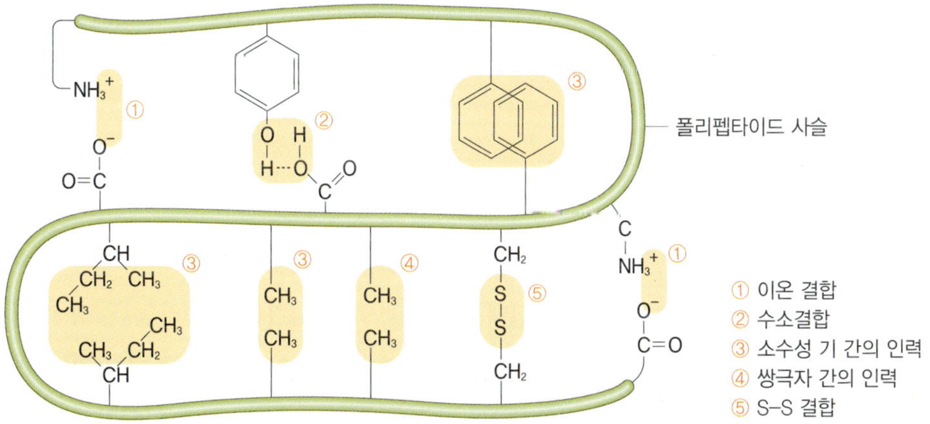

그림 5-7 단백질 3차 구조의 결합 형태

(4) 단백질의 4차 구조

4차 구조quaternary structure란 여러 개의 3차 구조 단위의 소단위가 수소결합, 소수성 결합, 이온 결합 등의 비공유결합을 회합하여 특정한 공간 배치를 가지는 구조이다. 각각의 소단위를 서브유닛subunit이라 하며 대부분의 식품 단백질은 보통 2~4개의 서브유닛으로 이루어져 있다.

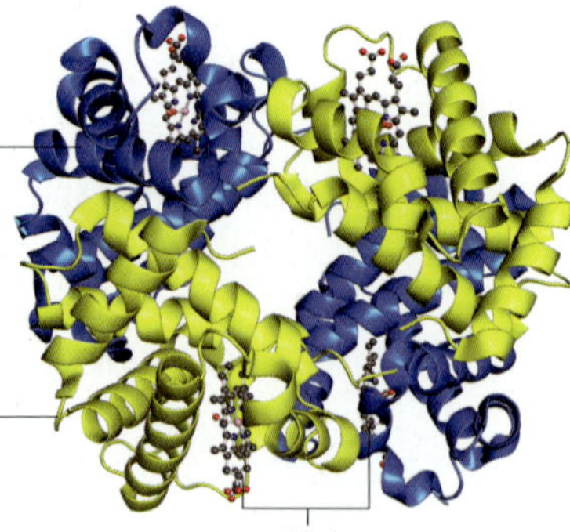

그림 5-8 단백질의 4차 구조

단백질 복합체는 같은 서브유닛으로 이루어진 단순 복합체도 있지만 다른 서브유닛이 서로 결합하여 이루어진 혼합 복합체가 있다. 헤모글로빈의 경우 α와 β 2개의 다른 소단위가 모여 복합체를 형성하여 기능을 발휘하고 있으므로 각각의 소단위를 분리하면 그 기능을 상실하게 된다.

4) 단백질의 성질

(1) 양성 전해질과 등전점

아미노산과 단백질은 분자 중에 염기성인 아미노기(-NH_2)와 산성인 카복실기(-COOH)를 동시에 가지고 있으므로 용액의 pH에 따라 산 또는 염기로 작용하는 양성 전해질ampholyte이다. 산성 용액에서는 수소 이온(H^+)을 받아들여 양이온(+)이 되고, 알칼리성 용액에서는 수소 이온(H^+)을 내어 주고 음이온(−)이 되므로 생체 시스템과 식품에서 급격한 pH의 변화를 막아 주는 완충제로 작용할 수 있다.

아미노산과 단백질은 산성 용액에서는 음극(−)으로, 알칼리성 용액에서는 양극(+)으로 이동한다. 다만 아미노산과 단백질의 양이온(+)과 음이온(−)의 수가 같아지면 분자 내의 양전하와 음전하가 상쇄되어 총전하값이 0이 되므로 어느 전극으로도 이동하지 않는데 이때 그 용액의 pH 값을 등전점isoelectric point이라 한다. 단백질의 등전점은 단백질을 구성하는 아미노산들의 곁사슬에 따라 달라지며, 각 단백질은 고유한 등전점을 갖는다. 등전점에서 단백질 분자는 전기장의 어느 극으로도 이동하지 않으며 침전성은

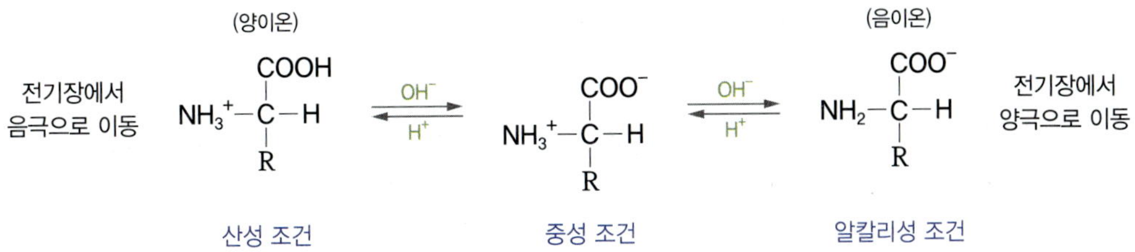

그림 5-9 아미노산 양성 전해질의 성질

표 5-3 각종 식품 단백질의 등전점

단백질	소재	등전점	단백질	소재	등전점
Egg albumin	달걀	4.5~4.7	Myosin	육류	5.4
Lactalbumin	우유	5.1	Glutenin	밀	5.2~5.4
Lactoglobulin	우유	4.5~5.5	Gliadin	밀	6.5
Casein	우유	4.6	Zein	옥수수	5.8
Myogen	육류	6.3	Glycinin	콩	4~5

높고 수화력, 팽윤력 및 용해도는 낮아진다. 이와 같은 단백질의 성질을 이용하여 전기영동법으로 단백질을 분리하거나 정제한다.

(2) 용해성과 보수성

아미노산은 친수성인 아미노기($-NH_2$)와 카복실기(-COOH)를 모두 가지고 있으므로 물과 같은 극성 용매와 묽은 산, 알칼리 및 염 용액에 잘 녹지만 에테르, 아세톤 등과 같은 비극성 용매에는 잘 녹지 않는다. 아미노산은 분자량이 작으므로 진용액을 형성하는데 단백질은 고분자화합물이므로 콜로이드 용액colloid solution을 형성한다. 각종 용매에 대한 단백질의 용해도solubility와 보수력water-holding capacity은 단백질을 구성하는 아미노산의 종류에 따라 달라진다. 특히 수용액에서 단백질의 용해성과 보수성은 단백질 분자들의 친수성 기(−COOH, $-NH_2$, −NH−, =CO, $-COO^-$, −OH, $-NH_3^+$)와 물 분자와의 상호 작용에 따라 결정된다. 단백질의 친수성 기는 물 분자와 수소결합을 형성하여 수화hydration되어 콜로이드 용액을 형성하며 산, 알칼리, 중성 염, 알코올 등의 첨가는 단백질의 용해도에 영향을 준다. 단백질 용액에 산을 첨가하여 pH가 등전점에 도달하면 단백질의 분자와 분자 사이 반발력이 상실되어 용해도는 감소하고 침전물이 생긴다.

글로불린을 제외한 대부분의 단백질이 중성 염류 용액에서 용해도가 증가하는 것은 중성 염의 해리로 생성된 이온이 단백질 분자의 이온화된 작용기와 작용함으로써 단백질 분자 사이의 인력을 감소하기 때문이다. 이러한 현상을 염용salting in 효과라고 한다. 그러나 농도가 높은 중성 염류 용액에서는 오히려 용해도가 감소되어 단백질이 침전되는데 이 현상은 염석salting out 효과라고 하며, 단백질을 정제하는 데 이 성질을 이용하고 있다.

(3) 응고성

단백질은 열, 산, 알칼리, 효소에 의하여 응고된다. 일반적으로 단백질은 60~70℃에서 입체 구조의 변형으로 용해도가 감소하여 응고한다. 반면 가열하면 용해도가 오히려 증가하는 단백질도 있는데 젤라틴과 프로타민이 이에 해당한다. 단백질 용액에 산을 첨가하여 pH가 등전점 쪽으로 이동하면 단백질이 응고하는 성질을 이용하여 요구르트를 제조한다. 알코올 첨가에 의한 우유 단백질의 침전반응은 알코올 시험이라 하여 우유의 신선도 판정에 이용한다. 또 카세인이 효소 레닌에 의하여 응고되는 성질을 이용하여 치즈를 만들기도 한다.

(4) 유화 안정성

단백질은 분자 구조에 친수기와 소수기를 동시에 가지고 있으므로 기름과 물 사이의 계면oil-water interface에 분포하여 유화를 형성하거나 안정시키는 유화 안정제로 기능할 수 있다. 카세인 단백질은 우유의 콜로이드를 안정하게 유지하는 역할을 한다.

(5) 거품 형성력

단백질을 교반whipping하면 표면장력이 감소하고 단백질의 3차 구조가 풀리면서 폴리펩타이드가 주변의 공기를 둘러싸게 되어 거품foam을 형성한다. 이때 단백질의 소수기는 거품 쪽으로, 친수기는 식품 용액 쪽으로 배열하여 거품을 형성하고 안정하게 유지한다.

(6) 젤 형성력

단백질을 구성하는 긴 폴리펩타이드 사슬은 물과 이온 결합 및 수소결합을 형성할 수 있는 친수기를 가지고 있으므로 단백질-단백질, 단백질-용액 등의 상호 작용으로 그물 같은 입체 구조를 형성할 수 있다. 이와 같은 젤gel 형태의 구조는 내부에 다량의 물을 함유하고 있다. 이러한 원리를 이용하여 만든 식품으로는 젤라틴 디저트, 두부, 고형 요구르트 등이 있다.

4. 단백질의 변성

단백질은 열, 동결, 초음파, 기계적 교반, 압력, 자외선, 방사선 등의 물리적 작용과, 중금속류, 유기 용매류, 유기 시약류 등의 화학적 작용 및 효소에 의하여 변성된다. 천연 단백질은 수소결합, -S-S 결합, 이온 결합, 소수성 결합 등에 의하여 폴리펩타이드 사슬이 서로 연결되어 특정한 분자 형태가 유지되고 있으나 그 형태를 유지하고 있는 결합들이 끊어지면 폴리펩타이드 사슬이 풀어져서 혼란스러운 상태가 된다. 이처럼 단백질이 공간 구조에 변화를 받아 화학적, 물리적, 생물학적 성질이 천연의 것과 다른 상태로 되는 현상을 변성denaturation이라고 한다.

단백질의 변성으로 소수성 기가 노출되면 용해성 감소, 물 결합 능력의 변화, 생물학적 활성 기능 상실, 효소 소화성 증대, 점도 증가, 결정성 상실 등이 일어난다. 단백질의 변성은 식품의 조리 가공 중에 물리화학적 요인들에 의하여 흔히 일어나는 현상이며, 바람직한 결과를 나타내기도 한다. 예를 들면 대두에서 트립신 억제제trypsin inhibitor 등은 가열하여 변성시키면 그 활성을 잃고 소화성 및 체내 이용률을 높여 준다.

(1) 가열에 의한 변성

단백질 식품의 조리·가공 과정에서 흔히 일어나는 것이 가열에 의한 변성이다. 단백질은 가열하여 변성되면 응고하는데 변성이 일어나는 온도는 단백질의 종류와 조건 등에 따라 다르나 보통 60~70℃이다.

단백질 가운데 열 변성이 일어나기 가장 쉬운 것은 가용성 단백질인 알부민과 글로불린이다. 예컨대 오브알부민이 주성분인 달걀흰자를 58℃로 가열하면 조금 혼탁해지고(응고 시작), 62~65℃에 이르면 유동성이 없어지며, 70℃에서는 거의 완전하게 응고된다(그림 5-10). 더욱 단단하게 응고하려면 80℃ 이상의 온도가 필요하다. 단백질이 열에 의하여 변성되면 굳은 것 같이 보여도 소화가 잘되는데, 이는 원형을 이루고 있던 폴리펩타이드 사슬이 열에 의해 풀어져서 겹쳐 있던 부분도 소화효소의 작용을 받기 쉬워지기 때문이다. 그러나 지나친 가열은 풀어진 구조를 다시 응집하게 하여 오히려 단백질

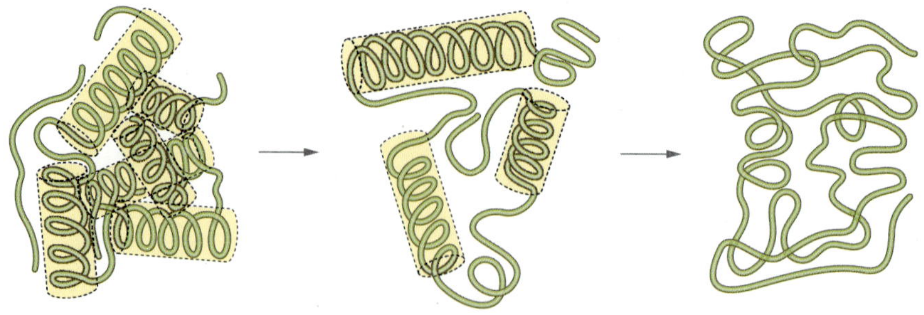

그림 5-10 가열에 의한 단백질 변성

의 소화를 방해한다. 달걀흰자의 소화율과 성장 속도를 비교하여 보면 완숙 달걀이 반숙 달걀이나 생달걀보다 소화가 잘 안 되어 인체 성장률이 좋지 않고 대변 중에 질소량이 많아진다.

열 변성으로 응고된 단백질은 다시 용해되지 않지만 결체 조직을 구성하는 불용성 단백질인 콜라겐과 같이 가열함으로써 변성되어 가용성 단백질인 젤라틴으로 되는 예도 있다. 젤라틴은 뜨거운 물에 녹고 식히면 응고한다.

(2) 산과 알칼리에 의한 변성

단백질 용액에 산 또는 알칼리를 첨가하여 pH를 변화시키면 단백질 분자의 (+), (−) 전하가 변하여 이온 결합에 변화가 생겨 단백질 구조가 바뀌고 결국 단백질의 성질이 변한다. 일반적으로 등전점에서 단백질은 불안정하므로 침전하기 쉽고 용해도, 삼투압, 점성도, 표면장력 등은 최소가 되지만 기포성, 흡착성, 탁도는 최대가 된다.

우유에 젖산균(유산균)이 생육하면 젖산에 의하여 pH가 저하되어 우유 단백질 카세인이 등전점(pH 4.6)에 이르러 변성되어 침전한다. 요구르트, 치즈 등의 제조는 이 원리를 이용한 식품들이다. 또한 신선한 달걀의 흰자위는 pH 6.0~7.7인데 저장 과정에서 이산화탄소를 소실하여 10일쯤 지나면 pH는 9.0~9.7이 된다. 이처럼 오래된 달걀은 기포성이 좋아져서 거품이 잘 생기므로 거품을 사용할 목적이라면 오래된 달걀이 좋다. 그러나 달걀 알부민의 등전점은 4.8인데 이보다 약간 산성 쪽에서 거품이 잘 일어나므로 달걀에 시트르산citric acid, 아세트산acetic acid, 타타르산tartaric acid 등을 가하여 pH를 낮추면 거품이 잘 생성된다.

(3) 염류에 의한 변성

식품 중의 알부민, 글로불린은 염류에 의하여 변성 및 응고되는 예도 있다. 콩의 글리시닌은 가열하는 것만으로 응고되지 않으나 염화칼슘$CaCl_2$, 염화마그네슘$MgCl_2$을 넣으면 Ca^{2+} 및 Mg^{2+}에 의하여 응고되며, 두부 제조는 이러한 원리를 이용한 식품이다. 어육은 염장(0.8~1.5M NaCl)하면 어육 단백질 중의 액토미오신actomyosin이 액틴actin과 미오신으로 해리되고 미오신이 응집함으로써 변성한다.

(4) 효소에 의한 변성

단백질은 효소 작용에 의해서도 변성한다. 우유 단백질의 약 80%를 차지하는 카세인은 구상의 카세인 미셀micell로 존재하며 칼슘, 인, 마그네슘, 시트르산 등을 함유하고 있다. 미셀에서 α-카세인과 β-카세인은 칼슘 이온Ca^{2+}에 의해 응집하고 있으나 κ-카세인은 응집하지 않고 미셀 표면에 존재하여 보호 콜로이드의 구실을 함으로써 미셀을 안정하게 유지한다. 레닌rennin은 κ-카세인을 ρ-κ-카세인과 당을 함유한 글리코마크로펩타이드glycomacropeptide로 분해하는데 이 ρ-κ-카세인이 Ca^{2+}과 결합하면 카세인 미셀은 불안정하여 응고 및 침전한다.

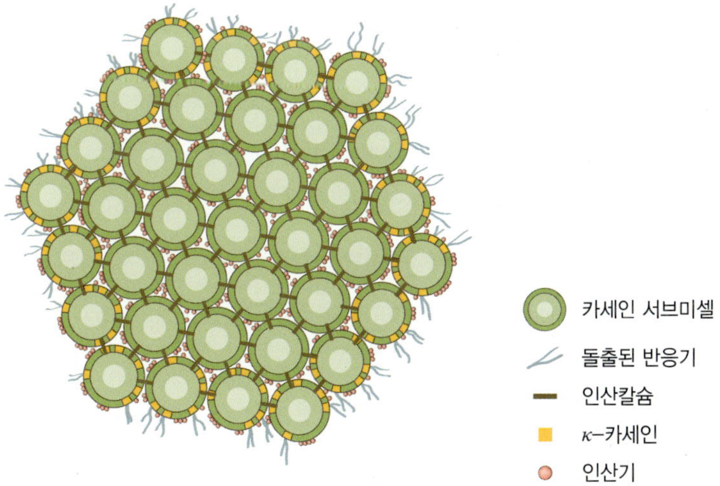

그림 5-11 카세인 미셀의 구조

(5) 기계적 전단력에 의한 변성

단백질은 거품을 형성하기도 하고 안정하게 유지하기도 한다. 단백질을 교반하거나 공기를 주입하면 거품이 형성되는데, 기계적 교반으로 표면장력이 감소하고 단백질의 3차 구조가 풀리면서 얇은 막을 형성하여 공기를 둘러쌈으로써 거품을 형성하게 된다(그림 5-12). 달걀흰자, 우유, 대두 단백질 등은 좋은 거품 형성제이며, 아이스크림, 디저트류, 제과 토핑topping 등에 사용된다.

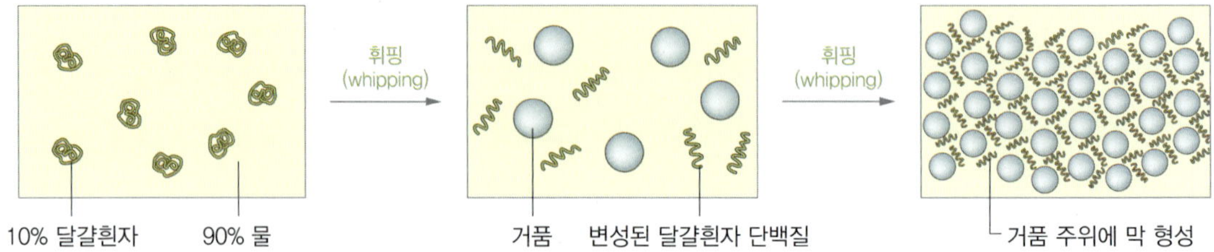

그림 5-12 달걀흰자 단백질의 거품 형성 과정

단백질에 강한 압력을 가하여 압출하면 단백질은 변성하고 분자 간 결합 및 조직이 변하는 성질을 이용하여 질감이 변형된 다양한 제품을 만들 수 있다. 이러한 방법으로 제조한 식품에는 게맛살, 소시지, 어묵 등이 있다.

(6) 건조에 의한 변성

어육의 건조에 의한 변성은 가열에 의한 변성과는 상당히 다르다. 어육은 건조하면 고기섬유를 형성하는 직쇄상의 폴리펩타이드 사슬 사이의 수분이 제거되며 인접한 폴리펩타이드 사슬이 서로 접근하여 재결합함으로써 견고한 구조로 변한다. 건조한 어육은 염석, 응집 등에 의해 고기 단백질의 변성이 일어나 물에 침지시켜 수분을 흡수시켜도 흡수성이 나쁘고 생고기처럼 되지 않는다. 황태, 말린 오징어, 육포 등에서 이와 같은 현상을 확인할 수 있다.

(7) 동결에 의한 변성

어육의 동결에 의한 변성은 분산매인 물이 동결함으로써 단백질 입자가 상호 접근하여 결합하고, 또 액체의 빙결로 잔존액 중에 녹아 있는 염류나 산의 농도가 높아지므로 단백질 분자가 서로 결합하여 염석이 되어 변성된다. 이와 같은 변성은 어육에서는

-1~-5℃, 쇠고기에서는 -1.5~-3℃에서 가장 현저하게 일어나며 -20℃에서는 변성이 최소가 된다. 변성이 최대일 때를 최대빙결정대라고 한다. 식품에서는 얼음 결정을 최소화하고 변성의 시간을 최소로 줄이기 위해서는 최대빙결정대를 되도록 빨리 통과시키는 급속 동결이 필요하다. 급속 동결과 초 감압하(1~0.01 mmHg)에서 건조하는 동결건조freeze drying는 수분이 급격히 제거되고 근육섬유가 이동하지 않기 때문에 거의 원상태로 건조되어 조직에 미세한 공간이 많이 생기지만 해동하면 원상태로 돌아가는 성질이 있다.

Summary

1. 단백질의 구성 원소는 탄소, 수소, 산소 이외에 질소를 반드시 가지고 있으며 황 또는 인을 함유한 것도 있다. 식품 중의 질소는 아미노산의 아미노기(-NH_2)로부터 유래하기 때문에 단백질은 모두 약 16%의 질소를 함유한다. 일반적으로 질소의 양을 측정하여 이것에 100/16 = 6.25(질소 계수)를 곱하여 얻은 단백질을 조단백질이라고 한다.

2. 단백질은 수백 개 이상의 아미노산들이 펩타이드 결합으로 구성된 고분자화합물이다. 현재 사용하고 있는 단백질의 분류법은 용해성 분류법에 기초를 두고 있지만 용해성에 따른 분류는 한계가 있어서 실용도가 한정된다. 일반적으로 단백질은 단백질의 조성과 이화학적 성질의 차이, 구조상의 특징 및 출처 등에 따라 여러 가지로 분류할 수 있다.

3. 아미노산은 한 분자 내에 한 개 또는 그 이상의 아미노기(-NH_2)와 한 개 또는 그 이상의 카복실기(-COOH)를 가지는 화합물로, 카복실기가 결합되어 있는 탄소 위치를 기점으로 아미노기가 결합하는 탄소의 위치에 따라 α-아미노산, β-아미노산, γ-아미노산이라 부른다. 글리신(glycine)을 제외한 α-아미노산은 비대칭 탄소 원자를 가지고 있으므로 광학적 성질을 가지고 있어 아미노산은 L-형과 D-형의 두 이성질체가 존재한다.

4. 단백질은 1차, 2차, 3차, 4차의 순차적인 4단계의 구조로 형성되는데 각 단계에서 단백질의 구성과 형태가 결정된다. 1차 구조는 아미노산이 직선으로 연결된 폴리펩타이드(polypeptide)이고, 2차 구조는 폴리펩타이드가 α-나선(α-helix), β-병풍(β-pleated sheet) 구조를 형성한 것이다. 3차 구조는 2차 구조를 형성한 폴리펩타이드가 구부러져서 3차원적 입체 구조를 형성한 것이고, 4차 구조는 3차 구조를 형성한 단백질이 집합체를 형성한 것을 말한다.

5. 아미노산과 단백질은 분자 중에 염기성인 아미노기(-NH_2)와 산성인 카복실기(-COOH)를 모두 가지고 있으므로 용액의 pH에 따라 산 또는 염기로 작용하는 양성 전해질(ampholyte)이다. 따라서 아미노산과 단백질은 산성 용액에서는 음극(−)으로, 알칼리성 용액에서는 양극(+)으로 이동한다. 아미노산과 단백질의 양이온(+)과 음이온(−)의 수가 같아지면 분자 내의 양전하와 음전하가 상쇄되어 총전하값이 0이 되므로 어느 전극으로도 이동하지 않는데 이때 용액의 pH 값을 등전점(isoelectric point)이라고 한다.

6. 단백질은 열, 동결, 초음파, 기계적 교반, 압력, 자외선, 방사선 등의 물리적 작용과 중금속류, 유기 용매류, 유기 시약류 등의 화학적 작용 및 효소에 의하여 변성한다. 천연 단백질은 수소 결합, −S−S 결합, 이온 결합, 소수성 결합 등에 의하여 폴리펩타이드 사슬이 서로 연결되어 특정한 분자 형태가 유지되고 있으나, 그 형태를 유지하는 결합들이 끊어지면 폴리펩타이드 사슬이 풀어져서 변성된 상태가 된다.

연습문제

1. 단순 단백질, 복합 단백질, 유도 단백질에 대하여 설명하시오.

2. 아미노산의 구조에 대하여 설명하시오.

3. 단백질의 1~4차 구조에 대하여 설명하시오.

4. 아미노산의 등전점에 대하여 설명하시오.

5. 단백질 변성에 영향을 미치는 요인에 대하여 설명하시오.

풀이와 정답

1. 단순 단백질은 가수분해에 의하여 아미노산과 그 유도체만을 생성하는 단백질이며, 복합 단백질은 아미노산으로 구성된 단순 단백질에 핵산, 당질, 지질, 색소, 금속 및 인 등의 비단백성 물질이 결합한 단백질이다. 단백질(단순 단백질, 복합 단백질)이 물리화학적 또는 효소의 작용으로 변화가 생길 경우 변화된 정도에 따라 제1차 유도 단백질과 제2차 유도 단백질로 구분한다.

2. 아미노산은 한 분자 내에 한 개 또는 그 이상의 아미노기(-NH_2)와 한 개 또는 그 이상의 카복실기(-COOH)를 가지는 화합물로, 카복실기가 결합되어 있는 탄소 위치를 기점으로 아미노기가 결합하는 탄소의 위치에 따라 α-아미노산, β-아미노산, γ-아미노산이라 한다.

3. 단백질은 1차, 2차, 3차, 4차의 순차적인 4단계 구조로 형성되는데 각 단계에서 단백질의 구성과 형태가 결정된다. 1차 구조는 아미노산이 직선으로 연결된 폴리펩타이드(polypeptide)이고, 2차 구조는 폴리펩타이드가 α-나선(α-helix), β-병풍(β-pleated sheet) 구조를 형성한 것을 의미한다. 3차 구조는 2차 구조를 형성한 폴리펩타이드가 구부러져서 3차원적 입체 구조를 형성한 것이고, 4차 구조는 3차 구조를 형성한 단백질이 집합체를 형성한 것이다.

4. 아미노산과 단백질은 분자 중에 염기성 아미노기(-NH_2)와 산성 카복실기(-COOH)를 모두 가지고 있으므로 용액의 pH에 따라 산 또는 염기로 작용하는 양성 전해질(ampholyte)이다. 따라서 아미노산과 단백질은 산성 용액에서는 음극(-)으로, 알칼리성 용액에서는 양극(+)으로 이동한다. 아미노산과 단백질의 양이온(+)과 음이온(-)의 수가 같아지면 분자 내의 양전하와 음전하가 상쇄되어 총전하값이 0이 되므로 어느 전극으로도 이동하지 않는데 이때 용액의 pH 값을 등전점(isoelectric point)이라고 한다.

5. 단백질은 열, 동결, 초음파, 기계적 교반, 압력, 자외선, 방사선 등의 물리적 작용과 중금속류, 유기 용매류, 유기 시약류 등의 화학적 작용 및 효소에 의하여 변성한다.

References

김건희·강일준·정윤화·한정아·황은선·윤기선·김묘정, **재미있는 식품화학**, 수학사, 2018.

김지상·정근희·신경옥, **식품학**, 효일, 2011.

노봉수·장판식·백형희·김석중·이광근·유상호·이재환·이기원·최승준·변상균, **식품화학**, 수학사, 2020.

윤계순·이명희·박희옥·민성희·김유경·최미경, **알기 쉬운 식품학개론**, 수학사, 2014.

CHAPTER 06

무기질, 비타민 및 효소

1. 무기질

1) 무기질의 개념과 특징

무기질은 여러 원소로 결합되어 있는 탄수화물, 단백질 등의 유기 물질과는 달리 단일 원소로 된 영양소로, 에너지를 내지 못하고 인체 내에서 새롭게 합성되지 않으며 자연계에 존재하므로 반드시 식품으로 섭취해야 한다. 식품에 포함되어 있는 무기질은 식품 재료의 취급이나 조리 과정에서 열, 빛(광선), 산, 알칼리 등에 의해 거의 파괴되지 않는다. 다만 물을 넣고 열을 가하면 소량의 무기질이 식품에서 분리되어 조리수 속으로 용해될 수 있다

인체에는 체중의 4~5% 정도에 해당하는 무기질이 존재하며, 신체는 20여 종류의 무기질을 필요로 한다. 무기질은 신체의 함유량과 필요량에 따라 다량 무기질과 미량 무기질로 분류한다. 다량 무기질은 체중의 0.05% 이상이거나 하루 필요량이 100 mg 이상인 무기질로 칼슘, 인, 마그네슘, 염소, 나트륨, 칼륨, 황이 포함된다. 미량 무기질은 체중의 0.05% 미만이거나 하루 필요량이 100 mg 미만인 무기질로 철, 아연, 구리, 요오드, 불소, 셀레늄, 망간, 몰리브덴, 크롬 등이 해당한다.

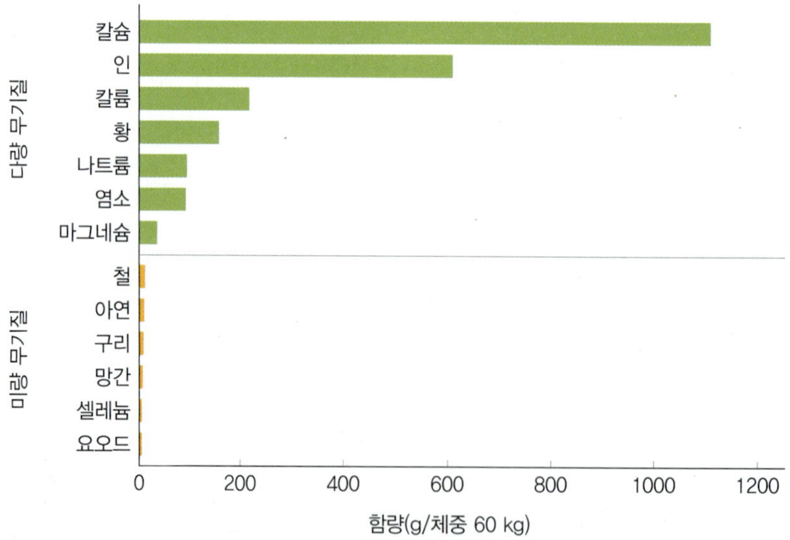

그림 6-1 체내 무기질 함량 분포

2) 무기질의 역할

① 인체의 구성 성분으로 작용 : 무기질은 신체의 각 구성 요소에 필요한 물질로 작용하는데 칼슘과 인은 뼈에 작용하고, 다른 성분들은 호르몬이나 효소 합성 등에 관여한다.

② 체액의 산·알칼리 평형 유지에 관여 : 무기질은 체액 내에서 이온 상태로 존재하므로 체액의 산·알칼리 평형을 유지함으로써 완충 작용을 하고 있다.

③ 체액의 평형을 유지 : 체액에 있는 세포내액과 세포외액의 무기질 성분이 세포막을

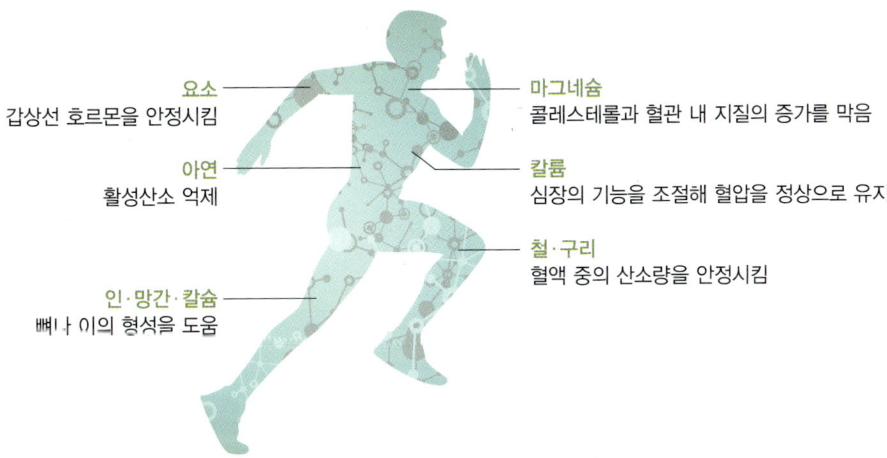

그림 6-2 무기질의 체내 역할

표 6-1 다량 무기질의 기능 및 급원 식품

무기질	주요 기능	결핍	급원식품
칼슘(Ca)	골격·치아 형성 근육 수축 및 이완 작용 혈액 응고	골다공증, 구루병	우유, 치즈, 두부, 브로콜리
인(P)	DNA, RNA 구성 성분 산·염기의 균형 조절	근육 약화, 식욕 상실	쇠고기, 닭고기, 돼지고기, 생선
나트륨(Na)	산·염기의 평형 유지 근육·신경 자극반응	구토, 설사, 부신피질 기능 부전	간장, 된장, 김치
칼륨(K)	체액 삼투압 및 수분 평형 조절 근섬유 수축 조절	근육 경련, 무기력	미역, 감자, 토마토
마그네슘(Mg)	신경자극 전달, 근육 긴장 및 이완 작용	눈 밑 경련, 무기력증	우유, 콩, 시금치, 견과류
황(S)	산·염기의 균형 조절 해독작용	피부염, 손톱 연화증	양배추, 양파, 브로콜리

표 6-2 미량 무기질의 기능 및 급원 식품

무기질	주요 기능	결핍	급원식품
철(Fe)	헤모글로빈 기능	빈혈, 면역 기능 감소	미역, 시금치, 케일
요오드(I)	갑상선 호르몬(티록신)의 주성분	갑상선 기능 저하	고등어, 콩, 우유, 미역
아연(Zn)	인슐린의 합성과 면역 기능 관여	미각 및 후각 감퇴 성장 지연	새우, 닭고기, 돼지고기
구리(Cu)	철의 흡수 뼈와 적혈구 생성	저색소성 빈혈 백혈구 감소	조개, 게, 우유
셀레늄(Se)	항산화 작용 고혈압 예방	눈 밑 경련 무기력증	굴, 브로콜리
망간(Mn)	뼈 성장, 골격 구조 형성 혈당 조절 항산화 물질 생성	피로감, 갑상선 저하증	귀리, 마늘, 시금치

통하여 삼투압을 조절함으로써 수분의 흐름과 무기질의 적절한 균형을 유지한다.

④ 대사 조절 작용 : 칼슘, 구리, 망간, 아연 등의 무기질 들이 체내의 여러 대사반응의 촉매로 작용함으로써 반응을 조절한다.

2. 비타민

1) 비타민의 개념과 특징

비타민은 우리 신체에서 에너지원으로 작용하지는 않지만 체내의 대사 조절, 성장 및 건강 유지 등에 필수적인 미량의 유기화합물이다. 비타민은 체내에서 거의 합성되지 않으므로 대부분은 반드시 식품으로 섭취하여야 한다. 비타민은 종류와 특성에 따라 체내에서 다양한 대사에 필요한 효소의 활동과 세포 증식을 돕는다.

비타민은 물과 기름이나 유기 용매에 녹는 용해도에 따라 수용성 비타민과 지용성 비타민으로 분류한다. 수용성 비타민은 비타민 B군[티아민, 리보플라빈, 니아신, 판토텐산, 비오틴, 비타민 B_6, 엽산(폴산), 비타민 B_{12}]과 비타민 C로 9종류이고, 지용성 비타민은 비타민 A, 비타민 D, 비타민 E, 비타민 K로 4종류가 있다. 각각 특유의 화학 구조와 생리적 특성을 가지고 있는 유기 물질로 열, 빛 등의 주변 환경에 의해 산화 분해되어 그 기능을 상실할 수도 있다. 수용성 비타민인 비타민 B_1(티아민), 비타민 B_2(리보플라빈), 비타민 C는 가열이나 빛에 쉽게 파괴되므로 저장하거나 조리 과정에서 특별한 주의가 필요하다.

표 6-3 지용성 비타민과 수용성 비타민의 특성

특성	지용성 비타민	수용성 비타민
용매	기름과 유기 용매	물
저장	체내에 저장	체내에 저장하지 않음
배설	잘 배설되지 않음	소변으로 배출
결핍 증세	서서히 나타남	쉽게 나타남
섭취 여부	매일 섭취할 필요 없음	매일 섭취해야 함
전구물질	있음	없음

2) 지용성 비타민과 수용성 비타민

(1) 지용성 비타민

지용성 비타민은 기름에 친화성이 있어서 기름이나 유기 용매에 녹으며, 체내의 흡수와 대사를 위해서 운반 단백질인 킬로미크론chylomicron과 결합하여 이동 및 저장된다. 지용성 비타민은 체내에 들어오면 소변으로 쉽게 배설되지 않으며 많이 섭취하면 지방에 저장되어 필요량을 매일 섭취하지 않아도 된다. 지속적으로 과량 섭취하면 독성이 나타날 수도 있으며 결핍 증상은 서서히 나타난다. 지용성 비타민은 비타민 A, 비타민 D, 비타민 E, 비타민 K이다.

① 비타민 A

비타민 A는 1913년에 처음 발견된 비타민으로 동물성 식품과 식물성 식품에 비교적 널리 분포하고 있다. 동물성 식품에는 레티놀, 레티날, 레티노이드로 존재하며 우유와 유제품, 달걀, 동물의 간이나 어유에 많이 함유되어 있다. 식물성 식품에서는 녹황색 채소와 과일에 색소로 존재하는 카로티노이드가 비타민 A의 기능을 한다. 비타민 A는 열, 산, 알칼리에는 안정하지만 이중결합이 많아서 자외선과 산소에 의해 쉽게 분해되거나 산화된다. 비타민 A의 생리적 기능은 시각 회로 기능에 필수 요소이며, 상피세포에서 이물질을 방어하는 생리 기능, 정상 세포의 성장과 발달 기능, 면역세포 생성에 관여하여 질병 면역력을 증진시키는 기능 및 항산화나 항암 기능에도 효과적인 것으로 알려져 있다.

② 비타민 D

비타민 D는 다른 영양소와는 달리 식품의 섭취뿐만 아니라 햇빛의 자외선에 의해서

도 합성이 가능하다. 비타민 D는 비타민 D_2(에고칼시페롤)와 비타민 D_3(콜레칼시페롤) 두 종류가 있다. 비타민 D_2는 식물성 급원인 버섯과 효모에 주로 함유되어 있는 에고스테롤로부터 자외선에 의해 생성이 되고, 비타민 D_3는 동물성 급원으로 동물의 피부에 있는 7-데하이드로콜레스테롤7-dehydrocholesterol이 자외선에 의해 형성된다. 다만 자외선에 의해 합성되는 비타민 D는 햇빛 노출 시간과 강도, 피부색, 계절, 사는 곳의 위도 등 여러 가지 요인에 따라 합성될 수 있는 양이 결정된다. 비타민 D는 무색의 결정체이며 열, 빛, 산화에 안정적이지만 알칼리에는 불안정하여 잘 파괴되고 산성에는 비교적 천천히 분해된다. 비타민 D의 생리적 기능은 체내의 칼슘 대사, 혈중 칼슘 농도의 항상성 유지 및 세포의 증식과 분화 조절에 관여한다.

③ 비타민 E

비타민 E는 토코페롤tocopherol이라고도 하며, 천연에 존재하는 4종류의 토코페롤과 토코트라이엔올tocotrienol 4종류가 있다. 이 8종류는 각각 다른 생리 활성을 가지고 있으며, 이 중에서 알파-토코페롤α-tocopherol이 가장 활성이 크다. 비타민 E는 주로 불포화지방산이 많은 식품에 주로 존재하며, 주요 급원으로는 견과류와 대두, 곡류 배아, 종자유 등의 식물성 유지류이다. 동물성 식품 중에서는 육류, 가금류, 생선, 달걀 등에 소량 분포한다. 비타민 E는 열과 산에는 안정하나 산소, 금속, 빛에 의해 쉽게 산화되거나 파괴된다. 생리 기능으로는 황산화 작용을 하는데 식품이나 체내의 세포 등에서 다른 물질의 산화에 필요한 산소와 먼저 결합함으로써 다른 물질의 산화를 막는 역할을 한다. 혈소판과 백혈구 등에서 지질 산화효소의 활성에 영향을 주어 심혈관계 질환의 예방에 효과가 있는 것으로 연구되고 있다.

④ 비타민 K

비타민 K는 황색 결정형 물질로 퀴논류에 속하는 영양소이며, 종류는 비타민 K_1, K_2, K_3로 3가지이다. 그중에서 가장 식품에 널리 존재하는 비타민 K_1인 필로퀴논phylloquinone은 녹색 채소, 브로콜리, 콩 등의 식물성 식품에 분포하고, 화학명이 메나퀴논menaquinone인 비타민 K_2는 주로 장내 세균에 의해 합성되거나 생선이나 육류 등의 동물성 식품에 함유되어 있으며 생리 활성은 비타민 K_1의 75% 정도를 가지고 있다. 비타민 K_3는 화학명이 메나다이온menadione으로 자연계에 존재하지 않고 인공적으로 합성되며 생리 활성은 비타민 K_1이나 K_2보다 2배이다. 비타민 K는 열, 공기와 수분에는 비

그림 6-3 **지용성 비타민이 많은 식품**

교적 안정하지만 산성, 알칼리와 빛에는 쉽게 파괴될 수 있다. 비타민 K의 생리적 기능은 혈액 응고와 관련이 있는 프로트롬빈prothrombin의 합성에 필요하고, 뼈의 단백질인 오스테오칼신osteocalcin의 합성인 카복실화에 관여하여 뼈의 생성에 관여한다.

(2) 수용성 비타민

수용성 비타민은 물과 친화도를 가지고 있어 물에 녹으며, 필요량 이상 과다하게 섭취하면 소변으로 배출된다. 지용성 비타민과는 달리 과다 섭취 시에도 체내에 축적되지 않으므로 꾸준히 섭취해야 한다. 수용성 비타민의 종류로는 비타민 B 복합체인 티아민(비타민 B_1), 리보플라빈(비타민 B_2), 니아신, 판토텐산, 비오틴, 비타민 B_6, 엽산, 비타민 B_{12}와 비타민 C가 있다. 수용성 비타민은 열, 알칼리에 약하여 조리 과정 중에 손실이 많을 수 있으므로 조리할 때는 찌거나 볶는 조리 방법과 소량의 물을 이용한 조리법을 선택하는 것이 손실을 최소화하는 방법이다.

① 티아민

티아민thiamin은 질소를 함유한 피리미딘pyrimidine 고리와 황S을 함유한 연황색의 결정체이다. 열과 알칼리에 약하므로 조리 과정에서 가열이나 첨가물(탄산수소나트륨) 사용에 주의해야 한다. 급원 식품 중 돼지고기, 닭고기, 감자, 보리, 견과류 등에 풍부하게 함유되어 있으며 밀 배아, 건조 효모, 현미 등도 좋은 급원이다. 생리적 기능은 주요 영양소인 탄수화물, 지질, 단백질의 에너지 대사 과정에서 조효소로 작용한다. 또한 포도당 대사 중 오탄당 인산경로와, 신경세포의 신경 전달 물질인 아세틸콜린의 합성 과정에서도 조효소로 작용하고 있다.

그림 6-4 **티아민이 많은 식품**

② 리보플라빈

리보플라빈riboflavin은 티아민과 같은 비타민 B로 처음에 알려졌으나, 티아민의 기능 외에 다른 기능이 더 있는 것으로 밝혀져서 비타민 B_2(리보플라빈)로 명명하였다. 노란색 물질이며 구조는 3개의 6각 고리 구조로 중간 고리에 리비톨ribitol이 결합되어 있다. 수용성이지만 물에 잘 녹지 않고, 열에는 안정하며 자외선에 약하다. 우유에 많이 들어 있어서 손실을 막기 위해서 자외선에 직접 노출되지 않도록 주로 불투명한 포장재에 담아 유통 및 판매되고 있다. 리보플라빈의 생리적 기능은 조효소로서 활성을 가지므로 체내의 산화-환원 반응에서 촉매로 작용하여 열량에너지 대사에 관여하고, 트립토판에서 니아신이 합성되는 작용에 관여한다. 급원 식품으로는 주로 육류, 가금류, 난류, 생선 등의 동물성 식품과 우유, 요구르트, 치즈 등의 유제품에 포함되어 있다. 녹색 채소인 아스파라거스, 시금치, 브로콜리 등에도 풍부하게 들어 있다.

③ 니아신

니아신niacin은 니코틴산nicotinic acid과 니코틴아마이드nicotinamide를 포함하는 일반적

그림 6-5 **리보플라빈이 많은 식품**

명칭으로, 그 구조에는 카복실기(-COOH)와 아미노기(-NH_2)를 가지고 있다. 니아신은 흰색 결정 물질로 수용성이며 열, 빛, 산소, 산, 알칼리에 강해서 안정한 화합물이다. 급원 식품으로는 아미노산인 트립토판이 니아신의 전구물질로 작용하기 때문에 쇠고기, 돼지고기, 닭고기, 생선, 달걀, 우유 등의 동물성 식품에 많이 함유되어 있으며 그 외 견과류, 버섯 등에도 들어 있다. 생리적 기능은 에너지 대사의 산화-환원 반응의 조효소로 작용하고, 지방산과 스테로이드 합성, 콜레스테롤 합성, 아미노산의 분해와 합성 및 비타민 C와 엽산의 대사에도 필요하다.

그림 6-6 니아신이 많은 식품

④ **판토텐산**

판토텐산pantothenic acid의 구조는 β-알라닌alanine과 다이하이드록실릭산dihydroxylic acid이 결합되어 있다. 판토텐산은 자연계에 널리 존재하여 대부분의 동물성 식품이나 식물성 식품에 함유되어 있다. 산과 알칼리에 약하고 가열, 건조, 냉동 등의 조리나 가공 과정에 쉽게 파괴된다. 조리할 때에는 물을 이용한 습열 조리 방법을 이용하면 비교적 안정적이다. 주요 급원 식품으로는 육류, 달걀노른자, 콩류, 전곡류, 감자류, 버섯, 브로콜리, 아보카도 등에 많이 들어 있다. 판토텐산의 생리적 기능으로는 열량 영양소의 에너지 대사에 작용하며 지방산, 콜레스테롤, 스테로이드 호르몬 합성, 신경자극 전달물질인 아세틸콜린acetylcholine 합성에 관여하며 헴heme의 구성 성분인 포피린 고리를 합성하는 데도 작용하고 있다.

그림 6-7 판토텐산이 많은 식품

⑤ 비오틴

비오틴biotin은 황S을 함유하고 있는 환상 구조의 단순 화합물의 비타민으로 비오틴과 비오시틴biocytin의 두 종류가 있다. 비오시틴은 식품 중에 주로 존재하는 형태로 아미노산인 라이신lysine과 결합하고 있으며 지용성이다. 비오틴은 수용성으로 주로 식물 조직 내에 유리 상태로 존재하며 열, 빛, 공기에 비교적 안정하나 자외선에 의해 서서히 파괴된다. 비오틴의 주요 급원 식품으로는 육류, 가금류, 생선류, 난류, 우유 및 유제품 등의 동물성 식품에 주로 많이 분포되어 있다. 생리적 기능으로는 조효소로 열량 영양소인 탄수화물, 지질, 단백질의 대사 과정에 작용한다.

그림 6-8 비오틴이 많은 식품

⑥ 비타민 B_6

비타민 B_6는 피리독신pyridoxine, 알데하이드형인 피리독살pyridoxal, 아민형인 피리독사민pyridoxamine의 3가지 형태로 존재하며, 이들은 체내에서 서로 전환될 수 있고 동일한 생리 활성을 가지고 있다. 비타민 B_6는 가열과 자외선에 약하고, 산성에서는 열에 안정하지만 알칼리에서는 열에 불안정하다. 주요 급원 식품으로는 육류, 가금류, 생선류 등의 동물성 식품과 식물성 식품 중에서는 전곡, 콩류, 귀리, 말린 과일, 바나나, 감자, 견과류 등에 많이 들어 있다. 주요 생리 기능으로는 조효소로 단백질, 틴수화물의 대사작용, 신경 전달 물질의 합성 과정에 관여하며, 적혈구의 합성과 니아신의 형성 과정에도 관여한다.

그림 6-9 비타민 B_6가 많은 식품

⑦ 엽산

엽산folate은 프테리딘pteridin 고리와 파라아미노벤조산p-amino benzoic acid, 글루탐산glutamic acid의 3가지 물질로 결합되어 있으며 수용성의 황갈색 결정체이다. 엽산은 열, 산화 및 자외선에 쉽게 손실되므로 가열 조리와 가공에서 50~90% 정도 파괴될 수 있다. 엽산의 손실을 최소화하기 위해서 엽산이 풍부한 식품을 생으로 섭취하거나 조리 시에는 소량의 물로 빨리 조리하거나 찌는 것이 바람직하고, 조리 후에는 가능한 한 빨리 섭취하는 것이 좋다. 엽산의 급원 식품으로는 푸른 잎채소, 브로콜리, 아스파라거스, 콩류, 과일주스와 간 등의 내장 고기에 많이 함유되어 있다. 엽산의 생리적 기능은 조효소로 DNA 합성에 관여하여 성장과 항빈혈 작용 인자이며, 뇌의 신경 전달 물질, 세린과 메티오닌의 합성 등에도 작용한다.

그림 6-10 엽산이 많은 식품

⑧ 비타민 B_{12}

비타민 B_{12}는 헤모글로빈이나 엽록소chlorophyll와 유사한 고리 구조를 가지고 있는 화합물로 중앙에는 철이나 마그네슘 대신에 코발트Co를 함유하고 있는 비타민이다. 비타민 B_{12}는 붉은 결정체로 수용성이며 열에는 안정하나 강한 산과 알칼리, 빛에는 파괴된다. 조리 과정에서는 쉽게 손실되지 않는다. 급원 식품은 간과 내장 고기에 가장 풍부하며, 육류와 육류 제품, 어류, 조개류, 난류, 우유 등의 동물성 식품에 함유되어 있다. 생리적 기능은 체내에서 조효소로 작용하여 세포의 분열과 성장, 메티오닌 합성, 신경

그림 6-11 비타민 B_{12}가 많은 식품

세포인 미엘린myelin의 형성과 유지에 관여한다.

⑨ 비타민 C

비타민 C ascorbic acid는 구조가 단당류인 포도당과 비슷한 단순 구조의 화합물로, 체내에서는 L-아스코브산(환원형)과 L-데하이드로아스코브산(산화형)이 주로 활성을 가지고 있다. 비타민 C는 산에는 안정하지만 열, 빛, 산소, 알칼리에는 쉽게 파괴된다. 조리 과정에서 잘 파괴되므로 신선한 상태의 채소와 과일을 생으로 섭취하는 것이 좋다. 급원 식품으로는 식물성 식품인 채소와 과일에 주로 함유되어 있으며 특히 풋고추, 딸기, 감귤류, 감자, 녹색 잎채소 등에 많이 분포한다. 생리적 기능으로는 항산화 작용, 콜라겐의 합성, 세포 화합물(티록신, 에피네프린, 카르니틴, 세로토닌 등)의 합성, 철과 칼슘의 흡수 증진 및 엽산의 흡수에도 도움을 준다.

그림 6-12 비타민 C가 많은 식품

3. 효소

1) 효소의 작용 및 분류

(1) 효소의 작용

효소는 인체의 대사 작용에서 촉매로 활동하는 단백질이다. 생체 내의 많은 화학반응에서 살아 있는 활성을 가진 촉매로 관여하고 있다. 효소 스스로는 반응 전과 후에 변화하지 않으면서 화학반응의 속도를 빠르게 해주는 역할을 한다. 효소는 단백질이므로 단백질 특유의 특징과 성질을 가지고 있으며, 생체 내에서 촉매 작용을 할 때 특정한 기질에 대해서만 반응하는 기질 특이성을 가진다. 효소가 작용할 때는 먼저 기질과 결합하여 효소 기질 복합체를 만들어 작용하는데, 이때 효소의 기질 특이성에 따라 효소의 구조와 일치하는 형태의 기질하고만 결합하는 것을 기질 특이성이라고 한다. 또한 하나의 효소가 한 종류의 화학반응에만 촉매 작용을 한다. 동일한 기질이어도 다른 여러 가지 효소와 작용할 경우 효소마다 다른 반응에 촉매로 작용하는데 이를 작용 특이성이라고 한다.

(2) 효소의 분류

효소는 어미에 -ase를 붙여서 단일 효소의 명칭에 사용하고 촉매반응에 따라 분류 및 명명을 한다.

① 산화환원효소

산화환원효소oxidoreductase는 수소 원자나 전자의 이동 및 생체 내에서 작용하는 산화환원반응을 촉매하는 효소이며, 수소제거효소 또는 탈수소효소dehydrogenase, 환원효소reductase, 산화효소oxidase, 카탈레이스catalase, 그리고 과산화효소peroxidase가 포함된다. CH−OH, CH−CH, C=O, CH−NH, CH=NH 등과 같은 기질에 작용하며, 세포 내에서 산화 작용을 통한 에너지 대사에 주로 관여하므로 호흡효소respiratory enzyme이라고도 한다.

② 전달효소

전달효소transferase는 작용기나 수소 원자 이외의 원자단을 두 기질 분자 사이에 전달하는 반응을 촉매하는 효소이다. 메틸기 전달효소methyltransferase, 트랜스알돌레이스transaldolase, 케톨기 전달효소transketolase, 아미노기 전달효소transaminase, 아실기 전달효소acyltransferase, 글리코실기 전달효소glycosyltransferase, 알킬기 전달효소alkyltransferase 등이 있다.

③ 가수분해효소

가수분해효소hydrolase는 물 분자가 들어와서 기질 내의 에스터ester, 에테르ether, 펩타이드peptide, 글리코실glycosyl, C−C, C−할로겐화물halide, C−N 등의 공유결합의 가수분해를 촉진하는 역할을 한다. 관련 효소로는 아밀레이스amylase, 단백질 가수분해효소protease, 라이페이스lipase, 포스포라이페이스phospholipase, 에이티피에이스ATPase 등이 있다.

④ 제거효소

제거효소lyase는 가수분해를 하지 않고 기질에서 C−C, C−O, C−N 및 다른 결합을 분리하여 이중결합을 생성하거나 카복실기(-COOH), 알데하이드기(-CHO), 물, 암모니아 등의 작용기를 이중결합에 첨가하는 반응을 촉매하는 효소이다. 대표적인 제거효소로는 과당-이인산알돌레이스fructose-bisphosphate aldolase가 있다.

⑤ 이성질화 효소

이성질화 효소isomerase는 기질 분자의 분자식은 그대로 있고(기질을 분해하거나 산화시키지 않음) 분자 내의 위치적 또는 구조적 전환 등으로 상호 변화시키는 반응을 촉매하는 효소이다. 이성질화 효소로는 포도당 이성질화 효소glucose isomerase가 있다.

⑥ 합성효소

합성효소synthetase 또는 연결효소ligase는 두 개의 화합물을 서로 연결시켜서 C–O, C–S, C–N, C–C 등의 결합을 형성하는 반응을 촉매하는 효소이다. 합성효소로는 글루타티온 합성효소glutathione synthetase가 있다.

(3) 식품과 관련 있는 효소

① 아밀레이스

탄수화물을 가수분해하는 효소로 α-아밀레이스, β-아밀레이스, 글루코아밀레이스가 있다. α-아밀레이스는 아밀로스와 아밀로펙틴의 α-1,4 결합을 내부에서 불규칙하게 절단하는 효소이다. β-아밀레이스는 아밀로스와 아밀로펙틴의 비활성 말단에서 규칙적으로 분해하는 효소로 식혜를 만들 때 주로 사용된다. 글루코아밀레이스는 아밀로스와 아밀로펙틴의 α-1,4 및 α-1,6 결합을 포도당 단위로 분해하는 효소이다.

② 단백질 가수분해효소

단백질 가수분해효소는 단백질의 펩타이드 결합을 분해하는 효소로 펩신pepsin, 트립신trypsin, 레닌rennin 등이 있다.

③ 에스터레이스

에스터레이스esterase는 식품 중 에스터 결합을 가수분해하는 효소이며, 그중 라이페이스는 지방을 가수분해하여 유리지방산을 생성하는 효소이다.

④ 펙틴 가수분해효소

펙틴 가수분해효소pectinase는 펙틴을 가수분해하는 효소이다. 그 종류로는 프로토펙틴 가수분해효소, 펙틴 에스터레이스, 폴리갈락투로네이스polygalacturonase 등이 있다.

2) 효소의 반응 속도에 영향을 미치는 요인

(1) 온도

효소의 활성은 온도가 높아질수록 증가하지만 효소도 단백질이므로 열에 의한 변성이 생긴다. 따라서 효소 활성의 최적 온도는 30~40℃이나 β-아밀레이스의 최적 온도는 60℃이다.

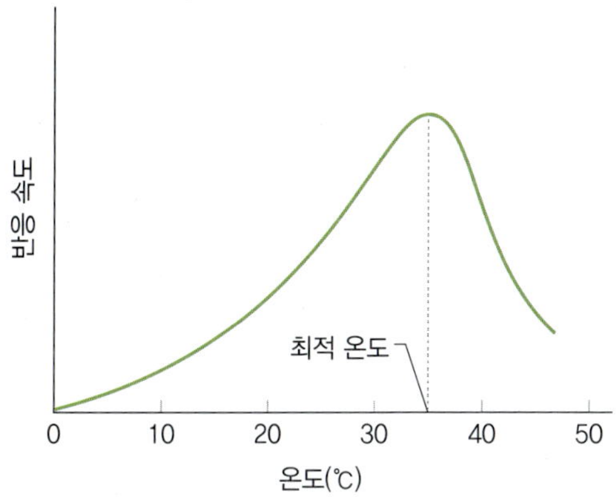

그림 6-13 온도에 따른 효소의 활성

(2) pH

일반적으로 효소 활성에 영향을 주는 최적의 pH는 4.5~8.0이다. 펩신은 pH 1.5에서, 트립신은 pH 7.7에서 최적의 활성을 나타낸다.

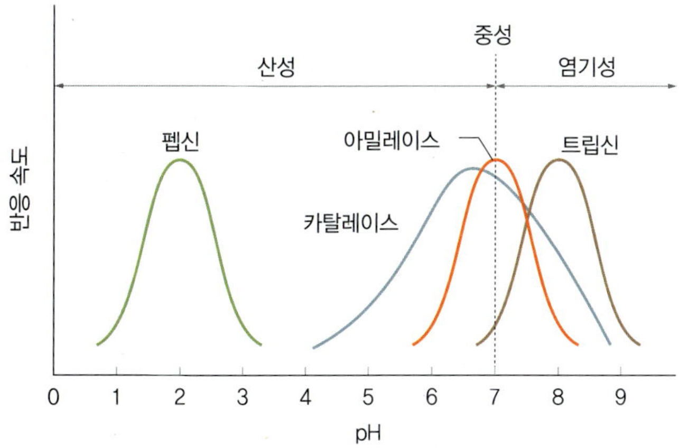

그림 6-14 효소의 종류에 따른 활성 최적 pH

(3) 효소 농도

기질의 농도가 일정할 때 효소반응의 초기 속도는 효소 농도에 비례한다. 그러나 반응이 진행되면서 생기는 반응 생성물이 효소 작용을 저해하게 되어 반드시 비례하지는 않는다.

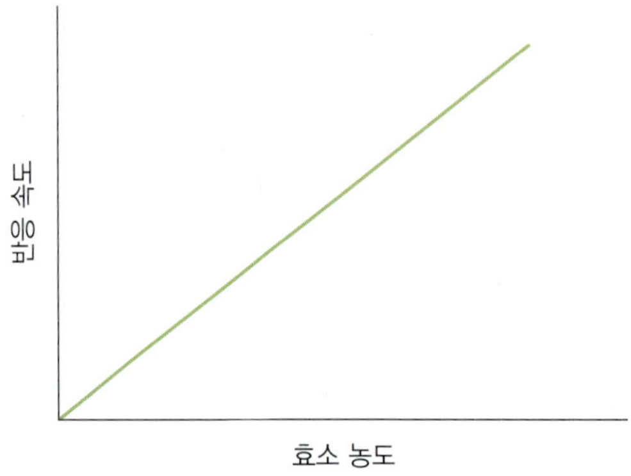

그림 6-15 효소 농도에 따른 반응 속도

(4) 기질 농도

기질 농도는 효소 촉매 작용의 속도에 큰 영향을 준다. 효소의 농도가 일정하거나 기질의 농도가 낮을 때는 반응하는 속도가 기질 농도에 비례하지만 기질 농도가 높아지면 반응 속도가 변화하지 않는 포화 상태에 이르게 된다.

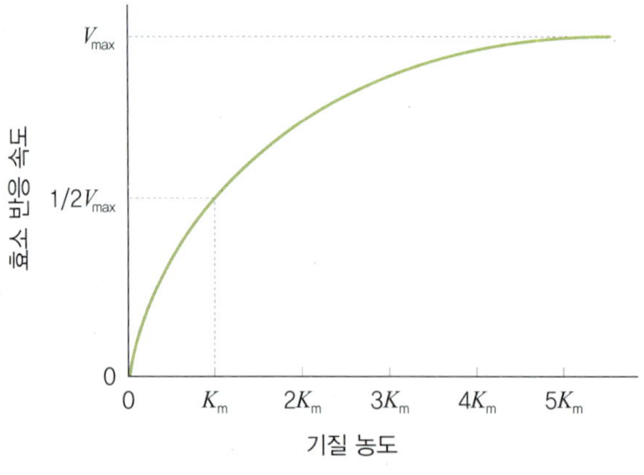

그림 6-16 효소 반응 속도에 따른 기질 농도

(5) 효소 활성제와 억제제

효소와 기질의 반응 속도를 촉진 및 향상시키거나 부활시키기 위해 첨가하는 물질을 효소 활성제enzyme activator라고 하며, 효소의 작용을 제거 또는 감소시키는 물질을 효소 억제제enzyme inhibitor라고 한다. 효소 억제제는 비가역적인 것과 가역적인 것 두 가지 형태가 있는데, 비가역적 억제제는 효소 분자 내의 촉매 활성 작용기에 직접 결합하거나 파괴하여 효소 활성을 회복할 수 없게 하는 경우이고, 가역적 억제제는 저해를 유발하는 물질을 제거하거나 하여 효소 활성을 회복할 수 있는 경우이다.

3) 효소에 의한 갈변반응

효소에 의한 갈변반응은 주로 채소나 과일에 존재하는 폴리페놀류가 손상을 받으면 효소에 의해 산화되어 갈색의 멜라닌melanin으로 전환되는 현상이다. 효소에 의한 갈변반응은 두 가지가 있다.

(1) 효소적 갈변반응의 종류

① 폴리페놀 산화효소에 의한 갈변

폴리페놀류가 구리Cu를 포함하고 있는 폴리페놀 산화효소polyphenol oxidase에 의해서 퀴논quinone 화합물로 산화되고, 생성된 퀴논 화합물이 산화·중합을 반복하면서 흑갈색의 중합색소 멜라닌을 생성한다. 폴리페놀류 중에서 주로 카테콜형인 클로로겐산, 카페산, 카테킨류가 갈색 변화를 일으킨다. 폴리페놀 산화효소는 구리Cu나 철Fe에 의해 활성화되고 염소Cl 이온으로 억제된다.

② 티로시네이스에 의한 갈변

티로신tyrosine이 모노페놀 산화효소monophenol oxidase인 티로시네이스tyrosinase에 의해서 다이하이드록시페닐알라닌dihydroxyphenylalanine, DOPA을 생성하고 퀴논 화합물로 산화·중합되어 갈색의 멜라닌 색소를 형성한다.

(2) 효소적 갈변의 억제 방법

① 효소 작용 억제

- 가열 처리 : 효소는 단백질로 구성되었으므로 가열함으로써 효소의 단백질을 변성시켜서 작용을 불활성화한다. 예를 들어 채소, 과일 통조림의 데치기blanching가 이

에 속한다.

- 온도 조절 : 식품의 온도를 -10℃ 이하로 유지(냉장 또는 동결 저장)
- pH 조절 : 폴리페놀 산화효소의 최적 pH는 pH 5.8~6.8이므로 산이나 염산 용액에 침지하여 효소를 불활성화한다.

② 효소 억제제 사용

이산화황 SO_2이나 아황산염을 이용하여 효소의 활성을 저해한다. 예를 들어 감자, 복숭아, 사과 등의 가공 및 저장을 하기 위해 사용한다.

③ 산소 제거

산소를 제거하여 산소와의 접촉을 막아 산화를 억제한다. 예를 들어 이산화탄소 CO_2나 이질소 N_2를 이용하여 산소와 치환하는 방법이 있다.

④ 효소 기질 제거 및 침출

물에 담가 침출시키면 갈변 기질과 효소가 수용성인 경우의 갈변을 방지할 수 있다. 예를 들어 감자, 고구마, 밤의 껍질을 벗긴 후 물에 담가 놓는 방법이 이에 해당한다.

⑤ 환원성 물질 첨가

효소적 갈변은 산화반응이므로 환원성 물질(아스코브산, SH 화합물, 시스테인cysteine, 글루타티온glutathione)을 첨가하면 억제할 수 있다.

1. 무기질은 단일 원소의 영양소로 에너지를 내지 못하며, 체내에서 새롭게 합성하지 못하여 자연계에 존재하는 것을 반드시 식품으로 섭취해야 한다. 인체는 20여 종류의 무기질을 필요로 하며, 체내 보유량과 필요량에 따라 다량 무기질과 미량 무기질로 구분한다. 다량 무기질은 체중의 0.05% 이상이거나 하루 필요량이 100 mg 이상인 무기질로 칼슘, 인, 마그네슘, 염소, 나트륨, 칼륨, 황이 해당된다. 미량 무기질은 체중의 0.05% 미만이거나 하루 필요량이 100 mg 미만인 무기질로 철, 아연, 구리, 요오드, 불소, 셀레늄, 망간, 몰리브덴, 크롬이 있다.
2. 무기질은 신체의 구성 성분으로 작용하고, 체액의 산·알칼리 평형 유지에 관여하며 체액의 평형을 유지함은 물론이고 대사 조절 작용을 한다.
3. 비타민은 인체에서 에너지원으로 작용하지 않지만 체내의 대사 조절, 성장 및 건강 유지 등에 필수인 미량의 유기화합물로 대부분은 반드시 식품으로 섭취하여야 한다.
4. 지용성 비타민은 기름에 친화성이 있어서 기름이나 유기 용매에 녹고, 체내의 흡수와 대사를 위해 운반 단백질인 킬로미크론(chylomicron)과 결합하여 이동 및 저장되며, 소변으로 배출되지 않고 과량 섭취 시 독성이 있을 수 있다. 비타민 A, D, E, K가 이에 해당한다.
5. 수용성 비타민은 물에 녹으며 과다 섭취 시 소변으로 배출된다. 열, 알칼리에 약해서 조리 과정 중에 손실이 발생한다. 비타민 B 복합체인 티아민(비타민 B_1), 리보플라빈(비타민 B_2), 니아신, 판토텐산, 비오틴, 비타민 B_6, 엽산, 비타민 B_{12}와 비타민 C가 수용성 비타민이다.
6. 효소는 인체의 대사 작용에서 촉매로 활동하는 단백질이다. 생체 내의 많은 화학반응에서 살아 있는 활성을 가진 촉매로 관여하여 자신은 반응 전후에 변화가 없으나 화학반응의 속도를 빠르게 해주는 역할을 한다. 효소의 종류로는 산화환원효소(oxidoreductase), 전달효소(transferase), 가수분해효소(hydrolase), 제거효소(lyase), 이성질화 효소(isomerase), 합성효소(synthetase) 또는 연결효소(ligase) 등이 있다.
7. 식품과 관련이 있는 효소로는 아밀레이스(amylase : 탄수화물을 가수분해하는 효소로 α-아밀레이스, β-아밀레이스, 글루코아밀레이스가 있음), 단백질 가수분해효소(protease : 단백질의 펩타이드 결합을 분해하는 효소로 펩신, 트립신, 레닌 등이 있음), 에스터레이스〔esterase : 식품 중 에스터 결합을 가수분해하는 효소이며, 그중 라이페이스(lipase)는 지방을 가수분해하여 유리지방산을 생성하는 효소〕, 펙틴 가수분해효소(pectinase : 펙틴을 가수분해하는 효소로 프로토펙틴 가수분해효소, 펙틴 에스터레이스, 폴리갈락투로네이스 등이 있음) 등이 대표적이다.
8. 효소의 반응 속도에 영향을 미치는 요인으로는 온도(효소 활성의 최적 온도는 30~40℃, β-아밀레이스의 최적 온도는 60℃), pH(최적의 pH는 4.5~8.0이나 펩신은 pH 1.5, 트립신은 pH 7.7에서 최적의 활성을 나타냄), 효소 농도(기질의 농도가 일정할 때 효소반응의 초기 속도는 효소 농도에 비례,

그러나 반응이 진행되면서 생기는 반응 생성물이 효소 작용을 저해하므로 반드시 비례하지는 않음), 기질 농도(효소의 농도가 일정하거나 기질의 농도가 낮을 때는 반응 속도가 기질 농도에 비례하지만, 기질 농도가 높아지면 반응 속도가 변화하지 않는 포화 상태에 이름), 효소 활성제와 억제제 등이 있다.

9. 효소에 의한 갈변반응은 2가지가 있는데 하나는 폴리페놀 산화효소(polyphenol oxidase)에 의한 갈변(폴리페놀류가 구리를 포함하고 있는 폴리페놀 산화효소에 의해 퀴논 화합물로 산화되고, 생성된 퀴논 화합물이 산화·중합을 반복하면서 흑갈색 중합색소인 멜라닌을 생성)이고, 다른 하나는 티로시네이스(tyrosinase)에 의한 갈변(티로신이 모노페놀 산화효소인 티로시네이스에 의해서 다이하이드록시페닐알라닌을 생성하고 퀴논 화합물로 산화·중합되어 갈색의 멜라닌 색소를 형성)이다.

10. 효소적 갈변의 억제 방법으로는 효소 작용 억제(가열 처리, 온도 조절, pH 조절), 효소 억제제 사용(이산화황이나 아황산염을 이용), 산소 제거, 효소 기질 제거 및 침출, 환원성 물질 첨가(아스코브산, SH 화합물, 시스테인, 글루타티온 첨가) 등이 있다.

연습문제

1. 세포외액의 주된 양이온으로 체액의 삼투압 유지에 관여하는 무기질은?

① 인 ② 칼륨 ③ 칼슘
④ 나트륨 ⑤ 마그네슘

2. 엽록소의 구성 성분으로 식물성 식품에 많이 함유되어 있는 무기질은?

① 인 ② 칼륨 ③ 칼슘
④ 나트륨 ⑤ 마그네슘

3. 무기질의 작용과 급원 식품의 연결이 옳은 것은?

① 염소-골격 형성-소금
② 칼슘-위액의 구성-우유, 치즈
③ 인-삼투압 유지-어육류, 탄산음료
④ 칼륨-수분과 전해질 평형 유지-녹색 잎채소, 감자
⑤ 마그네슘-핵산의 구성 성분-코코아, 견과류

4. 철 결핍성 빈혈 환자에게 가장 좋은 것은?

① 굴과 간 ② 감과 대합 ③ 달걀과 보리밥
④ 닭고기와 시금치 ⑤ 치즈크래커와 커피

5. 미량 무기질과 그 기능의 연결이 옳은 것은?

① 요오드-당내성 인자 ② 크롬-골격과 치아 형성 ③ 셀레늄-비타민 E 절약 작용
④ 망간-갑상선 호르몬 구성 성분 ⑤ 몰리브덴-비타민 B_{12}의 구성 성분

6. 다음 중 조혈 인자는?

① 철, 구리, 엽산, 비타민 B_{12} ② 철, 아연, 요오드, 비타민 B_6 ③ 철, 칼슘, 비타민 C, 비타민 D
④ 철, 구리, 비타민 E, 비타민 K ⑤ 철, 구리, 비타민 B_{12}, 비타민 B_1

7. 비타민 E가 상대적으로 풍부한 식품은?

① 난황 ② 사과 ③ 시금치
④ 견과류 ⑤ 돼지기름

8. 비타민 K의 생리 작용과 가장 좋은 급원 식품이 옳게 짝지어진 것은?

① 야맹증-우유　② 안구건조증-간　③ 혈액 응고-육류

④ 혈액 응고-녹색 잎채소　⑤ 안구건조증-녹색 잎채소

9. 트립토판이 니아신으로 전환되는 데 필요한 비타민은?

① 엽산　② 비타민 B_6　③ 비타민 B_{12}

④ 비타민 C　⑤ 판토텐산

10. 감자의 갈변 현상에 관한 설명으로 옳은 것은?

① 갈색의 멜라노이딘이 생성된다.　② 구리, 철 이온에 의해 갈변이 억제된다.

③ 묽은 소금물에 침지하면 갈변이 촉진된다.　④ 티로시네이스에 의한 갈변이다.

⑤ 폴리페놀 산화효소에 의한 갈변이다.

11. 아스코브산(ascorbic acid)의 산화에 의한 갈변반응으로 옳은 것은?

① 가열하면 일어난다.　② 효소적 갈변반응이다.

③ 유기산 존재 시 갈변이 억제된다.　④ 분말 오렌지주스에서 나타나는 갈변이다.

⑤ 무산소 조건에서 갈변반응이 일어나지 않는다.

풀이와 정답

1. ④ 세포 내외의 삼투압 유지에 세포외액은 나트륨, 세포내액은 칼륨이 주로 역할을 하고 있다. **2.** ⑤ 마그네슘은 주로 식물성 식품 중에서 코코아, 견과류, 대두, 곡물에 많이 함유되어 있다. **3.** ④ 칼슘은 골격 형성, 염소는 위액 구성, 삼투압 유지, 인은 핵산의 구성 성분의 역할을 하고 있다.
4. ① 철은 동물성 식품 중에서 간, 육류, 달걀노른자, 전곡 등과 해조류에 많이 함유되어 있다. **5.** ③ 요오드는 갑상선 호르몬의 성분, 몰리브덴과 망간은 효소의 구성 성분, 크롬은 당내성 인자의 성분, 셀레늄은 항산화 작용을 하여 비타민 E를 절약하는 작용을 한다. **6.** ① 조혈 인자는 철, 구리, 코발트, 엽산, 비타민 B_6, 비타민 B_{12}이다. **7.** ④ **8.** ④ **9.** ② **10.** ④ 감자의 갈변 현상은 티로신이 티로시네이스에 의해서 멜라닌을 형성하기 때문에 일어난다. 티로시네이스는 수용성이므로 물에 담가 두면 갈변을 막을 수 있다. **11.** ④ 아스코브산의 산화에 의한 갈변은 비효소적 갈변 현상이며, 이는 산소가 없어도, 가열을 하지 않아도 발생한다.

References

곽호석·국무창·김승·성동은·오성훈·지갑주·최찬의·홍태희, **에센스 발효식품학**, 지구문화사, 2018.

김건희·강일준·정윤화·한정아·황은선·윤기선·김묘정, **재미있는 식품화학**, 수학사, 2018.

문수재·김혜경·홍순명·이경혜·이명희·이영미·이경자·안경미·이민준·김정연·김정현, **알기쉬운 영양학**, 수학사, 2016.

장유경·박혜련·변기원·이보경·권종숙, **기초 영양학**, 교문사, 2016.

장판식·노봉수·유상호·김묘정·김영완, **이해하기 쉬운 식품효소공학**, 수학사, 2017.

허채옥·권순형·최영진·백희준·오은주·원선임·박용순·김상연·김은영·박유신·김기랑, **고급영양학**, 수학사, 2019.

FOOD

PRINCIPLES and PREPARATIONS

CHAPTER **07**

식품의 성분 및 특성 변화

1. 맛 성분과 특성의 변화

1) 식품의 맛 개요

식품의 맛에 영향을 미치는 성분들은 대체로 수용성이며 상대적으로 비휘발성이다. 향기 성분과 비교하여 식품 내 농도가 높은 편이다. 식품의 맛에는 단맛, 쓴맛, 신맛, 짠맛, 감칠맛으로 크게 다섯 가지 맛이 있다. 식품의 맛은 향미의 한 요소이며 조직감과 더불어 중요한 특성으로 식품의 기호에 큰 영향을 미친다.

2) 맛의 분류

(1) 단맛

단맛sweet taste을 인지하는 수용체 T1R2/T1R3는 설탕, 저열량 인공감미료(수크랄로스, 아스파탐, 사카린 등), 일부 아미노산과 단백질(브라제인, 모넬린, 타우마틴) 등과 결합하여 단맛을 인식한다(Lim & Pullicin, 2019). 단맛을 내는 물질 중 칼로리는 줄이면서 설탕을 대체할 수 있는 물질에 관심이 많다. 단맛의 인지와 관련하여 오래된 가설은 당의 하이드록시기(-OH)에 기인한다는 것이지만, 아미노산과 같이 하이드록시기가 많은 화합물 중 단맛을 내지 않거나 사카린과 같이 하이드록시기는 없지만 단맛을 내는 것도 있어서 비판을 받아 왔다. 최근의 이론은 AH/B 가설로, 이는 단맛을 유발하는 모든 화합물에 공통되는 구조에 관한 것이다. 수소결합을 할 수 있는 양성자proton와 그로부터 약 3Å 거리에 전기적으로 음성을 띠는 오비탈orbital이 있으며, 단맛이 강한 물질의 경우에는 메틸렌($-CH_2-$), 메틸($-CH_3$), 페닐(C_6H_5) 등의 친유성 구조를 포함하고 있다. 그러나 단맛과 쓴맛 수용체에 모두 인지될 수 있으므로 단맛과 쓴맛을 동시에 느끼게 되며 쓴맛 구조 때문에 단맛의 인지가 억제되기도 한다. 단맛을 내는 화합물의 구조나 입체 구조가 바뀌면 단맛의 강도가 낮아지거나 단맛을 잃고 쓴맛이 생기기도 한다.

사카린은 설탕의 약 300배 정도의 감미를 가지나 농도에 따라 비율은 달라질 수 있다. 뒷맛으로 쓴맛과 금속 맛이 나지만 열에 안정하여 오랜 기간 사용되고 있으며, 현재 90여 개국에서 사용을 허용하고 있다. 아세설팜-K acesulfame-K는 3% 설탕물과 비교하여 200배의 감미를 내지만 높은 농도에서는 쓴맛과 금속 맛을 내므로 아스파탐 등과 섞어 사용한다. 열과 산에 안정하여 저칼로리 탄산음료에 사용한다. 아스파탐은 아스파트산aspartic acid과 페닐알라닌phenylalanine이 결합된 것으로 설탕의 180~200배의 감미를 가진다. 아미노산이므로 1 g당 4칼로리를 발생하지만 감미가 높아 아스파탐에서 기인하는 칼로리는 매우 낮다. 다만 산성 환경에서 불안정하고 온도가 높으면 단맛이 감소할 수 있으며 펩타이드이므로 쉽게 가수분해되어 다른 화학반응이나 미생물 증식에 이용될 수 있다. 페닐알라닌을 포함하므로 페닐케톤뇨증phenylketonuria에 대한 경고가 필요하다. 네오탐Neotame은 아스파탐과 구조적으로 관련이 있지만 안정성이 높아지고 단맛의 비율은 7,000~13,000배로 매우 높으며, 페닐케톤뇨증에 대한 경고가 필요없다. 수크랄로스sucralose는 쓴맛이나 다른 부정적인 뒷맛 없이 설탕과 비슷한 단맛을 내며 탄산음료의 pH에서도 안정한 편이다. 식품 제조에 사용되는 농도에서 안전하다.

표 7-1 대표적 고감미료의 단맛 비율

인공 감미료	상대 감미(설탕=1)
아세설팜-K(acesulfame-K)	200
아스파탐(aspartame)	180~200
사이클라메이트(cyclamate, 미국은 사용 금지)	30
네오탐(neotame)	7,000~13,000
사카린(saccharin)	300~400
스테비오사이드(stevioside, 천연)	300
수크랄로스(sucralose)	600~800

자료 : Huber K.C. & BeMiller J.N., Ch 3. Carbohydrates. In: Fennema's Food Chemistry 5th edition, CRC Press, New York, NY. 2017.

대표적인 단맛 물질인 단당류와 이당류는 탄수화물에 속하며, 탄수화물에는 올리고당과 다당류도 포함된다. 입안에서 탄수화물이 인지되는지에 관한 연구(Lim & Pullicin, 2019)에 따르면 지금까지 무맛으로 알려진 말토덱스트린maltodextrin이 '전분 맛'이라 묘사되는 맛을 내는 것으로 확인되었으며, 중합도degree of polymerization(단당류 결합 정도)가 14 미만인 경우까지 밝혀졌으나 그 경로는 아직 밝히지 못하였다. 또한 구강 내 탄수화물 소화효소인 알파-아밀레이스가 이당류까지 소화 가능하므로 앞서 소개한 단맛 수용체에 의해 단맛이 인식될 수 있다.

(2) 쓴맛

쓴맛bitter taste의 인지는 분자 구조와 수용체의 관계가 단맛과 매우 유사하여 쓴맛을 내는 물질의 입체 구조가 영향을 미치는데 극성기와 소수기가 작용한다. 이러한 유사성으로 일부 물질은 단맛과 쓴맛을 같이 유발할 수 있다. 일부 학자는 대부분의 쓴맛 유발 물질이 단맛을 내는 물질과 동일한 AH/B 구조를 가지고 있으며, 추가로 소수기가 있다고 주장하기도 한다.

쓴맛을 내는 대표적 물질로는 퀴닌quinine, 카페인caffeine, 테오브로민theobromine, 후물론humulone 등이 있다. 퀴닌은 알칼로이드로 쓴맛의 표준이다. 퀴닌 염산염quinine hydrochloride 수용액의 감지 임계값detection threshold은 10 ppm으로 다른 물질보다 역치 농도가 낮다. 용해도는 낮은 편이다. 음료, 탄산음료 등에 사용이 허가되어 있다. 카페인은 150~200 ppm 농도에서 쓴맛을 내며 커피, 차 등에 존재한다. 콜라 종류의 탄산음료에 200 ppm까지 첨가할 수 있으며, 디카페인 커피로 가공되는 녹색 원두에서 추출한다. 테오브로민은 카페인과 유사하며, 코코아의 쓴맛 물질이 대표적이다. 후물론 또는 루풀론(lupulone)은 맥주의 쓴맛 성분으로 아이소프레노이드 유도isoprenoid-derived 화합물이다. 맥주를 만들 때 홉hop의 사용량이 많으면 쓴맛이 강해진다. 아이소후물론isohumulone은 맥주를 만드는 과정wort boiling에서 이성질화한 화합물로 빛에 노출된 맥주의 스컹크 향미를 낸다.

그림 7-1 **맥주 제조에 사용되는 홉과 홉 펠릿(hop pellets)**

나린진naringin은 자몽과 쓴맛이 나는 오렌지에 있는 플라바논flavanone이며 일반적으로 자몽 껍질에서 추출하여 음료에 카페인을 대체하여 첨가한다.

리모닌limonin은 네이블navel과 발렌시아valencia 오렌지에 있는 쓴맛 물질이다. 오렌지에

Tip 음료에 들어 있는 카페인의 양

음료		용량(mL)	카페인 함량(mg)	음료		용량(mL)	카페인 함량(mg)
커피 (coffee)	내린 커피	237	95~165	차 (tea)	홍차(우림)	237	25~48
	내린 커피(디카페인)	237	2~5		녹차(우림)	237	25~29
	에스프레소	30	47~64		차 음료(병)	237	5~40
	인스턴트	237	63	레몬라임		237	0
	카페라떼/카페모카	237	63~126	콜라		237	24~46
에너지 음료		237	27~164	루트비어 (Root beer)		237	0
에너지 샷		30	40~100				

*미국은 음료가 8 oz 단위이므로 미터법으로 환산하면 237 mL이므로 240 mL라고 간주하여도 무방함

자료 : Mayo Clinic, Caffeine content for coffee, tea, soda and more. 2017.

는 양이 많지 않으며 무맛의 리모닌 유도체가 대부분이다. 오렌지주스를 짜낸 이후 산성 환경에서 리모닌으로 바뀐다.

단백질 가수분해 생성물도 쓴맛을 내는데 오래 발효한 치즈의 쓴맛이 대표적인 예이다. 이는 아미노산 곁가지의 소수성에 기인한 것으로 AH-극성기와 소수성 기의 작용이다. 쓴맛에 대한 민감도는 사람마다 다르기 때문에 특정 농도에서 쓴맛 또는 쓴맛-단맛을 인지할 수도 있고 맛을 인식하지 못할 수도 있다.

(3) 신맛

신맛sour taste을 내려면 분자 구조 내에 수용액 상태에서 해리될 수 있는 양이온이 하나 이상 있어야 하며, 양성자가 이온 채널막에 있는 수용체와 결합하면 나트륨 이온Na^+의 흐름이 닫힌다. 산성의 강도가 신맛을 결정하지는 않는다. 침 분비량은 개인 간 차이가 크다(Mosca & Chen, 2018). 대개 분비량이 많은 사람이 덜 민감한 등 신맛 인식에 대한 개인 간 차이가 있다(Christensen et al., 1987).

(4) 짠맛

짠맛saltiness을 내는 대표적인 화합물은 소금sodium chloride, NaCl이며 향미를 증진시킨다. 나트륨 이온Na^+은 짠맛을 유발하지만, 칼륨 이온K^+은 짠맛과 쓴맛을 낸다. 음이온인 시트레이트citrate와 오르토포스페이트orthophosphate와 비교하여 염화물chloride이 가장

짠맛을 방해하지 않으며 자체의 맛도 제일 없는 편이다.

소금이 나트륨 섭취의 주요 원료이므로 식품에 사용량을 줄여 나트륨 섭취를 줄이는 연구가 꾸준히 수행되고 있다. 가공 육제품의 경우 소금이 필수적이지만 2% 정도 낮추어도 기호나 제품에 대한 영향이 없다고 한다. 그러나 단백질 함량이 높은(상대적으로 지방 함량이 적은) 제품에서는 짠맛이 적게 난다고 한다(Ruusunen & Puolanne, 2005).

(5) 감칠맛

감칠맛umami은 2002년 다섯 번째 맛으로 인정되었으며 고기 같은 맛, 기분 좋은 짭짤한 맛pleasant savory, MSG와 같은 맛 등으로 묘사된다. 감칠맛을 내는 대표적인 물질은 글루탐산모노나트륨monosodium L-glutamate, MSG과 5′-뉴클레오타이드5′-ribonucleotides(이노신-5′-일인산inosine-5′-monophosphate, 5′-IMP과 구아노신-5′-일인산guanosine-5′-monophosphate, 5′-GMP)이다(Beauchamp 2009). 감지 임계값보다 낮은 농도에서는 음식의 향미를 향상시키는데, 이러한 향미 증진 효과는 다른 맛 수용체를 공유하여 결합할 수 있는 특성에 기인한다(Zhang et al., 2019). 감칠맛과 수용체의 결합에 대한 연구는 현재 진행 중인 분야이다. 상승 작용과 관련하여 글루타메이트glutamate는 수용체와 결합하여 감칠맛 인식을 유발하고, 5′-뉴클레오타이드는 이런 결합을 안정화하여 감칠맛의 강도를 향상시킨다.

이외에도 감칠맛을 내거나 상승시키는 물질로 98개의 화합물이 보고되어 있으며, 이 중 아미노산 두 개가 결합한 구조가 29.6%, 3개가 결합한 구조는 30.6%에 달한다. 이러한 짧은 직쇄 구조가 감칠맛 물질의 절반 이상을 차지한다. 짧은 직쇄 펩타이드의 경우 글루탐산glutamic acid, 아스파트산 또는 다른 수용성 아미노산이 주요 구성 요소이며, 소수성 아미노산의 20% 정도가 알라닌alanine이다. 펩타이드 사슬이 길어지면 짧은 직쇄 구조와 구성 특징이 확연히 차이가 나며 친수성 아미노산의 비중이 많이 낮아진다. 사슬이 길어지면 친수성 아미노산과 소수성 아미노산의 공간적 배열이 더 중요해진다. MSG 자체로는 기호를 유발하지 않으나 대부분의 식품에 첨가하였을 때 기호가 상승하였다(Beauchamp, 2009).

GMP와 IMP 자체에 감칠맛이 있는지에 대해서는 아직 논란이 있으며, 침에 있는 미량의 글루타메이트와의 상승 작용으로 감칠맛이 느껴지는 것인지에 대한 연구는 거의 불가능하다(Yamaguchi, 1987; Beauchamp, 2009). 감칠맛이 5번째 맛으로 인정되기 전 일부

과학자는 단맛, 쓴맛, 신맛, 짠맛을 조합하여 감칠맛을 만들 수 있다고 주장하였으나 실현 불가능하다는 것이 밝혀졌다(Yamaguchi, 1987). 감칠맛에 대한 정의도 아직 불분명하며, '맛'뿐만 아니라 충족감fullness을 유발하므로 촉감에 관한 규명도 필요하다. 감칠맛 수용체의 메커니즘으로 8가지 이상이 알려져 있으나 수용체가 다양한 이유조차 아직 밝혀지지 않았다. 감칠맛의 기능으로 단백질과 아미노산의 존재를 알려 주는 것이라 제안된 바 있으나 정설로 받아들여지려면 더 많은 연구가 필요하다. 처음 글루타메이트를 분리해 낸 해조류와 토마토 등은 글루타메이트의 함량은 높지만 단백질 함량은 낮은 편이고, 동물 연구에서도 단백질이 제한된 식이를 한 군은 감칠맛 물질을 피하였다(Torri et al., 1987).

지금까지 알려진 감칠맛의 순기능은 침의 분비를 증가시키고 음식의 맛을 향상시키며 식욕을 증가시키는 한편, 포만감 또한 증대되어 비만 억제 효과가 있다고 한다(Masic & Yeomans, 2014; Stańska & Krzeski, 2016).

표 7-2 식품의 유리글루탐산 함량

(단위 : mg/100 g)

식품	함량	식품	함량	식품	함량	식품	함량
쇠고기	10	가리비 관자	140	옥수수	106	사과	4
돼지고기	9	김	1,378	완두콩	106	파마산 치즈	1,680
닭고기	22	다시마	1,608	양파	51	체다 치즈	182
알래스카 킹크랩 (Alaska king crab)	72	양배추	50	감자	10	우유	1
		시금치	48	버섯	42	모유	19
새우 (white shrimp)	20	토마토	246	표고버섯	71	간장(일본)	782
		아스파라거스	49	아보카도	18	간장(한국)	1,264

자료 : Yamaguchi S. & Ninomiya K., Umami and food palatability, The Journal of Nutrition, 130(4), 921S-926S, 2000. 발췌

(6) 깊은 맛

깊은 맛kokumi의 성분은 기본 맛 5가지로는 설명할 수 없는 향미가 가득 차 있는 느낌fullness, 복합성complexity, 연속성continuity, 진함thickness, 풍부함body 등을 아울러 일컫기 위해 제안되었다. 깊은 맛을 내는 성분으로 S-(2-프로페닐)-L-시스테인설폭사이드S-(2-propenyl)-L-cysteine sulfoxide, 글루타티온glutathione, GSH; γ-Glutamyl-cysteinyl-glycine, 석신

산succinic acid 등이 있다. 깊은 맛 화합물은 마늘과 양파의 수용액에서 처음 분리되었으며 황을 함유하고 있는 펩타이드 유도체였다[S-allyl-L-cysteine sulfoxide, γ-glutamyl-trans-S-propenyl-L-cysteine sulfoxide, 3-(S)-methyl-1,4-thiazane-5-(R)-carboxylic acid (S)-oxide 등]. 이후 콩에서 γ-L-글루타밀-L-루신γ-L-glutamyl-L-leucine, γ-L-글루타밀-L-발린γ-L-glutamyl-L-valine, γ-L-글루타밀-L-시스테닐-â-알라닌γ-L-glutamyl-L-cysteinyl-â-alanine을 주요 깊은 맛 성분으로 보고하였다(Dunkel et al., 2007). 이런 화합물들은 단일 수용액 상태일 때보다 글루타메이트 등의 감칠맛 성분과 혼합되어 있을 때 역치가 4배에서 32배까지 감소한다. 최근 γ-글루타밀-발릴-글리신γ-Glutamyl-valyl-glycin의 깊은 맛이 0.01% 농도에서 글루타티온의 12배 정도였다고 발표한 연구도 있었다(Kuroda & Miyamura, 2015). 같은 연구에서 칼슘 감지 수용체Calcium-sensing receptor가 깊은 맛 성분의 인지와 관련이 있다고 발표하였다.

2. 향의 변화

1) 냄새의 개요

냄새는 휘발성 물질이 코 안의 후각세포와 신경에 전달될 때에 인지하게 되는데 코를 통하게 되면 비후방 후각retronasal olfaction이라 하고, 입안에 있는 음식의 휘발성 물질이 구강에서 비강을 통해 후각 기관을 향하게 되면 전비강 후각orthonasal olfaction이라고 한다. 일반인은 이러한 냄새를 구분하기가 어려운데 이러한 현상을 표현하는 용어가 따로 없기 때문이다(Stevenson, 2016).

2) 식품 냄새의 특성

식품의 향aroma; aromatics을 이야기할 때에 냄새smell는 부정적인 인식을 줄 수 있어서 보통 내odor와 향aroma을 쓴다. 그러나 우리말로 향은 화장품이나 생활용품에 첨가하는 방향fragrance과 헛갈릴 수 있어서 여기에서는 내(냄새)라는 단어를 사용하지만 사실 '향'이 더 적절한 용어이다.

식품의 냄새 성분은 맛과 달리 분류가 매우 어렵고 그 종류도 많다. 식품에서 농도는 매우 낮은 편이지만 역치에 따라 낮은 농도에서도 강한 냄새를 내기도 하고, 농도가 높아도 인지되지 않기도 한다. 화합물이 휘발되어야 하므로 온도가 높으면 냄새는 강해진다. 냄새 성분과 관련된 표(표 7-3과 7-4)는 모두 Flavornet(http://www.flavornet.org/)에서 발췌하였으며, 이 화합물들은 실제 생활에서 경험할 수 있는 추출 조건에서 평가하

표 7-3 유제품의 냄새 성분

제품 또는 특성	휘발성 화합물
버터	diacetyl, acetoin, 2,3-pentadione, pente anol, isobutyric acid
치즈	butyric acid, methylbutyric acid, octanoic acid, isobutyric acid
크림	acetoin, 2,3-pentadione
산패취	butyric acid, decanoic acid, isobutyric acid, durene
지방	decanoic acid

표 7-4 허브와 향신료의 주요 휘발성 화합물

허브	주요 휘발성 화합물
장뇌(camphor)	isobornyl formate, isoborneol, dihydrocarvyl acetate
캐러웨이(caraway)	carveol, (Z)-carveol, (E)-carveol, (+)-carvone
쿠마린(coumarin)	4-hexanolide
딜(dill)	epoxy-p-menthene, (+)-alpha-phellandrene, dill ether
민트(mint)	menthone, p-anisaldehyde, (R)-linden ether, epoxy-p-menthene, dihydrocarvyl acetate, β-phellandrene, dihydrocarveol, (E)-p-mentha-2,8-dien-1-ol, isopulegol acetate, piperitone, 2,3-dehydro-1,8-cineole
타임(thyme)	delta-cadinene
트러플(truffle)	hydroxypentanone
마늘(garlic)	thiophene, methylene bis(methyl sulfide), methylthiazoline, syntexan
황(sulfur)	methylene, bis(methyl sulfide)
바질(basil)	DL-carvone
정향(clove)	Eugenol, 4-ethylguaiacol, p-vinylguaiacol, methyl eugenol
회향(fennel)	DL-carvone
겨자무(horseradish)	4-pentenyl isothiocyanate
겨자(mustard)	4-pentenyl isothiocyanate
후추(pepper)	asaricin, sabinene
아니스(anise)	hydrocinnamic alcohol
계피(cinnamon)	ethyl cinnamate, hydrocinnamic alcohol, (E)-cinnamaldehyde
육두구(nutmeg)	1-terpinen-4-ol

자료 : Acree T. & Arn H., Flavornet and human odor space, 2014.

Tip 향미를 내는 허브와 스파이스

조리에 사용되는 허브에는 여러 가지가 있으나 널리 사용되는 것으로는 바질(basil), 마저럼(marjoram), 민트(mints), 오레가노(oregano), 로즈메리(rosemary), 타임(thyme), 세이지(sage), 딜(dill), 고수(cilantro) 등이 있다. 스파이스(spices, 향신료)는 엽록소가 없는 향신 식물을 뜻하며 예부터 생강과 같은 뿌리채소, 계피와 같은 나무껍질, 정향(꽃송이), 딜이나 후추 같은 열매, 또는 육두구(nutmeg)나 머스터드(mustard) 같은 씨앗이 있다.

고 가스크로마토그래피 후각측정법gas chromatography-olfactometry, GC-O을 이용하여 분리된 휘발성 화합물을 훈련된 소수의 패널이 후각을 이용하여 확인한 연구 물질들만 표기한 것이다.

3) 가열에 의한 향의 생성

가열 과정에서 생기는 향은 메일라드 반응Maillard reaction과 같은 갈변 반응뿐만 아니라 갈변 반응 중에 식품의 다른 성분과 상호 작용하여 향이 생성되기도 한다. 매우 특이한 향이 생성되기도 하지만 대체로 고소한nutty, 고기 같은meaty, 볶은roasted, 구운toasted, 탄burnt, 꽃 같은floral, 식물성plant, 그리고 캐러멜caramel 향이 생성된다. 이러한 가열 향은 구운 고기, 삶은 고기, 커피, 볶은 견과류, 맥주, 빵, 과자, 코코아와 가공식품 및 음료에서 발생한다. 이런 향을 내는 화합물의 생성은 전구물질, 온도, 시간, 수분활성도 등의 영향을 받는다. 가열 향 농축액은 환원당, 아미노산, 황 함유 화합물 등을 이

표 7-5 가열 향 화합물과 특성 식품

화합물	가열 향의 특성 식품
메싸이오날(methional)	삶은 감자, 치즈 크래커
2-메틸-푸란티올(2-methyl-3-furanthiol)	구운 고기
다이메틸설파이드(dimethyl sulfide)	스위트콘 통조림
말톨(maltol)	caramel-like(화학조미료)
사이클로텐(cyclotene)	caramel-like(합성 메이플 시럽 향)
푸라네올〔4-hydroxy-2,5-dimethyl-3(2H)-furanone (furaneol)〕	파인애플 향, 과숙 딸기 향
슈거푸라논〔3-OH-4,5-dimethyl-2,5-dihydrofuran-2-one (sugar furanone)〕	설탕 향, 삶은 고기(고기 향 상승)
5-메틸-2-페닐-2-헥세날(5-methyl-2-phenyl-2-hexenal)	초콜릿 향

자료 : Lindsay R.C., Ch 11 Flavors In: Fennema's Food Chemistry 5th ed. (Damodaran, S., & Parkin, K. L. eds.). CRC Press, New York, NY. 754-802, 2017.

용하여 고온에서 제조한다.

코코아 콩을 볶기 전 발효 과정에서 환원당, 유리아미노산, 폴리페놀 산화 등이 일어나고 로스팅roasting 과정에서 피라진pyrazine과 헤테로 고리화합물이 많이 생성되지만, 코코아의 독특한 향미는 스트레커 분해Strecker degradation반응에서 생성된 알데하이드의 상호 작용 때문에 생성된다.

로스팅한 커피에서는 휘발성 화합물이 900개 이상 규명되었는데 그중 향미에 영향을 미치는 것은 20개 내외이다. 커피 향 화합물은 대부분 메일라드 반응으로 생성되고, 일부 페놀 화합물의 분해와 카로텐carotene의 분해 반응에서 생성된다(Buffo & Cardelli-Freire, 2004).

육고기를 고온으로 가열 조리하면 메일라드 반응이 일어나는데, 이때 고기 향미에 영향을 미치는 화합물들이 생성된다. 수분을 이용한 조리는 100℃ 이상 되지 않아 메일라드 반응으로 인한 갈변은 일어나지 않는다. 훈연이나 다른 냄새 물질을 조리 과정에 이용하기도 한다. 예를 들어 육고기 조리에 숯을 사용하면 가스나 전기를 이용하여 굽는 것과는 다른 향미를 가지게 된다. 가열 산패취warmed over flavor는 조리했던 육고기를 재가열하면 생성되는 향미 특성이다. 육고기를 가열하면 단백질이 변성되면서 철과 같은 무기화합물을 배출하는데, 이는 산화 촉진제이므로 지방산, 미오글로빈, 단백질 등이 바로 산화될 수 있다. 산화로 인해 지방산에서 전자가 유리되면 지방 산화를 유발하며 톡 쏘는 냄새와 맛이 생긴다. 가열한 육고기의 산화는 신선한 육고기에 비해 10배 정도이다. 이 때문에 재가열해야 하는 완전조리식품에는 대부분 산화방지제가 들어 있다(Rowe & Kerth, 2013).

3. 향미의 변화

1) 향미

음식을 섭취할 때 경험하는 향미는 맛taste과 구강을 통과해서 느껴지는 향aromatics, 삼차신경감각trigeminal sensations을 모두 포함하는 것이지만, 일반인은 '맛'과 '향미'를 혼용해서 사용하는 경향이 있다(Rozin, 1982; Stevenson, 2016). 삼차신경감각에는 떫은맛, 톡 쏘는 느낌, 시원한 느낌 등이 있다.

(1) 떫은맛

떫은맛astringency은 구강 조직이 마르는 듯한 감각을 유발하며, 타닌이나 폴리페놀 성분이 침에 있는 단백질과 결합하여 침전물을 형성하여 발현한다. 와인, 덜 익은 감 또는 바나나, 녹차, 홍차 등에서 쉽게 경험할 수 있다. 떫은맛을 내는 타닌과 폴리페놀 성분은 쓴맛도 내기 때문에 혼동하기도 하며 대표적으로 와인과 차가 쓴맛과 떫은맛이 같이 있는 음식이다. 차를 마실 때 우유나 크림을 첨가하면 폴리페놀과 우유 단백질이 결합하여 쓴맛이 줄어든다.

(2) 톡 쏘는 느낌

톡 쏘는 느낌pungent은 강렬하게 코를 찌르는 듯한 얼얼한 감각을 유발한다. 고추나 후추, 생강 등에 있는 비휘발성 물질은 주로 입안 조직에 영향을 미치며, 유발 성분은 고추는 캡사이신capsaicin, 후추 피페린piperine, 생강의 진저롤gingerol과 쇼가올shogaol, 진저론zingerone 등이다. 쇼가올은 건조와 저장 과정에서 생성되며 진저론은 온도를 높여 가공할 때 생기나 톡 쏘는 감각은 약한 편이다. 그 외에 머스터드mustard, 겨자무horseradish, 양파, 정향clove 등의 향신료와 향신 채소에 있는 화합물은 휘발성이 있어서 구강과 비강에서 감각을 유발한다.

(3) 시원한 느낌

페퍼민트, 스피어민트, 윈터그린 등의 민트 향미는 L-멘톨L-menthol, 장뇌camphor 성분에서 유발되며, 구강 및 비강에서 화하면서 시원한 느낌cooling을 준다. 이와 다르게 폴리올polyol인 자일리톨xylitol 같은 경우는 용해될 때 흡열반응에 의한 온도 차이 때문에 시원한 느낌이 든다.

2) 향미의 상호 작용

향미의 구성 요소인 맛과 냄새는 상호 작용에 의하여 맛을 상승시키거나 억제하며, 이러한 효과는 맛과 향에 따라 다르다. 수용액 상태에서는 많은 연구가 이루어져 있으나 식품에서의 효과를 확인하는 연구는 그리 많지 않다(표 7-5). 딸기 향이 휘핑 크림의 단맛에 미치는 영향을 살펴본 연구에서 딸기 향을 첨가하면 첨가하지 않았을 때보다 단맛이 향상되었지만, 땅콩버터 향을 첨가하였을 때에는 효과가 없었다. 또한 딸기

표 7-6 식품 향미의 상호 작용

맛	식품	휘발성 화합물	효과	참고문헌
짠맛	쇠고기, 닭고기 부이용(buillon)	savory flavoring	15% 소금 감량	Batenburg & Van der Velden, 2011
	치즈	Comté cheese flavor 또는 Saldine flavor	짠맛 상승	Lawrence et al., 2009
단맛	크림(whipped cream)	strawberry flavoring	설탕 농도가 같은 크림보다 더 달게 느낌	Frank & Byram, 1988
	쓴 코코아(bitter cocoa) 음료	vanilla flavoring	단맛 상승	Labbe et al., 2006
	7% 설탕 용액	ethyl 2-methylbutanoate, furaneol, γ-decalactone	단맛 상승	Barba et al., 2018
	32% 당 감소 복합 과일주스	ethyl 2-methylbutanoate	단맛 상승	Barba et al., 2018
	설탕 용액	caramel	단맛 상승	Stevenson et al., 1999
신맛	시트르산(citric acid) 용액	caramel	신맛 억제	Stevenson et al., 1999
쓴맛	쓴 코코아(bitter cocoa) 음료	cocoa flavoring	쓴맛 상승	Labbe et al., 2006
단향	과일주스 냄새	methyl 2-methylbutanoate, ethyl butanoate, ethyl 2-methylbutanoate, linalool	단 향 상승	Barba et al., 2018

향과 짠맛은 상호 작용이 없었다(Frank & Byram, 1988). 마찬가지로 치즈에 콩테comté치즈 향, 정어리 향 또는 당근 향을 첨가하여 짠맛 인식에 미치는 영향을 살펴보면 짠맛과 관련이 있는 콩테치즈 향과 정어리 향미만이 짠맛의 상승효과가 나타나고 당근 향은 효과가 없었다(Lawrence et al., 2011). 향미의 상호 작용 인식 평가에 친숙한 음료인 쓴 코코아와 친숙하지 않은 쓴 우유(카페인 함유)를 사용하여 바닐라 효과를 살펴보면 쓴 코코아 음료에 바닐라를 첨가하였을 때에는 단맛이 상승하였지만, 쓴 우유에 바닐라 향을 첨가하였을 때에는 쓴맛이 상승하는 결과를 나타내었다(Labbe et al., 2006). 이러한 연구를 바탕으로 첨가향이 평소 같이 인식되는 맛일 때는 상승효과가 있을 수 있으나 상승효과는 식품과 향미에 따라 달라진다는 사실을 알 수 있다.

4. 식품 색소와 색의 변화

1) 식품 색소의 분류

식품의 색과 외관은 품질을 평가하는 주요 요소이며 소비자가 식품을 구매할 때 평가 기준이 된다. 육류를 구매할 때는 고기의 색이 신선도를 판단하는 기준이 되며, 스테이크를 먹을 때는 본인이 주문한 굽기 정도를 가늠하는 데 이용되기도 한다. 과일의 색은 익은 정도를 추측하거나 향미를 인식하는 데 도움이 된다.

과일과 채소의 선명한 색을 나타내는 식품 색소 대부분은 항산화 작용이 있다. 그러나 이러한 식품 색소는 가공과 저장 과정에서 불안정하고 빛의 유무, 산소, 금속, 산화

송아지 고기와 쇠고기

칠면조의 가슴살과 다리살

그림 7-2 육고기의 색 비교

자료 : Mercato Centrale Firenze 정육점 촬영

표 7-7 미오글로빈의 화학적 상태에 따른 색과 특성

색소	약어	색	화학적 상태
미오글로빈((deoxy)myoglobin)	Mb	적자색	헴철 환원 상태(2가 철)
옥시미오글로빈(oxymyoglobin)	MbO_2	선명한 붉은색	산소 결합(oxygenation)
메트미오글로빈(metmyoglobin)	MMb	적갈색	헴철 산화 상태(3가 철)
육고기의 변색			
콜레미오글로빈(cholemyoglobin)	ChMb	녹색	포피린의 산화
설포미오글로빈(sulfomyoglobin)	SMb	녹색	산소가 (박테리아 생육으로 생성된) 황화수소(H_2S)와 있을 때
가공육의 색			
Nitric oxide myoglobin	MbNO	선명한 붉은색(불안정)	산화질소(NO)와 미오글로빈의 1차 반응 산물
Nitric oxide myohemochromogen		분홍색	MbNO를 가열하면서 글로빈은 변성되지만 분홍색으로 고정

Tip 용어의 구분

- 색(color) : 사람이 인식하는 물질의 색
- 착색료(colorant) : 특정 색을 띠게 하는 (천연 또는 합성) 화학 물질
- 색소(pigment) : 식물 또는 동물 조직에 천연적으로 존재하는 색을 내는 성분

제 또는 환원제, 온도, 수분활성도, pH 등의 영향에 민감하다. 이러한 변화를 완전히 차단할 수는 없지만 최소화할 수 있도록 식품 색소의 화학적 특성을 알고 조리나 가공 작업을 하는 것이 바람직하다.

(1) 동물성 색소

육고기의 색소에는 헴heme 구조를 가진 헤모글로빈hemoglobin과 미오글로빈myoglobin이 있다. 도살 과정에서 방혈이 제대로 된 육고기의 색소는 미오글로빈이 90% 이상이다. 이러한 동물성 색소의 함량은 동물의 품종, 나이, 성별, 육체적 활동의 정도에 따라 다르다. 따라서 육고기의 색은 미오글로빈 상태에 따라 결정된다.

조리 과정 중 육고기의 색을 측정한 연구(Pakula & Stamminger, 2012)에서는 조리 과정 중 육고기 내부의 색 변화는 측정하지 못하였지만 고기의 온도가 40℃ 이상으로 상승하면 불투명도가 증가하여 빛의 반사가 늘어나면서 명도가 변화하는 것을 확인하였다. 미오신의 열변성으로 육고기 색이 불투명하게 변화한다(Tornberg, 2005).

(2) 식물성 색소

① 엽록소

엽록소chlorophyll는 포핀porphin에서 유래한 마그네슘 복합체이다. 포핀은 네 개의 피롤pyrrole이 탄소 한 분자와 각각 연결된 구조이며, 구조의 바깥쪽 탄소는 1~8로, 연결하는 탄소는 알파α, 베타β, 감마γ, 델타δ로 표기한다. 포핀에 치환기가 있으면 포피린porphyrins이라고 한다. 엽록소는 포피린으로 분류된다. 엽록소의 핵심 구조는 포피린에 다섯 번째 고리를 추가한 포빈phorbin이다. 엽록소는 a와 b 구조가 3:1의 비율로 있으며, C-3에 있는 치환기에 따라 결정된다. 엽록소 a는 C-3에 메틸기가 있고, b는 같은 위치에 포밀formyl기가 있다. 그 외의 치환기는 모두 동일하여 C-2에 비닐vinyl기, C-4에 에틸ethyl기, C-7 프로피오네이트propionate에 피톨phytol기가 에스터 결합을 하고 있으며, C-10에 카보메톡시carbomethoxy기가 있다. 치환기에 변화가 있으면 색에도 영향을 미친다.

엽록소 가수분해효소chlorophyllase는 현재까지 알려진 엽록소의 분해를 촉진하는 유일한 효소이다. 60~82.2℃ 사이에서 활성을 띠므로 채소의 경우 수확 후 가열할 때까지 신선한 채소에서는 클로로필라이드chlorophyllides가 생성되지 않는다. 채소 조직을

80℃ 이상으로 가열하면 효소 활성이 낮아지고, 100℃ 이상에서는 활성을 잃는다. 엽록소 유도체는 가열이나 열 공정 처리 과정에서 생성되는데, 포피린 구조 내 마그네슘 이온 유무에 따라 나뉜다. 마그네슘 이온이 없는 유도체는 킬레이트 화합물chelator이므로 아연이나 구리 이온과 결합하여 초록색을 유지할 수 있다.

통조림 채소의 올리브색은 피로페오피틴pyropheophytins에 기인하며, 통조림 채소의 피로페오피틴 함량은 가열 공정의 정도를 알 수 있는 척도이다. 가열 과정에서 엽록소의 변화는 순차적으로 일어나는데, 엽록소(녹색) 구조의 마그네슘은 가열하면 2H로 치환되어 페오피틴pheophytin(올리브그린-갈색)이 되고, 유기산으로 인해 C-10에 있는 카보메톡시기가 2H로 치환되어 올리브그린색을 띠는 피로페오피틴이 된다.

이처럼 열처리 과정에서 채소의 녹색이 변화하는 것은 페오피틴과 피로페오피틴의 생성에 기인한다. 데치기 과정이나 상업적 열처리 공정을 거치면 엽록소 함량이 80~100%까지 감소할 수 있다. 페오피틴의 함량이 높을수록 오래 데쳤다고 할 수 있다. 채소는 수확과 동시에 세포 내의 엽록소가 분해되기 시작하는데, 엽록소의 분해는 열에 의해 세포 내의 유기산이 누출되고 새로이 생성되는 산에 의해서 개시된다. 또한 열에 의해 글루타민glutamine이 분해되면서 피롤리돈카복실산pyrrolidone carboxylic acid을 생성하게 되는데 이는 가열 과정에서 채소의 산도가 증가하는 주요 원인이 된다.

가공 과정에서 색을 보존하기 위해 다양한 방법이 사용된다. 우선 엽록소 상태를 지속하기 위해 산을 중화할 수 있는데, 알칼리성 물질을 추가하면 된다. 데치는 물에 산화칼슘calcium oxide과 인산이수소나트륨sodium dihydrogen phosphate을 넣으면 채소의 pH를 7.0 정도로 유지하거나 상승시킬 수 있다. 그러나 채소 조직의 연화를 유발하고 알칼리 향미가 날 수 있으므로 주의해야 한다. pH를 상승시키면서 조직의 연화를 막아 단단히 할 수 있는 방법으로 칼슘 또는 마그네슘 수산화물을 데치는 물에 추가하면 되는데 효과가 2개월 이상 지속되지 않아 상업적으로는 효과적인 방법이 아니다.

통조림 채소의 경우 에틸셀룰로스ethylcellulose와 5% 마그네슘 수산화물로 통조림 내부를 코팅하면 통조림 내의 산도가 pH 8.0 정도로 유지되어 채소의 녹색을 오래 유지할 수 있다. 다만 pH 상승으로 아마이드amide가 가수분해되면 암모니아 같은 냄새가 나고 높은 pH에서 데치게 되면 지방이 가수분해됨으로써 생성된 지방산이 산패취를 유발할 수 있다.

채소는 높은 온도에서 짧은 시간 가열하는 공정을 사용할 때에 녹색이 잘 보존될 수 있지만, 저장 중 제품의 pH가 낮아지기 때문에 2달 이상 저장하는 식품의 생산에는 좋지 않다. 초록색을 띠는 채소의 색 보존에는 낮은 온도에서 데치는 것이 더 나은데 이는 엽록소가 엽록소 가수분해효소에 의해 클로로필라이드로 바뀌기 때문이다. 클로로필라이드는 열에 더 안정하지만 상업적 가공 공정에는 부적당하다.

통조림 채소의 녹색을 유지하는 방법은 아연이나 구리 이온을 추가하는 방법도 있다(LaBorde & von Elbe, 1996). 먼저 채소를 데치기 전에 60℃ 정도로 가열하여 세포막 투

표 7-8 엽록소 유도체의 구조와 색

이름	색	구조적 특징
필린(phyllins)	초록색	구조에 마그네슘을 포함하고 있는 엽록소 유도체
페오피틴(pheophytins)	올리브그린-갈색	마그네슘이 없는 엽록소 유도체(2H가 Mg을 대체)
Zinc pheophytin	초록색	마그네슘이 없는 엽록소 유도체와 아연 이온이 결합체 생성
Copper pheophytin	초록색	마그네슘이 없는 엽록소 유도체와 구리 이온이 결합체 생성
클로로필라이드(chlorophyllides)		엽록소(chlorophyll)-피톨(phytol) 피틸(phytyl) 에스터가 효소적(chlorophyllase) 또는 화학적으로 가수분해되어 C-7에 피로피온산(propionic acid)이 있음
페오포바이드(pheophorbides)		페오피틴(pheophytins)-피톨(phytol) 마그네슘이 없으며 피틸 에스터가 가수분해되어 C-7에 피로피온산이 있음
피로페오피틴(pyropheophytin)	올리브그린	페오피틴의 C-10에 있는 카보메톡시기(carbomethoxy group)가 H로 대체

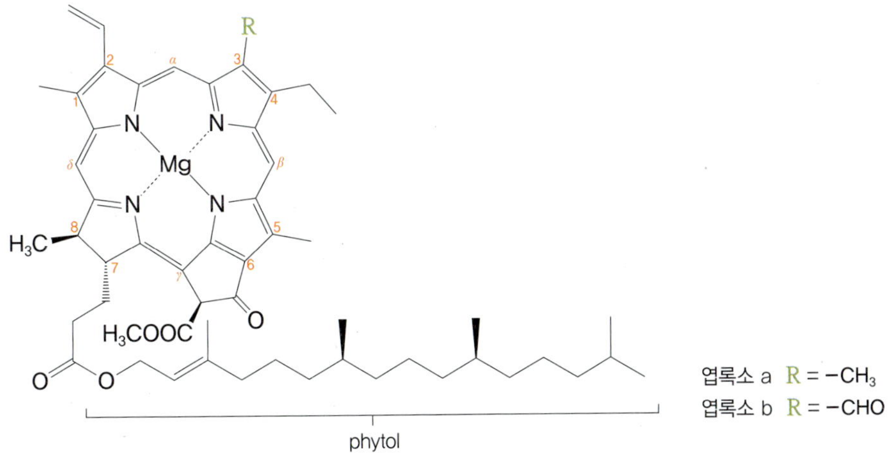

그림 7-3 엽록소 구조

과성을 향상시키고, 데치는 물에는 아연을 추가한다. 아연이 엽록소와 금속화합물을 형성하기 좋은 pH를 선택하고, 음이온을 이용하여 세포 표면의 전기 음성도를 변경시킨다(Schwartz et al., 2017). 조직 내 금속 이온의 농도가 100~200 ppm이 되도록 한다.

② 카로티노이드

카로티노이드carotenoids는 자연계에 가장 많이 분포하는 색소이다. 카로티노이드의 기능으로는 엽록소와 같은 광합성과, 활성 산소종을 불활성화하여 빛(광선)으로부터 보호한다. 뿌리와 잎의 화학 전달 물질이면서 성장 조절 물질인 아브시스산abscisic acid의 전구물질이며, 가장 널리 알려진 비타민 A의 전구물질이기도 하다. 비타민 A의 활성을 띠기 위해서는 β-이오논beta-ionone 고리가 포함된 레티노이드retinoid 구조가 필수적이다. β-카로틴의 경우 β-이오논 고리가 두 개이므로 가장 활성이 높다. 또한 가장 보편적인 카로티노이드의 기능으로는 착색제로 사용되는 것이며, 천연 추출물 또는 합성할 수 있다. 식물에 있는 카로티노이드 종류는 α-카로틴, 캡산틴capsanthin, 루테인lutein, 제아잔틴zeaxanthin, 바이올라잔틴violaxanthin 등이 있고, 동물성 카로틴은 카로티노이드를 포함한 식물을 소비함으로써 유도된다. 카로티노이드는 단백질과 결합되어 있는데 아스타잔틴astaxanthin은 붉은색이지만 단백질과 결합하여 파란색으로 보인다. 오보베르딘ovoverdin은 카로티노이드-엽록소-단백질의 결합체이며 바닷가재 알의 초록색 색소이다. 크로신crocin은 사프란의 색소 성분으로 카로티노이드 배당체이다.

자연계에서 카로티노이드의 농도는 높은 편이지만, 더 농도가 높은 엽록소에 의해 색이 가려져 있다. 토마토의 라이코펜lycopene은 익으면서 함량이 높아지고 수확 후에도 계속 증가한다.

카로티노이드는 지용성 화합물로 열에 어느 정도 안정하지만 공액 이중결합이 많아 산화되기 쉬우며 산화되면 색을 잃을 수 있다. 쉽게 산화되는 만큼 항산화제로서의 역할을 할 수 있어 암, 백내장, 동맥경화증의 예방 기능이 있다. 열, 산, 빛에 의해서 쉽게 이성질화하는데 이는 비타민 A 전구물질 활성에는 영향을 미칠 수 있지만 색에는 영향을 미치지 않는다.

대부분 과일과 채소의 카로티노이드는 가공 과정 중 안정한 편이다. 냉동 과정은 카로티노이드 함량에 거의 영향을 주지 않으며, 데친 채소는 데치지 않은 조직과 비교하여 오히려 카로티노이드 함량이 증가한다. 이는 카로티노이드의 산화적 분해를 촉진하는 효소인 리폭시게네이스lipoxygenase의 비활성화와, 가열된 조직에서는 색소 추출이 용이해지기 때문이다. 건조 공정 등으로 공기 중에 노출되면 산화된다.

③ 안토사이아닌

안토사이아닌anthocyanins은 플라보노이드에 포함되고, 안토사이아니딘은 안토사이아닌의 비당 성분 아글리콘aglycon이다. 안토사이아니딘보다는 배당체인 안토사이아닌이 물에 더 잘 녹는다. 총 19종의 안토사이아니딘이 있으나 식품에서는 펠라고니딘pelargonidin, 사이아니딘cyanidin, 델피니딘delphinidin, 페오니딘peonidin, 페튜티딘petunidin, 말비딘malvidin이 보편적이다. 안토사이아닌 함량은 식물에 따라 차이가 있지만 100 g에 20 mg에서 몇 g 정도이다. 안토사이아닌 색소는 대체로 불안정하고 산성에서 가장 안정하다. 안토사이아닌 분해에 가장 큰 영향을 미치는 것은 pH, 온도, 산소 농도이다. 안토사이아닌 당의 종류가 안정성에도 영향을 미치는데 아라비노스와 비교하여 갈락토스와 결합한 것이 더 안정하였다. 안토사이아닌은 수용액과 식품에서 pH에 따라 구조가 달라진다.

- 파란색 : 퀴논 염기quinonoidal base, A
- 빨강색 : 플라빌륨 양이온flavylium cation, A^+
- 무색 : 카르비놀 유사염기carbinol pseudobase, B
- 무색 : 칼콘chalcone, C

안토사이아닌은 pH 1.0에서 발색이 가장 강하고 pH 4.5에서는 거의 무색이다. 노란색을 띠는 플라보노이드가 없으면 약한 파란색을 띠는데, 노란색 플라보노이드가 있으면 초록빛을 띨 수도 있다.

④ 베타레인

베타레인betalains은 안토사이아닌을 함유한 식품과 비슷한 색을 나타내는데 베타사이아닌batacyanins은 붉은색, 베타잔틴betaxanthins은 노란색이다. 색은 pH의 영향을 받지 않으며 수용성이다. 비트beet의 색소는 베타닌betanin과 아이소베타닌이고, 아마란스의 색소는 아마란틴amaranthin과 아이소아마란틴isoamaranthin이다. 아마란스 싹의 색은 산소가 있을 때 분해되어 색을 잃을 수 있으므로 색소로서의 역할은 제한되지만, 항산화제로는 효과적이다. 빛에 의해 산화가 가속화된다.

(3) 식용 착색료

① 천연 물질 유래 착색료

천연 색소natural colorant는 정제를 거치지 않은 추출액, 농축액인 경우가 대부분이며 발색 정도는 색소의 종류와 주요 색소 성분의 농도에 따라 다르다. 색소 성분 외에 다른 향미 성분도 같이 존재하므로 사용되는 식품에 추가적인 향미 요소로 이용될 수 있으며 건강 지향적 제품에 좋은 원료가 될 수 있다.

아나토 색소annatto extract는 아나토 씨앗에서 추출하며 주요 색소 성분은 카로티노이드계 빅신bixin이다. 이 형태는 지용성이므로 수용성인 빅신을 비누화하여 노빅신norbixin 형태로 사용한다. 아나토 추출물은 노란색에서 주황색을 띠며 주로 치즈, 요구르트 등에 첨가된다. 발색이 뛰어나므로 소량 사용해도 된다.

비트 레드beet red 색소는 비트 주스를 농축하여 만들며, 주요 색소 성분은 베타레인으로 베타사이아닌(빨간색)과 베타잔틴(노란색)을 포함한다. 이 비율은 비트의 종자나 성숙 정도에 따라 달라진다. 탈수 비트dehydrated beet는 비트 주스를 진공 상태에서 농축하여 고체 함량이 60% 이상이 되도록 만들어 부패를 방지한다. 비트 레드는 천연식품, 차류, 커피, 고춧가루, 김치류, 고추장, 식초, 고춧가루 함유 향신료 가공품에는 사용할 수 없다('식품첨가물공전').

캐러멜 색소caramel color는 당의 캐러멜화를 이용하여 생산하는 어두운 갈색 색소이다. 아황산염과 암모니아의 사용 여부에 따라 4가지로 분류되며, 아황산염과 암모니아를 모두 사용하지 않는 class 1의 색소는 불안정하나 가장 널리 사용되고 있다.

코치닐 추출색소cochineal extract는 연지벌레 암컷에서 추출하여 농축시킨 것으로, 붉은색을 띠는 카민산carminic acid이 주요 색소 성분이다. 추출물에는 카민산이 약 2~3%

그림 7-4 사프란과 사프란 리소토

있으며 50%까지 농축시킨 제품도 있다. 동물성이고 코셔Kosher가 아니므로 채식주의자나 코셔 식을 하는 사람 대상의 식품, 의약품, 화장품 제조에는 부적절하다.

사프란 색소saffron color는 사프란 꽃의 술을 말린 것으로 노란색을 띠는 크로틴crotin 색소가 주요 성분이다. 리소토와 같은 요리에 소량 사용하기도 한다.

표 7-9 천연 색소와 색소 성분

천연 색소	색소 성분	색	사용 및 용량
아나토 색소(annatto extract)	carotenoid bixin(지용성) carotenoid norbixin(수용성)		
비트 레드(beet red)	Betacyanins(red) betaxanthins(yellow)		
캐러멜 색소(caramel color)		어두운 갈색	
코치닐 추출색소(cochineal extract)	carminic acid		
구리클로로필린나트륨 (sodium copper chlorophyllin)	chlorophyll	초록색-검은색	감귤 음료 파우더 제품 (건조중량의 0.2% 미만 첨가)
면화씨 가루		밝은 갈색-어두운 갈색	
글루콘산철(II) (ferrous gluconate)		노란빛 회색 가루 탄 설탕 냄새	
젖산철(II) (ferrous lactate)		초록빛 흰색 가루	익은 올리브
포도껍질 색소(grape skin extract)	anthocyanins		음료, 음료 베이스, 알코올음료
포도주스 농축액			비음료에도 사용 가능
당근유	carotene		
파프리카올레오레진(paprika oleoresin)	capsanthin(carotenoid의 일종)		
리보플라빈(비타민 B_2)		주황색-노란색 파우더	
사프란(saffron)	crocin	노란색	
스피룰리나 추출액(spirulina extract)	phycocyanins	파란색-초록색	제과 제품
토마토 라이코펜 추출액/농축액 (tomato lycopene extract)	lycopene	빨간색	
강황 올레오레진(turmeric oleoresin)	curcumin		

자료 : Schwartz et al., Ch 10. Colorants. In: Fennema's Food Chemistry 5th edition. CRC Press, New York, NY. 2017.

② 인공 착색료

인공 착색료artificial colorants 중 식용 색소는 화학적으로 아조azo, 트라이페닐메테인triphenylmethane, 잔틴xanthine, 인디고indigo로 나뉜다. 수용성 식용 색소는 색소 성분이 86~96% 되어야 한다. 분말의 경우 수분 함량은 4~5%이고, 염 성분은 5% 내외인데 이는 결정화할 때 염류를 가하여 석출하기 때문이다. 이들 식용 색소는 단당류, 알데하이드, 케톤, 아스코브산 등 환원성 물질이 있을 경우 색을 잃게 된다. 철이나 구리 이온이 있을 때도 색을 잃게 되며 칼슘 또는 마그네슘이 있을 때는 불용성 염을 생성하여 침전한다. 직사광선, 과도한 열, 산이나 알칼리에 노출되어도 색을 잃을 수 있으나, 발색력이 좋아서 필요량이 적어 비용 절감 효과가 있다. 냄새가 없으므로 향미와는 관련이 없다.

식용 색소는 수용성과 불용성 두 종류가 있으며 수용성 식용 색소dye는 먼저 증류수에 녹여서 사용한다. 최종 제품의 3% 이상은 첨가하지 않는 것이 좋다. 수분 함량이 낮은 사탕 같은 제품에는 사용이 어려워 글리세롤이나 프로필렌글리콜에 녹여 사용하거나 불용성 식용 색소인 레이크lake를 사용한다. 글리세롤, 프로필렌글리콜, 또는 식용유 등에 분산시킴으로써 입자의 뭉침을 예방할 수 있다. 색소의 함량은 1~40% 정도이다. 입자의 크기가 작을수록 발색이 강하다.

표 7-10 '식품첨가물공전'에 기재된 식용 색소

식용색소	Dye (수용성)		Lake (불용성)	
	이명	성상	이명	성상
녹색 제3호	Fast green FCF	금속광택을 띠는 암록색의 알맹이 또는 분말	Fast green FCF aluminum lake	암녹청색의 미세한 분말
적색 제102호	New coccine	적색, 암적색의 알맹이 또는 분말	-	
적색 제2호	Amaranth	적갈색, 암적갈색의 알맹이 또는 분말	Amaranth aluminum lake	자색을 띤 적색의 미세한 분말
적색 제3호	Erythrosine	적갈색의 알맹이 또는 분말	식품 사용 불가	
적색 제40호	Allura red	적색의 분말 또는 알갱이	Allura red AC aluminum lake	등적색의 미세한 분말
청색 제1호	Brilliant blue FCF	금속광택을 가진 청자색의 알맹이 또는 분말	Brilliant blue FCF aluminum lake	청색의 미세한 분말
청색 제2호	Indigo carmine	암자청~암자갈색의 알맹이 또는 분말	Indigocarmine aluminum lake	자색을 띤 청색의 미세한 분말
황색 제4호	Tartrazine	등황~등색의 알맹이 또는 분말	Tartrazine aluminum lake	황색의 미세한 분말
황색 제5호 (알루미늄레이크)	Sunset yellow FCF	등적색의 알맹이 또는 분말	Sunset yellow FCF Aluminum lake	등황색의 미세한 분말

자료 : Korat et al.,Ch. 12 Food additives In: Culinology: blending culinary arts and food science. Wiley: Hoboken, NJ. 2016

2) 식품의 갈변

식품의 조리 과정에서 일어나는 식품의 갈변에는 크게 효소적 갈변, 메일라드 반응, 캐러멜화 반응이 있다. 이외에 아스코브산 산화에 의한 갈변이 있다.

(1) 효소적 갈변

효소적 갈변은 폴리페놀 산화효소polyphenol oxidase에 의한 것으로 과일이나 채소의 페놀 화합물을 산화시킨다. 조직을 자르거나 멍이 들어 효소가 산소에 노출되었을 때 일어난다. 예방법으로는 데치는 방법이 있는데 생으로 먹는 채소나 과일에 적용하기에는 비현실적이다. 다른 방법으로는 라임주스나 레몬주스를 첨가하여 pH를 낮추는 것인데, 구아카몰guacamole 만들 때 아보카도의 갈변을 막기 위해서 라임주스를 넣는 것이 대표적 예이다. 아보카도는 갈변이 매우 빠르게 일어나므로 라임주스를 먼저 만들어 놓고 아보카도를 자르면 바로 섞는 것이 효과적이다. 산소와의 접촉을 최소화하기 위해 물에 담그거나 항산화제를 추가하기도 한다. 냉장 보관하면 효소적 갈변은 느려진다. 효소적 갈변이 일어나는 대표적인 과일은 사과, 배, 바나나, 복숭아, 아보카도 등이 있으며, 채소 중에는 감자, 연근 등이 있다.

(2) 캐러멜화

캐러멜화caramelization는 설탕을 물과 단백질 없이 고열로 가열하면 일어나는 갈변 현상이다. 처음에는 포도당과 과당으로 분리되고, 가열이 지속되면 중합체와 갈색 물질, 유기산을 생성하게 된다. 이때 생성되는 화합물에는 쓴맛을 내는 것도 있다. 물로 추출한 것이 캐러멜 색소인데 색이 어두운 음료, 맥주, 위스키, 스프 등의 원료로 사용한다.

인기 있는 길거리 음식 '달고나'도 캐러멜화의 원리를 적용한 식품이다. 캐러멜화가 되면서 생성된 유기산과 마지막에 첨가하는 탄산수소나트륨sodium bicarbonate(소다)이 반응하여 이산화탄소CO_2를 생성해서 부풀어 오르게 한다. 또한 프랑스의 디저트 '크림 뷜레Crème Brûlée'는 탄 크림이라는 뜻으로, 커스터드 크림 위에 얇은 설탕층을 만들어 토치torch나 오븐의 브로일러 기능(열원이 위에 있음)을 이용하여 고온에서 가열하여 캐러멜화한 음식이다.

그림 7-5 캐러멜화한 디저트 크림 뷜레

(3) 메일라드 반응

메일라드 반응Maillard reaction은 가열에 의한 갈변 현상이며 아미노산과 환원당이 있을 때에 일어난다. 단백질이 풍부한 달걀흰자 분말과 분말우유 등을 가공할 때 갈변반응이 쉽게 일어나므로 최소화 방법을 적용하고 있다. 그러나 이러한 제품은 가열하지 않아도 오랜 기간 보관하면 변색은 물론이고 향이 변할 수 있다. 조리 과정에서 발생하는 메일라드 반응은 대체로 긍정적인 현상이다. 오븐에 구운 빵, 토스트, 프렌치프라이, 커피 로스팅, 구운 고기(로스팅 비프) 등이 예이다.

메일라드 반응에는 환원당과 단백질의 아미노기가 필수적이다. 처음 첨가된 당이 설탕일 경우 비환원당이므로 먼저 포도당과 과당으로 가수분해되어야 메일라드 반응이 일어날 수 있다. 재배열, 분열, 중합체 형성의 과정을 거쳐 멜라노이딘melanoidin을 생성한다. 실온에 장시간 보관하면 서서히 일어나지만 고온으로 가열하면 반응 속도가 빨라진다. 메일라드 반응으로 새로운 향미를 내는 화합물이 생성되는데 대표적인 예가 커피 원두의 로스팅이다. 물을 사용하여 조리할 때에는 반응이 일어나지 않는데 이는 수육과 불판에 구운 고기를 비교해 보면 쉽게 이해할 수 있을 것이다.

식품의 발효 과정에서는 실온에서도 메일라드 반응이 일어날 수 있는데, 일본 간장에서 중요한 감칠맛 성분으로 메일라드 반응의 중간 산물인 아마도리 재배열 생성물amadori rearrangement products이 보고되어 있기도 하다(Kaneko, Kumazawa, & Nishimura, 2011).

5. 식품 물성의 변화

1) 식품의 조직감

식품의 조직감texture은 외관, 향미, 영양과 함께 4대 주요 요소이다(Bourne, 2002). 식품의 조직감은 구조적 요소에 의한 물리적 특성으로 주로 촉감으로 인식된다. 식품 조직의 변형, 붕괴, 압력에 의한 흐름 등을 식품의 조각, 시간, 측정 거리 등 객관적으로 측정한다고 정의된 바 있다(Bourne, 2002). 이후 국제표준화기구the International Standards Organization, ISO에서 감각 과학 분야의 조직감을 '식품의 물성과 기하학적 및 표면 구조의 특성이 기계적, 촉각, 시각, 청각으로 인식되는 것'이라 정의하였다(ISO 5492, 2008).

조직감은 식품의 기호도에 영향을 미치는 요소이지만 중요도는 식품에 따라 차이가 있다. 조직감이 매우 중요한 식품으로는 고기, 감자 칩, 콘플레이크, 셀러리 등을 꼽을 수 있다. 조직감과 더불어 외관, 향미 등이 비슷하게 중요한 식품은 과일, 채소, 치즈, 빵 등이고, 조직감이 크게 중요하지 않은 식품은 음료와 점도가 낮은 수프 등이다(Bourne, 2002).

조직감을 배제하고 향미만으로 식품을 판단하는 실험을 하였을 때, 사과는 참여자의 80% 정도가 어떤 음식인지 인지하였지만, 쇠고기는 40~50% 정도, 돼지고기는 15% 미만의 참여자가 맞췄다. 총 29가지 음식의 평균 정답률은 30~50% 정도였으며(Schiffman, 1977; Schiffman et al., 1978), 이는 조직감이 향미 인식에도 중요하다는 것을 보여 준다.

식품의 조직감은 섭취하는 단계에서 변화되어 다르게 인식될 수 있다(그림 7-6). 시각적으로 식품의 외관을 먼저 인식하고, 다음 단계로는 촉각이 작용한다. 식품 표면의 거친 정도 또는 끈적거리는 정도와 더불어 전반적으로 단단한지, 또는 쉽게 흐르는지 등을 판단하게 된다. 식품의 온도는 두 번째, 또는 세 번째 단계에서 인지하게 된다. 세 번째 단계에서는 액상이라면 한 모금, 액상이 아니라면 한입 베어 물게 되는데, 이때 청각으로 조직감을 판단하는 동시에 맛을 인지하게 된다. 네 번째는 식품을 저작함으로써 조직감의 변화를 인지하는데 저작에 대한 저항성, 입안에서 부서지는 방식, 입안을 코팅하는 정도, 치아에 붙는 정도, 저작이 가능한 상태까지 걸리는 시간 등이 포함되며, 많은 변화가 일어날 수 있는 복잡한 단계이다. 다섯 번째는 식품을 삼킬 때의 느낌으로 식품의 조직감 인지의 거의 마지막 단계이다. 흐르는 특성, 거칠거나 부드러운 정도, 삼킴의 쉽고 어려운 정도 등이 포함된다. 입안 저작물을 삼킨 후에 입안의 코팅 정도, 또는 남아 있는 잔여물 여부 등을 평가한다. 식품에 따라 평가해야 하는 단계는 달라질 수 있다(표 7-11). 또한 조직감을 설명하는 용어는 매우 다양하며, 국가별로 다소 차이를 보이기도 한다. 참고로 조직감을 표현할 때 많이 사용되는 용어를 표 7-12에 나타내었다.

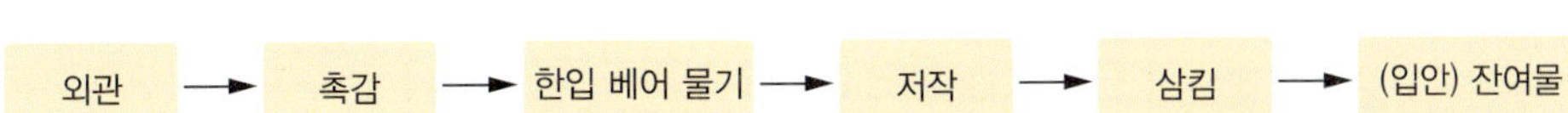

그림 7-6 조직감 인지의 흐름

자료 : Dar & Light, Food texture design and optimization. John Wiley & Sons. Ltd., 2014.

표 7-11 식품의 조직감 평가 단계

고체 음식	반고체 음식	음료
표면 (외관, 촉감) ↓ 한입 베어 물기 ↓ 저작 ↓ 잔여물	표면 ↓ 처음 압착 ↓ 구강 내 움직임(manipulation) ↓ 잔여물	한 모금 ↓ 구강 내 움직임(manipulation) ↓ 잔여물

자료 : Civille & Seltsam, Ch 13. Descriptive analysis of food texture: advances in the sensory characterization of food textures. In: Food texture design and optimization (Y.L. Dar & J.M. Light, eds.). John Wiley & Sons, Ltd., 2014.

표 7-12 조직감을 설명하는 국가별 용어

미국	일본	오스트리아	한국
Crisp Dry Juicy Soft Creamy Crunchy Chewy Smooth Stringy Hard	Hard Soft Juicy Chewy Greasy Viscous Slippery Creamy Crisp Crunch	Crisp Hard Soft Crunchy Juicy Sticky Creamy Fatty Watery Tough	Crispy Crunchy Soft Chewy Sticky Viscosity (Thick, Thin) Elastic Moistness(Watery, Dry) Oily Surface(Rough, Slimy) Hardness
총 78개 용어	총 406개 용어	총 105개 용어	총 365개 용어
※ 가장 많이 선택된 용어를 특성에 따라 위와 같이 분류함			
Szczesniak & Kleyn, 1963.	Yoshikawa et al., 1970.	Rohm, 1990.	Kim & Lee, 2016.

자료 : Bourne M., Food texture and viscosity: concept and measurement, 2nd ed. Academic Press: San Diego, CA. USA, 2002. 일부 발췌

식품에 따라 조직감의 특성이 다르므로 몇 가지 예를 살펴보기로 한다. 조직감은 기기 분석으로도 측정할 수 있는데, 주요 목적은 사람의 감각평가와 상관관계가 높은 특성을 찾는 것이다. 쇠고기 구이roast beef의 조직감 특성의 감각평가와 기기 분석의 상관관계를 분석한 연구에 따르면(Brady & Hunecke, 1985), 감각평가의 질김, 단단함, 부드러움이 견고함 또는 응집성 측정값과 상관관계가 있었다. 단단함의 압축 측정값은 감각평가의 촉촉함과 양의 상관관계가, 파슬파슬한mealy 특성과 음의 상관관계가 있었다.

재배지의 고도와 수확 시기에 따른 사과의 조직감 연구에서는 낮은 고도에서 재배

된 사과가 과즙이 더 풍부하고 아삭하였다고 한다(Charles et al., 2018). 이 연구에서 감각평가에 사용된 조직감 관련 용어는 단단함hardness, 즙이 풍부한juiciness, 아삭아삭한crunchines, 가루 같은flouriness, 섬유성fibrousness, 입자성graininess 등이다.

물, 요구르트, 연유, 꿀, 우유크림 등 액체의 점성을 측정하여 감각평가와 비교한 연구에서는 액체와 반고형 식품의 조직감은 상대적으로 중요하지 않지만, 이들 식품의 조직감 평가에 대한 관심은 높아지고 있다고 하였다(Conti-Silva et al., 2018). 예를 들어 최근 고령화에 따른 연하 곤란 및 흡인의 위험을 줄이기 위해서 음료와 국 등의 점도를 높여야 할 때에 점탄성의 측정이 중요하다(Kim et al., 2017).

Summary

1. 향미는 맛(taste)과 구강을 통과해서 느껴지는 향(aromatics)/냄새, 삼차신경감각(trigeminal sensations)을 모두 포함한다. 맛에는 단맛, 쓴맛, 신맛, 짠맛, 감칠맛 등이 있고, 향은 입안에 있는 음식의 휘발성 물질이 구강에서 비강을 통해 후각 기관으로 전달된다. 삼차신경감각에는 떫은맛, 톡 쏘는 느낌, 시원한 느낌 등이 있다.
2. 가열 과정에서 생기는 향은 메일라드 반응과 같은 갈변반응뿐만 아니라 갈변반응 중에 식품의 다른 성분과 상호 작용하여 향이 생성되기도 한다. 향을 내는 화합물의 생성은 전구물질, 온도, 시간, 수분활성도 등의 영향을 받는다. 가열 향 농축액은 환원당, 아미노산, 황 함유 화합물 등을 이용하여 고온에서 제조한다.
3. 캐러멜화(caramelization)는 설탕을 물과 단백질 없이 고열로 가열하면 일어나는 갈변 현상이다. 처음에는 포도당과 과당으로 분리되고, 가열이 지속되면 중합체와 갈색 물질, 유기산을 생성하게 된다.
4. 식품의 색과 외관은 품질을 평가하는 주요 요소이며 소비자가 식품을 구매할 때 평가 기준이 된다. 선명한 색을 나타내는 식품 색소 대부분은 항산화 작용이 있다. 그러나 이러한 식품 색소는 가공과 저장 과정에서 불안정하고 빛의 유무, 산소, 금속, 산화제 또는 환원제, 온도, 수분활성도, pH 등의 영향에 민감하다. 이러한 변화를 완전히 차단할 수는 없지만 최소화할 수 있도록 식품 색소의 화학적 특성을 알고 조리나 가공 작업을 하는 것이 바람직하다.
5. 식품의 조직감은 구조적 요소에 의한 물리적 특성으로 주로 촉감으로 인식된다. 감각 과학 분야의 조직감은 '식품의 물성과 기하학적 및 표면 구조의 특성이 기계적, 촉각, 시각, 청각으로 인식되는 것'이라 정의된다.

연습문제

1. 쓴맛 물질이 아닌 것은?

① 나린진 ② 카페인 ③ 테오브로민
④ 진저롤 ⑤ 후물론

2. 시원한 느낌을 주는 방식이 다른 하나는?

① 자일리톨 ② 멘톨 ③ 페퍼민트 ④ 장뇌

3. 동물성 색소의 색과 화학적 상태를 예시와 같이 빈 칸을 채우면?

(예시)	미오글로빈 —	적자색 —	헴철 환원 상태(2가 철)
(1)	옥시미오글로빈 —	—	
(2)	메트미오글로빈 —	—	

4. 카로티노이드의 기능으로 옳지 않은 것은?

① 착색제로 사용 ② 아브시브산의 전구물질
③ 비타민 A의 전구물질 ④ 산화제로 사용

5. 조직감의 인지 단계를 완성하기 위해 빈 칸을 채우면?

외관 → [ ] → 한입 베어 물기 → [ ] → 삼킴 → [ ]

풀이와 정답

1. ④ 진저롤은 생강의 향기 성분이다. 2. ① 자일리톨은 흡열반응에 의한 온도 차이 때문에 시원한 느낌이 든다.

3. (1) 옥시미오글로빈 — 선명한 붉은색 — 산소 결합
(2) 메트미오글로빈 — 적갈색 — 헴철 산화 상태(3가 철)

4. ④ 카로티노이드는 이중결합이 많아서 항산화제의 역할을 할 수 있다.

5. 외관 → 촉감 → 한입 베어 물기 → 저작 → 삼킴 → 입안 잔여물
조직감 인지의 흐름과 평가하는 식품을 고려하여 조직감 평가의 단계를 설정한다.

References

식품의약품안전처, 식품첨가물공전, II. 식품첨가물 및 혼합제제류 5. 품목별 사용기준(식품첨가물), 2019.

Acree T. & Arn H., Flavornet and human odor space, 2014.

Barba C., Beno N., Guichard E., Thomas-Danguin T., Selecting odorant compounds to enhance sweet flavor perception by gas chromatography/olfactometry-associated taste (GC/O-AT). *Food Chemistry* 257, 172-181, 2018.

Batenburg M. & van der Velden R., Saltiness enhancement by savory aroma compounds. *Journal of Food Science* 76(5), S280-S288, 2011.

Beauchamp G.K., Sensory and receptor responses to umami: an overview of pioneering work. *American Journal of Clinical Nutrition*, 90, 723S-727S, 2009.

Bourne M., *Food texture and viscosity: concept and measurement*, 2nd ed. Academic Press: San Diego, CA. USA, 2002.

Brady P.L. & Hunecke M.E., Correlation of sensory and instrumental evaluations of roast beef texture. *Journal of Food Science*, 50(2), 300-303, 1985.

Buffo R.A. & Cardelli-Freire C., Coffee flavour: an overview. *Flavour and Fragrance Journal*, 19, 99-104, 2004.

Charles M., Corollaro M.L., Manfrini L., Endrizzi I., Aprea E., Zanella A., Grappadelli L.C., Gasperi F., Application of a sensory-instrumental tool to study apple texture characteristics shaped by altitude and time of harvest. *Journal of the Science of Food and Agriculture*, 98, 1095-1104, 2018.

Christensen C.M., Brand J.G., Malamud D., Salivary changes in solution pH: A source of individual differences in sour taste perception. *Physiology & Behavior*, 40(2), 221-227, 1987.

Civille G.V. & Seltsam J., Ch 13. Descriptive analysis of food texture: advances in the sensory characterization of food textures. In: Food texture design and optimization (Y.L. Dar & J.M. Light, eds.). John Wiley & Sons, Ltd., 2014.

Conti-Silva A.C., Ichiba A.K.T., Silveira A.L.D., Albano K.M. and Nicoletti V.R., Viscosity of liquid and semisolid materials: Establishing correlations between analyses and sensory characteristics. *Journal of Texture Studies*, 49(6), 569-577. doi: 10.1111/jtxs.12358, 2018.

Dar Y.L. & Light J.M., *Food texture design and optimization.* John Wiley & Sons. Ltd., 2014.

Frank R.A. & Byram J., Taste-smell interactions are tastant and odorant dependent. *Chemical Senses*, 13(3), 445-455, 1988.

Huber K.C. & BeMiller J.N., Ch 3. Carbohydrates. In: *Fennema's Food Chemistry* 5th ed. (Damodaran, S., & Parkin, K. L. eds.). CRC Press, New York, NY. 92-169, 2017.

Kaneko S., Kumazawa K., Nishimura O., Isolation and identification of the umami enhancing compounds in Japanese Soy Sauce. *Bioscience, Biotechnology, and Chemistry*, 75(7), 1275. 2011.

Kim H., Hwang H.I., Song K.W., Lee J., Sensory and rheological characteristics of thickened liquids differing concentrations of a xanthan-gum based thickener. *Journal of Texture Studies*, 48(6), 571-585, 2017.

Kim J. & Lee J., Korean consumer evaluation of various foods using four different texture lexicons. *Journal of Sensory Studies*, 31(4), 314-327, 2016.

Korat A.V.A., Haupt M., Lombardo J., Ch. 12 Food additives In: *Culinology: blending culinary arts and food science* (Cousminer J. J. Ed.). Wiley: Hoboken, NJ, 2016.

Kuroda M. & Miyamura N., Mechanism of the perception of "kokumi" substances and the sensory characteristics of the "kokumi" peptide, γ-Glu-Val-Gly. *Flavour*, 4: 11, 2015.

Labbe D., Damevin L., Vaccher C., Morgenegg C., Martin N., Modulation of perceived taste by olfaction in familiar and unfamiliar beverages. *Food Quality and Preference*, 17, 582-589, 2006.

LaBorde L.F. & von Elbe J.H., U.S. Patent number 5,482,727 Method for improving the color of containerized green vegetables, 1996.

Lawrence G., Salles C., Palicki O., Septier C., Busch J., Thomas-Danguin T., Using cross-modal interactions to counterbalance salt reduction in solid foods. *International Dairy Journal* 21, 103-110, 2011.

Lim J. & Pullicin A.J., Oral carbohydrate sensing: Beyond sweet taste. *Physiology &*

Behavior 202, 14-25, 2019.

Lindsay R.C., Ch 11 Flavors In: *Fennema's Food Chemistry* 5th ed. (Damodaran, S., & Parkin, K. L. eds.). CRC Press, New York, NY. 754-802, 2017.

Masic U. & Yeomans M.R., Umami flavor enhances appetite but also increases satiety, *The American Journal of Clinical Nutrition* 100(2), 532-538, 2014.

Mayo Clinic, Caffeine content for coffee, tea, soda and more, 2017. https://www.mayoclinic.org/healthy-lifestyle/nutrition-and-healthy-eating/in-depth/caffeine/art-20049372

Mosca A.C. & Chen J., Food-saliva interactions: Mechanisms and implications. *Trends in Food Science & Technology*, 66: 125-134, 2018.

Pakula C. & Stamminger R., Measuring changes in internal meat colour, colour lightness and colour opacity as predictors of cooking time. *Meat Science* 90, 721-727, 2012.

Rohm H., Consumer awareness of food texture in Austria. *Journal of Texture Studies*, 21(3), 363-374, 1990.

Rowe C. & Kerth C.R., Ch. 10 Meat cookery. In: *The science of meat quality* (C. R. Kerth, ed.) John Wiley & Sons, Inc. 199-205, 2013.

Rozin P., "Taste-smell confusions" and the duality of the olfactory sense. *Perception & Psychophysics*, 31(4), 397-401, 1982.

Ruusunen M. & Puolanne E., Reducing sodium intake from meat products. *Meat Science*, 70(3), 531-541, 2005.

Schiffman S.S., Food recognition by the elderly. *Journal of Gerontology*, 32(5), 586-592. 1977.

Schiffman S.S., Musante G., Conger J., Application of multidimensional scaling to ratings of foods for obese and normal weight individuals. *Physiology & Behavior*, 21(3), 417-422, 1978.

Schwartz S.J., Cooperstone J.L., Cichon M.J., von Elbe J.H., Ciusti M.M., Ch 10. Colorants. In: *Fennema's Food Chemistry* 5th ed. (Damodaran, S., & Parkin, K. L. eds.). CRC Press, New York, NY. 682-752, 2017

Stańska K. & Krzeski A., The umami taste: from discovery to clinical use, *Polish Journal of Otolaryngology* 70(4), 10-15, 2016.

Stevenson R.J., 7-Holistic perception and memorization of flavor. In: ***Flavor from food to behaviors, wellbeing, and health*** (P. Etiévant, E. Guichard, C. Salles, & A. Voilley, eds.) Woodhead Publishing, 2016.

Stevenson R.J., Prescott J. & Boakes R.A., Confusing tastes and smells: How odours can influence the perception of sweet and sour tastes. ***Chemical Senses***, 24(6): 627-635, 1999.

Szczesniak A.S. & Kleyn D.H., Consumer awareness of texture and other food attributes. *Food Technology*, 17 74-77, 1963.

Tornberg E., Effects of heat on meat proteins-Implications on structure and quality of meat products. *Meat Science*, 70, 493-508, 2005.

Torri K., Mimura T., Yugari Y., Biochemical mechanism of umami taste perception and effect of dietary protein on the taste preference for amino acids and sodium chloride in rats. In: ***Umami: a basic taste*** (Y. Kawamura, M. R. Kare, eds.). Marcel Dekker: New York, NY. 513-563, 1987.

Yamaguchi S., Fundamental properties of umami in human taste sensation. In: ***Umami: a basic taste*** (Kawamura Y., Kare M.R., eds.). Marcel Dekker: New York, NY. 41-73, 1987.

Yamaguchi S. & Ninomiya K., Umami and food palatability, ***The Journal of Nutrition***, 130(4), 921S-926S, 2000.

Yoshikawa S., Nishimaru S., Tashiro T., Yoshida M., Collection and classification of words for description of food texture-II: Texture profiles, ***Journal of Texture Studies***, 1, 443-451, 1970.

Zhang J., Sun-Waterhouse D., Su G. Zhao M., New insight into umami receptor, umami/umami-enhancing peptides and their derivatives: A review. ***Trends in Food Science & Technology***, 88, 429-438, 2019.

FOOD

PRINCIPLES and PREPARATIONS

CHAPTER **08**

곡류, 전분 및 당류

1. 곡류의 구조 및 성분

곡류는 대부분 화본과에 속하는 식용 가능한 종자이며, 그중 옥수수corn, 쌀rice, 밀wheat은 세계 3대 주식이다. 그 외에 보리barley, 수수sorghum, 기장millet, 귀리oat 등이 식용되고 있다. 곡류의 알곡kernel 모양과 크기는 종류에 따라 다르지만 대부분 유사한 특징을 가진다. 가장 바깥쪽은 외부 환경으로부터 손상되는 것을 막기 위해 왕겨husk층이 감싸고 있으며, 수확 후 왕겨를 제거하면 가식부인 외피bran layer, 배젖endosperm, 배아germ의 세 부분으로 구성되어 있다(그림 8-1).

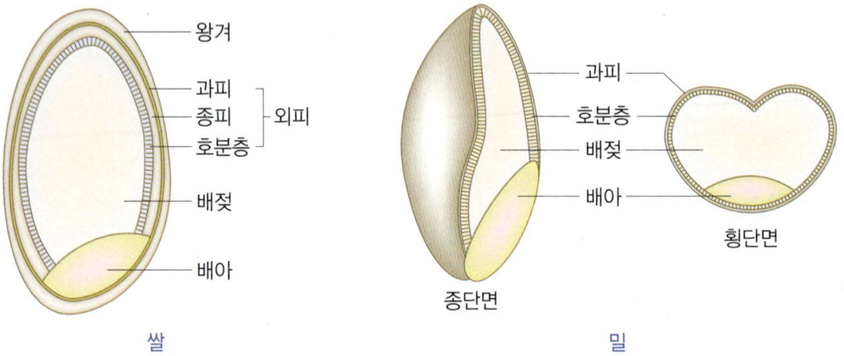

그림 8-1 곡류의 구조

자료 : 윤계순 외 7인, 새로 쓴 식품학 및 조리원리, 수학사, 2014.

왕겨는 바람, 비, 극한의 온도, 벌레 및 기타 잠재적으로 피해를 줄 수 있는 외부 환경 요인으로부터 외피, 배젖, 배아를 보호하는 역할을 한다. 식용하지는 않지만 식이섬유를 풍부하게 함유하고 있어 도정 부산물은 다양한 용도로 고부가가치를 만들어 내고 있다. 외피는 알곡 무게의 약 14.5% 정도이며 식이섬유와 미네랄의 훌륭한 공급원이다. 외피는 과피, 종피, 호분층으로 구성되어 있으며, 그중 호분층aleurone layer은 단백질, 인, 티아민이 풍부하고 약간의 비타민 B군과 지질을 함유하고 있으나 도정 또는 제분과 같은 가공 공정 과정에서 제거된다. 배젖은 알곡의 약 83% 정도를 차지하며 다량의 전분을 함유하고 있다. 배아는 알곡의 아랫부분에 위치하며 알곡 무게의 2.5% 정도를 차지한다. 지질, 단백질, 비타민 및 무기질의 함량이 높아 따로 분리하여 판매하기도 하는데 지질의 함량이 높아 상하기 쉬우므로 냉장 저장하여야 한다.

곡류의 영양 성분은 종류, 품종, 재배 환경에 따라 차이가 있지만 대부분 탄수화물이 주요 성분이고 단백질 10%, 지질 2% 및 미량의 비타민과 무기질로 구성되어 있다. 표 8-1에 나타내었듯이 곡류는 높은 탄수화물을 지닌 에너지원으로 주로 주식으로 이용되는 식품이다.

표 8-1 곡류의 영양 성분 (단위 : 가식부 100 g당)

	열량 (kcal)	수분 (%)	단백질 (g)	지질 (g)	탄수화물 (g)	회분 (g)	식이섬유 (g)	무기질				비타민		
								칼슘	인	철	칼륨	B_1	B_2	니아신
백미	363	13.4	6.4	0.4	79.5	0.4	-	7	87	1.3	170	0.23	0.02	1.2
보리쌀	342	13.5	9.3	1.8	74.4	1.0	12.8	30	206	2.6	282	0.06	0.16	1.8
통밀	342	9.2	13.2	1.5	74.6	1.5	16.0	24	290	5.2	780	0.52	0.23	2.6
옥수수	109	71.5	3.8	0.5	23.4	0.8	-	21	106	1.8	314	0.23	0.14	2.2
찰수수	353	8.8	9.7	1.2	79.2	1.1	-	11	204	2.4	394	0.33	0.13	1.2
메밀	363	13.1	13.6	3.4	67.8	2.0	6.3	21	453	2.7	444	0.46	0.26	5.2
차조	360	14.2	9.6	3.6	71.1	1.5	5.1	14	341	3.8	302	0.51	0.16	3.7
율무	377	9.4	15.4	3.2	70.5	1.5	-	10	290	3.7	324	0.32	0.07	1.7

* - : 수치가 애매하거나 측정되지 않음
자료 : 농촌진흥청 국립농업과학원, 제9개정판 국가표준 식품성분표, 2016.

2. 곡류의 종류

우리나라에서 주로 소비되는 곡류로는 주식인 쌀, 밀, 보리, 옥수수와 그 외에 귀리, 조, 수수, 메밀, 기장 등 잡곡류가 있다.

1) 쌀

세계 인구의 절반 이상이 주식으로 쌀rice을 이용하고 있으며, 쌀의 주요 생산지인 아시아에서는 생명과 다산의 상징이 될 정도로 중요하게 여겨져 왔다. 쌀은 재배 방식mode of cultivation, 곡물 길이grain length, 식감texture에 따라 분류할 수 있는데, 형태에 따라 구성 성분 및 식감이 달라 크게 단립종Japonica type과 장립종Indica type으로 구분하기도 한다(그림 8-2).

단립종은 쌀알의 형태가 둥글고 짧으며 세포막이 얇아서 밥을 지을 때 호화되기 쉬

단립종　　　장립종

그림 8-2 **쌀의 형태에 따른 구분**

워 끈기가 있다. 반면에 장립종은 쌀알의 길이가 길고 단립종보다 아밀로스amylose의 함량이 더 높아 끈기가 적고 포슬포슬한 식감을 가진다. 우리나라에서는 주로 단립종을 선호한다. 단립종과 장립종은 모두 멥쌀과 찹쌀이 있으며 이는 구성하고 있는 전분 구조의 영향을 받는 것으로 밥을 지을 때 식감에 영향을 준다. 일반적으로 멥쌀nonglutinous rice은 아밀로스 20~25%, 아밀로펙틴amylopectin 75~80%로 구성되어 있고, 찹쌀waxy rice은 100% 아밀로펙틴으로 되어 있다. 쌀은 수확 후 외피와 배아를 제거하고 주된 가식부인 배젖을 얻는 도정 작업을 거쳐 소비자에게 판매된다. 보통 백미는 10분도미로 판매되며, 9분 도미, 8분 도미 등으로 판매되기도 한다. 일반적으로 도정도가 높을수록 전분의 함량이 많고 색은 흰색에 가까워진다(그림 8-3).

현미　　　5분도　　　7분도　　　9분도

그림 8-3 **도정 정도에 따른 쌀의 색**

2) 밀

최근 우리나라의 식생활이 서구화되면서 파스타나 베이커리 제품들에 대한 수요가 증가함으로써 밀wheat은 쌀 다음으로 소비량이 많은 곡류이다. 파종 시기에 따라 겨울밀winter wheat과 봄밀spring wheat, 알곡의 경도에 따라 경질밀hard wheat과 연질밀soft wheat,

색에 따라 백색 밀white wheat과 적색 밀red wheat 등으로 구분한다. 이외에 파스타를 만드는 데 사용하는 듀럼밀durum wheat이 있다.

밀은 외피 부분이 단단하고 배젖이 분상이라 낟알을 도정해서 사용하지 않고 밀가루 형태로 제분하여 사용한다. 밀가루는 단백질 함량이 글루텐 형성에 영향을 미치기 때문에 사용 목적에 따라 구분하여 사용한다. 밀가루는 단백질 함량이 8~9%인 박력분, 10%인 중력분, 11% 이상인 강력분, 13% 이상인 세몰리나semolina로 구분한다. 밀 단백질 중 글리아딘과 글루테닌은 글루텐 형성에 중요한 단백질로 각각 점성과 탄성의 성질을 가지고 있어 밀가루에 물을 첨가하여 반죽하면 점탄성을 부여하여 입체적 그물 구조를 형성한다(그림 8-4).

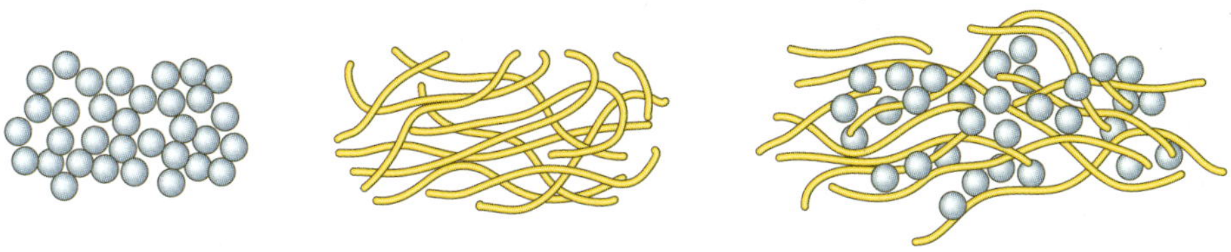

그림 8-4 밀 단백질의 종류와 형태

자료 : 윤계순 외 7인, 새로 쓴 식품학 및 조리원리, 수학사, 2014.

3) 보리

보리barley는 우리나라에서 쌀과 함께 밥을 지어 먹는 용도로 사용되지만, 주로 맥아를 만들어 맥주 등의 제조에 사용하는 곡물로 재배 역사가 오래된 작물 중의 하나이다. 보리는 줄기에 이삭이 붙은 모양에 따라 육조대맥, 사조대맥, 이조대맥, 부제조대맥이 있으며, 보리껍질의 분리 정도에 따라 겉보리와 쌀보리로 구분한다. 겉보리는 주로 엿기름과 보리차로 가공하여 이용하고, 쌀보리는 도정하여 배젖만 남겨 납작보리로 만

Tip 셀리악병(Celiac disease)

소장에 발생하는 유전성 알레르기 질환으로, 주로 글루텐의 글리아딘에 면역 매개 반응을 가진 사람에게 나타난다. 밀이 주식인 사람들 중 1% 정도가 셀리악병을 가지고 있으며 5~10%는 글루텐 과민증을 앓고 있다. 이들은 밀, 호밀 및 보리와 같은 곡류의 섭취를 피해야 한다. 이러한 이유들로 최근 쌀, 메밀, 퀴노아, 수수와 같이 글루텐을 형성하지 않는 글루텐 프리(gluten free) 식품에 대한 관심이 높아지고 있다.

들어 식용한다. 보리의 주성분은 탄수화물로 전분이 대부분이며 단백질과 식이섬유는 쌀보다 함량이 높은 편이다. 보리의 주요 단백질은 호데인hordein이며, 식이섬유 중 베타글루칸β-glucan이 다량 함유되어 있다.

4) 옥수수

옥수수corn는 세계 3대 주식 중의 하나로 재배가 쉬워 생산량이 많기 때문에 식용은 물론이고 사료 등으로 다양하게 사용된다. 그림 8-5에 나타낸 것처럼 옥수수는 다른 곡류와는 달리 낟알에서 배젖 부분이 전체의 12~14%로 많이 차지하고 있으며 유지 함량도 높아 옥수수기름으로 가공한다. 옥수수는 대부분 탄수화물인 전분으로 이루어져 있으며, 주요 단백질로는 제인zein이 있다. 다른 곡물에 비해 필수아미노산인 라이신과 트립토판의 함량이 적은 편이라 우유와 같은 양질의 단백질 식품과 함께 섭취하는 것이 좋다.

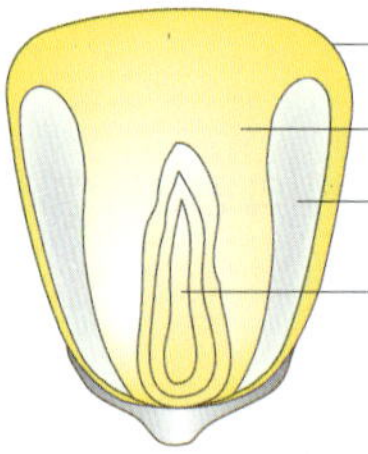

그림 8-5 옥수수 낟알의 구조

자료 : 윤계순 외 7인, 새로 쓴 식품학 및 조리원리, 수학사, 2014.

5) 귀리

귀리oats는 곡류 중 불포화지방산과 단백질 함량이 가장 많고 칼슘, 인, 철 등의 무기질과 비타민 B군의 함량도 높은 편이다. 주로 납작귀리로 가공하여 우유와 섞어 죽처럼 익힌 오트밀의 형태로 소비한다. 소화율이 좋아 서양에서는 유아, 환자, 노인 대상 음식으로 많이 이용한다. 최근에는 제과, 제빵에 활용하는 비중이 높아지고 있다.

6) 메밀

메밀buckwheat은 곡류 중 유일하게 화본과가 아니라 여귀과에 속하며, 척박한 땅에서도 재배가 가능하다. 단백질 함량이 11~14%로 높은 편이고 트립토판, 트레오닌, 라이신과 같은 필수아미노산의 함량이 많은 편이다. 우리나라에서는 국수, 전 등으로 많이 이용되나 점성이 부족하여 국수로 가공하면 면발이 끊기는 조직감을 가진다.

3. 곡류의 조리

일반적으로 곡류는 소화율을 높이기 위해 가열하여 섭취한다. 곡류는 대부분 전분으로 이루어진 식품이기 때문에 물을 넣고 가열하면 호화가 일어난다. 우리나라에서 곡류를 이용한 조리식품은 주식으로 이용하는 밥, 유동식인 죽, 전통식품인 떡이 대표적이다.

1) 밥

잘 지어진 밥은 쌀알이 잘 퍼져서 속에 심이 없고 쌀의 외부에 물기가 없으면서도 밥알이 부슬부슬 흩어지지 않아야 한다. 따라서 밥을 잘 짓기 위해서는 쌀에 존재하는 전분을 완전히 호화하는 데 필요한 양의 물이 있어야 한다. 밥을 짓는 과정은 씻기, 불리기, 물의 양 조절, 가열, 뜸들이기로 구분된다.

(1) 밥 짓기

① 씻기와 불리기

밥을 짓기 위해서는 먼저 쌀을 씻어 수분을 흡수할 수 있도록 물에 담가 두어야 한다. 이때 쌀의 전분 입자 내 결정성 영역에 물이 결합하여 전분이 수분을 25~30% 정도 흡수하게 된다. 온도가 높을수록 흡수 시간은 빨라진다.

② 물 붓기

쌀을 불린 후 전분의 호화에 필요한 양만큼 물을 부어야 한다. 일반적으로 밥의 중량은 쌀 무게의 2.3~2.5배 정도이다. 물의 양은 밥솥의 종류, 쌀의 종류, 가열 조건 등에 따라 달라지지만 밥을 짓는 동안 손실률을 감안하여 쌀 무게의 1.5배, 쌀 부피의 1.2배 정도가 적당하다.

③ 가열

불린 쌀을 가열하여 익히는 단계는 화력의 세기에 따라 세 단계로 나뉜다.

- 온도 상승기 : 물에 불리는 과정에서 수화된 쌀은 온도가 올라가면서 더 많은 수분을 흡수하여 팽윤하며, 온도가 60℃ 이상에 이르면 호화가 시작된다. 이 과정은 강한 불에서 약 10~15분 정도가 적당하다.
- 비등기 : 쌀의 호화는 계속 진행되고 수분이 쌀 입자 사이로 대류하면서 쌀알은 상하로 움직이며 계속 끓어오른다. 이때 쌀의 전분은 호화되고 점성이 생기며 유동성을 잃어버린다. 가열 시 화력은 중불에서 약 5분 정도가 적당하다.

④ 뜸들이기

약불로 약 15분 정도 유지하는 단계로, 화력은 약한 상태로 줄였지만 내부 온도는 최대 호화 온도를 유지하고 있어 쌀 사이에 존재하는 물은 수증기로 변하여 호화가 쌀의 중심부까지 진행된다.

(2) 밥의 품질

밥의 품질은 쌀의 품종, 재배 환경, 저장 조건, 쌀의 성분 중 아밀로스 함량, 유리아미노산 및 휘발성 성분 등과 관계가 있다. 전분 내 아밀로스 함량이 적을수록 상대적으로 아밀로펙틴의 양이 많아 찰기가 커지고 밥맛이 좋다. 쌀밥의 맛 성분으로 아미노산 중 글루탐산과 아스파트산이 많을수록 밥맛이 좋다는 보고들이 있다. 맛 성분 외에도 냄새 성분에 따라 밥의 품질이 달라질 수 있다. 신선한 쌀과는 달리 묵은 쌀에는 저장 중 라이페이스lipase라는 효소에 의해 쌀의 지질이 알데하이드로 분해되어 좋지 않은 냄새를 유발하고, 아울러 분해된 지방산이 밥을 지을 때 전분의 충분한 팽윤과 호화를 억제하여 밥이 단단해지기 때문에 맛이 없어지는 것으로 알려져 있다. 그 외에 우리나라 사람들은 인디카 품종보다는 자포니카 품종을 더 좋아하는 경향이 있다. 이는 자포니카 품종인 단립종이 장립종(인디카 품종)에 비해 아밀로스 함량은 적고 아밀로펙틴이 더 많아 호화 과정에서 물을 더 흡수하여 밥이 촉촉하고 약간 차지면서 밥알에 윤기가 돌기 때문이다. 밥을 짓는 물의 pH는 7~8일 때 완성된 밥의 외관이나 맛이 좋으며, 산성일수록 호화에 영향을 주어 밥맛에 나쁘게 영향을 미친다.

2) 죽

죽은 곡류를 이용한 조리식품 중 유동성이 있는 대표적인 음식이다. 보통 곡류 낟알이나 가루에 물을 많이 넣어 전분이 완전히 호화될 때까지 끓인 음식으로, 소화가 용이하여 병원식이나 유아식, 노인식으로 이용되고 있다. 우리나라를 비롯해 대부분의 농경문화 지역에서 가장 처음 이용된 형태의 곡류 음식이다. 일반적으로 쌀을 많이 이용하며 육류, 채소류, 콩류, 패류, 견과류 등을 다양하게 섞어 조리할 수 있으므로 주식이나 보양식으로도 활용할 수 있다. 일반적으로 죽은 쌀 분량의 6~7배의 물을 넣어 끓인다. 곡물을 말려 가루로 만들어 물을 넣고 끓인 것을 암죽이라고 하며, 미음은 일반 죽보다 더 많은 분량의 물을 붓고 끓인 다음 체에 밭쳐 국물만 마시는 죽이다.

3) 떡

떡은 역사가 깊은 한국 고유의 음식으로 주로 곡물 가루로 만들며 오늘날까지도 관혼상제에 빠지지 않는 음식이다. 떡은 만드는 방법에 따라 찌는 떡, 치는 떡, 지지는 떡, 삶는 떡 등으로 나누며, 멥쌀가루에 막걸리를 넣어 만드는 발효 떡인 증편도 있다. 찌는 떡은 곱게 빻은 쌀가루를 증기가 잘 통하도록 시루에 고르게 펴서 강한 불에서 뜨거운 수증기로 익힌다. 치는 떡은 곡물 가루를 시루에 찌거나 밥을 지어 절구나 안반에 쳐서 만드는 떡이다. 지지는 떡은 가루를 익반죽하여 모양을 만들어 기름에 지져 만든 떡이며, 빚는 떡은 쌀가루를 익반죽하여 빚어서 찌거나 삶는 떡으로 진분의 일부를 미리 호화시켜 익힐 때 시간이 단축되며 모양이 흐트러지지 않는다.

4. 전분의 구조

전분은 곡류, 근경류, 서류의 주요 성분인 저장 탄수화물로 아밀로스와 아밀로펙틴으로 연결된 포도당 분자의 긴 사슬 구조의 형태를 한 다당류이다. 전분 입자 내에서 두 성분의 함유 비율에 따라 전분의 성질, 조리 및 가공 특성이 달라진다.

1) 아밀로스

아밀로스amylose는 포도당의 연속적인 α-1,4 글루코사이드 결합에 의해 직선상의 긴 사슬 구조를 가진다. 아밀로스는 그림 8-6에 나타낸 것처럼 약 6개 정도 연결된 포도당들이 한 번씩 회전하는 나선 구조를 이루고 있는데 나선 구조 외부에는 하이드록시기(-OH)가 위치해 있어 친수성 성질을 가지고 있으며, 나선 구조 내부에는 수소 원자가 위치하여 소수성의 성질을 가진다. 소수성을 띠는 내부에서는 요오드, 지방산 등의 물

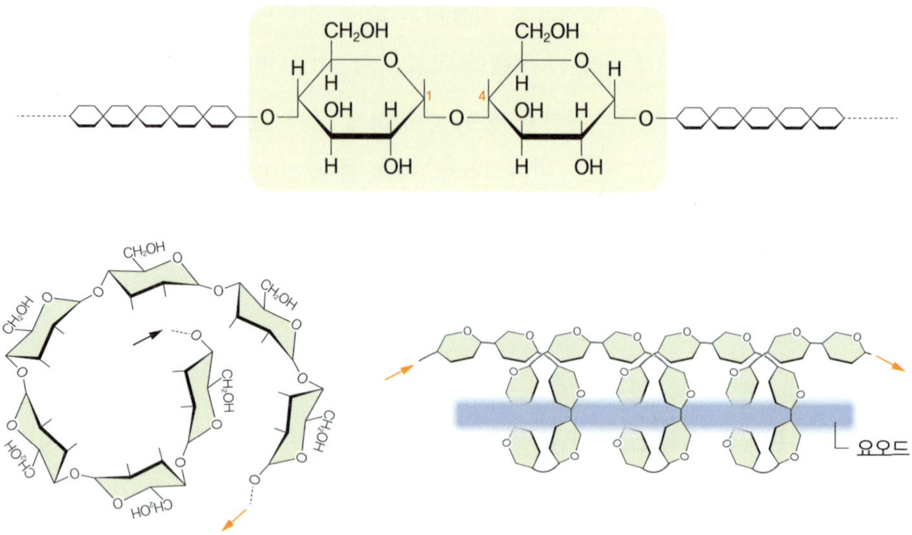

그림 8-6 아밀로스의 구조

자료 : 윤계순 외 7인, 새로 쓴 식품학 및 조리원리, 수학사, 2014; 정현정 외 7인, 기초가 탄탄한 식품화학, 수학사, 2015.

질들을 포집할 수 있어 요오드화칼륨KI 용액과 반응하면 청색을 띤다. 이러한 정색반응으로 아밀로스 함량 정도를 확인할 수 있다.

2) 아밀로펙틴

아밀로펙틴amylopectin은 그림 8-7과 같이 직쇄상의 α-1,4-글루코사이드 결합 외에 포도당 15~30개 분자마다 α-1,6-글루코사이드 결합을 하고 있어 가지를 친 나뭇가지 모양의 분지형 구조를 하고 있다. 아밀로펙틴은 6,000~37,000개의 포도당이 중합되어 있어 아밀로스보다 훨씬 더 큰 분자량을 갖는 것으로 추정된다. 아밀로펙틴은 분지 구조를 가지고 있어 나선형의 구조가 부족하여 요오드화칼륨KI 용액과 반응하면 적자색을 나타내므로 아밀로스와 조리 시 다른 특성을 보인다.

3) 전분 입자

전분은 다른 탄수화물과 달리 분리된 입자granule 형태로 존재한다. 전분 입자starch granule의 모양은 전분 종류에 따라 크기는 2~150 μm, 모양은 원형, 타원형, 다각형으로 차이를 보인다(그림 8-8).

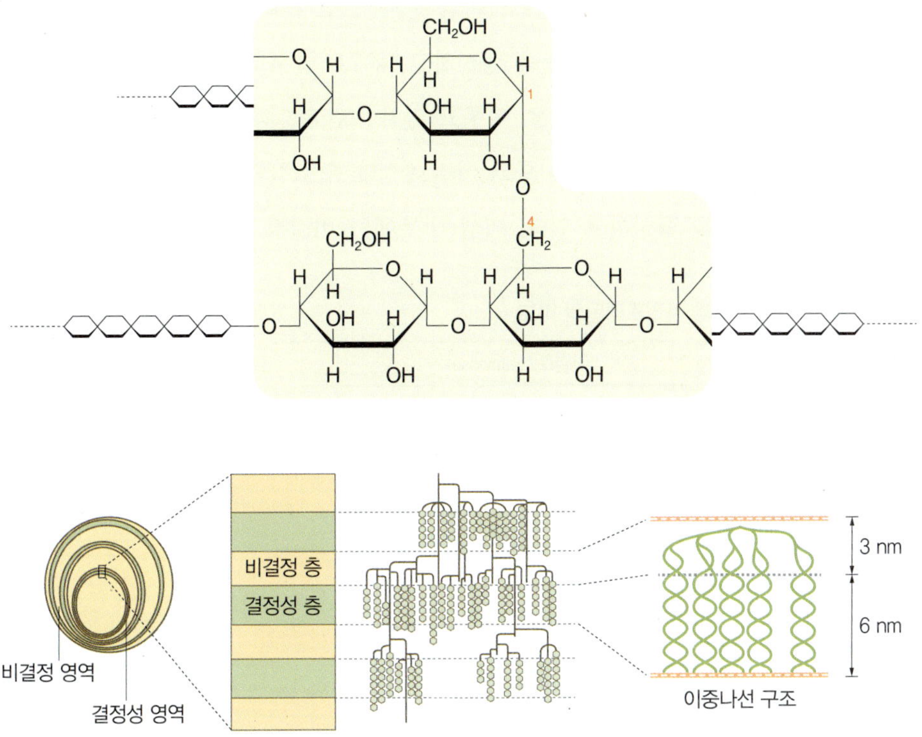

그림 8-7 아밀로펙틴의 구조

자료 : 윤계순 외 7인, 새로 쓴 식품학 및 조리원리, 수학사, 2014; 정현정 외 7인, 기초가 탄탄한 식품화학, 수학사, 2015.

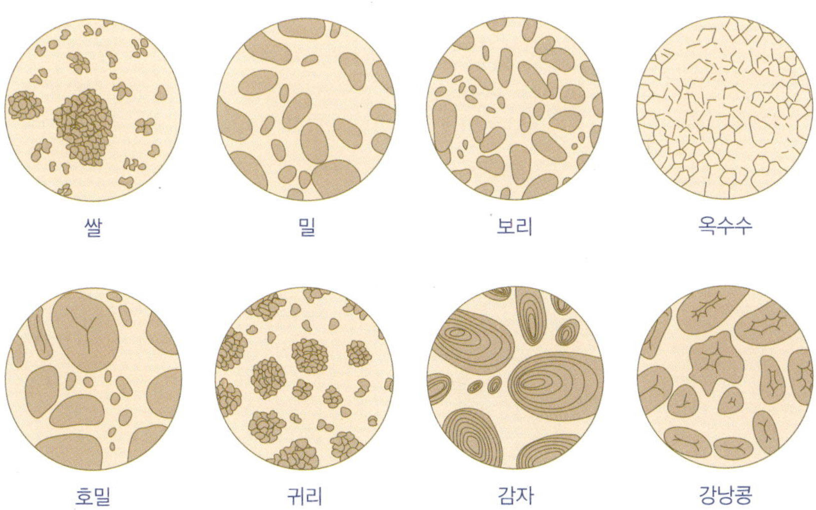

그림 8-8 전분 종류에 따른 입자의 형태

자료 : 노봉수 외 9인, 식품화학, 수학사, 2020.

전분을 구성하는 두 성분 중 아밀로펙틴의 분자 구조가 α-1,4-글루코사이드 결합으로 정렬되어 있는 부분은 결정성 층을 형성하고, α-1,6-글루코사이드 결합이 밀집되어 있는 부분은 비결정 층을 규칙적으로 이루고 있다(그림 8-7 참조). 아밀로펙틴의 결정성 층과 비결정 층이 동심원 구조를 이루고 아밀로스와 수소결합으로 결합되어 섬유상의 집합체인 미셀micelle을 형성하고 있다. 미셀 내부에는 비결정 영역amorphous region과 분

표 8-2 전분의 아밀로스와 아밀로펙틴의 비교

	아밀로스(amylose)	아밀로펙틴(amylopectin)
분자 모양	직선형 포도당 6개 단위로 된 나선형	분지형 가지를 친 나뭇가지 모양
결합	α-1,4-글루코사이드	α-1,4-글루코사이드 α-1,6-글루코사이드
요오드 반응	청색	적자색
비환원성 말단의 수	1개	다수
X선 분석	결정성	비결정성
호화 및 노화 반응	쉬움	어려움
전분 중 함량	약 20%	약 80~100%
포접화합물	형성함	형성하지 않음

Tip X-선 회절 도형

생전분인 β-전분에 X선을 조사하면 결정 영역 때문에 뚜렷한 반점이나 동심원 고리가 나타난 회절도를 보이며, 전분의 종류에 따라 A형은 곡류 전분, B형은 아밀로스 함량이 35~40% 이상인 감자와 옥수수 전분, C형은 콩류와 고구마 전분의 특성을 나타낸다. 호화전분은 미셀 구조가 붕괴되어 결정성이 없어져 동심원 고리가 나타나지 않는다.

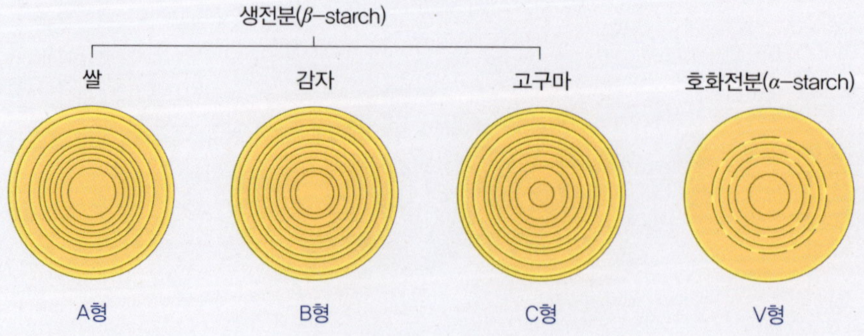

자료 : 노봉수 외 9인, 식품화학, 수학사, 2020.

자들이 규칙적으로 배열된 결정 영역crystalline region이 존재한다. 대부분의 전분 입자는 30% 정도의 결정 영역과 70% 정도의 비결정 영역으로 이루어져 있다. 비결정 영역의 대부분은 아밀로스와 아밀로펙틴으로 구성되어 있으며, 결정 영역은 아밀로펙틴으로 되어 있다. 이러한 전분 입자의 성질 때문에 X-선을 조사하면 결정 영역 부분에서 X-선이 산란되어 동심원 모양의 X-선 회절 도형이 관찰되며, 아밀로스와 아밀로펙틴의 함량에 따라 다른 회절도를 나타내어 전분의 종류를 구별하는 데 이용할 수 있다.

5. 전분의 성질 및 조리 특성

전분을 함유한 식품을 조리할 때 물을 넣고 가열, 냉각, 저장하는 과정에서 다양한 변화가 일어난다.

1) 전분의 호화

전분의 호화gelatinization는 물과 함께 전분을 가열하는 과정에서 일어나는 물리적 현상으로 '전분의 α-화'라고도 한다. 호화는 일반적으로 수화, 팽윤, 콜로이드의 세 단계로 나눌 수 있다.

(1) 호화의 단계

① 수화

전분 입자를 물에 분산시켜 가열하면 구조의 변화 없이 일정량의 물을 흡수하는데, 주로 α-1,6 결합이 밀집된 비결정 영역에만 물이 침투한다. 보통 입자 중량의 약 25~30% 정도의 수분을 흡수한다.

② 팽윤

가열 온도가 60~65℃ 이상이 되면 열에너지에 의해 결정성 영역의 수소결합이 파괴되어 그 사이로 물이 침투해 전분 입자가 팽윤한다. 전분 입자 내부에서는 아밀로스와 아밀로펙틴의 일부 결합이 끊어져 용출됨으로써 점도가 증가하면서 최고의 점도를 나타낸다.

③ 붕괴

최고 점도에 도달하면 용출되는 아밀로스와 아밀로펙틴이 증가하여 용액 내 부유물들이 서로 부딪쳐 깨지면서 끈적끈적한 콜로이드 용액이 형성되고 점도는 감소한다.

(2) 호화에 영향을 주는 요인

전분의 호화에 영향을 주는 조건으로는 전분의 종류와 수분 함량, 가열 온도와 시간, 첨가물 등의 영향을 들 수 있다.

① 전분의 종류와 수분 함량

전분 입자가 큰 서류 전분은 입자가 작은 곡류 전분에 비해 호화가 빨리 일어난다. 아밀로펙틴 함량이 많은 전분일수록 호화가 일어나기 어렵다. 수분 함량이 많을수록 쉽게 팽윤이 일어나 호화는 쉽게 일어난다.

② 가열 온도와 가열 시간

가열하는 온도가 높을수록 호화에 걸리는 시간은 단축된다. 전분의 종류에 따라 호화 온도가 다르다. 일반적으로 곡류 전분은 60~78℃, 서류 전분은 52~66℃로 서류 전분의 호화 온도가 곡류 전분보다 낮다.

③ 첨가물의 영향

- pH : 전분에 산을 가하여 가열하면 산에 의해 전분의 가수분해가 일어나 팽윤을 촉진하므로 호화가 일어나기 전에 점도가 낮아진다. 예를 들어 전분에 산을 첨가하여 소스를 만들고자 할 때 산의 가수분해 시간을 최소화하기 위해서는 전분을 먼저 호화시킨 후에 산을 첨가하는 것이 좋다.
- 당 : 당은 물에 대한 용해성이 크므로 전분 입자와 경쟁적으로 수화하려고 하므로 팽윤을 억제한다. 설탕의 농도가 높은 경우에는 점도가 낮아져 호화 온도가 상승한다.
- 지질 : 아밀로스의 나선 구조 내에 포접화합물을 형성하여 전분의 수화를 지연시키고 호화에 필요한 아밀로스 함량을 감소시켜 호화 속도를 늦춘다.
- 염류 : 염류는 수소결합에 영향을 주므로 거의 대부분의 염류는 전분의 호화를 촉진시킨다. 다만 황산염의 경우는 호화를 억제한다.

2) 전분의 젤화

전분이 호화되면 유동성과 점성을 가지는 졸sol 상태가 된다. 이 상태에서 빠르게 냉

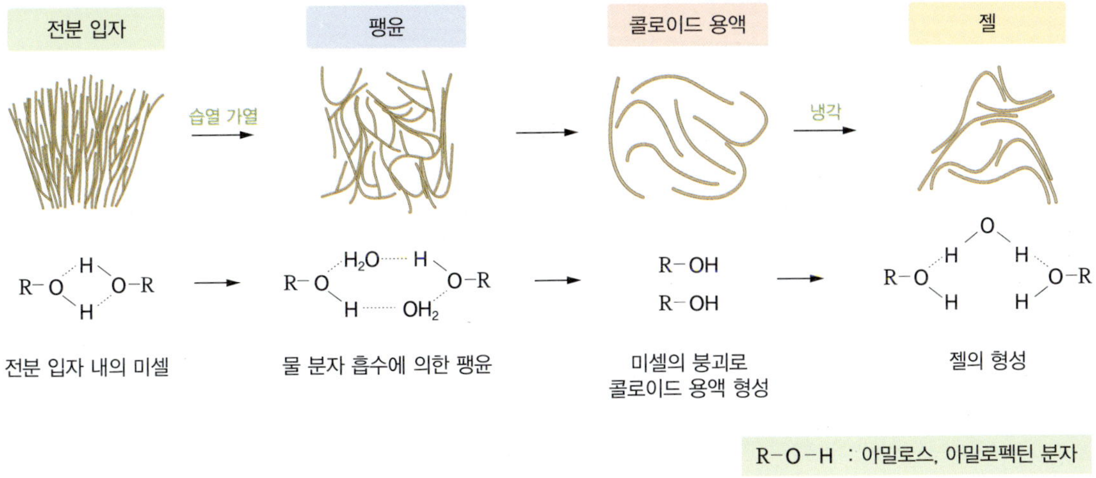

그림 8-9 전분의 호화 및 젤화

자료 : 윤계순 외 7인, 새로 쓴 식품학 및 조리원리, 수학사, 2014.

각시키면 유동성이 없는 젤gel 상태로 변한다. 이는 호화 과정에서 전분 입자로부터 빠져나온 아밀로스들이 수소결합에 의해 삼차원의 그물 구조를 형성하고 그 내부에 물이 갇히게 되어 부드러운 반고체 상태인 전분 젤이 형성되는 것이다.

묵은 전분의 젤 형성의 원리를 이용한 대표적인 식품이다. 전분 젤은 주로 아밀로스에 의해 형성되므로 아밀로펙틴만을 함유한 찰 전분의 경우는 젤이 잘 형성되지 않는다. 따라서 묵을 만들기 위해서는 아밀로스 함량이 많은 전분을 선택해야 한다. 녹두, 메밀, 도토리 전분의 젤은 탄력성이 뛰어나 형태를 잘 유지하는 질감 특성을 보이므로 묵으로 이용하기에 적당하다.

3) 전분의 노화

호화된 전분을 실온에 오래 놓아두거나 냉장 온도로 냉각시키면 인접한 전분 분자들이 수소결합을 하여 부분적으로 다시 결정 구조를 형성하게 되는데 이를 노화라고 한다. 전분의 노화가 진행되면 투명도가 저하되고, 젤의 그물 구조도 늘어져 수분이 빠져나오는 이액syneresis 현상이 생기며 생전분과는 다른 새로운 결정을 형성한다. 노화된 전분은 소화효소의 작용이 어려워 전분질 식품의 품질 저하를 가져온다.

(1) 노화에 영향을 주는 요인

전분의 노화에 영향을 끼치는 요인으로는 전분의 종류와 수분 함량, 온도, 첨가물 등을 꼽을 수 있다.

① 전분의 종류와 수분 함량

전분 입자의 크기가 작은 곡류 전분은 노화가 쉽게 일어나고 입자가 큰 서류 전분은 노화 속도가 느린 편이다. 아밀로펙틴 함량이 많은 찹쌀, 찰옥수수 등과 같은 전분 식품은 노화가 느린데 이는 직쇄상의 아밀로스 분자에 비해 아밀로펙틴은 분지상의 입체 구조가 분자 간 수소결합을 방해하여 노화되기 어렵기 때문이다. 호화 후 전분액의 수분 함량이 30~60%에서 노화가 잘 일어난다. 노화를 억제하기 위해서는 수분 함량을 10% 이하 또는 60% 이상으로 조절하면 된다. 이러한 환경에서는 호화된 전분 속 아밀로스 분자들의 회합이 억제되면서 노화를 늦출 수 있다.

② 온도

일반적으로 0℃에서 호화 후 콜로이드 구조가 불안정해져 노화가 잘 일어난다. 노화 속도를 늦추기 위해서는 60℃ 이상, -20℃ 이하로 보관하면 된다. 이 온도에서는 분자 상호 간 수소결합 형성이 어려워 노화가 잘 일어나지 않는다.

③ 첨가물의 영향

- 당 : 당은 탈수제 역할을 하므로 당이 수분을 흡수하여 노화를 늦추는 역할을 한다.
- 염류 : 대부분의 염류는 노화를 억제한다. 다만 황산염은 노화를 촉진시킨다.
- pH : 알칼리성에서는 노화가 억제되고 산성에서는 노화가 촉진된다.

6. 당류의 종류 및 특성

당은 주로 단맛을 지니는데 분자량의 크기와 종류에 따라 단맛이 달라진다. 천연 당류로는 포도당, 과당, 설탕, 맥아당(엿당), 젖당이 있으며, 액체 상태의 시럽 및 당알코올 등 여러 가지 형태의 당류가 있다.

1) 설탕

설탕sucrose은 포도당과 과당이 글루코사이드 결합을 하고 있는 이당류이며 사탕무와 사탕수수 등에 분포하고 있다. 설탕은 α-포도당과 β-과당이 결합하여 α, β의 이성질체가 존재하지 않으므로 항상 일정한 단맛을 유지하여 감미료의 표준 물질로 사용된다. 설탕은 당밀 함량 여부에 따라 함밀당과 분밀당으로 나뉜다. 함밀당은 당액에서 당밀을 제거하지 않은 채, 분밀당은 당액을 정제한 후 조려서 설탕 결정과 즙액을 분리한 것이다. 분밀당의 정제 정도에 따라 일반적으로 사용하는 백설탕, 흑설탕, 황설탕이 만들어진다.

(1) 백설탕

백설탕granulated sugar은 사탕수수나 사탕무를 압착하여 짜낸 당액을 가열, 침전, 원심분리 등의 정제 과정을 거쳐 당밀을 제거하여 결정화한 것이다. 일정한 단맛을 가지므로 다른 당류들과 감미도를 측정 및 비교하는 데 표준물질로 이용한다.

(2) 황설탕과 흑설탕

황설탕brown sugar은 백설탕보다 불순물이 덜 정제된 설탕이고, 흑설탕black sugar은 사탕수수로 설탕을 정제하는 과정에서 불순물이 거의 정제되지 않은 상태로 상당량의 당밀을 함유하고 있다. 수분 함량이 높고 강한 흡습력을 가지고 있어 보관할 때는 밀봉해야 한다.

(3) 가루설탕

가루 설탕powdered sugar(분당)은 백설탕을 아주 곱게 분쇄한 것으로, 굳는 것을 방지하기 위해 3% 정도의 옥수수 전분을 섞어 준다. 주로 제과 제빵용, 아이스크림, 껌, 단맛이 적은 쿠키류에 사용한다.

백설탕 황설탕 흑설탕 가루 설탕

그림 8-10 정제 정도에 따른 설탕 종류의 입자 및 색

2) 시럽류

시럽syrup은 30% 이상의 수분을 함유하며 설탕과 같이 감미료로 사용한다. 만들어진 원료에 따라 향과 점성이 다르다. 조리에 많이 이용되는 시럽류로는 물엿, 꿀, 조청, 고과당 콘시럽, 당밀, 메이플 시럽 등이 있다.

(1) 물엿

물엿starch syrup은 옥수수 전분에 묽은 산이나 효소를 가하여 가수분해시킴으로써 얻는 감미료로, 가수분해되면 덱스트로스, 맥아당, 포도당의 혼합물이 만들어진다. 이 중 덱스트로스 당량으로 전분의 가수분해 정도를 알 수 있으며 가수분해 정도가 높을수록 단맛이 강하다. 물엿은 옥수수뿐만 아니라 전분 함량이 많은 다른 곡류들로도 제조할 수 있다. 정제 과정을 거치면 투명해져서 조리할 때 음식의 색을 변하게 하지 않아 많이 사용한다.

(2) 꿀

꿀honey은 꿀벌이 벌집에 저장한 당액에서 꽃가루와 밀랍을 제거하고 정제한 것으로, 과당의 함량이 많아 공기 중의 습기를 흡수하여 스스로 용해되어 결정이 생기지 않는다. 가끔 결정이 생기는 꿀은 과당에 비해 용해도가 낮은 포도당 함량이 높기 때문이다. 꿀은 설탕보다 향기와 맛이 강하고 수분 함량이 많아 베이커리 제품에 설탕 대신 사용하면 흡습성이 있어 오랫동안 수분을 유지하여 마르지 않게 보관할 수 있어 유용하다.

(3) 조청

쌀, 옥수수와 같은 다양한 곡류를 가열하여 호화시킨 후 엿기름(맥아)을 첨가하여 55~60℃에서 당화시킨 후 불순물을 걸러내고 계속 가열하여 수분을 증발시켜 꿀처럼 만든 감미료를 조청grain syrup이라 한다. 조청은 시럽과 달리 갈색을 띠며 조리할 때 단맛과 함께 향미, 윤기를 부여하여 과자나 조림에 많이 사용한다.

Tip 전분의 당화

전분은 묽은 산이나 전분 가수분해효소에 의해 쉽게 가수분해되며 가수분해되면 단맛이 증가한다. 예를 들어 엿기름에는 전분 분해효소인 아밀레이스가 들어 있는데 밥알에 엿기름을 넣고 최적 온도 50~70°C로 가열하면 전분이 서서히 가수분해하여 단맛이 강한 식혜가 만들어진다.

(4) 고과당 콘시럽

고과당 콘시럽high fructose corn syrup, HFCS은 옥수수 전분을 아밀레이스에 의해 고포도당 콘시럽을 만든 후 포도당 이성질화 효소isomerase를 작용시켜 포도당을 과당으로 변화시키는 화학반응을 이용하여 만든 시럽이다. 40%의 과당과 50%의 포도당으로 구성된 고과당 콘시럽은 설탕보다 단맛이 강하고 물에 잘 용해될 뿐만 아니라 가격이 저렴하여 식품 산업에서 널리 사용하고 있다. 주로 청량음료, 베이커리 제품, 과일통조림, 음료, 제과, 과일주스 등에 사용된다.

(5) 당밀

당밀molasses은 사탕수수의 즙액으로부터 당을 정제하는 과정에서 당의 갈색 결정인 원당을 침전, 분리하고 남은 것을 농축한 액체이다. 당밀은 65~70%의 당 혼합물과 30%의 수분, 2.5%의 회분을 함유하고 있으며, 짙은 갈색의 점성이 큰 액체이다. 독특한 향미를 가지고 있어 케이크나 쿠키, 캔디 등에 사용한다.

(6) 메이플 시럽

메이플 시럽maple syrup은 주로 팬케이크, 와플, 프렌치토스트 등에 사용하는 감미료로, 단풍나무에서 얻은 즙액을 증발시켜 만든다. 메이플 시럽은 64~68%의 자당과 약 30~35%의 수분으로 구성되어 있다.

3) 당알코올

당알코올은 당의 카보닐기가 환원된 형태의 단당류 유도체이다. 단맛은 가지고 있지만 칼로리가 낮아 저열량 식품의 제조 또는 당뇨 환자들을 위한 감미료로 사용된다.

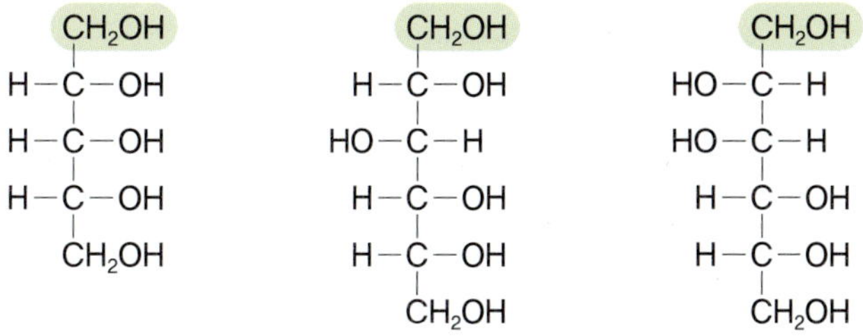

그림 8-11 당알코올의 구조

자료 : 윤계순 외 7인, 새로 쓴 식품학 및 조리원리, 수학사, 2014.

> **Tip 식품에 이용되고 있는 당알코올**
>
> 당알코올은 저에너지, 충치 예방 감미료로서 다양한 식품에 이용되고 있다. 소비톨의 단맛은 설탕의 60%, 에너지는 3 kcal/g으로 설탕보다 열에 강해 제과 원료로 많이 사용한다. 자일리톨은 자일로스를 환원시킨 것으로 단맛은 설탕과 비슷하나 청량감을 주고 충치 예방에 효과적이어서 껌, 캔디에 많이 사용되고 있다.
>
> 자료 : 김건희 외 6인, 재미있는 식품화학, 수학사, 2018.

당알코올로는 자일리톨, 소비톨, 만니톨 등이 있다. 당알코올은 청량감을 주고 충치 예방에도 효과가 있어 다이어트 캔디나 무설탕 껌 등의 제조에 사용된다. 반면에 복부 팽만감이나 설사 등의 부작용도 있어 사용이 제한되기도 한다.

4) 올리고당

올리고당이란 2~10개의 오탄당이나 육탄당의 단당류가 글루코사이드 결합을 한 것으로, 구성 단당류의 단위 수에 따라 이당류, 삼당류, 사당류 등으로 나뉜다. 최근에 산업적으로 관심을 끌고 있는 것으로 프럭토올리고당fructooligosaccharides, FOS과 대두올리고당soy oligosaccharide이 있다. 이러한 기능성 올리고당은 장내 소화효소에 의해 분해되지 않으므로 저칼로리 감미료로 이용되며, 더불어 대장에서 유해 세균의 증식을 억제

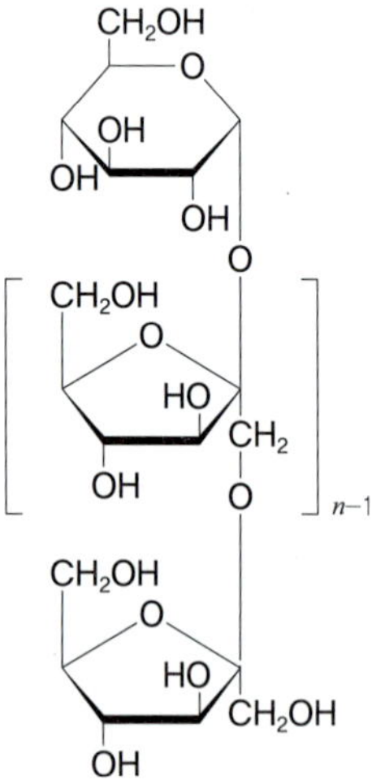

그림 8-12 프럭토올리고당의 구조

자료 : 윤계순 외 7인, 새로 쓴 식품학 및 조리원리, 수학사, 2014.

하는 한편 비피두스균, 젖산간균*Lactobacillus*과 같은 유익한 세균의 증식을 돕는 기능성을 갖고 있는 것으로 알려져 있다.

5) 합성 감미료

합성 감미료는 강한 단맛을 가진다. 설탕보다 30~수천 배에 해당하는 단맛을 가지며 감미료로 많이 사용된다. 일반적으로 아스파탐, 사카린, 스테비오사이드 등이 있다. 아스파탐은 페닐알라닌과 아스파트산을 합성하여 만든 합성 감미료로 설탕보다 150~200배의 단맛을 가지고 있다. 사카린은 설탕보다 200~700배의 단맛을 가지고 있으며 열량은 거의 없다. 스테비오사이드는 아스파탐과 함께 탄산음료 등에 많이 이용되는 감미료이다.

7. 당류의 조리 특성

1) 당의 성질

(1) 단맛

대부분 당은 공통적으로 단맛을 가진다. 당의 감미 정도는 설탕의 감미를 1로 기준하여 과당 1.5, 전화당 1.3, 포도당 0.7, 맥아당 0.4, 갈락토스 0.3, 젖당 0.15이다. 감미 정도는 당의 종류에 따라 다를 뿐만 아니라 온도에 크게 영향을 받는다. 일반적으로 0~20℃까지는 별로 변하지 않으나 0℃ 이하나 50℃ 이상에서는 감미가 저하된다.

Tip 당류의 상대적 감미도

자당(설탕)의 단맛을 100으로 할 때 다른 당류의 상대적인 단맛

당류	상대적 감미도	당류	상대적 감미도	당류	상대적 감미도
과당	150	포도당	70	갈락토스	30
전화당	130	맥아당	40	라피노스	30
자당	100	자일로스	40	젖당	15

자료 : 김건희 외 6인, 재미있는 식품화학, 수학사, 2018.

(2) 용해도

당류는 대부분 하이드록시기인 -OH기를 가지고 있어 대부분 물에 잘 녹으나 종류에 따라 용해도는 다르다. 당류의 용해도는 과당, 설탕, 포도당, 맥아당, 젖당의 순서이며, 대체로 감미가 강한 당이 쉽게 용해된다. 이러한 당류별 용해도는 식품에 첨가할 때 촉감과 조직감에 영향을 준다. 예를 들어 캔디 제조 시 과당은 다른 당류보다 더 부드러운 조직감을 주며, 용해성이 가장 적은 젖당은 아이스크림 제조 시 부분적으로 거친 조직감을 갖게 한다. 당류의 용해도는 온도에도 영향을 받는다. 예를 들어 20℃에서는 용액 100 mL에 설탕 66.6 g이 녹지만 100℃에서는 83.0 g이 용해된다.

(3) 흡습성

당류는 흡습성이 강하여 공기 중에 수분을 흡수하여 쉽게 덩어리가 지거나 눅눅해지기 쉽다. 특히 꿀, 전화당, 고과당 콘시럽 등 과당 함량이 높은 당류는 흡습성이 커서 케이크같이 촉촉함을 유지하는 것이 중요한 식품에는 적합하지만 바삭함이 생명인 쿠키 같은 경우는 제품을 눅눅하게 하여 품질을 저하시킬 수도 있다.

(4) 캐러멜 반응

캐러멜 반응은 메일라드 반응과 달리 당류의 가열에 의한 산화 및 그 분해 산물로 인하여 일어나는 갈변반응으로, 설탕을 160℃ 정도로 가열하면 맑은 용액과 점성이 생기고 170℃에서 계속 가열하면 부드러우면서 광택이 있는 캐러멜화가 시작된다. 당의 캐러멜화 온도는 당의 종류에 따라 다른데 과당은 설탕보다 낮은 온도인 110℃에서 일어난다. 캐러멜화된 당은 단맛이 적고 특유의 향미가 생기며 쓴맛이 난다. 주로 캔디 제조할 때나 푸딩 등에 이용된다.

(5) 전화

설탕 용액에 산을 가하여 가열하거나 전화효소를 첨가하면 설탕 1분자가 물 1분자를 취하여 포도당 1분자와 과당 1분자로 가수분해된다. 이러한 현상을 설탕의 전화inversion라고 하며, 포도당과 과당의 동량 혼합물을 전화당이라 한다. 전화 정도는 산의 농도와 종류, 반응 시간, 온도, 당 용액의 농도에 따라 영향을 받는다. 전화당은 설탕에 비해 흡습성과 단맛 정도가 높다.

(6) 발효

일반적으로 당은 발효에 의하여 이산화탄소, 알코올, 산 등을 생성한다. 당의 발효 과정은 맥주나 포도주 등의 여러 가지 알코올음료, 김치, 식혜, 요구르트 등의 젖산 발효 식품의 제조에 있어 중요한 과정이다.

2) 캔디의 제조 원리

용액은 일정한 온도에서 포화 상태를 이루는 양 이상의 용질이 용해되어 있으면 여분의 용질은 침전하여 결정체를 형성한다. 설탕은 상당한 과포화 상태에서 결정이 생기고, 과당은 설탕보다 더 높은 과포화 상태에서 결정이 생긴다. 캔디는 이러한 당 결정체에 의해 만들어지는 식품이다. 캔디는 주요 원료가 시럽인지 지질인지에 따라, 또는 제조 방법 측면에서 결정성의 유무에 따라 맛과 텍스처가 다른 캔디를 제조할 수 있다. 캔디의 제조 단계를 간략하게 설명하면, 먼저 시럽 용액을 만든 후 가열 또는 증발 과정을 거쳐 혼합액을 농축시킨다. 농축된 혼합물을 식힌 후 그대로 방치하거나 휘저어서 캔디를 제조한다. 결정형 캔디는 과포화 설탕 용액을 적당히 교반하면 다시 결정으

표 8-3 캔디의 종류

분류	종류	특징
결정형 캔디	퐁당(fondant)	설탕 시럽에서 결정을 형성한 것으로 설탕 시럽을 115°C까지 가열한 후 약 50°C로 식혀 나무주걱으로 저으면 작은 크기의 결정과 크림성이 있는 흰 페이스트가 만들어짐
	퍼지(fudge)	시럽에 결정 형성을 방해하는 초콜릿, 크림, 우유 등을 첨가하여 미세한 결정이 생기게 만든 캔디
	디비니티(divinity)	시럽을 121°C까지 가열한 후 달걀흰자 거품을 넣어 저은 후 서서히 결정이 생기도록 하여 작은 크기의 수많은 결정을 형성하여 만든 캔디
비결정형 캔디	캐러멜(caramel)	결정을 방해하는 우유, 크림, 버터 등을 설탕과 콘시럽에 넣어 갈변반응이 일어나도록 만든 캔디로, 특이한 향미와 끈적끈적한 질감을 가짐
	태피(taffy)	캐러멜과 비슷하게 만들어지며 농도가 짙음
	브리틀(brittle)	시럽을 143°C까지 가열하여 견과류와 베이킹소다를 넣어 가스를 발생시킨 후 냉각하여 조각으로 깨뜨린 캔디
	하드 캔디(hard candy)	가장 간단한 형태의 캔디로 다량의 시럽을 고온으로 가열하여 베이킹소다를 넣어 가스를 발생시켜 만듦
	마시멜로(marshmallow)	시럽, 달걀흰자, 젤라틴, 콘시럽 등을 넣어 휘핑하여 만들며, 가볍고 폭신폭신한 질감을 가짐
	검 캔디와 젤리	젤라틴, 펙틴에 과일즙을 넣어 만든 캔디로, 쫄깃쫄깃한 질감을 가짐

로 돌아가려는 성질을 이용한 것으로 퐁당fondant, 퍼지fudge 등이 있다. 비결정형 캔디는 과포화 설탕 용액이 결정을 형성하지 않도록 다량의 결정 형성 방해 물질을 첨가하거나 고온으로 가열하여 제조한 캔디로 캐러멜caramel, 누가nougat 등이 있다. 캔디 제조 시 결정화에 영향을 주는 요인으로는 용액의 종류와 농도, 용액의 온도, 교반, 결정을 방해하는 물질의 첨가 등이 있다.

(1) 용액의 종류

어떤 용질이 녹아 있는지에 따라 결정 형성에 차이가 있다. 같은 당류일지라도 설탕은 포도당에 비해 결정을 빨리 형성하며 결정 크기도 다르다. 포도당은 서서히 결정이 생기고 농도가 커질수록 핵의 수는 많아지며 결정의 크기가 작다.

(2) 용액의 농도

결정은 과포화 용액일 때 형성되며 용액의 농도가 높을수록 핵의 형성을 촉진한다. 즉 농도가 높을수록 핵의 수가 많아지며 고운 결정이 형성된다.

(3) 용액의 온도와 교반

용액이 농축되면 저어 주어야 결정이 생성되는데 저어줄 때의 온도나 젓는 조작에 따라 결정 정도가 달라진다. 설탕 용액은 높은 온도에서 저어 주면 용액의 유동성이 커서 분자의 이동이 쉽기 때문에 핵이 쉽게 생기고, 40℃ 정도로 식힌 후 저어 주면 핵이 형성되기까지 시간이 오래 걸리지만 보다 많은 핵과 미세한 결정이 형성된다. 이때 미리 고운 결정을 넣어 저으면 결정이 빠르게 형성되는데 이를 씨뿌리기seeding라고 한다.

(4) 결정 형성 방해 물질

용질인 설탕 이외에 전화당, 시럽, 꿀, 달걀흰자, 버터, 초콜릿, 우유와 같은 다른 물질이 존재하면 핵에 용질이 들러붙는 것을 방해하여 결정의 크기가 작아지거나 다량 첨가된 경우에는 결정이 전혀 형성되지 않는다.

Summary

1. 곡류는 화본과에 속하는 식용 가능한 종자로 대부분 왕겨층, 외피, 배젖 및 배아의 세 부분으로 구성되어 있다. 곡류의 영양 성분은 종류, 품종, 재배 환경에 따라 차이가 있으나 대부분 탄수화물이 주요 성분이며 단백질, 지질 및 미량의 비타민과 무기질로 구성되어 있다.

2. 세계 3대 주식은 쌀, 밀, 옥수수이고, 우리나라의 제1 주식은 쌀이다. 쌀은 크게 단립종과 장립종으로 구분할 수 있는데, 우리나라에서는 단립종으로 지은 밥을 선호한다. 단립종은 장립종에 비해 아밀로스 함량이 적고 아밀로펙틴의 함량이 많아 찰기가 있다.

3. 밀은 쌀과 다르게 분상이라 낟알을 도정해서 사용하지 않고 밀가루 형태로 제분하여 사용한다. 밀은 쌀에 비해 단백질 함량이 높으며, 단백질 함량에 따라 글루텐 형성이 달라져 사용 용도에 따라 박력분, 중력분, 강력분, 세몰리나로 구분한다.

4. 전분은 곡류의 주요 성분인 저장 탄수화물로 아밀로스와 아밀로펙틴으로 연결된 포도당 분자의 긴 사슬 구조 형태를 가지는 다당류이다. 전분은 아밀로펙틴의 결정성 층과 비결정성 층이 동심원 구조를 이루며, 아밀로스와 수소결합으로 결합되어 섬유상 집합체인 미셀을 형성하고 있다.

5. 전분을 물과 함께 가열하면 팽윤되어 미셀이 붕괴하는데 이러한 상태를 전분의 호화라고 한다. 전분이 호화되면 유동성과 점성을 가지는 졸의 상태가 되고 이때 빠르게 냉각시키면 유동성이 없는 겔의 상태로 변한다. 호화된 전분을 실온에 오래 놓아두거나 냉장 온도로 냉각시키면 다시 결정 구조를 형성하여 딱딱해지는데 이를 전분의 노화라고 한다.

6. 당은 주로 단맛을 지니는 것으로 분자량의 크기와 종류에 따라 단맛의 정도가 달라진다. 천연 당류로는 포도당, 과당, 설탕, 맥아당, 젖당 등이 있으며, 액체 상태의 시럽과 당일고올 등이 식품으로 이용된다.

7. 백설탕은 사탕무나 사탕수수에서 당액을 추출하여 정제한 후 조려서 결정화하여 만든다. 황설탕은 백설탕보다 불순물이 덜 정제된 것이며, 흑설탕은 불순물이 거의 정제되지 않은 것으로 상당량의 당밀을 함유하고 있다.

8. 캔디는 당 용액이 과포화 상태에 이르면 결정이 생기는데 이러한 당 결정체로 만들어진 식품이다. 결정형 캔디는 과포화 설탕 용액을 적당히 교반하면 다시 결정으로 돌아가려는 성질을 이용하여 만든 사탕이다. 반면에 비결정형 캔디는 과포화 설탕 용액이 결정을 형성하지 못하도록 다량의 결정 형성 방해 물질을 첨가하거나 고온으로 가열하여 제조한 것이다.

9. 캔디의 결정 형성 시 전화당, 시럽, 꿀, 달걀흰자, 버터, 초콜릿, 우유와 같은 물질을 첨가하면 핵에 용질이 들러붙는 것을 방해하여 결정의 크기가 작아지거나 결정 생성을 방해한다.

연습문제

1. 쌀과 같은 곡류는 수확 후 외피와 배아를 제거한 후 도정이라는 작업을 거쳐 소비자에게 판매된다. 쌀의 도정도가 높아짐에 따라 함량 비율이 증가하는 것은?

① 단백질　② 지질　③ 탄수화물
④ 비타민　⑤ 무기질

2. 밀가루의 글루텐을 형성하는 단백질은?

3. 밥을 지을 때 밥맛에 영향을 주는 요인들로 옳은 것은?

① 쌀의 아밀로스 함량이 많을수록 찰기가 커져 밥맛이 좋다.
② 밥을 짓는 조리용수는 pH 5~6일 때 밥의 외관이나 맛이 좋다.
③ 밥을 지을 때 물의 양은 밥맛과는 관계없다.
④ 묵은 쌀로 밥을 지으면 단단해져 맛이 없어진다.
⑤ 밥을 지을 때 사용하는 물은 산성일수록 밥맛이 좋아진다.

4. 전분의 노화에 대한 설명으로 맞는 것은?

① pH가 낮을수록 노화가 지연된다.
② 설탕을 첨가하면 노화가 지연된다.
③ 수분 함량이 30% 이상일 때 노화가 지연된다.
④ 온도 0~4℃일 때 노화가 지연된다.
⑤ 아밀로펙틴 함량이 많을수록 노화가 빠르게 일어난다.

5. 캔디 제조 시 미세한 결정을 얻고자 할 때 결정 방해 물질을 첨가한다. 결정 방해 물질이 아닌 것은?

① 우유　② 전분　③ 꿀
④ 전화당　⑤ 달걀흰자

풀이와 정답

1. ③ **2.** 글루테닌, 글리아딘 **3.** ④ **4.** ② **5.** ②

References

김건희·강일준·정윤화·한정아·황은선·윤기선·김묘정, **재미있는 식품화학**, 수학사, 2018.

노봉수·장판식·백형희·김석중·이광근·유상호·이재환·이기원·최승준·변상균, **식품화학**, 수학사, 2020.

윤계순·이명희·류은순·민성희·신원선·정혜정·김지향·박옥진, **새로 쓴 식품학 및 조리원리**, 수학사, 2014.

정현정·권기한·김기명·김지상·신의철·오희경·윤경영·이제혁, **기초가 탄탄한 식품화학**, 수학사, 2015.

FOOD

PRINCIPLES and PREPARATIONS

CHAPTER 09

수조 육류

사람이 식품으로 섭취하는 육류는 쇠고기, 돼지고기, 양고기 등의 수육류와 닭고기, 오리고기, 꿩고기, 칠면조고기 등의 조류 육류로 나눌 수 있으며 이를 합쳐 수조 육류라고도 한다. 나라와 종교에 따라 육류의 선호도가 다른데 우리나라는 쇠고기, 중국은 돼지고기, 이슬람국가는 양고기를 선호하는 편이다. 수조 육류에서 주로 식품으로 이용하는 부위는 근육 중에서 골격근이며, 동물의 종류, 연령 및 부위에 따라 맛, 색, 질긴 정도가 다르다. 수조 육류는 대부분 가열 조리하여 섭취하므로 부위, 조직의 특성에 맞춘 가열 방법의 차이에 따라 맛이 다르다. 그러므로 조직의 특성과 성분 및 구조를 잘 이해하여 적절한 조리법을 선택해야 한다.

1. 수조 육류의 구조

수조 육류의 구조는 근육 조직, 결합 조직, 지방 조직, 골격 조직으로 구성되어 있다.

1) 근육 조직

근육 조직은 동물의 조직 중 30~40%를 차지하고 수축과 이완 작용으로 운동을 수행하는 조직이다. 근육 조직의 기본 단위는 미오신myosin과 액틴actin이라는 미세섬유가 모여서 근원섬유myofibril를 형성하고, 약 2,000개 정도의 근원섬유가 원통형의 근섬유muscle fiber를 만든다. 근원섬유는 두꺼운 섬유체인 미오신과 가는 섬유체인 액틴으로

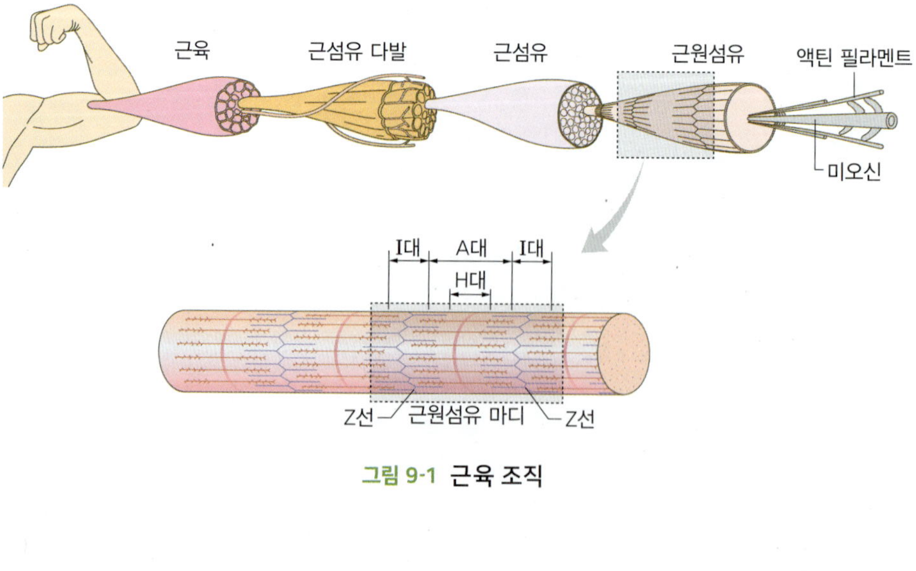

그림 9-1 근육 조직

되어 있으며 근육이 수축하면 두꺼운 미오신 사이로 가는 액틴이 들어가서 겹쳐지면서 근육의 길이가 짧아지고 새로운 단백질인 액토미오신actomyosin을 형성한다.

2) 결합 조직

근육 조직과 지방 조직을 둘러싸고 있는 막이나 다른 조직과 결합하는 힘줄을 결합 조직이라고 한다. 근육과 결합하는 뼈나 가죽 주변에 많이 존재하고 암컷보다 수컷에, 그리고 돼지고기나 닭고기보다 쇠고기에 많으며 운동량과 나이가 많을수록 함유량이 많다.

결합 조직에는 콜라겐과 엘라스틴이라는 단백질을 함유하고 있다. 콜라겐은 백색의 교원질섬유이며 3개의 폴리펩타이드가 3중 나선 구조로 된 트로포콜라겐tropocollagen이 기본 구조이다. 콜라겐의 단백질은 프롤린과 하이드록시프롤린으로 주로 피부의 진피나 힘줄tendon(건) 등의 결합 조직 안에 존재한다. 콜라겐은 65℃에서 가용성 졸gol 상태인 젤라틴이 되고, 온도가 낮아지면 겔gel 상태가 된다. 젤라틴은 약산과 약알칼리에 용해되며 수용성이다. 족편, 도가니탕 등이 이러한 원리를 이용한 식품이다. 엘라스틴은 동물 조직의 혈관과 인대에 들어 있는 황색의 탄성섬유이며, 가열해도 변화 없이 질기므로 조리해서 먹을 수가 없다.

3) 지방 조직

육류의 지방은 작은 입자나 큰 덩어리 형태로 피하, 복부, 장기 주위에 주로 위치하며, 가축이 비육해지면 근육 주변에 지방세포가 산재하여 마블링marbling을 형성한다. 마블링은 지방이 근섬유를 짧게 만들어 구웠을 때 육질이 부드럽고 맛과 풍미를 풍부하게 하여 등급 평가할 때 가장 중요한 요소이다. 지방의 함량은 동물의 성별, 나이, 사료, 운동량과 부위에 따라 다른데 주로 암컷이나 운동량이 적은 부위가 지방의 함량이 높다.

4) 골격 조직

동물의 뼈는 나이에 따라 달라지는데 어린 동물의 뼈는 연하고 분홍색을 띠며, 성숙할수록 단단하고 흰색을 띠고 있다. 뼈를 이용한 육수나 탕을 끓일 때에는 성숙한 동물의 뼈가 운동량이 많고 조직도 치밀하여 진하고 인지질을 포함한 많은 영양물이 우러난다. 조리할 때 뼈를 찬물에 담가 핏물을 충분히 뺀 다음 뜨거운 물에 한 번 데쳐낸 후에 찬물을 넣고 끓여야 진하고 깨끗한 육수를 얻을 수 있다.

2. 수조 육류의 성분

1) 육류의 영양 성분

육류는 70% 이상이 수분이고 단백질, 지질, 무기질 및 소량의 비타민과 색소 등을 함유하고 있다. 육류의 단백질은 액틴이나 미오신인 근원 단백질과, 콜라겐이나 엘라스틴 등의 결합 단백질이며 아주 우수한 단백질 급원이다. 육류의 지방은 팔미트산palmitic acid, 스테아르산stearic acid, 올레산oleic acid 등으로 대부분 중성지방이다. 육류의 종류나 등급에 따라 지방 함량의 차이가 크며 암컷이 수컷보다 지방 함량이 높다. 육류의 지방은 녹는점이 높은 포화지방산을 많이 함유하고 있어서 높은 온도에서 액체 상태이며, 양고기와 쇠고기가 돼지고기나 오리고기보다 녹는점이 높아서 뜨겁게 조리해야 맛과 풍미가 있다. 탄수화물은 글리코겐의 형태로 간에 소량 저장되어 있으며 동물의 종류, 부위, 사후 시간의 경과 등에 따라 함량이 달라지고 고기의 사후경직과 숙성에 직접적인 역할을 한다. 무기질은 주로 인, 철, 칼륨 등이 있으며 비타민 B_2, 니아신 등의 비타

표 9-1 육류의 영양 성분

(단위 : 가식부 100 g당)

	열량 (kcal)	수분 (%)	단백질 (g)	지질 (g)	탄수화물 (g)	회분 (g)	식이섬유 (g)	무기질				비타민		
								칼슘	인	철	칼륨	B_1	B_2	니아신
닭고기	115	73.1	24.0	1.4	0.1	1.4	-	11	110	1.1	327	0.20	0.21	2.9
돼지고기	186	68.4	19.78	11.25	0	0.99	0	6	183	0.65	325	0.662	0.092	4.901
쇠고기	207	58.2	18.62	14.09	0	0.80	0	5	160	2.23	269	3.925	0.149	2.005
양고기	143	72.55	20.88	5.94	0	1.06	0	12	190	1.91	276	0.130	0.230	6.510
염소고기	178	64.6	19.88	10.31	-	0.99	0	10	186	2.73	298	0.101	0.172	2.579
오리고기	117	76.8	21.00	3.07	0	1.05	0	11	212	2.61	305	0.203	0.103	5.159
칠면조	143	72.69	21.64	5.64	0.13	0.98	0	11	183	0.86	224	0.048	0.185	7.631
말고기	110	76.1	20.1	2.5	0.3	1.0	(0)	11	170	4.3	300	0.10	0.24	6.0

* - : 수치가 애매하거나 측정되지 않음

( ) : 인용되었거나 산출된 성분

자료 : 농촌진흥청 국립농업과학원, 제9개정판 국가표준 식품성분표, 2016.

민 B 복합체로 들어 있다. 비타민 B_1은 주로 돼지고기, 비타민 A는 간, 심장, 신장 등의 내장에 주로 함유되어 있다. 그러나 비타민 C나 섬유소는 거의 함유되어 있지 않다.

2) 육류의 색소

육류의 색은 색소 단백질인 미오글로빈myoglobin에 의해서 붉은색을 띠며, 색의 변화는 헴heme에 있는 철iron, Fe의 산화와 환원에 의해서 결정된다. 동물의 종류, 부위, 활동 여부에 따라 미오글로빈 함량에 차이가 있어서 근육 색소가 달라진다. 신선한 육류는 암적색을 띠나 공기 중에 노출되면 산소와 결합하게 되므로 선홍색의 옥시미오글로빈oxymyoglobin이 된다. 육류가 장시간 공기 중에 노출되면 선홍색의 옥시미오글로빈이 계속 산화되어 적갈색의 메트미오글로빈metmyoglobin이 된다.

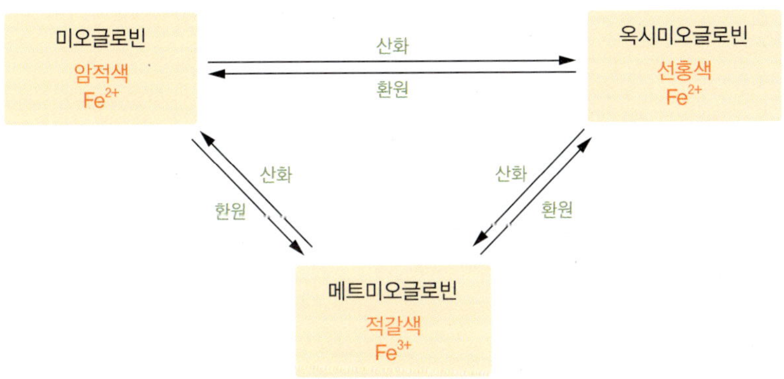

그림 9-2 육류의 색 변화

3. 수조 육류의 사후경직 및 숙성

1) 사후경직

육류는 도살된 직후부터 시간이 지나면서 근육이 굳어지는데 이러한 현상을 사후경직rigor mortis이라고 한다. 사후경직의 과정은 다음과 같다.

① 글리코겐의 혐기적 해당 작용 : 동물이 도살됨으로써 산소 공급이 차단되어 근육의 글리코겐이 혐기적 해당 작용을 일으켜서 젖산lactic acid을 생성한다.

② pH의 저하 : 근육에서의 젖산 생성으로 중성이던 근육의 pH가 낮아져서 산성으로 변한다.

③ 에이티피에이스ATPase의 활성화로 인한 ATP-미오신 복합체의 분해 : 근육의 pH 저하로 ATPase의 활성화로 근육의 단백질인 ATP-미오신 복합체가 분리된다.

④ 액토미오신 생성 : 분리된 미오신 단백질이 섬유상 단백질인 액틴과 결합하여 강직 복합체rigor complex인 액토미오신을 생성한다.

이러한 현상으로 육류의 질이 질겨지고 보수성이 저하되어 맛이 떨어지며, 조리해도 연해지지 않는다(그림 9-3).

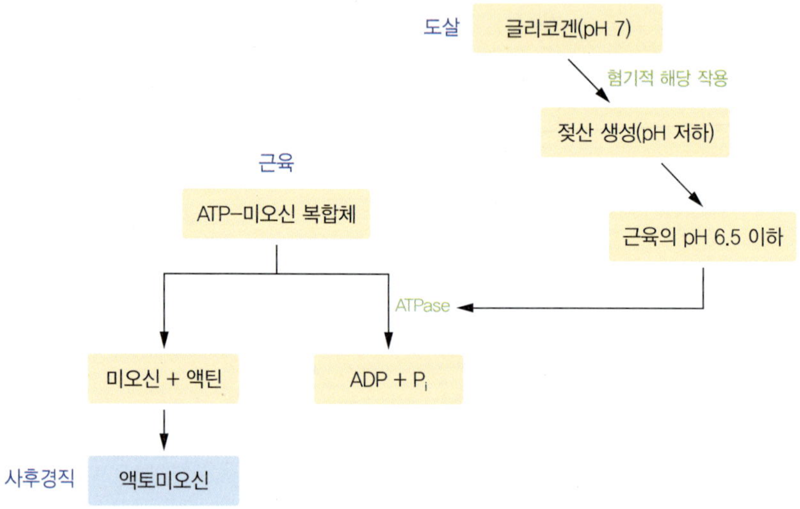

그림 9-3 육류의 사후경직 과정

2) 숙성

사후경직 후 일어나는 숙성 과정은 다음과 같다.

① 젖산 생성 중지 : 근육의 pH가 점점 낮아져서 pH 5.5 정도가 되면 해당 작용을 하는 효소의 불활성화로 젖산의 생성이 중지된다.

② 단백질 분해효소의 작용 : 젖산 생성이 중지되면 사후경직 속도가 줄어들고, 근육 내에 단백질 분해효소인 카텝신cathepsin이 활성화되어 액토미오신을 분해한다. 따라서 근육이 짧아지고 연해진다.

③ 수용성 질소화합물과 핵산 분해 물질의 증가 : 유리아미노산의 증가와 핵산 물질

인 ADP, AMP가 가수분해하여 감칠맛의 이노신산inosinic acid, IMP을 생성하여 보수성이 높아지고 맛과 풍미도 좋아진다.

④ 콜라겐의 팽윤 : 낮아진 pH로 결합 조직의 콜라겐이 팽윤하여 고기의 연화를 용이하게 해준다.

4. 수조 육류의 조리 변화

1) 수조 육류의 연화

(1) 육류의 연화에 영향을 주는 요인

① 결합 조직의 함량

결합 조직의 함량이 많을수록 질기고 동물의 나이와 운동량이 많아질수록 질기며, 부위에 따라 결합 조직의 함량이 달라서 식감은 차이가 난다. 안심이나 등심 같은 부위는 결합 조직이 적어서 연하다.

② 지방 함량

근육 내에 있는 지방은 고기를 부드럽게 해주어 근육에 분포하는 지방(마블링)의 함량에 따라 고기의 등급을 나누고 있다. 가열 조리 시 지방이 녹으면서 단백질을 감싸 입안에서 부드러운 맛과 풍미를 준다. 마블링이 감소할수록 육류의 연화 정도가 떨어져서 보수력과 풍미는 떨어진다.

③ 조리 방법과 시간

장시간 가열하거나 높은 온도에서는 근육 내의 육즙이 빠지고 단백질이 변성하여 질겨지므로 부위에 따라 높은 온도에서 단시간에 조리하는 건열 조리와 장시간 물에서 조리해야 하는 습열 조리 방법을 선택할 수 있다.

(2) 육류의 연화 방법

① 기계적 방법

근섬유와 결합 조직을 짧게 끊어 주기 위하여 고깃결 반대로 절단하거나 잘게 썰거나 다지는 방법이 있다. 이외에 두들기거나 잔칼질, 포크로 구멍을 내는 방법 등은 식육을 연하게 함은 물론이고 가열할 때 발생하는 수축이나 모양의 변형을 방지할 수도 있다.

② **효소에 의한 방법**

단백질 분해효소를 이용하면 근육의 주성분인 단백질을 연화시킬 수 있다. 파인애플의 브로멜라인bromelain, 파파야의 파파인papain, 무화과의 피신ficin, 키위의 액티니딘 actinidine 등이 있다.

③ **산에 의한 방법**

고기가 약산성이 되면 보수력이 증가해서 부드러워진다. 따라서 토마토, 레몬, 식초, 포도주 등을 첨가하면 연화 작용을 한다.

④ **염에 의한 방법**

고기 조리 시 약간의 간장이나 소금을 사용하면 단백질이 염용성을 가지고 있어서 근육의 수분 보수력이 증가하여 연해진다. 너무 많은 염을 사용하면 오히려 반대 효과가 나므로 주의해야 한다.

⑤ **당에 의한 방법**

설탕, 배즙, 꿀, 양파즙 등의 당 성분을 첨가하면 단백질의 보수력을 증가시켜서 고기가 연해진다. 당 성분은 단백질의 응고를 지연시켜 주므로 연화 효과가 있다.

2) 수조 육류의 가열에 의한 변화

육류를 가열하면 단백질의 변성, 중량의 감소, 향미 및 색의 변화 등 다양한 변화가 일어난다.

(1) 단백질의 변성

육류는 가열하면 50℃ 이상에서 근육 단백질이 코일 모양으로 근육을 수축시켜서 변성이 일어나며 조리 시간이 길어질수록 더욱 질겨진다. 결합 조직인 콜라겐은 물과 함께 가열하면 65℃ 이상에서 3중 나선 구조인 트로포콜라겐의 구조가 분해되기 시작하여 80℃ 정도에서는 졸 상태의 부드러운 젤라틴이 된다.

(2) 중량의 감소

육류를 가열하면 근육 단백질의 2차, 3차 구조가 분해되면서 육즙이나 지방의 유출, 수분 증발, 휘발성 물질의 증발 등으로 중량이 감소한다. 가열 온도가 높아질수록, 가열 시간이 길수록 중량의 감소는 커진다.

(3) 향미의 변화

육류를 가열하면 육류의 맛 성분인 유리아미노산, 유리지방산, 핵산 분해 물질, 유기 물질 등이 분해되어 고기 특유의 향미를 형성한다. 특히 구이를 할 경우는 지방 중의 저급 탄소화합물, 황 함유 화합물, 질소화합물, 당의 캐러멜화 등으로 구수하고 독특한 풍미가 난다.

(4) 색의 변화

가열이 진행되어 60℃ 정도가 되면 육류의 색소인 선홍색 미오글로빈이 단백질의 변성으로 Fe^{2+}인 헴 색소가 Fe^{3+}인 헤마틴hematin으로 산화되어 갈색으로 변한다.

5. 수조 육류의 조리 및 이용

1) 수조 육류의 조리 방법

수조 육류의 조리 방법으로는 건열 조리와 습열 조리가 있다. 건열 조리는 물을 사용하지 않고 공기나 기름을 이용하여 조리하는 방법으로, 주로 결합 조직이 적고 연한 부위를 고온에서 단시간에 조리하는 방법이다. 습열 조리는 물을 넣어서 장시간 조리하는 방법으로 결체 조직이 많은 부위를 주로 사용하며 국, 탕, 찜, 편육, 장조림 등이 해당된다. 건열 조리와 습열 조리를 같이 이용하는 복합 조리 방법이 있다.

(1) 건열 조리

① 구이

구이는 열을 직접 가열하거나 팬을 이용하여 조리하는 방법으로, 열이 가해지면 고기의 표면에 있는 단백질이 응고되어 내부의 육즙 용출이 적고 특유의 맛과 풍미를 준다. 숯불구이, 팬구이, 오븐구이 등이 있으며 불고기, 너비아니구이, 떡갈비구이, 스테이크 등이 구이에 해당된다.

Tip 다진 고기는 잘 치대야 잘 빚어지는 이유는?

떡갈비나 햄버거 패티를 만들 때 다진 고기를 잘 치대면 근육 단백질인 미오신과 액틴의 결합이 좋아져서 끈기가 생긴다. 많이 치대면 원하는 모양과 크기로 만들 수 있으며 가열해도 부서지지 않고 탄력 있는 고기가 완성된다.

② 복기

팬을 먼저 충분히 달군 후에 센 불에서 단시간 조리하는 방법이다. 약한 불에서 천천히 볶으면 고기의 육즙이 빠지고 질겨져서 맛과 풍미가 감소한다.

③ 튀기기

튀기기는 기름을 이용하여 열을 전달함으로써 고기를 익히는 건열 조리 방법으로, 적은 양의 기름을 사용하는 방법과 많은 양의 기름을 사용하는 방법이 있다. 튀길 때는 발연점이 높은 기름을 선택하여 160~190℃에서 단시간에 튀기는 것이 좋다.

④ 로스팅

로스팅roasting은 고기를 큰 덩어리로 오븐에 넣어 굽는 방법이다. 오븐의 온도를 160~165℃ 정도로 하여 구우면 육즙이 풍부하고 향미가 좋은 고기 요리가 된다. 고기의 내부 온도가 너무 높거나 오븐 온도가 너무 높으면 손실률이 높고 너무 익어서 맛이 없다.

⑤ 브로일링

브로일링broiling은 고기를 가스, 숯불, 전기 등의 열원에 직접 노출시켜 익히는 방법으로, 스테이크와 바베큐가 해당된다. 로스팅에 비해 고기가 작고 얇은 형태로 조리한다. 고기 표면의 단백질이 응고되어 내부 육즙의 유출을 막아서 맛이 있고 향미가 좋다.

(2) 습열 조리

① 국이나 탕

육류의 부위 중에서 운동량이 많거나 결합 조직이 많은 부위인 양지, 사태, 꼬리, 사골을 사용하여 약한 불에서 장시간 끓이는 방법이다. 국이나 탕을 끓일 때는 육수가 잘 우러나야 하므로 고기를 찬물에 넣고 끓이기 시작하며, 끓으면 불을 약하게 줄여서 오랫동안 충분히 끓인다. 육수에 용출되는 맛 성분은 수용성 단백질, 지질, 무기질과 젤라틴 성분이다.

② 찜

육류의 부위 중에서 결합 조직이 많은 사태, 꼬리, 갈비 등을 이용하며, 물을 부어 넣고 천천히 오랫동안 끓여서 고기를 잘 무르게 하는 조리법이다. 양념과 채소는 처음부터 넣지 않고 고기를 어느 정도 익힌 후 넣어서 끓이며, 간은 처음에는 약하게 해서 끓이다가 맞추어야 맛이 잘 배고 연한 고기를 먹을 수 있다.

③ 조림

조림은 국물보다는 고기를 먹을 목적으로 물에서 오랫동안 익히는 조리 방법으로, 찜과 비슷하게 질기거나 결합 조직이 많은 부위를 주로 사용한다. 끓는 물에 고기를 넣고 삶아서 연하게 한 후에 간장, 설탕 등의 양념을 해야 부드럽고 맛이 있는 조림을 만들 수 있다.

④ 수육

수육으로는 결합 조직이 많은 쇠머리, 양지머리, 업진살, 사태 등의 부위를 주로 사용한다. 수육도 국물보다는 고기를 먹을 목적으로 조리하므로 물이 끓으면 고기를 넣어 고기의 표면 단백질이 뜨거운 온도에서 재빨리 변성되어 응고시킴으로써 육즙 등 수용성 성분의 용출을 적게 한다. 수육을 자를 때 고깃결과 직각 방향으로 썰면 먹을 때 부드럽게 먹을 수 있다.

(3) 복합 조리

① 브레이징

브레이징braising은 주로 결체 조직이 많고 질긴 고기의 부위를 조리할 때 먼저 고기를 기름에 지지거나 구워서 표면을 갈색으로 하여 내부의 육즙이 용출되지 않도록 한 다음 물을 조금 넣어서 약한 불에서 오랫동안 조리하여 부드럽게 익히는 방법이다.

② 스튜잉

스튜잉stewing은 브레이징과 비슷한 방법이지만 물을 더 많이 재료가 잠길 정도로 넣어서 조리하는 방법이다. 고기를 작게 썰어서 열을 가하여 표면을 갈색화한 후에 물을 충분히 넣어 재료가 잠길 정도로 하여 오랫동안 걸쭉하게 끓이는 방법이다, 채소는 고기가 어느 정도 익은 후 넣어야 모양과 색을 잘 유지한다.

2) 수조 육류의 부위에 따른 조리

(1) 쇠고기

쇠고기의 부위별 명칭은 그림 9-4에 나타내었으며, 부위별 용도 및 조리 방법은 표 9-2에 정리하였다.

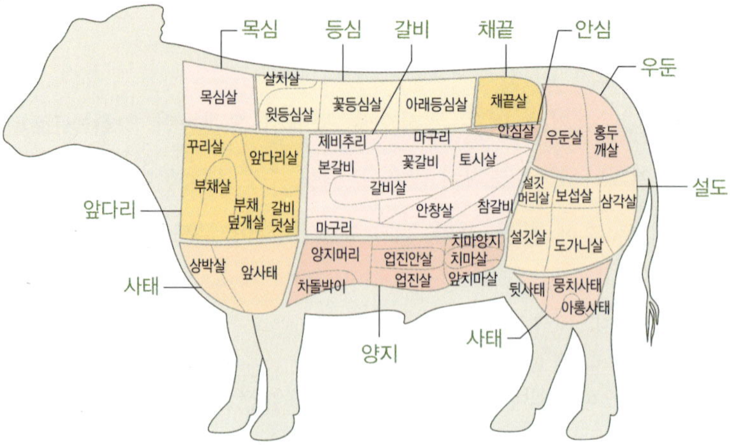

그림 9-4 소의 부위별 명칭

표 9-2 쇠고기의 부위별 특징 및 조리 방법

부위명	특징	조리법
목심(Chuck)	어깨 위쪽에 붙어 있는 근육으로 결합 조직이 많아 육질이 질기고 지방이 적음	조림, 편육, 미트볼, 햄버거, 스튜, 수프 스톡
등심(Loin)	등쪽에 척추 좌우로 원통 모양으로 위치하고 있으며 비육이 잘 된 소의 경우 마블링이 잘 발달되어 있음. 살이 두껍고 근내 지방이 있으며 풍미가 좋음	구이, 전골, 찜, 탕, 로스트, 스테이크, 바비큐
갈비(Ribs)		
안심(Tenderloin)	유일하게 척추 뼈 안쪽에 위치하고 있는 근육으로 운동량이 적어 조직이 연함	구이, 전골, 찜, 스테이크, 바비큐, 브로일링
갈비(Ribs)		
채끝(Striploin)	허리 부분의 등심과 맞닿은 운동성 없는 부분으로, 조직이 연하고 지방이 적당히 섞여 있어 풍미가 좋음. 등심보다는 지방이 적고 살코기가 많음	구이, 전골, 로스트, 스테이크, 바비큐
우둔(Round)	지방층이 있으나 질김	편육, 탕, 조림, 구이, 스튜, 브레이징
사태(shank)	앞뒤 다리 사골을 감싸고 있는 부위로 골질이 많고 지방이 적음	조림, 탕, 스튜, 수프 스톡, 찜
양지(Brisket & Flank)	앞가슴에서 복부 아래쪽에 걸쳐 있는 부위로 결합 조직이 많아 육질이 질기고 지방이 적음. 오랜 시간에 걸쳐 끓이는 조리를 하면 맛이 매우 좋음	편육, 탕, 스튜, 햄버거, 수프 스톡

(2) 돼지고기

돼지고기의 부위별 명칭은 그림 9-5에 나타내었으며, 부위별 용도 및 조리 방법은 표 9-3에 정리하였다.

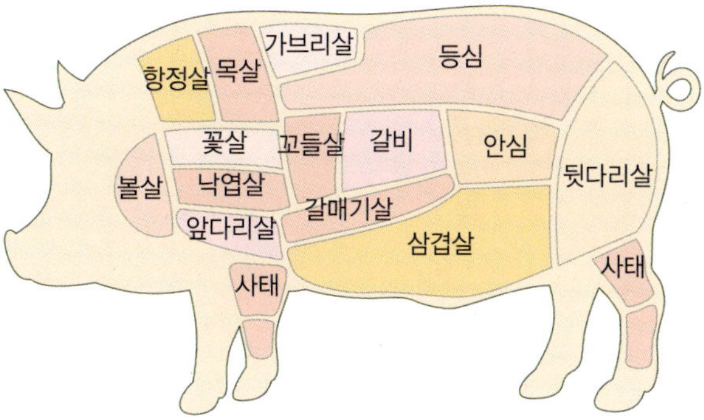

그림 9-5 돼지고기의 부위별 명칭

표 9-3 돼지고기의 부위별 특징 및 조리법

부위명	특징	조리법
삼겹살	돼지 복부 근육의 지방이 세 겹으로 층을 이룬 부위. 미네랄과 비타민 B 등이 풍부해 간 회복에 좋음	구이, 베이컨
목살	살코기와 지방의 비율이 적당해 가장 돼지고기다운 맛을 지닌 부위. 항체, 세포막, 호르몬 등을 형성하는 리놀렌산이 풍부해 염증 등에 대한 면역력이 높음	구이, 수육
등심	다른 부위에 비해 가장 지방 함유량이 적은 부위. 필수아미노산인 라이신이 풍부한 저지방 부위로 다이어트 및 성장기 어린이에게 좋음	스테이크, 구이, 폭찹
안심	등심과 마찬가지로 대표적인 저지방 부위이자 돼지고기 부위 중 가장 부드러운 부위. 지방 함량 및 칼로리가 낮고 철 및 단백질 함량이 높아 성장기 어린이 및 노인에게 좋음	구이, 스테이크, 탕수육
앞다리살	돼지의 체중을 지탱하는 등 운동량이 많은 근육들로 구성된 부위. 근육 단백질 함량이 높고 인과 철 성분이 풍부하여 뼈와 근육에 좋음	찌개, 수육
뒷다리살	육색이 짙고 지방이 적은 부위. 풍부한 비타민 B_1 성분 덕분에 신경 안정 및 피로 회복에 좋음	불고기, 장조림, 햄

Tip 맛있는 고기를 선택하는 방법

- 쇠고기 : ① 지방이 광택 있는 유백색, ② 고깃결이 곱고 촘촘한 것, ③.고기에 탄력이 있는 것.
- 돼지고기 : ① 고기색이 빛나는 분홍색, ② 광택과 탄력이 있는 것, ③ 지방이 흰색, ④ 지방과 붉은 살의 경계가 명확한 것

(3) 닭고기

닭고기의 부위에 따른 명칭은 그림 9-6에 나타내었으며, 부위별 용도 및 조리법은 표 9-4에 정리하였다.

그림 9-6 닭고기의 부위별 명칭

표 9-4 닭고기의 부위별 특징 및 조리법

부위명	특징	조리법
가슴살	지방이 적어 열량이 낮으며 단백질이 풍부함	구이, 커틀릿, 샐러드
다리 살	운동량이 많아서 살이 탄력이 있고 쫄깃함	구이, 튀김, 조림
날개 살	운동량이 많으나 근섬유가 굵지 않고 탄력이 있음 지방과 콜라겐 함량이 많아 고소하고 부드러움	구이, 튀김, 조림

Summary

1. 수조 육류의 구조를 이루는 조직은 근육 조직, 결합 조직, 지방 조직, 골격 조직이며, 각각의 특징을 정리하면 다음과 같다.
   - 근육 조직 : 기본 단위는 미오신과 액틴이라는 미세섬유가 모여서 근원섬유(myofibril)를 형성하고, 약 2,000개 정도의 근원섬유가 원통형의 근섬유(muscle fiber)를 만든다.
   - 결합 조직 : 근육 조직과 지방 조직을 둘러싸고 있는 막이나 다른 조직과 결합하는 힘줄을 말하며, 콜라겐과 엘라스틴이라는 단백질을 함유하고 있다.
   - 지방 조직 : 육류의 지방은 작은 입자나 큰 덩어리의 형태로 피하, 복부, 장기 주위에 주로 위치한다. 가축이 비육해지면 근육 주변에 지방세포가 산재하여 마블링(marbling)을 형성한다. 지방의 함량은 동물의 성별, 나이, 사료, 운동량 및 부위에 따라 다르며, 주로 암컷이나 운동량이 적은 부위가 지방의 함량이 많다.
   - 골격 조직 : 동물의 뼈는 나이에 따라 달라지는데 어린 동물의 뼈는 연하고 분홍색을 띠며 성숙할수록 단단하고 흰색을 띠고 있다.
2. 육류는 70% 이상이 수분이고 단백질, 지질, 무기질 및 소량의 비타민과 색소 등을 함유한다. 육류의 단백질은 액틴과 미오신인 근원 단백질과, 콜라겐이나 엘라스틴 등의 결합 단백질이 있으며 우수한 단백질 급원이다. 육류의 지방은 팔미트산(palmitic acid), 스테아르산(stearic acid), 올레산(oleic acid) 등이며 대부분 중성지방이다. 탄수화물은 글리코겐의 형태로 간에 소량 저장되어 있고, 무기질은 주로 인, 철, 칼륨 등이 있으며, 비타민 B_2, 니아신 등의 비타민 B 복합체도 들어 있다.
3. 신선한 육류의 색소는 암적색의 미오글로빈이나 공기 중에 노출되면 산소와 결합하여 선홍색의 옥시미오글로빈(oxymyoglobin)이 되고, 공기 중에 계속 노출되면 적갈색의 메트미오글로빈(metmyoglobin)으로 된다.
4. 수조 육류는 도살된 이후 시간이 지나면서 근육이 굳어지는데 이러한 현상을 사후경직(rigor mortis)이라고 한다. 사후경직은 글리코겐의 혐기적 해당 작용으로 젖산(lactic acid) 생성 → pH의 저하 → ATPase의 활성화로 ATP-미오신 복합체 분해 → 액토미오신 생성의 과정을 거친다. 사후경직이 일어나면 육류의 질이 질기고 보수성은 저하한다.
5. 수조 육류의 숙성은 효소의 불활성화로 젖산 생성 중지 → 단백질 분해효소 카텝신의 활성화로 액토미오신 분해 → 수용성 질소화합물과 핵산 분해 물질의 증가 → 콜라겐의 팽윤 등의 과정을 거친다.
6. 육류의 연화 방법으로는 기계적 방법(고깃결 반대로 절단하거나 잘게 썰거나 다지기, 두들기거나 잔칼질, 포크로 구멍을 내는 방법 등), 효소를 활용한 방법(파인애플의 브로멜라인, 파파야의 파파인, 무화과의 피신, 키위의 액티니딘 등), 산을 활용한 방법(토마토, 레몬, 식초, 포도주 등을 첨가), 염

을 활용한 방법(소량의 간장이나 소금을 사용), 당을 활용한 방법(설탕, 배즙, 꿀, 양파즙 등) 등이 있다.

7. 수조 육류를 가열했을 때 발생하는 변화로는 단백질의 변성, 중량의 감소, 유리아미노산, 유리지방산, 핵산 분해 물질, 유기 물질 등에 의한 향미의 변화, 색의 변화 등을 꼽을 수 있다.
8. 수조 육류의 조리 방법으로는 건열 조리(구이, 볶기, 튀기기, 로스팅, 브로일링), 습열 조리〔국(탕), 찜, 조림, 수육〕, 복합 조리(브레이징, 스튜잉) 등이 있다.

연습문제

1. 육색소 중에서 3가의 철 원자(Fe^{3+})를 가지는 것은?
   ① 옥시미오글로빈 ② 미오글로빈 ③ 니트로소미오글로빈
   ④ 메트미오글로빈 ⑤ 헤모글로빈

2. 육류의 사후경직에 대한 설명으로 옳지 않은 것은?
   ① 고기의 pH가 저하된다.
   ② 고기의 보수성이 감소한다.
   ③ 글리코겐이 감소한다.
   ④ 사후경직 시 액토미오신의 양이 감소한다.
   ⑤ 육즙이 유출된다.

3. 육류 조리에서 기름의 녹는점에 대한 설명으로 옳은 것은?
   ① 기름의 녹는점은 육류의 종류와 관계가 없다.
   ② 육류에는 불포화지방산이 더 많이 함유되어 있다.
   ③ 기름의 녹는점이 높은 육류는 뜨겁게 먹는 것이 좋다.
   ④ 응고와 융해를 반복해도 기름의 녹는점은 변하지 않는다.
   ⑤ 고급 포화지방산의 함량이 많을수록 그 육류의 녹는점은 낮아진다.

4. 육류 숙성 시에 일어나는 현상은?
   ① IMP → ADP ② 고기의 보수성이 감소한다. ③ 선홍색 → 적자색
   ④ 액토미오신 생성 ⑤ 유리아미노산, 이노신산의 생성

5. 쇠고기의 부위별 조리법 중 가장 좋은 선택은?
   ① 찜 – 등심, 안심 ② 국, 곰탕 – 안심, 갈비 ③ 스테이크 – 등심, 양지
   ④ 구이, 볶음 – 사태, 도가니 ⑤ 장조림 – 홍두깨살, 우둔육

6. 고기의 조리 방법 중 습열 조리에 관한 설명으로 옳은 것은?
   ① 편육은 냉수에서 끓이기 시작한다.
   ② 안심, 등심, 염통, 콩팥 등을 이용한다.
   ③ 양지육, 사태육, 업진육은 습열 조리를 이용한다.
   ④ 탕은 끓기 시작하면 고기를 넣어 중불로 끓인다.
   ⑤ 외국 조리의 브로일링, 그릴링 등이 해당된다.

7. 육류를 연화시키는 방법으로 옳은 것은?
   ① 연육제를 사용한다. ② 숙성시키지 않는다. ③ 5% 이상의 염을 추가한다.
   ④ 끓여서 식힌 배즙을 넣는다. ⑤ pH를 5~6 정도로 조절한다.

8. 동물 조직의 단백질에 대한 설명으로 옳지 않은 것은?

① 콜라겐은 연골과 근막 등 결체 조직을 형성한다.
② 미오겐은 수용성 구상 단백질이다.
③ 엘라스틴은 분자 구조가 무질서하게 꼬여 있다.
④ 콜라겐 섬유를 60~70℃의 물에서 가열하면 섬유가 수축한다.
⑤ 액토미오신은 근육의 수축에만 관여한다.

9. 국을 끓일 때 쇠고기를 찬물에 넣고 끓이는 이유로 옳은 것은?

① 맑은 국물을 만들기 위하여 찬물에 넣고 끓인다.
② 쇠고기의 성분을 국물에 충분히 용출시키기 위하여 찬물부터 넣고 끓인다.
③ 국물에 수용성 젤라틴을 유출하기 위하여 찬물에 넣고 끓인다.
④ 쇠고기의 독특한 냄새를 제거하기 위하여 찬물에 넣고 끓인다.
⑤ 쇠고기에 삼투압 현상이 일어나는 것을 방지하기 위하여 찬물부터 넣고 끓인다.

10. 숙성한 고기의 맛 성분이 아닌 것은?

① 크레아틴 ② 아미노산 ③ 핵산 물질
④ ATP ⑤ 펩타이드

풀이와 정답

1. ④ 고기를 공기 중에 오래 두거나 가열하면 미오글로빈에 있는 철 원자가 산화되어 Fe^{2+}에서 Fe^{3+}의 메트미오글로빈으로 변한다. **2.** ④ 육류는 사후경직 시 pH가 낮아지면서 글리코겐이 감소하고, ATP가 분해되면서 미오신과 액틴이 결합하여 액토미오신의 양이 증가한다. **3.** ③ 동물성 지방은 대부분 포화지방산이어서 녹는점이 높아서 실온에서 고체 상태이다. 녹는점이 높은 쇠고기나 양고기는 뜨겁게 먹는 것이 좋다. **4.** ⑤ 육류를 숙성하면 보수성이 증가하고 IMP, 이노신산, 유리아미노산의 증가로 감칠맛도 높아진다. **5.** ⑤ 쇠고기 부위 중에서 결합조직이 많은 양지, 사태, 홍두깨살 부위는 습열 조리(찜, 국, 탕)에, 연한 부위인 등심, 안심 등은 건열 조리(구이, 스테이크)에 적당하다. **6.** ③ **7.** ① **8.** ⑤ **9.** ② 국을 끓일 때는 고기의 수용성 단백질, 지방, 무기질 등의 감칠맛 성분과 영양 성분이 용출되어 국물의 맛을 증진시키기 위해 처음부터 찬물에 넣고 끓인다. **10.** ④ 쇠고기는 사후경직 시 ATP는 분해되고 숙성을 거치면서 아미노산 분해 물질, 핵산 물질 등이 증가하여 감칠맛을 증진시킨다.

References

김완수·신말식·이경애·김미정, **조리과학 및 원리**, 라이프사이언스, 2008.

아라후네 요시타카·카와이 사치코·코야마 켄지·타카하시 시게유키·타나카 시마코·나카가와 유키코·하기야 미야코·야츠시로 타케루·야마자키 토모요시 지음, 김나나·주미경·이여주 옮김, **맛있는 요리에는 과학이 있다**, 홍익출판사, 2018

안미령·유주연·전태연·나정숙·배현수·이윤정·이미영·조한용, **메뉴개발을 위한 조리원리**, 지구문화사, 2016.

윤계순·이명희·류은순·민성희·신원선·정혜정·김지향·박옥진, **새로 쓴 식품학 및 조리원리**, 수학사, 2014.

이주희·김미리·민혜선·이영은·송은승·권순자·김미정·송효남, **과학으로 풀어쓴 식품과 조리원리**, 교문사, 2014.

정해정·최일숙·이영승·최해연·장윤혁·주신윤, **실험으로 배우는 조리과학**, 라이프사이언스, 2017

조미자·강옥주·계인숙·김명숙·김병숙·김애정·문숙희·박재희·박희옥·이근종·이미경·이미영·최은영·최진영·한정순, **조리원리**, 교문사, 2015.

한진숙·강희진, **최신 식품조리원리**, 효일, 2014.

Amy Christine Brown, *Understanding Food Principles and Preparation*, Cengage Learning, 2015.

FOOD

PRINCIPLES and PREPARATIONS

CHAPTER **10**

어패류

어패류는 해산물과 조개류 등을 포함하며 수조 육류와 함께 중요한 동물성 단백질의 급원 식품이다. 수조 육류에 비하여 결합 조직이 적고 조직이 연하여 사후경직 기간이 짧아서 숙성과 부패가 빠르게 진행된다. 어패류는 ω-3 지방산을 비롯한 불포화지방산의 함량이 높기 때문에 쉽게 산패될 수 있으므로 신선도를 유지하는 것이 매우 중요하다.

1. 어패류의 분류

어패류는 일반적으로 척추와 지느러미의 유무에 따라 어류와 패류로 분류할 수 있다. 어류는 척추와 지느러미를 가진 수산동물로 서식지에 따라 바다에 사는 해수어와 민물에 사는 담수어로 나뉜다. 해수어로는 고등어, 꽁치, 멸치, 연어, 청어, 가자미, 광어 등을 흔히 접할 수 있고, 담수어로는 붕어, 메기, 빙어, 잉어, 송어 등이 있다. 어류는 지방 함량에 따라 흰살생선과 붉은살생선으로 분류하기도 한다. 흰살생선은 깊은 바다에 서식하고 운동성이 크지 않으며 지방 함량이 2% 이하인 생선으로 대구, 가자미, 명태

표 10-1 어패류의 분류

분류				종류 및 특징
어패류	어류	해수어	흰살생선	• 깊은 바다에 서식하며 운동성이 크지 않음 • 지방 함량은 2% 이하 • 광어, 도미, 가자미, 민어 등
			붉은살생선	• 바다 표면 가까운 곳에 서식하며 운동성이 크고 산소 공급량이 많음 • 지방 함량은 5% 이상 • 꽁치, 고등어, 멸치, 참치 등
		담수어	흰살생선	• 민물에 서식 • 메기, 붕어, 빙어, 잉어 등
			붉은살생선	• 맑고 차가운 강의 상류에 서식 • 송어 등
	패류	갑각류		• 키틴질의 단단한 껍질로 되어 있으며 여러 조각의 마디로 구별되어 있음 • 가재, 게, 새우 등
		조개류		• 딱딱한 껍질 안에 싸여 있으며 조직이 연함 • 쌍각류 : 대합, 조가비, 굴, 홍합 등 • 단각류 : 전복, 소라 등
		연체류		• 뼈와 마디 없으며 부드러운 근육이 존재 • 오징어, 문어, 낙지, 꼴뚜기 등

등이 해당한다. 붉은살생선은 바다 표면 가까운 곳에 서식하며 운동성이 크고 산소 공급량이 많아 미오글로빈myoglobin의 양도 많은 생선으로 지방 함량은 5% 이상이다. 대표적인 생선으로는 꽁치, 고등어, 멸치, 참치 등을 꼽을 수 있다(표 10-1).

패류는 척추와 지느러미가 없는 수산동물로 마디의 유무에 따라 갑각류와 연체류로 나누거나, 껍질을 가진 갑각류와 조개류, 껍질이 없는 연체류로 분류하기도 한다. 갑각류는 키틴질의 단단한 껍질로 되어 있고 여러 조각의 마디로 나뉘며 가재, 게, 새우 등이 해당한다. 조개류는 딱딱한 껍질 안에 싸여 있고 조직이 연한 것이 특징이며, 껍질이 2개인 쌍각류(대합, 조가비, 굴, 홍합 등)와 껍질이 1개인 단각류(전복, 소라 등)가 있다. 연체류는 단단한 껍질이나 마디가 없으며 부드러운 근육이 존재하는 것이 특징으로 오징어, 문어, 낙지, 꼴뚜기 등이 이에 속한다(표 10-1).

2. 어패류의 구조 및 성분

1) 어패류의 구조

(1) 어류

어류는 머리, 몸체, 꼬리의 세 부분으로 나뉘며, 표면은 피부와 비늘로 이루어져 있다(그림 10-1). 내장은 아가미, 위, 장, 담낭, 췌장 등의 호흡기관 및 소화기관으로 이루어져 있으며, 주로 조리로 이용되는 부위는 몸통에서 꼬리에 이르는 근육이다.

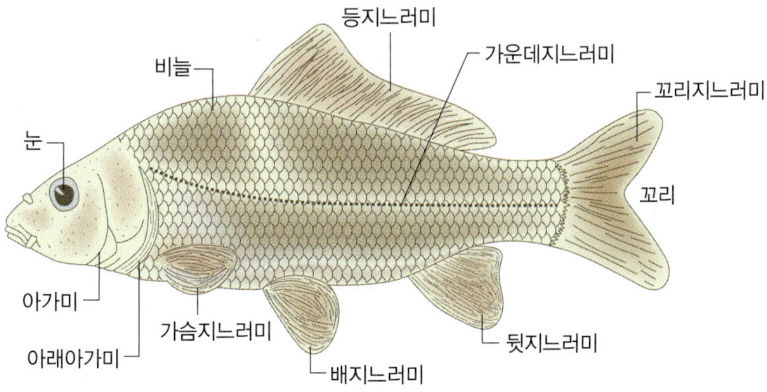

그림 10-1 어류의 부위 명칭

자료 : 박춘란 외 2인, 조리과학, 문운당, 2017.

① **근절**

어류의 근육 조직은 근섬유가 모인 다발의 형태를 띠고 있으며, 척추의 수와 동일한 수의 근절이 겹쳐져 근육을 구성하고 있다. 근절과 근절 사이에는 얇은 격막으로 접합되어 있으나 가열 처리하면 격막은 젤라틴으로 변하므로 조리할 때에 근절이 하나씩 분리되어 부스러지기 쉽다. 육류에 비하여 근육 조직의 길이가 짧고 결합 조직의 양이 적어 부드러운 질감을 가진다(그림 10-2).

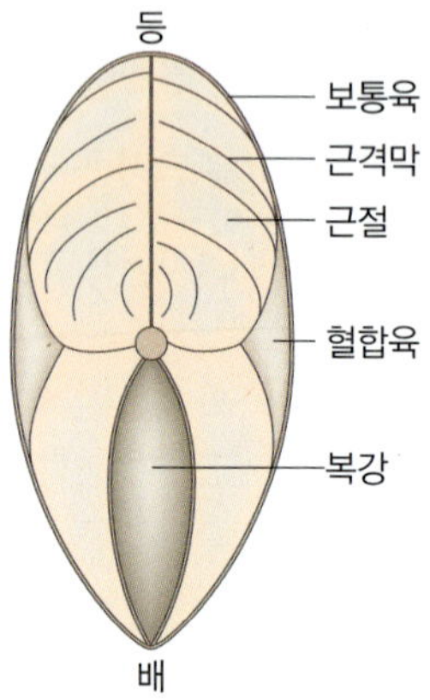

그림 10-2 고등어의 단면도
자료 : 정은자 외 2인, 조리원리, 진로, 2013.

② **혈합육**

등푸른생선의 적갈색을 띠는 근육을 혈합육이라고 하며, 등 근육과 배 근육의 경계선에 주로 존재한다. 혈합육의 적갈색은 미오글로빈과 헤모글로빈hemoglobin이 함유되어

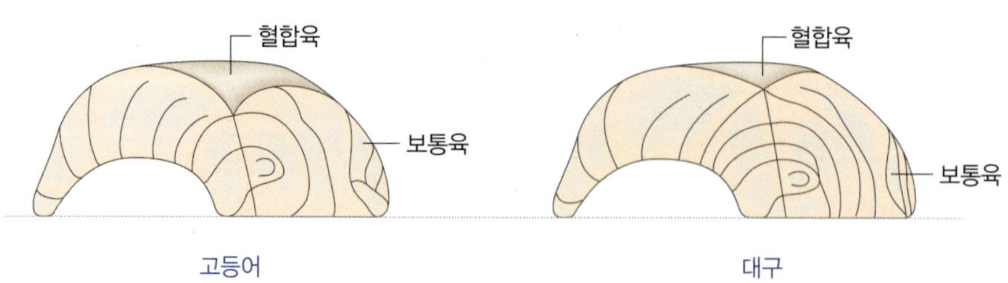

그림 10-3 어류의 근육
자료 : 박춘란 외 2인, 조리과학, 문운당, 2017.

있어 붉은색을 나타나며, 어류의 종류에 따라 혈합육의 분포와 양은 다르다. 회유성 어류나 활동성이 큰 어류인 가다랑어와 정어리의 경우 혈합육이 많은 반면에 활동성이 적은 어류인 광어는 혈합육의 양이 적다(그림 10-3).

(2) 패류

갑각류는 단단한 껍질로 되어 있으며 껍질이 마디마디 여러 조각으로 나뉘어져 있다. 껍질 속에는 부드러운 근육이 존재하며 몸은 머리, 가슴, 배로 구분한다. 조개류는 굴과 같이 껍질이 한 쪽에만 있어 껍질이 없는 부분은 바위에 붙어서 몸을 보호하는 일매패와, 홍합이나 조개처럼 두 개의 껍질이 마주 닫히고 그 안에 근육이 들어 있어 몸을 보호하는 이매패로 나뉜다. 연체류는 단단한 껍질과 마디가 없는 부드러운 육질로 존재하며 몸은 좌우대칭형이다.

2) 어패류의 구성 성분

(1) 어패류의 일반 성분

어패류의 일반 성분의 구성은 수분 65~85%, 단백질 15~20%, 지질 1~6%, 탄수화물 1% 이하, 무기질 1~2% 정도이지만, 어패류의 종류, 성별, 연령, 부위, 서식지, 세질 등에 따라 성분 조성에는 차이가 있다(표 10-2).

① 탄수화물

어류의 탄수화물 함량은 다른 성분에 비하여 1% 이하로 낮은 편이나 패류의 경우 2~5% 글리코겐glycogen의 형태로 존재한다. 전복과 굴 등의 패류가 감미를 내는 것은 효소에 의해 근육 내 글리코겐이 해당 작용에 의해 생성한 당류 때문이다. 또한 어패류 중에서도 조개류에 함유되어 있는 석신산succinic acid이 감칠맛을 내기도 한다. 새우와 게 등의 갑각류 껍질에는 다당류인 키틴과 키토산이 존재한다.

② 지질

어류의 지방 함량은 평균 1~6% 정도이지만 계절, 서식지, 어종, 부위에 따라 변동이 있으며 그에 따른 함량 차이가 크다. 지질은 어류의 맛을 좌우하는 가장 큰 요소이다. 특히 산란기 직전에는 에너지를 지방 형태로 체내에 축적하므로 지방 함량이 높아 맛이 좋다. 어류의 지질은 주로 중성지방triglyceride의 형태이며 특히 불포화지방산의 함량이 높아 산화되기 쉽다. 어류에는 ω-3 계열의 다가 불포화지방산polyunsaturated

표 10-2 어패류의 일반 성분

(단위 : 가식부 100 g당)

	열량 (kcal)	수분 (g)	단백질 (g)	지질 (g)	탄수화물 (g)	회분 (g)	무기질					비타민				
							칼슘 (mg)	철 (mg)	인 (mg)	칼륨 (mg)	나트륨 (mg)	레티놀 (μg)	B_1 (mg)	B_2 (mg)	니아신 (mg)	C (mg)
꽁치	141	70.9	22.7	4.7	0.4	1.3	42	1.7	241	150	80	21	0.02	0.28	6.4	1
갈치	147	72.7	18.5	7.5	0.1	1.2	46	1.0	191	260	100	20	0.13	0.11	2.3	1
고등어	180	68.1	20.2	10.4	0	1.3	26	1.6	232	310	75	23	0.18	0.46	8.2	1
가자미	129	72.3	22.1	3.7	0.3	1.6	40	0.7	196	377	230	8	0.18	0.26	4.3	2
참다랑어	175	67.1	23.99	8.09	0	0.81	27	1.98	235	332	62	-	0	0.100	-	0
멸치	125	73.4	17.7	5.4	0.3	3.2	496	3.6	202	-	-	38	0.04	0.26	8.8	1
명태	81	80.3	17.5	0.7	0	1.5	109	1.5	202	293	132	17	0.04	0.13	2.3	tr
삼치	112	76.0	20.1	2.93	0	2.05	5	0.1	211	387	39	-	0.08	0.06	-	0
연어	106	75.8	20.6	1.9	0.2	1.5	24	1.1	243	330	95	18	0.19	0.15	7.5	1
꽃게	77	80.6	16.2	0.7	0.43	2.08	127	0.74	137	216	418	-	0.04	0.12	-	0
꽃새우	114	67.5	22.0	2.0	0.6	7.9	48	6.0	261	-	-	0	0.02	0.06	4.0	0
바닷가재	124	74.1	15.5	5.1	3.0	2.3	230	15.8	256	320	124	38	0.07	0.39	2.6	2
전복	90	77.2	15.0	0.7	5.1	2.0	49	2.4	141	-	-	tr	0.26	0.25	3.5	2
홍합	82	79.7	13.8	1.2	3.1	2.2	43	6.1	249	-	-	30	0.02	0.33	2.5	4
백합	73	79.9	11.7	1.0	3.6	3.8	161	11.9	133	-	-	0	0.03	0.22	3.4	3
굴	81	80.3	9.7	2.2	5.27	2.58	428	8.72	159	322	480	-	0.22	0.124	-	-
바지락	73	80.4	12.3	0.9	3.2	3.2	70	2.68	129	121	383	-	0.04	0.30	-	2
오징어	94	78.3	18.8	1.4	0.16	1.26	11	0.18	270	351	199	-	0.05	0.02	-	0
문어	74	81.5	15.5	0.8	0.2	2.0	31	1.0	188	300	211	tr	0.03	0.12	2.2	tr
낙지	59	82.3	13.0	0.4	-	2.19	26	1.48	166	237	479	-	0.03	0	-	-
주꾸미	53	86.8	10.8	0.5	0.5	1.4	19	1.4	129	-	-	tr	0.03	0.18	1.6	tr
멍게	79	80.9	7.3	2.0	7.8	2.0	89	1.7	84	-	-	-	0.05	0.2	1.1	2
해삼	24	91.8	3.7	0.4	1.3	2.8	119	2.1	27	70	1300	0	0.01	0.03	1.2	0
성게	152	71.5	15.8	8.5	2.0	2.2	20	4.0	196	490	190	-	0.03	0.4	2.5	0

* tr : 식품 성분 함량이 미량 존재
 - : 수치가 애매하거나 측정되지 않음

자료 : 농업진흥청 국립농업과학원, 제9개정판 국가표준 식품성분표, 2016.

fatty acid, PUFA의 형태로 주로 포함되어 있으며, 그중에서 DHAdocosahexaenoic acid와 EPA eicosapentaenoic acid가 중요하게 작용한다. 고등어, 참치, 꽁치 등과 같은 등푸른생선의 경우 DHA, EPA 등 ω-3 계열 지방산을 함유하고 있어 동맥경화와 심근경색을 방지하

Tip ω-3 지방산(omega-3 fatty acid)

오메가-3 지방산은 주로 등푸른생선이나 해산물, 플랑크톤, 연어, 식물성 기름 등에 포함되어 있으며 DHA (docosahexaenoic acid)와 EPA (eicosapentaenoic acid)가 대표적이다. 오메가-3 지방산은 신체의 성장 및 발달에 필수적이나 체내에서 합성이 어려워 외부로부터 반드시 섭취해야 하며, 일일 권장량은 0.6~1 g이다. 중성지방과 혈액 내 콜레스테롤의 함량을 낮추고 혈전 형성을 억제하여 동맥경화증, 고혈압증, 심근경색증 등의 성인병을 예방하는 데 도움을 준다.

는 역할을 한다.

③ 단백질

어류의 단백질은 수조 육류와 유사하게 필수아미노산의 구성을 갖추고 있으나, 근섬유의 길이가 짧고 결합 단백질의 양이 적어서 육질이 연하고 소화가 잘 된다. 어류의 단백가가 수조 육류에 비해 다소 낮으나 라이신lysine이 풍부하여 곡류 섭취 시 부족한 부분을 보충할 수 있어 의미가 크다.

어류의 단백질 함량은 약 20%인데 세부적으로 오징어, 낙지 등의 연체류는 약 15%, 조개류는 약 7~10%를 함유하고 있으며, 지질과 달리 어종과 계절에 따른 변화는 크지 않다. 어류의 단백질은 크게 근원섬유 단백질인 미오신myosin과 액틴actin, 근장 단백질인 미오겐myogen, 결합 단백질인 콜라겐으로 구성된다. 전체 단백질 중 근원섬유 단백질의 양이 70~75%를 차지하고 근장 단백질은 15~25%, 결합 단백질은 2~10% 정도이다(표 10-3). 근원섬유 단백질의 주체인 미오신은 물에는 잘 녹지 않으나 2~6%의 소금물에 용해되고 근장 단백질인 미오겐은 물이나 희석된 소금물에 잘 용해되므로 이 원리를 이용하여 어묵, 맛살 등의 수산 가공품 제조에 사용하고 있다. 어류의 주된 결합 단백질은 콜라겐으로 근막, 피부 등을 구성하나 그 양이 적어 어육이 연하며 더 낮은 온도에서도 젤라틴으로 바뀐다.

표 10-3 어패류의 단백질

(단위 : %)

구분	고등어	방어	대구	오징어	대합	우육
근원섬유 단백질	67	60~65	76	81	57	68
근장 단백질	30	32	21	16	41	17
결합 단백질	3	3	3	3	2	15

Tip 티아미네이스(thiaminase)

비타민 B_1 분해효소인 티아미네이스는 비타민 B_1을 피리미딘(pyrimidine)과 티아졸(thiazole)로 분해한다. 대합, 모시조개 등의 패류와 잉어, 정어리 등의 어류 및 고사리, 민물고기의 내장 등에 주로 들어 있으며 티아민을 파괴하는 효소이다. 또한 장내세균에 의해 생성되기도 한다. 이 효소는 열처리하면 불활성화된다.

④ **비타민**

대부분의 어류는 비타민 B군의 함량이 높으며, 지질의 함량이 높은 어유와 간유에는 지용성 비타민인 비타민 A와 비타민 D의 함량이 높다. 새우와 게 등의 껍질에는 비타민 A의 종류인 아스타잔틴astaxanthin을 함유하고 있다. 일반적으로 비타민 B_1인 티아민thiamin은 어류의 안구에 많으나 날 것에는 티아미네이스thiaminase라는 효소가 존재하여 티아민을 분해해서 흡수되지 못하도록 하므로 생선회와 같이 날 것으로 먹는 경우에는 티아민이 체내에서 흡수, 이용되기가 어렵다. 그러나 가열 조리하면 변성되어 티아미네이스는 불활성화된다.

⑤ **무기질**

어패류에는 다양한 무기질이 포함되어 있는데 그중 철, 구리, 나트륨, 칼륨, 마그네슘, 요오드, 염소, 인, 황 등이 존재한다. 특히 뼈째 먹는 생선의 경우 칼슘과 인의 좋은 급원 식품이며, 패류는 철, 아연, 구리의 함량이 높다. 굴과 전복에는 요오드가 많으며 해수어에서도 많이 발견된다.

(2) 어패류의 맛 성분

어패류의 근육에서 물에 의해 용출되는 성분 중 단백질, 색소 등 고분자화합물을 제외한 성분들을 추출물이라고 한다. 이러한 추출물은 맛 성분으로 중요하며 그중 질소를 함유한 성분들이 많고 근육세포의 대사와 관계있는 여러 유기 및 무기 화합물이 함유되어 있다.

① **유리아미노산**

용출되는 성분 중 주요 질소화합물은 유리아미노산과 저분자의 펩타이드들이며, 대표적으로 글리신glycine, 알라닌alanine, 프롤린proline, 글루탐산glutamic acid 등이 있다.

② **트라이메틸아민옥사이드**

트라이메틸아민옥사이드trimethylamine oxide, TMAO는 해수어에 들어 있는 특수 성분으로 강한 단맛을 지니고 있다.

③ **베테인**

동물체의 대사 물질로 상쾌한 단맛과 구수한 맛을 지닌 베테인betain은 타우린과 함께 새우, 오징어, 연체동물, 갑각류의 조직에 함유되어 있다.

④ **뉴클레오타이드**

여러 종류의 뉴클레오타이드nucleotide 중 아데노신삼인산adenosine triphosphate, ATP, 아데노신일인산adenosine monophosphate, AMP, 이노신일인산inosine monophosphate, IMP이 구수한 맛과 관계가 있다. 뉴클레오타이드와 글루탐산이 섞이면 맛의 상승 작용을 일으키므로 구수한 맛은 깊어진다.

⑤ **유기산**

어패류 근육 중에는 석신산이 함유되어 있으며, 특히 패류의 근육에 그 함량이 높다.

(3) 어패류의 냄새 성분

어류의 비린내는 종류와 신선도에 따라 그 차이가 크다.

① **해수어**

해수어는 신선도가 떨어질수록 비린내가 강해지는데, 그 냄새는 트라이메틸아민trimethylamine, TMA 때문이다. 시간이 경과함에 따라 세균에 의해 트라이메틸아민옥사이드TMAO가 트라이메틸아민으로 환원되어 생선 특유의 비린내가 나고 신선도는 저하된다(그림 10-4). 또한 세균의 번식이나 효소의 작용으로 아미노산 또는 여러 가지 성분이 분해되어 비린내를 더 강하게 한다. 어류의 신선도가 떨어지면 트라이메틸아민의

그림 10-4 생선의 냄새 성분

양이 증가할 뿐만 아니라 델타-아미노발레르산δ-aminovaleric acid, 델타-아미노발레랄 δ-aminovaleral, 황화수소hydrogen sulfide, H_2S, 메틸메캅탄methyl mercaptan, 인돌indole, 스카톨skatole, 히스타민histamine 등이 생성된다.

② 담수어

담수어의 비린내는 라이신으로부터 생성된 피페리딘piperidine, 아세트알데하이드 acetaldehyde, 메틸메캅탄 등이다.

(4) 어패류의 색소 성분

① 미오글로빈과 헤모글로빈

어류의 붉은색은 주로 미오글로빈과 헤모글로빈에 기인한다. 참치의 살에는 미오글로빈이 0.5%가량 함유되어 있는 반면에 흰살생선에는 거의 함유되어 있지 않다. 장시간 어육을 공기 중에 방치해 두거나 가열하면 옥시미오글로빈oxymyoglobin이 산화되어 메트미오글로빈metmyoglobin이 되므로 어육의 색이 갈색으로 변하기도 한다.

② 카로티노이드

연어, 송어의 근육 색소는 카로티노이드carotenoid이며 색은 붉은색을 띤다.

③ 아스타잔틴과 아스타신

새우나 게에 있는 아스타잔틴astaxanthin은 신선한 상태에서는 단백질과 결합하여 회색 또는 청색을 띠지만, 가열하면 단백질과 색소가 분리되어 아스타신astacin이 되어 선명한 붉은색을 나타낸다.

④ 멜라닌

멜라닌melanin은 어류의 표피나 오징어의 묵낭(먹물주머니) 등에 존재하는 색소로 티로신tyrosine으로부터 합성된다.

Tip 타우린(taurine)

타우린은 새우, 오징어, 문어에 많이 함유되어 있는 성분이다. 사람과 포유동물의 주요 장기인 심장, 뇌, 간 등에 다량 함유되어 있는 타우린은 뇌의 교감신경에 대한 억제 작용을 나타내어 혈압 강하 및 뇌졸중을 예방한다. 또 혈관 질환을 유발하는 저밀도지질단백질(LDL) 콜레스테롤의 생성을 억제하여 혈중 콜레스테롤 저하 및 항동맥경화 작용을 하는 성분으로 알려져 있다.

⑤ **구아닌**

갈치와 같은 생선의 껍질이 은색으로 빛나는 것은 주로 구아닌guanine과 요산이 섞인 침전물이 빛을 반사하기 때문이다.

(5) 어패류의 독소 성분

① **어류**

- 테트로도톡신tetrodotoxin : 가장 잘 알려진 생선 중독증인 복어 중독의 원인 독소이다. 수용성의 내열성이 강한 맹독 물질로 그 분포 상태와 독성은 복어 종류에 따라 다르며 알뿐만 아니라 간, 난소, 껍질, 근육에도 분포되어 있다. 특히 산란기인 겨울과 초봄에 그 함량이 증가한다.
- 시구아톡신ciguatoxin : 열대나 아열대 해역의 산호초 주변에 서식하는 독꼬치, 붉은 물퉁돔, 바리, 불가사리 등의 독어가 원인이 되는 독소이다.

② **패류**

패류의 독소 성분은 복어독과 같은 맹독성을 지닌 섭조개, 홍합, 대합 등에 의한 삭시토신saxitoxin, 보시조개, 굴, 바지락 등에 의한 베네루핀venerupin 등이 있다.

3. 어패류의 선도와 사후 변화

1) 어패류의 선도 판정법

어패류는 수조 육류보다 사후 변화가 빠르게 진행되므로 신선도가 좋은 것을 선택하는 것이 매우 중요하다. 어패류의 신선도를 판정하는 방법으로는 관능적 평가 방법, 화학적 평가 방법, 미생물학적 평가 방법(생균 수 검사법) 등이 있다.

(1) 관능적 평가 방법

관능적 요인에 의한 신선도 판정법은 사람의 감각기관을 이용하여 어류의 신선도를 판정하는 일반적인 방법이다(표 10-4).

(2) 화학적 평가 방법

어패류가 부패하면 암모니아, 휘발성 유기산, 휘발성 환원 물질, 히스타민 등이 생성되므로 그 양을 화학적 방법으로 측정한다.

표 10-4 관능적 평가 방법에 따른 어류의 신선도 판정법

분류	신선도
안구	• 안구가 외부로 돌출되어 있으며 눈이 맑고 투명함 • 선도가 저하되면 안구가 불투명하고 각막은 눈 속으로 내려앉음
아가미	• 신선한 어류의 아가미는 선명한 적색이며 불쾌한 냄새가 나지 않음 • 선도가 저하되면 갈색 또는 흑색을 띠며, 점액질의 분비가 많아져 부패취가 증가함
비늘	• 비늘이 윤기가 나며 밝은 빛을 띠고 단단하게 붙어 있음 • 선도가 저하되면 어류의 표면에서 비늘이 떨어져 나가고 윤기가 줄어듦
복부	• 신선한 어류의 복부는 탄력이 있고 팽팽하며 내장이 제 위치에 있음 • 선도가 저하되면 내장이 소화효소에 의해 분해되어 복부의 탄력이 떨어지고, 항문에서 장의 내용물이 침출됨
피부	• 탄력이 있으며 특유의 색채가 있음 • 선도가 저하되면 광택과 색채가 흐려짐
근육	• 신선한 어류의 근육은 탄력성이 있고 살이 뼈에서 쉽게 떨어지지 않음 • 선도가 저하되면 탄력성이 떨어져 살이 물러서 누르면 쉽게 들어감
냄새	• 어패류 특유의 해수 또는 담수의 독특한 냄새가 있음 • 선도가 저하되면 비린내가 심해지고 악취가 남

① 트라이메틸아민 측정법

어류의 선도가 저하되면 트라이메틸아민의 함량이 증가하므로 어류에 존재하는 트라이메틸아민의 양을 측정하여 선도를 평가하는 방법이다. 1~5 mg% 이상이면 초기 부패 단계로 판정한다.

② 휘발성 염기질소 측정법

어류의 선도가 저하되면 휘발성 염기질소의 양이 증가한다. 휘발성 염기질소 측정법은 트라이메틸아민이나 암모니아로부터 생성되는 휘발성 염기질소를 측정하는 것으로 30 mg% 이상이면 초기 부패 단계로 판정한다.

③ ATP 분해 생성물 측정법

ATP 분해 생성물의 양을 측정하는 방법으로 K값이 적을수록 신선한 것이다. 30%까지가 익히지 않고 먹는 한계점이다.

$$K = \frac{\text{inosine} + \text{hypoxanthin}}{\text{ATP} + \text{ADP} + \text{AMP} + \text{IMP} + \text{inosine} + \text{hypoxanthin}} \times 100$$

④ 휘발성 암모니아

어류의 선도가 저하되면 휘발성 암모니아의 양은 증가하므로 어류에 존재하는 휘발

성 암모니아의 양을 재서 선도를 측정하는 방법이다. 상어, 가오리, 홍어를 제외한 어류는 30 mg% 이상이면 초기 부패 단계로 판정한다.

⑤ pH

사후경직 이전의 신선한 어류의 pH는 7.0 전후이며, 사후경직 중에는 pH 5.4~4.6이다. 자가소화를 거쳐 부패가 진행되면 pH가 점차 상승하는데 pH 6.0~6.2이면 초기 부패, pH 6.2~6.5이면 부패로 판정한다.

(3) 미생물학적 평가 방법

어패류의 세균 수를 측정하는 방법으로, 근육 내 생균의 수로 어류의 신선도를 판정하는 방법이다. 신선한 어패류의 경우 근육 1 g 내에 있는 세균 수가 10^3 이하이며, 10^5~10^6/g이면 초기 부패 상태로 판정한다.

2) 어패류의 사후경직과 자가소화, 부패

(1) 어패류의 사후경직

어패류의 사후 변화는 수조 육류와 기본적으로 같아 죽은 후 일정한 시간이 지나면 근육이 단단하게 굳어지며 경직 상태가 된다. 그러나 수조 육류에 비해 크기가 작고 체내에 저장된 글리코겐의 양이 적기 때문에 사후경직과 자가소화 과정이 초기 부패 과정에서 거의 동시에 일어나며 그 시간이 빠르고 지속 시간도 짧다.

어육은 사후에 호흡이 정지됨으로써 산소 공급이 차단되고, 근육의 글리코겐은 혐기적 해당 작용에 의하여 젖산lactic acid으로 분해되므로 근육 내 pH는 점점 저하된다. pH가 6.5 부근이 되면 ATP의 분해효소인 아데노신삼인산 가수분해효소adenosine triphosphatase, ATPase가 활성화되어 ATP가 80% 이하로 감소되면서 경직이 나타난다. pH가 5.4에 이르면 효소가 불활성화되어 pH의 감소는 중지되고 최대 사후경직 상태가 된다.

어류의 사후경직은 1~7시간에 시작되어 보통 5~22시간 지속되는데 어류의 종류와 온도, 내장의 유무에 따라 그 시간은 차이가 있다. 일반적으로 붉은살생선이 흰살생선에 비해 사후경직이 빠르게 진행되며 지속 시간도 짧다.

(2) 어패류의 자가소화

사후경직이 진행되어 일정한 시간이 지나면 근육 중에 함유되어 있는 단백질 분해효소에 의해 어육이 분해되는 것을 자가소화autolysis라고 한다. 이 과정에서 글리신, 알라닌, 글루탐산 등의 아미노산이 생성되며, ATP는 ADP를 거쳐 AMP로 분해되고 이 AMP는 IMP를 거쳐 이노신inosine으로 분해된다.

일반적으로 어패류는 자가소화 과정에 의해 근육이 연해지고 풍미가 저하되며 미생물의 번식이 병행되어 부패하기 쉬운 상태로 변하므로, 수조 육류와는 달리 자가소화가 일어나기 전에 조리하는 것이 바람직하다. 따라서 어패류의 경우는 사후경직 기간이 가장 맛있게 먹을 수 있는 시기에 해당한다. 어육에서는 가능한 한 자가소화가 일어나지 않도록 막는 것이 원칙이므로 어패류는 잡은 즉시 동결 처리하여 사후경직 개시 시간을 연장함으로써 선도 유지 기간을 늘릴 수 있다.

(3) 어패류의 부패

어패류의 자가소화가 끝나면 부패가 진행된다. 어패류의 자가소화 후에는 pH가 상승하여 중성 상태가 되므로 미생물이 번식하기 좋은 환경이 마련된다. 어패류에서 단맛을 내는 트라이메틸아민옥사이드는 세균에 의해 트라이메틸아민이 되어 비린내와 악취를 발생한다. 또한 세균이나 효소에 의해 지질의 산화 및 암모니아가 발생하는 등 비린내와 부패취를 상승시키고, 아미노산인 히스티딘histidine이 유독성의 히스타민으로 변화하여 알레르기나 식중독을 유발하게 된다.

어패류가 수조 육류보다 쉽게 부패하는 이유는 수분의 함량이 높고 지방이 적어 세균 발육이 쉽기 때문이다. 또한 수조 육류에 비해 결합 조직이 적어 조직이 연약하여 세균의 침입이 쉽고 근섬유의 길이가 짧으므로 사후경직과 숙성 기간이 짧아 조직의 연화가 빨리 진행되는 데 기인한다.

4. 어패류의 조리 특성

1) 어패류의 전처리

(1) 어류의 전처리

해수어의 비린내 성분인 트라이메틸아민과 담수어의 비린내 성분인 피페리딘은 표피

부분에 다량 존재하고 수용성 성분이므로, 손질할 때는 표피와 아가미, 내장 순으로 정리하여 흐르는 물에 살살 문지르면서 씻어 준다. 물기를 닦고 생선을 자른 뒤에는 단백질 성분 중 맛 성분인 이노신산이나 미오겐이 유실되지 않도록 물로 씻지 않도록 한다.

(2) 조개류의 전처리

조개류는 껍질을 깨끗하게 세척한 뒤 빛을 피하여 바닷물의 염도인 3~4%의 소금물에 담가 두면 스스로 해감을 하는데, 이때 소금의 농도가 이보다 높으면 탈수가 일어나 오히려 조개가 질기고 맛이 덜해진다. 재첩과 같은 민물조개는 맹물에 해감을 한다.

(3) 갑각류의 전처리

새우는 내장이 등 쪽에 있으므로 마디 사이로 꼬지를 넣어 검은 실처럼 가는 내장을 빼내어 준다. 새우는 가열하면 배를 구부리듯 둥글게 수축하므로 이를 방지하기 위해서 배 쪽에 잔 칼집을 넣어 조리한다.

2) 어패류의 어취 제거 방법

어취는 주로 어체의 근육 중 수분과 혈액 중에 존재하는데 선도가 높은 생신 특유의 냄새와는 상반되는, 악취를 동반한 비린내는 선도가 저하될수록 강해진다. 선도가 저하됨에 따라 불쾌한 어취가 유발되는 것은 생선이 사후 시간이 지남에 따라 세균의 번식이 증가하여 부패가 시작되었기 때문이며, 이는 트라이메틸아민의 생성 함량과 비례한다. 어취를 줄이거나 제거할 수 있는 방법은 다음과 같다.

① 물로 세척 : 비린내의 주성분인 트라이메틸아민은 수용성이므로 물에 쉽게 용출되는 성질을 가지고 있어 물로 씻으면 비린내를 줄일 수 있다. 특히 표피 점액질 중에 트라이메틸아민의 함량이 높으므로 씻을 때 점액을 잘 제거하도록 한다. 씻은 뒤 소금을 뿌려 놓았다가 굽게 되면 비린내를 제거하는 동시에 생선살을 단단하게 하는 효과가 있다. 생선을 조리 방식에 맞추어 토막을 내거나 자른 후에는 맛을 내는 성분이 용출될 수 있으므로 자르기 전에 씻도록 한다.

② 산성 물질의 첨가 : 어패류에 함유된 어취 성분인 아민amine류는 알칼리성이므로 산과 결합하면 약화된다. 따라서 식초나 레몬즙 같은 산성 물질로 비린내를 감소시킬 수 있다.

③ 우유 첨가 : 생선을 조리하기 전에 우유에 담가 두면 생선의 비린내가 감소하게 된다. 이는 우유 단백질 중 카세인casein이 콜로이드 입자로 작용하여 여러 가지 물질을 흡착하려는 성질이 강하여 생선의 트라이메틸아민을 흡착시킬 수 있기 때문이다.

④ 된장, 간장 등의 장류 첨가 : 된장이나 간장은 우리나라 전통 발효음식으로 특유의 독특한 풍미를 지닌 장류이다. 특히 된장은 콜로이드상의 조미료로 생선의 비린내 성분을 흡착할 수 있어 이를 이용하여 어취를 제거할 수 있다. 간장은 생선을 조리할 때 흔히 사용하는 조미료로, 간장의 염분이 단백질의 응고를 촉진하여 질감을 좋게 하는 동시에 간장의 향미로 비린내를 제거할 수 있다.

⑤ 황 함유 채소 또는 향신료의 첨가 : 마늘, 양파, 파 등은 황 화합물을 함유하고 있어 맵고 강한 냄새로 어취를 감소시킨다. 생강의 매운 성분인 진저론zingerone과 쇼가올shogaol이 미뢰를 둔화시키는 동시에 트라이메틸아민을 변화시켜 어취를 줄인다. 조리할 때에는 생선을 가열하여 열 변성시킨 후에 생강을 넣어야 효과적이다. 고추의 캡사이신capsaicin과 후추의 차비신chavicine도 미뢰를 둔화시켜 어취를 약화시키는 역할을 한다. 또 겨자에 함유되어 있는 시니그린sinigrin은 효소 작용으로 분해되어 머스터드 오일을 만들어 미뢰를 둔화시키고 어취를 감소시킨다. 그 외에도 샐러리, 무, 파슬리, 피망 등의 황 함유 물질로 생선 냄새를 약화시킬 수 있다.

⑥ 알코올의 첨가 : 알코올음료에 함유된 석신산은 어취를 제거하는 동시에 생선의 맛을 높이는 데 도움을 준다. 알코올이 조리 과정에서 휘발될 때 어취 성분과 함께 날아가므로 어취를 제거할 수 있다. 포도주를 사용하여 비린내를 없앨 수 있으며, 정종이나 미림은 비린내를 제거할 뿐만 아니라 생선을 조릴 때 표면을 윤기 나게 한다.

3) 어패류의 조리 특성

어패류는 수조 육류에 비하여 연하고 부드러우며, 습열 조리 시에 생선살이 부서지기 쉽고 소금 용액에 잘 용해되는 특성을 지니고 있다.

(1) 소금에 의한 변화

어류에 소금을 첨가하면 짠맛을 부여하여 간을 맞추는 동시에 단백질의 질감을 변화시킨다. 소금에 의한 변화는 소금 농도에 따라 달라진다.

1%의 저염도에서는 탈수가 일어나는데 비린내 성분이 소금 중의 염소 이온과 결합하여 빠져나옴으로써 어취가 감소한다. 수분이 빠져나와 생선살이 단단해지고, 용액에 용출되는 양은 적어 용액의 점도가 낮고 투명한 경향을 보인다. 생선을 소금구이할 때에는 2%의 소금을 사용하는 것이 좋다.

2~6%의 중염도일 경우에는 단백질의 용출이 급격하게 증가하는데 단백질 중 특히 염용성인 미오신과 액틴이 용액으로 빠져나온다. 용출할 때 미오신과 액틴은 액토미오신actomyosin을 형성하여 단백질의 수화력을 증가시키고 점성이 높은 용액을 형성하게 되는데 액토미오신 분자는 서로 엉겨 입체적 그물 구조인 젤gel을 만들어 낸다. 이 성질을 이용하여 만든 식품이 어묵이다.

10~15%의 고염도인 경우 단백질의 용해도가 감소하고 과잉의 염 이온이 단백질의 탈수제 역할을 하여 생선 육질이 단단해지고 효소가 변성되어 저장성이 향상된다. 높은 농도의 소금으로 절였던 생선은 물에 담가 염분을 제거하여도 근육 조직이 원상태로 돌아가지 않는데 이는 단백질의 변성으로 불용성이 되었기 때문이다.

(2) 산에 의한 변화

생선에 식초를 가하면 신맛에 의해 식욕이 상승하기도 하고 생선의 어취가 감소하기도 한다. 식초의 산 성분은 생선의 단백질을 응고시켜 단단하게 하므로 생선회를 먹을 때 레몬즙을 뿌리거나 초간장이나 초고추장을 찍으면 생선살이 단단해져 더 맛있게 즐길 수 있다. 살아 있는 어육의 pH는 7이나 사후경직이 일어나면 pH가 급격하게 감소하면서 5.5 이하로 되면 근원섬유 단백질의 등전점과 같아져 생선이 단단해지는 원리이다.

(3) 가열에 의한 변화

생선을 가열하면 단백질이 변성하여 조직감의 변화, 육즙의 용출, 색과 풍미의 변화 등이 일어난다.

① 근원섬유 단백질과 근장 단백질의 변화

생선을 가열 조리하면 근원섬유 단백질의 주성분인 액토미오신은 40~45℃에서 응고하고, 수용성 근장 단백질인 미오겐은 50~60℃에서 응고한다. 어육은 가열하면 근원섬유 단백질과 근장 단백질이 응고되어 생선살이 단단해지고, 근막의 결합 조직은 용해되어 결합력이 약해져 생선살이 쉽게 부서지게 된다. 근장 단백질은 가열하면 응고되어 근원섬유 사이에 채워져 접착성을 높이므로 근장 단백질의 함량이 높은 붉은살생선이 근장 단백질의 함량이 적은 흰살생선보다 가열 후에 더 단단해지는 경향을 보인다. 응고할 때에는 수축이 일어나 탈수되어 중량이 감소하는데 가열에 의한 중량 감소는 어패류의 종류에 따라 다르지만 일반적으로 어류는 15~20%, 연체류는 35~40%의 감소가 일어난다.

② 결합 단백질의 변화

생선을 가열하면 결합 조직 단백질인 콜라겐이 불용성에서 수용성인 젤라틴으로 변하여 용출된다. 껍질과 근육섬유를 둘러싸고 있는 콜라겐을 물속에서 계속 가열하면 수용성인 젤라틴으로 변화하여 용출되므로 가열된 생선살은 부서지기 쉽고 연해진다. 소량의 국물로 생선조림을 할 경우 국물이 식으면 생선에서 용출된 젤라틴이 겔화된다.

③ 열 응착성

어육을 가열하면 냄비나 프라이팬의 금속 표면에 들러붙는 열 응착성이 생긴다. 열 응착성은 미오겐 단백질의 변성에 의해 발생하는 것으로, 미오겐의 단백질 결합이 가열에 의해 끊어져서 펩타이드 결합이 풀어지고 분자 표면에 노출된 활성기가 프라이팬이나 냄비의 금속 면에 닿아 금속 이온과 반응하여 열 응착성을 나타낸다. 어육의 열 응착성을 방지하기 위해서는 냄비나 프라이팬의 금속 표면에 기름을 칠하여 기름막을 형성해 주거나 실리콘으로 코팅된 조리 기구를 사용하면 된다.

④ 껍질의 수축

생선을 껍질 채 조리하면 껍질이 수축되어 생선살이 굽어지거나 찢어지게 된다. 이는 근원섬유 단백질과 껍질을 이루는 콜라겐의 열 응고 온도의 차이로 껍질 부위가 먼저 수축되기 때문에 일어나는 현상이다. 이를 방지하기 위해서는 군데군데 칼집을 넣어 주어야 모양이 바로잡힌다.

오징어의 근육섬유는 횡문근과 비슷한 평활근 근육이 체축과 직각으로 나란히 존재하며 그 사이를 결합 조직이 채우고 있다. 오징어의 바깥쪽 껍질은 4개의 층으로 이루어져 있는데 제1층은 표피층, 제2층은 색소층, 제3층은 다핵층, 제4층은 진피층으로 강인한 콜라겐 섬유로 되어 있다. 보통 오징어 껍질을 벗기면 제1층과 제2층이 제거되므로 껍질을 벗긴 후 오징어를 조리하면 백색으로 익는다. 오징어는 가열하면 껍질의 제3

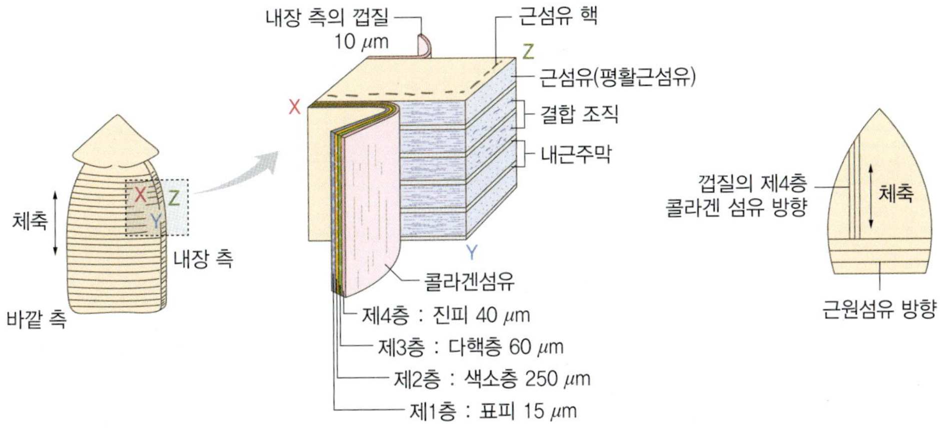

그림 10-5 오징어의 근육 구조

자료 : 김향숙 외 2인, 조리과학, 수학사, 2014.

층과 제4층이 강하게 수축하므로 체축 방향으로 동그랗게 말리며, 평활근 사이를 채우는 결합 조직이 약해지므로 근원섬유는 체축과 직각 방향으로 찢어지기 쉬워진다.

5. 어패류와 조리

어패류의 근육에는 결체 조직이 거의 함유되어 있지 않으므로 종류에 따라 찜, 찌개, 구이, 튀김, 선, 회 등의 조리법을 선택할 수 있다. 어패류를 조리할 때 국물을 우려내야 하는 경우에는 수용성 단백질과 맛 성분이 국물에 많이 용출되어야 하므로 찬물에 넣고 끓여야 국물 맛이 좋아지는 반면에, 찌개나 조림과 같이 생선 자체의 맛을 살리는 경우에는 국물이 끓을 때 생선을 넣어야 생선 표면에 있는 단백질이 응고하여 맛 성분의 용출을 막아 생선을 맛있게 먹을 수 있다.

1) 찌개

찌개나 탕의 재료는 가능한 한 신선도가 좋은 재료를 사용해야 비린내가 적다. 살이 단단한 흰살생선을 사용하는 것이 좋으며 일반적으로 대구, 생태, 우럭, 민어, 조기 등을 많이 선택한다. 건더기는 국물의 2/3 정도가 적당하며, 생선찌개를 끓일 때에는 반드시 국물이 끓을 때 생선을 넣어야 생선살이 단단하고 흐트러지지 않으며 생선 맛이 좋다.

생선의 양이 많을 때에는 반드시 국물이 끓은 후에 여러 차례 나누어 넣도록 한다.

많은 양의 생선을 한꺼번에 넣게 되면 찌개국물의 온도가 내려가 비린내가 발생할 수 있으므로 주의해야 한다.

2) 조림

생선 조림은 끓고 있는 양념장에 어패류를 넣고 끓이는 조리 방법으로, 조림액은 생선의 약 15~40% 정도로 잡아 조리하도록 한다. 생선을 조릴 때는 담수어와 해수어, 흰살생선과 붉은살생선, 신선도의 차이에 따라 조미의 농도와 부재료의 선택을 다르게 해야 한다. 조림을 할 때에는 반드시 양념장을 먼저 끓이다가 생선 토막을 넣고 조리해야 생선의 모양이 그대로 유지되고 생선살이 부서지지 않는 동시에 양념이 골고루 배어들어 맛이 좋다.

흰살생선은 지방 함량이 적고 맛이 담백하므로 간장, 설탕, 파, 마늘 등을 사용하여 조미를 약하게 하여 단시간에 조리는 것이 좋은 반면에, 붉은살생선은 지방의 함량도 많고 살이 단단한 편이며 비린 맛이 강하므로 청주나 조리용 술, 고추장이나 고춧가루로 조미를 강하게 하여 조리도록 한다. 해수어에 비해 담수어는 어취가 강하므로 양념을 좀 더 강하게 하여 비린내를 줄이는 것이 좋으며, 신선도가 떨어진 생선을 이용할 경우 비린내와 씁쓸한 맛을 줄이기 위하여 양념을 많이 넣어야 한다. 간장으로 조림을 할 때에는 간장에 같은 양의 물을 합하여 양념장을 만들어 조리해야 하는데, 간장으로만 조리면 수분이 부족하여 간이 골고루 배어들지 않기 때문이다.

약한 불에서 조릴할 때에는 뚜껑을 덮어야 하는데 이는 생선의 표면이 공기와 접촉하면 마르면서 주름이 생길 수 있기 때문이다. 또한 지나치게 오래 끓이면 양념 속의 염분에 의해 삼투압 현상이 일어나 수분이 빠져나오므로 생선살이 지나치게 단단해지고 맛이 떨어지기 때문에 주의해야 한다. 복어와 같은 마른 생선은 미리 물에 불려서 토막을 내어 조리하는 것이 바람직하다.

3) 구이

구이는 생선 자체의 맛을 살리는 데 가장 적합한 조리 방법으로, 특히 지방 함량이 높은 생선에 잘 어울리는 조리법이다. 생선을 구우면 비린내 성분이 수분과 함께 증발하고 지방이 용해되어 응고된 단백질과 잘 어울리므로 생선구이의 독특한 맛이 더 좋아진다.

구이는 조미 방법에 따라 소금구이와 양념구이가 있다. 소금구이는 일반적으로 흰살생선이나 비린내가 나지 않는 신선도가 높은 생선을 선택해야 하며, 지방 함량이 높은 붉은살생선이나 비린내가 많이 나는 생선은 주로 양념구이를 하는 것이 좋다. 생선을 구울 때 2%의 소금을 뿌려 주면 삼투압 작용에 의해 살이 단단해지고 어취 성분인 트라이메틸아민이 용출되어 비린내도 줄어든다. 양념구이는 생선이 어느 정도 구워진 후에 양념장을 발라 가며 굽는 것이 좋은데, 특히 고추장 양념구이는 고추장이 타기 쉬우므로 고추장을 제외한 양념으로 미리 초벌구이를 한 후에 고추장 양념을 조금씩 발라 가며 구워야 타지 않는다.

생선구이는 석쇠를 사용하거나 꼬치에 끼워서 직접 굽는 직화구이와 오븐이나 프라이팬을 이용한 간접 구이가 있다. 생선 단백질은 50~60℃ 전후에서 응고되므로 지나치게 강한 불에서 굽지 않는 것이 좋다. 예를 들어 석쇠를 이용하여 직접 굽는 경우에는 석쇠에 기름을 발라 먼저 가열한 후에 생선을 구워야 석쇠에 생선살이 달라붙지 않는다. 이는 기름이 석쇠와 생선과의 사이에 막을 형성하여 달라붙지 않게 하기 때문이다.

4) 튀김

튀김은 기름을 달구어 단시간에 가열하는 조리 방법으로, 식품 특유의 맛이나 색감을 그대로 유지할 수 있으므로 생선의 풍미가 잘 유지되는 방법이다. 지방 함량이 높은 생선은 튀기는 과정에서 기름이 용출되어 좋지 않은 맛이 나기 쉬우므로 튀김에는 지방 함량이 적은 흰살생선이 어울린다.

어패류를 튀기는 방법으로는 그냥 튀기는 방법과 튀김옷을 입혀 튀기는 방법으로 나눌 수 있다. 작은 생선을 튀김옷을 입히지 않고 튀길 때에는 기름이 튀는 것을 방지하기 위하여 밀가루를 살짝 입혀 튀기면 뼈가 연해져 통째로 먹기에 적합하다. 흰살생선, 새우, 오징어, 굴 등은 튀김옷을 입혀서 튀기는 것이 좋은데, 튀김옷을 입히면 재료 본연의 수분을 보유할 수 있고 재료 자체의 맛을 느낄 수 있다. 튀김용 밀가루는 글루텐 함량이 적은 박력분을 사용하는 것이 좋다.

5) 전(전유어)

전을 부치는 데 사용하는 생선은 대구, 민어, 광어, 동태 등 주로 흰살생선을 사용한다. 얇게 포를 떠 수분을 충분히 제거하여 소금, 후춧가루로 밑간을 한 후 밀가루를 입히고 달걀물을 묻혀 프라이팬에서 약한 불로 지진다. 지지는 과정에서 비린내는 증발하고 단백질이 부드럽게 응고된다.

6) 찜

찜은 조림에 비해 영양소 용출에 의한 손실은 적으나, 일반적으로 영양소가 국물 속으로 용출되므로 반드시 찐 국물을 함께 이용하도록 한다. 생선을 찌는 것은 생선 본연의 모양과 풍미를 그대로 유지할 수 있다는 장점이 있다. 특히 양념을 잘 배이게 하기 위하여 밑간을 하거나 소스를 사용하여 찜을 하면 더욱 맛이 좋아진다.

7) 생선회

생선회는 익히지 않고 신선한 생선을 얇게 편으로 떠서 생것으로 먹는 음식이며, 특히 선도와 위생이 중요하다. 광어, 우럭, 도미 등의 흰살생선과 고등어, 삼치 등의 붉은살생선을 모두 회로 먹을 수 있으나, 붉은살생선은 지방 함량이 높아 산패되기 쉬우므로 회로는 흰살생선을 더 많이 이용한다. 흰살생선은 붉은살생선에 비해 결합 조직이 많아 육질이 질기므로 회를 뜰 때 가늘고 얇게 썰어야 한다. 생선회는 위생적으로 취급하지 않으면 식중독의 위험에 노출될 수 있으므로 식재료를 다루는 과정에서 신경을 써야 한다. 특히 기생충의 감염 위험이 있는 담수어나 강의 하류에 서식하는 어류는 회로 식용하는 것을 피하는 것이 좋다. 회는 가능한 한 먹기 직전에 손질하도록 한다.

8) 수산 발효식품

(1) 젓갈

생선 전체를, 또는 조갯살이나 새우 등의 어패류를 소금에 절여 부패하지 않도록 저장하는 조리 방법이다. 주로 수산물을 20% 내외의 소금과 버무려 빛(광선)이 차단되는 용기에 채워 넣은 뒤 윗부분을 소금으로 덮고 공기가 차단되는 뚜껑을 덮어 2~3개월 동안 상온에서 저장한다. 젓갈은 내염성 세균과 효소의 작용으로 숙성되는 동안 단백질이 분해되어 유리아미노산과 핵산 물질이 생성되어 감칠맛을 낸다. 젓갈은 그 자체로 반찬으로 이용하거나 양념으로 사용하기도 한다.

(2) 액젓

젓갈을 6~12개월 상온에서 발효시켜 어패류의 육질이 효소에 의해 모두 분해되도록 한 후 여과 장치로 걸러 끓여서 살균하여 만든다. 액젓은 젓갈에 비해 맛과 향이 뛰어나 김치 등에 조미료로 많이 사용한다.

9) 가공품

어패류는 육류에 비해 저장하기가 까다롭고 부패하기 쉽기 때문에 가공품으로 많이 이용되고 있다. 수리미는 기계로 발라낸 생선살을 세척한 후 저장 기간을 늘리기 위해 냉동 변성 방지제를 넣어 얼린 다음 게맛살, 새우맛살 등을 가공할 때 원료 육으로 활용한다. 주로 명태를 사용하여 만든다.

Summary

1. 어패류는 어류와 패류를 아우르는 용어이다. 어류는 척추와 지느러미를 가진 수산동물로 서식지에 따라 바다에 사는 해수어와 민물에 사는 담수어로 분류하며, 지방 함량에 따라서 흰살생선과 붉은살생선으로 나뉘기도 한다. 패류는 척추와 지느러미가 없는 수산동물로 마디의 유무에 따라 갑각류와 연체류로 분류하고, 껍질을 가진 갑각류와 조개류, 껍질이 없는 연체류로 분류하기도 한다.

2. 어패류의 구성 성분 중 일반 성분을 살펴보면 단백질, 탄수화물, 무기질 등은 수분과 지질에 비하여 변동이 적다. 수분이 많은 어종일수록 단백질 함량이 낮은 경향을 보인다. 일반적으로 탄수화물의 함량은 1% 이하로 낮으나 패류는 저장 물질로 지질 대신 글리코겐을 함유하고 있어 어류보다는 함량이 높다. 어류의 지질은 주로 중성지방의 형태이며 특히 불포화지방산의 함량이 높아 산화되기 쉽다. 단백질은 수조 육류와 유사하게 필수아미노산의 구성을 갖추고 있으나, 근섬유의 길이가 짧고 결합 단백질의 양이 적어서 육질이 연하고 소화가 잘 된다. 대부분의 어류는 비타민 B군의 함량이 높으며, 지질의 함량이 높은 어유와 간유에는 지용성 비타민 A와 비타민 D의 함량이 높다. 무기질 중 철, 구리, 나트륨, 칼륨, 마그네슘, 요오드, 염소, 인, 황 등이 존재한다.

3. 어패류의 구성 성분 중 특수 성분으로는 맛, 냄새, 색소 성분을 꼽을 수 있다.
   - 맛 성분 : 근육에서 물에 의해 용출되는 성분 중 단백질, 색소 등 고분자화합물을 제외한 성분들을 추출물이라고 하는데, 용출되는 성분 중 주요 질소화합물은 유리아미노산과 저분자의 펩타이드 들이다. 트라이메틸아민옥사이드는 해수어에 들어 있는 특수 성분으로 강한 단맛을 낸다. 동물체의 대사 물질로 상쾌한 단맛과 구수한 맛을 지닌 베테인은 새우, 오징어, 연체동물, 갑각류의 조직에 함유되어 있다. 여러 종류의 뉴클레오타이드 중 ATP, AMP, IMP가 구수한 맛과 관련이 있다. 어패류 근육 중에는 석신산이 함유되어 있으며 특히 패류의 근육에 그 함량이 높다.
   - 냄새 성분 : 해수어는 신선도가 떨어질수록 비린내가 강해지는데 그 냄새는 트라이메틸아민 때문이다. 시간이 경과함에 따라 세균에 의해 트라이메틸아민옥사이드가 트라이메틸아민으로 환원하여 생선 특유의 비린내가 짙어지고 신선도는 저하된다. 담수어의 비린내는 라이신으로부터 생성된 피페리딘, 아세트알데하이드, 메틸메캅탄 등이다.
   - 색소 성분 : 어류의 붉은색은 주로 미오글로빈과 헤모글로빈에 기인한다. 연어, 송어의 육색소는 카로티노이드로 붉은색을 띤다. 새우나 게에 있는 아스타잔틴은 신선한 상태에서는 단백질과 결합하여 회색 또는 청색을 띠지만 가열하면 단백질과 색소가 분리되므로 아스타신이 되어 선명한 적색으로 변한다.

4. 어패류의 선도 판정법으로는 관능적 방법(관능적 요인에 의한 신선도 판정법은 사람의 감각기관을

이용하여 어류의 신선도를 판정하는 일반적인 방법)과 화학적 방법(어패류가 부패하면 암모니아, 휘발성 유기산, 휘발성 환원 물질, 히스타민 등이 생성되므로 그 양을 화학적인 방법으로 측정하는 방법)이 있다.

5. 어패류의 사후경직은 붉은살생선이 흰살생선보다 빨리 시작되고 시간도 짧아 자가소화도 빠르게 나타난다. 어육은 수조육과는 달리 자가소화가 일어나면 풍미와 맛이 저하되고 부패도 빠르게 진행되므로 어류는 사후강직 상태에서 조리하는 것이 바람직하다.

6. 어패류의 조리 원리를 정리하면 다음과 같다.
    - 어패류는 결합 조직의 양이 적게 함유되어 있어 조직이 매우 연하다.
    - 수조 육류보다 조리 시간이 짧아야 하며 자주 뒤집지 않도록 한다.
    - 너무 높은 온도에서 조리하거나 지나치게 오랫동안 가열하면 근육 단백질이 수축하여 질겨진다.
    - 생선을 가열 조리하면 근원섬유 단백질은 40~45℃, 근장 단백질은 약 60℃에서 응고한다.
    - 프라이팬이나 석쇠에 구울 때 생선이 들러붙는 현상은 어육 단백질인 미오겐의 펩타이드 결합이 가열에 의해 구조가 끊어지면서 활성기가 노출되어 달라붙는 것으로 이를 열 응착성이라 한다.
    - 생선 조리 시 1~2%의 소금을 가하면 수분이 빠져나가면서 생선살은 단단해진다.

연습문제

1. 어패류에 관한 설명으로 옳은 것은?

① 어패류는 수조 육류와 비교하였을 때 결합 조직의 단백질 함량이 높다.

② 어패류는 필수아미노산이 부족한 식품군이다.

③ 조개류에는 석신산(호박산)이 있어 감칠맛을 부여한다.

④ 어류는 조직이 연하여 수조 육류보다 자가소화 속도가 느리다.

⑤ 어류는 포화도가 높아 산화되기 쉬운 조건을 가진다.

2. 어패류 중 해수어의 선도가 저하됨에 따라 발생하는 대표적인 냄새 성분은?

① 글리신　② 피페리딘　③ 아스타신

④ 트라이메틸아민　⑤ 트라이메틸아민옥사이드

3. 어류의 신선도가 저하될 때의 변화에 대한 설명으로 옳은 것은?

① 휘발성 물질의 양이 감소한다.　② 피부는 광택이 나고 아가미에서 이취가 없다.

③ 근육이 뼈에서 잘 분리되지 않는다.　④ 아민류의 함량이 증가한다.

⑤ 복부가 탄력이 있고 팽팽하다.

풀이와 정답

1. ③ 어패류는 수조 육류보다 결합 조직이 적어 조직이 연하고 자가소화 속도가 빠르다. 지방의 불포화도가 높아 산화되기 쉬운 조건을 가지고 있으며, 필수아미노산의 구성을 갖추고 있다.

2. ④ 해수어는 신선도가 떨어질수록 비린내가 강해지는데 그 냄새는 트라이메틸아민 때문이다. 시간이 경과함에 따라 세균에 의해 트라이메틸아민옥사이드가 트라이메틸아민으로 환원되어 생선 특유의 비린내가 나고 신선도는 저하된다.

3. ④ 어류의 선도가 저하되면 광택을 잃고 불투명해지며 아가미 부분에서 부패취가 발생한다. 선도가 좋은 어육은 뼈에서 분리되기 어려우나 선도가 저하되면 쉽게 분리된다. 신선한 어류는 복부를 눌렀을 때 탄력이 있는 데 비해 선도가 저하되면 복부가 유연하고 항문에서 장의 내용물이 흘러나오기도 한다. 어패류와 같은 단백질 식품은 선도가 저하되면 암모니아 같은 아민류와 휘발성 염기질소를 생성한다.

References

강경심·윤재영·이진미·최영진·최은정, **조리원리**, 창지사, 2018.

김숙희·윤예리·이나겸·이윤정·임용숙·최진영, **식품학 및 조리원리**, 지구문화사, 2018.

김향숙·오명숙·황인경, **조리과학**, 수학사, 2014.

농업진흥청 국립농업과학원, **제9개정판 국가표준 식품성분표**, 2016.

박춘란·한경선·김현정, **조리과학**, 문운당, 2017.

안미령·유주연·전태연·나정숙·배현수·이윤정·이미영·조한용, **메뉴개발을 위한 조리원리**, 지구문화사, 2016.

윤계순·이명희·류은순·민성희·신원선·정혜정·김지향·박옥진, **새로 쓴 식품학 및 조리원리**, 수학사, 2014.

이형주·문태화·노봉수·장판식·백형희·이광근·김석중·유상호·이기원, **식품화학**, 수학사, 2014.

정은자·조경련, 김동희, **조리원리**, 진로, 2013.

FOOD

PRINCIPLES and PREPARATIONS

CHAPTER **11**

우유, 유제품 및 난류

1. 우유 및 유제품

1) 우유의 성분

우유의 성분은 소의 종류, 사료 등에 따라 달라지며 착유 계절이나 지역에 따라서도 다르다. 우유의 성분은 그림 11-1과 같이 나타낼 수 있으며, 우유는 약 88%의 수분, 단백질 2.8%, 지질 3.3%, 탄수화물 5%, 무기질 및 비타민 등으로 구성되어 있다.

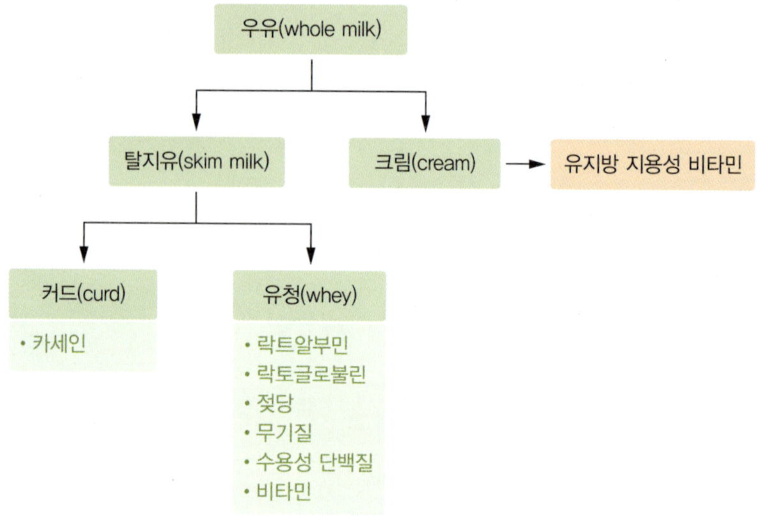

그림 11-1 우유의 성분

(1) 단백질

우유의 단백질은 필수아미노산을 모두 포함하고 있는 복합 단백질이며, 크게 산이나 레닌rennin을 가하면 응고되는 카세인casein과, 카세인이 응고된 후에 유청에 남아 있는 유청 단백질로 나뉜다. 카세인은 우유 단백질의 80% 정도를 차지하고 있으며, 유청은 약 20% 정도 존재한다.

① 카세인

카세인은 4가지 단백질인 α-casein, β-casein, γ-casein, κ-casein 등을 포함하며 이 중 α-카세인이 50% 이상을 차지한다. 카세인은 구조적으로는 매우 큰 미셀 구조로 인산을 함유하는 인단백질이며, κ-카세인은 콜로이드 분산액에서 작은 카세인 입자들을 안정화하는 데 중요한 역할을 한다. 신선한 우유의 정상적인 산도인 pH 6.6 정도에서는 인산을 통해 칼슘과 결합하여 카세인칼슘calcium caseinate으로 존재하며, 유청 중에 콜로이드 상태로 분산되어 있어 소화가 용이하다. 카세인은 열에 안정하여 잘 응고되지 않으나 산이나 레닌에 의하여 응고되는 성질을 가지고 있다(그림 5-11 참조).

② 유청 단백질

유청 단백질whey protein은 α-락트알부민 25%, β-락토글로불린 50%, 그 외에 지단백질, 효소, 비단백성 질소화합물 등으로 구성되어 있다. 유청 단백질은 열에 쉽게 변성되는 성질을 가지고 있지만 산과 레닌에는 응고되지 않는다. 이는 우유를 가열할 때 피막이 생기는 원인이 된다.

(2) 지방

우유 지방을 구성하는 지방산은 대부분 지단백질로 둘러싸인 중성지방이며 수용액 속에 콜로이드상으로 분산되어 있다. 주요 지방산은 탄소 수가 적은 저급 지방산들로 이 지방산들은 녹는점이 낮아 소화율이 높지만, 가수분해 때문에 쉽게 부티르산과 같이 불쾌한 냄새를 형성한다.

(3) 탄수화물

우유에 들어 있는 당은 대부분 젖당으로 우유에 젖산균을 생성하여 요구르트 등을 세조힐 수 있게 하며 치즈 제조 시 향미를 낸다. 젖당은 용해성이 낮아 결정화가 잘 되며, 까끌까끌한 질감을 주므로 고농도의 젖당으로 아이스크림을 제조할 때는 결정이 생길 수 있다.

(4) 무기질 및 비타민

우유는 칼슘, 리보플라빈, 인 등을 다량 함유하고 있다. 우유의 무기질은 열에 의한 안정성과 레닌에 의한 응고 등과 관련이 있다. 우유의 리보플라빈은 빛(광선)에 예민하

Tip 젖당불내증(lactose intolerance) 대 우유 알레르기(milk allergy)

젖당불내증은 젖당(lactose)을 분해하는 효소의 결핍으로 젖당의 분해와 흡수가 원활하게 이루어지지 않아 설사, 복통이 생기는 증상이다. 우유 대신 젖당을 적게 함유한 발효유나 젖당 분해 우유를 섭취하면 도움이 된다. 반면에 우유 알레르기는 우유 단백질인 카세인(casein)이나 유청(whey)에 대한 면역 시스템의 이상 반응을 가진 사람에게서 나타나는 증상이다.

므로 햇빛에 노출하면 쉽게 파괴된다.

(5) 우유의 색

우유의 유백색은 콜로이드상으로 퍼져 있는 카세인과 인산칼슘 복합체가 빛에 반사되어 형성하는 것이다. 소에서 갓 짠 우유의 색은 연한 미색을 띠는데 이는 카로틴과 리보플라빈을 함유하고 있기 때문이다.

(6) 향미 성분

신선한 우유는 젖당을 함유하고 있으므로 약한 감미를 띤다. 신선한 우유에서 느껴지는 냄새는 아세톤, 아세트알데하이드, 다이메틸설파이드, 메틸케톤, 탄소 수가 적은 지방들(부티르산, 카프로산 등), 락톤과 같은 다양한 저분자량 화합물에 의해 생성된다. 열처리는 우유의 풍미에 여러 가지 영향을 주어 우유를 끓이면 특유의 냄새가 난다. 우유를 열처리하는 경우 어느 정도까지는 향기와 농후감을 주기도 하지만 지나치게 가열하면 특유의 맛과 향을 생성하는데 이는 락트알부민lactalbumin 중 −SH기가 유리되어 황화수소를 발생하기 때문이다.

우유 보관 시 상한 냄새가 나는 것은 주로 지방 분해효소에 의한 가수분해가 원인이며, 효소에 의한 유지의 산화는 구리 이온이나 광선에 의해 촉진될 수 있다. 우유의 살균 과정에서 지방 분해효소는 대부분 파괴되므로 흔히 발생하는 냄새는 우유를 보관하는 냉장고 내부에서 흡수된 냄새 등에 기인하는 경우가 많다.

2) 우유의 가공

우유는 여러 가지 영양소가 풍부하여 미생물이 생육하기에 좋은 조건의 식품이다. 따라서 착유 직후부터 오염될 가능성이 높으므로 목장에서 착유한 후부터 가공 전까지 위생 관리를 철저히 해야 한다. 일반적으로 열처리 전 우유를 원유라고 하며, 열처리 가공된 우유를 시유라고 한다. 시판되는 우유는 살균 및 균질 처리한 제품으로 전유, 저지방유, 탈지유, 탈지분유, 전지분유, 농축우유, 발효유 등 여러 종류의 유제품으로 가공되고 있다.

(1) 살균

우유의 살균은 병원성 세균을 사멸하고 산패취의 원인 효소인 인산 가수분해효소

phosphatase를 불활성화하기 위한 가공이며, 열처리 공정으로는 저온 장시간 살균법, 고온 단시간 살균법, 초고온 살균법 등이 있다. 살균 조건에 따라 맛과 향이 달라지지만 영양소의 차이는 발생하지 않는다.

① 저온 장시간 살균법low temperature long time pasteurization, LTLT pasteurization : 우유를 63~65℃에서 30분간 열처리하는 방법으로 가장 경제적이고 간편한 방법이다.

② 고온 단시간 살균법high temperature short time pasteurization, HTST pasteurization : 우유를 72~76℃에서 15~20초 동안 열처리하는 살균 방법으로 가장 많이 사용하는 방법이다.

③ 초고온 살균법ultra high temperature pasteurization, UHT pasteurization : 30~150℃의 높은 온도에서 0.5~5초 동안 열처리하는 방법으로, 영양소 손실은 최소화하고 살균 효과는 극대화한 방법이다. 멸균 용기에 넣어 포장하면 상온에서 장기간 저장할 수 있지만 초고온 살균 시유는 높은 열처리 때문에 가열 냄새가 나는 것이 단점이다.

(2) 균질화

우유는 수용액 층에서 유지방들이 뭉쳐 지방층이 분리되어 크림 층을 형성하는데 이러한 크림 층 형성을 방지하기 위해 균질화homogenization를 한다. 균질화는 우유를 균질기에 넣어 2,000~2,500 psi의 압력으로 세공관을 통과시켜 우유의 큰 지방구들을 2 ㎛ 이하의 작은 지방구로 미세하게 만들어 주는 과정이다. 균질화 처리한 우유는 지방층 분리를 방지하고 우유의 색을 희게 하며, 표면적이 커져 소화율이 증가한다. 하지만 균질 처리한 우유의 단백질은 열이나 산에 불안정하여 조리할 때 응고되기 쉽다.

3) 우유의 조리

우유는 음료 외에 여러 가지 음식을 조리하는 데 이용되며 80%의 수분과 20%의 고

Tip 살균 우유 대 멸균 우유

살균 우유는 일반적으로 냉장 유통되는 우유로, 병원성 미생물을 사멸시킨 후 포장 용기에 넣어 판매하는 것으로 일반적으로 멸균 우유보다 유통 기간이 짧다. 반면에 멸균 우유는 장기간 보존하기 위하여 일반 실온에서 성장할 수 있는 모든 미생물을 완전히 사멸시킨 후 특수 포장 용기에 넣어 판매한다. 두 우유의 영양 성분 함량은 차이가 없다.

형물로 구성되어 있어서 조리 과정에서 여러 가지 영향을 받는다.

(1) 가열 조리에 의한 변화

우유는 끓는점 가까이 가열하면 우유에 포함되어 있는 단백질, 당, 지방 및 조리할 때 넣은 첨가물 등에 의해 응집 또는 응고되거나 색, 맛, 향미가 변한다.

① 성분의 변화

우유의 유청 단백질인 락트알부민과 락토글로불린lactoglobulin은 가열 시 우유에 분산되어 있는 염 중 인산칼슘calcium phosphate 또는 지방구와 결합하여 응고, 침전하며 표면에 피막을 형성한다. 이러한 침전물과 피막은 지속적으로 교반하면서 가열하거나 중탕하면 그 형성을 방지할 수 있다. 우유 단백질 중 카세인은 높은 온도에서 처리할 경우 응고된다.

② 색의 변화

우유를 가열하면 수분이 증발하여 젖당이 농축된다. 농축된 젖당은 열에 의해 캐러멜화caramelization되거나, 응고되어 침전된 유청 단백질과 메일라드 반응Maillard reaction을 일으켜 엷은 갈색을 띠게 된다.

③ 맛과 향의 변화

우유 가열 시 가열 우유의 전형적인 냄새는 락토글로불린과 지방구의 막을 형성하고 있는 단백질의 열변성에 의한 −SH기 때문이다. 75℃ 이상으로 계속 가열하면 침전된 유청 단백질과 젖당의 비효소적 갈변반응에 의해 향미도 변한다.

(2) 산에 의한 변화

우유의 단백질 중 카세인은 케이신인산칼슘calcium phosphocaseinate으로 존재하며 안정한 콜로이드를 형성하고 있다. 카세인의 등전점이 pH 4.6이므로 우유의 산도(pH 6.6)가 pH 4.6으로 떨어지면 카세인은 침전한다. 따라서 우유에 산을 처리하거나 산성 식품을

Tip 등전점(isoelectric point)

단백질을 구성하고 있는 아미노산은 음이온과 양이온의 전하를 동시에 가지고 있는 양성 전해질이라고 한다. 전하는 pH의 영향을 받게 되는데 단백질이 (+)전하와 (−)전하가 같아서 0이 되는 pH를 등전점이라고 한다. 단백질은 전기적으로 중성이 되었을 때 이온이 이동하지 않아 침전하게 된다. 따라서 단백질은 용액의 pH가 등전점에 가까우면 침전하는 성질을 가진다.

첨가하면 응고되는데, 이러한 원리는 치즈 제조에 이용한다. 반면 우유에 산성 식품인 토마토, 아스파라거스, 당근 등의 채소를 넣고 조리하는 경우 커드curd 덩어리가 생길 수 있으므로 가능한 한 짧은 시간 가열하여 응고 현상을 최소화해야 한다.

(3) 효소에 의한 변화

카세인은 우유의 pH가 낮아지면 응고되고, 레닌rennin이라는 효소가 첨가되어도 응고되어 커드를 형성한다. 레닌은 우유 가공품인 치즈 제조에 이용된다. 레닌을 이용한 치즈 제조 과정에서는 효소 활성을 위하여 15~60℃에서 제조해야 한다. 카세인이 레닌에 의해 커드를 형성하는 경우 칼슘은 유청으로 분리되지 않아 산 첨가로 만들어진 치즈보다 칼슘이 풍부한 식품이 된다.

(4) 염에 의한 변화

염의 첨가나 염을 많이 함유하고 있는 식품을 우유에 첨가하는 경우 식품이 응고하는 경우가 있다.

(5) 페놀 화합물에 의한 변화

채소나 과일에는 페놀phenol 화합물류가 함유되어 있는데 이러한 화합물들은 카세인을 응고시킬 수 있다. 채소와 과일에 우유나 크림을 넣어 조리하면 우유나 크림의 산도가 낮아져 응고물이 생길 수 있다.

4) 유제품

젖소가 생산한 우유는 대부분 우유 자체를 마시는 용도로 소비되나 발효유, 치즈, 버터와 같이 가공하여 이용하기도 한다.

(1) 우유

우유는 액상 유제품으로 시중에서 구매할 수 있는 우유는 일반적인 백색 시유, 지방 함량을 낮춘 저지방우유, 비타민이나 칼슘 등을 강화시킨 강화 우유, 젖당불내증 환자를 위해 젖당을 분해한 젖당 분해 우유 등이 있다.

① 저지방우유 및 탈지우유

우유에서 유지를 원심분리하여 제거한 저지방우유는 지방 함량이 1~2%이고, 탈지

우유는 0.5% 이하를 말한다. 저지방우유와 탈지우유는 지방이 제거되어 비타민 A, 비타민 D, 비타민 E와 같은 성분을 강화하여 시판하고 있다.

② 분유

분유는 우유의 수분을 건조하여 수분 함량을 5% 미만의 분말로 만든 것으로, 유지방의 유무에 따라 전지분유와 탈지분유로 나뉜다. 전지분유와 탈지분유 중 가공식품을 제조할 때에는 주로 탈지분유를 사용하는데, 전지분유에는 유지방이 있어 공기 중에서 쉽게 산화되어 산패취가 날 수 있기 때문이다. 분유는 다른 유제품들과 달리 냉장 보관 없이 장기간 저장과 유통이 가능하다.

③ 발효유

발효유는 우유의 젖산 발효로 만들어지며 요구르트yogurt, 젖산균(유산균) 우유acidophilus milk 등이 해당한다. 요구르트는 살균 처리한 탈지유 또는 부분적인 탈지유에 젖산균을 첨가, 배양하여 제조한 음료이다. 보통 요구르트는 11~12%의 고형물이 함유되어 있으며 독특한 풍미를 지닌다. 이는 발효 과정 중 생성되는 유기산에 카세인이 응고된 것으로 대부분의 발효유는 반고형 형태이다. 요쿠르트는 소화되기 쉽고 장을 튼튼하게 하는 작용을 한다. 젖산균 우유는 우유에 *Lactobacillus acidophilus*균을 배양한 발효유로, 소화관 내의 부패균을 억제하여 불필요한 장내 발효를 억제한다. 그 외에 유제품 중 크림을 발효시켜 만든 사우어크림은 서양요리에서 감자와 함께 사용한다.

④ 연유

연유는 우유의 수분을 50~60%로 증발시킨 것으로 약 7.5%의 유지방을 함유하고 있으며 당의 첨가 유무에 따라 무당연유와 가당연유가 있다. 무당연유는 보존성이 없어 밀봉한 다음 가열 살균한다. 일반적으로 수분의 증발과 고온의 살균 처리로 영양소가 파괴되어 비타민 D를 강화하여 가공한다. 무당연유의 색이 다른 우유와 달리 황갈색인 것은 가열할 때 우유 속 단백질과 당이 반응함으로써 생긴 결과이다. 가당연유는 우유에 당을 첨가하여 농축한 것으로, 당의 함량이 높아 저장성이 좋으며 칼로리가 높아 제과 제빵에 많이 사용된다.

⑤ 향 첨가 우유

소비자의 다양한 요구로 흰 우유에 초콜릿, 커피, 딸기, 바나나 등의 과육이나 향, 당류를 첨가하여 가공한 음료이다.

⑥ 젖당 분해 우유

우유에 함유되어 있는 젖당을 분해효소로 처리하여 젖당의 함량을 1% 이하로 낮춘 후 멸균 처리한 것으로 젖당불내증 환자를 위한 제품이다.

⑦ 크림

균질화 전 우유 속 지방구들은 서로 응집하려는 경향이 있어 방치하면 큰 지방구를 형성하여 상층으로 떠오르는데 이를 액상 크림이라고 한다. 액상 크림은 지방의 함량에 따라 커피크림, 휘핑크림, 플라스틱크림으로 나뉘며, 버터나 커피크림 파우더 또는 아이스크림 등의 원료로 사용하거나 그대로 가공 처리하여 액상 커피크림, 드레싱 등에 직접 이용하기도 한다.

(2) 버터

버터는 우유에서 유지방을 분리한 크림을 교반하여 지방 입자를 모아 뭉쳐서 굳힌 식품이다. 크림을 저을 때 지방구 표면을 둘러싸고 있는 피막이 파열되어 지방구가 서로 쉽게 접촉하여 응집하게 되며, 지방구가 응집되면 자연히 지방층과 수용액 층으로 나뉘게 된다. 이때 지방층은 버터가 되고 버터 층에서 분리된 수용액은 버터밀크로 음료 등으로 사용한다. 버터밀크는 탈지유와 유사한 성분을 가지나 발효 과정에서 생성된 젖산을 함유하고 있어 신맛이 있다. 버터는 소금을 첨가한 가염버터, 소금이 첨가되지 않은 무염버터와 크림에 젖산균을 첨가하여 발효시킨 발효버터 등이 있다.

(3) 치즈

치즈는 우유의 단백질인 카세인을 효소나 산으로 응고시킨 후 숙성시켜 만든 식품으로, 제조 방법은 종류에 따라 매우 다양하다(그림 11-2). 치즈는 경도에 따라 초경질, 경질, 반경질, 연질로 분류하며(표 11-1), 숙성 방법에 따라서는 세균에 의한 숙성 치즈와 곰팡이에 의한 숙성 치즈로 분류한다. 또 제조 방법에 따라 가공 후 발효를 정지시켜 치즈 맛이 변하지 않는 가공 치즈와, 발효가 계속 진행되어 시간이 지남에 따라 다양한 맛을 지닌 자연 치즈가 있다.

치즈의 향미와 텍스처는 제조 과정 중 숙성 온도, 응고시키는 방법, 성형 방법 등에 따라 달라질 수 있다. 치즈 제조 과정 또는 숙성 기간 동안 높은 온도에서 처리하면 질감이 질긴 치즈가 생성된다. 응고물 형성 시에 레닌을 사용하면 산을 사용한 것보다 더

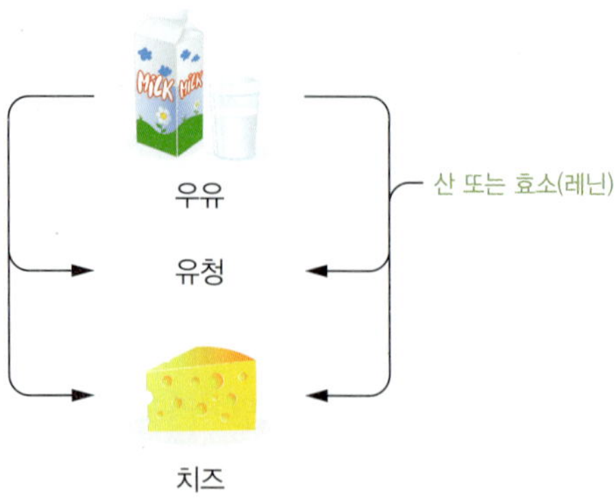

생유 → 발효원 첨가 → 레닌 또는 산 첨가 → 커드(curd) 생성 → 분쇄(여분의 유청 제거) → 가열 → 가압 → 숙성, 발효 → 치즈

그림 11-2 치즈 제조 공정

자료 : 윤계순 외, 새로 쓴 식품학 및 조리원리, 수학사, 2014.

표 11-1 치즈의 종류

분류	특징	종류
연질	50~80%의 수분을 함유하고 있으며 응고물에 곰팡이나 세균을 넣은 숙성 연질 치즈와, 응고물에 가염 가미한 비숙성 연질 치즈가 있음	브리(brie), 크림(cream), 카망베르(camembert), 코티지(cottage), 페타(feta), 모차렐라(mozzarella)
반경질	경질 치즈와 제조 방법이 비슷하나 곰팡이를 넣어 숙성시킨 치즈로 40~49%의 수분을 지님	블루(blue), 브릭(brick), 고르곤졸라(gorgonzola)
경질	살균 처리된 우유에 젖산균을 넣어 숙성시켜 산도를 지니고 있으며 약 35~39%의 수분 함량을 가짐	체더(cheddar), 에담(edam), 에멘탈(emmental), 고다(gouda), 스위스(swiss)
초경질	대부분 탈지유로 제조하며, 수분 함량이 30~34% 정도로 적고 단단하여 주로 강판에 갈거나 분말로 사용	파마산(parmesan), 로마노(romano)

탄력 있는 치즈가 만들어지며, 산에 의한 응고물 형성의 경우 산 형성 물질이 증가할수록 치즈는 단단해진다. 치즈 성형 시 압력을 가하면 응고물에서 유청을 빨리 탈수시킬 수 있지만 치즈의 질감이 단단해지므로 연질 치즈를 가공할 때는 거의 압력을 가하지 않고 자연적으로 유청을 응고물에서 분리시킨다. 또한 첨가하는 미생물, 효소, 곰팡이에 따라 맛과 향에 영향을 미친다. 숙성 기간이 짧은 치즈는 맛이 부드러운 반면에 숙성 기간이 길면 강한 맛을 지닌다.

2. 달걀

1) 달걀의 구조 및 성분

(1) 달걀의 구조

달걀은 내용물을 싸고 있는 난각(달걀껍데기)과 그 안에 2층의 난각막이 있으며, 그 안에 달걀흰자(난백)와 중심부에 알끈으로 고정되어 있는 달걀노른자(난황)로 구성되어 있다(그림 11-3).

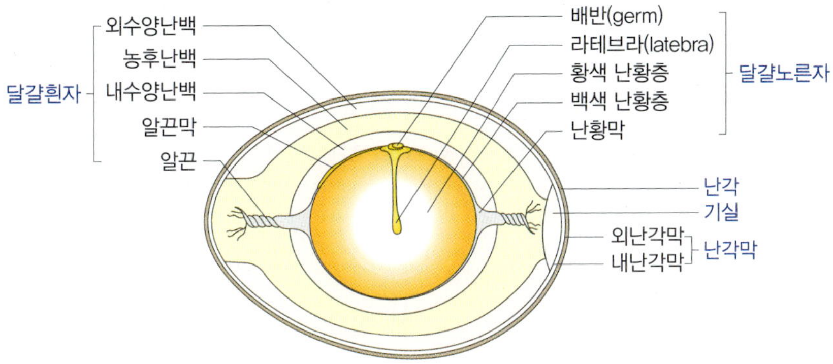

그림 11-3 달걀의 구조

자료 : 윤계순 외 7인, 새로 쓴 식품학 및 조리원리, 수학사, 2014.

① 난각

겉껍질인 난각(달걀껍데기)은 달걀 내부를 보호하고, 표면에 큐티클cuticle 층이 있어 외부로부터 세균의 침입을 막아 준다. 일반적으로 두께는 약 0.3 mm이며, 난각의 내외부에는 기공이 많이 있어 수분의 증발, 공기의 출입 등을 조절한다.

② 난각막

속껍질인 난각막은 내외 두 겹의 막으로 구성되어 있으며, 그 사이에 공기를 포함하는 기실(공기주머니)air chamber이 있다. 기실은 산란 직후에는 잘 형성되어 있지 않으나 산란 직후 차가워지면서 형성되어 공기와 수증기로 채워진다. 시간이 경과함에 따라 점점 커지기 때문에 기실의 크기는 달걀의 신선도를 확인하는 요소가 된다.

③ 달걀흰자

달걀흰자(난백)는 달걀노른자의 주위를 둘러싸고 있는 반투명한 액체로 점도에 따라 묽은 흰자(수양난백)와 진한 흰자(농후난백)로 나뉜다. 달걀흰자는 딱딱한 난각과 부드러운 노른자 사이에 있으며 외부로부터 달걀의 배아를 보호한다. 점도가 높은 진한 흰자는 미생물의 침입을 어렵게 한다.

④ 달걀노른자

달걀노른자(난황)는 젤라틴질의 얇고 탄력 있는 난황막(노른자위막)에 싸여 보호되며 알끈으로 고정되어 있다. 달걀이 오래되면 알끈이 약해져 노른자가 중앙에 위치하지 못하며, 막은 약해져 터지기 쉬워진다.

(2) 달걀의 성분

전란의 수분 함량은 약 76%, 단백질 12%, 지질 8%, 당질 1%로 대부분 수분이지만, 단백가가 높아 영양적 가치가 우수한 식품 중의 하나이다. 전란, 노른자위, 흰자위의 영양 성분은 표 11-2에 나타내었다.

① 난각과 난각막

난각과 난각막은 달걀 중량의 10~12% 정도이다. 난각 성분의 대부분은 탄산칼슘 $CaCO_3$으로 구성되어 있으며 그 외에 미량의 탄산마그네슘 $MgCO_3$과 인산칼슘 $Ca_3(PO_4)_2$이 함유되어 있다. 난각막은 케라틴keratin이 주요 구성 성분이고, 그 외 알부민albumin, 뮤신mucin을 함유하고 있다.

② 달걀흰자

달걀흰자(난백)는 수분 88%, 단백질 10%, 그 외에 탄수화물, 회분, 무기질, 비타민 등을 약 2~3% 함유하고 있다. 달걀흰자 고형분의 대부분은 단백질로 오브알부민ovalbumin, 콘알부민conalbumin, 오보뮤코이드ovomucoid, 오보글로불린ovoglobulin, 오보뮤신

표 11-2 달걀의 구성 성분

(단위 : 가식부 100 g당)

	열량 (kcal)	수분 (%)	단백질 (g)	지질 (g)	탄수화물 (g)	회분 (g)	무기질			비타민			콜레스테롤 (mg)
							칼슘 (mg)	인 (mg)	철 (mg)	레티놀 (μg)	B_1 (mg)	B_2 (mg)	
전란	136	75.9	12.4	7.4	3.4	0.9	52	191	1.8	136	0.08	0.47	328.8
난황	318	50.9	14.7	23.4	9.3	1.6	151	508	5.2	431	0.22	0.47	629.3
난백	51	87.5	10.9	0.02	1.03	0.6	5	11	0	0	0	0.41	0

자료 : 농촌진흥청 국립농업과학원, 제9개정판 국가표준 식품성분표, 2016.

> **Tip 유정란 대 무정란**
>
> 유정란은 암탉과 수탉의 교미로 낳은 달걀이고, 무정란은 수탉과 수정이 이루어지지 않은 채 산란한 알로 부화할 수 없다. 유정란은 달걀노른자 표면의 중심부에 백색의 원반상 배반이 있는 반면에 무정란은 난자가 있던 곳에 백색 반점만 보인다. 유정란과 무정란의 영양 성분의 차이는 없다.

ovomucin, 라이소자임lysozyme 등이 함유되어 있다. 오브알부민은 달걀흰자 대부분을 구성하는 단백질로 콘알부민과 함께 열에 쉽게 응고하는 성질이 있다. 오보뮤코이드는 트립신trypsin을 저해하는 작용이 있으나 열에 의해 불활성화된다. 오보글로불린은 달걀흰자의 거품 형성에 기여하는 반면에 오보뮤신은 달걀흰자 기포의 안정화에 기여한다.

③ 달걀노른자

달걀노른자(난황)는 수분 50%, 단백질 15%, 지질 30%, 그 외에 탄수화물, 회분, 무기질, 비타민 및 콜레스테롤 등을 약 5% 함유하고 있다. 달걀노른자 고형분의 대부분은 지질과 단백질이다. 단백질은 대부분 인과 단백질이 결합한 인단백질로 존재하며 비텔린vitellin과 비텔리닌vitollenin이 있다. 지질의 약 10%는 인지질로 레시틴lecithin과 세팔린cephalin으로 구성되어 있다. 달걀노른자의 레시틴은 유화제로 사용된다.

2) 달걀의 품질 평가

달걀은 산란 후 품질 저하가 지속적으로 이루어지기 때문에 유통 과정과 소비자가 섭취하기 전까지 품질 관리가 중요한 식품이다. 축산물품질평가원에서 실행하고 있는 달걀의 등급 판정은 품질 등급과 중량 규격으로 구분하며 두 가지 다 표시해야 한다.

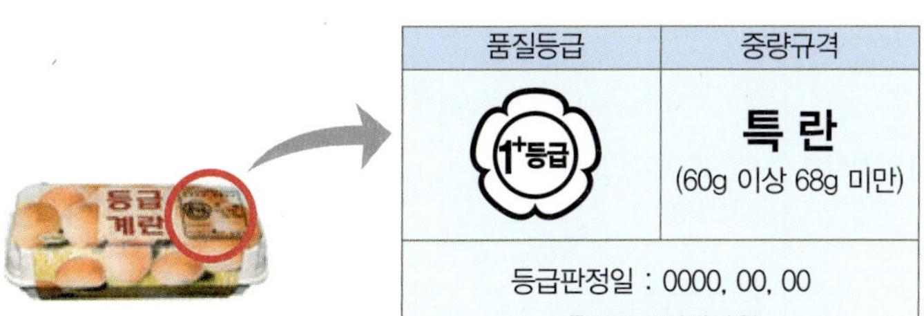

그림 11-4 달걀의 등급 표시

자료 : 축산물품질평가원, www.ekape.or.kr

품질 등급은 세척한 계란에 대해 외관검사, 투광 및 할란 판정을 거쳐 1^+등급, 1등급, 2등급으로 나누며, 중량 규격은 중량에 따라 구분하고 이를 표시한다(그림 11-4).

(1) 난각 외부에 의한 품질 판정

① 달걀의 중량

우리나라의 달걀 품질 등급은 축산물품질평가원에서 중량에 따라 왕란(68 g 이상), 특란(68 g 미만~60 g 이상), 대란(60 g 미만~52 g 이상), 중란(52 g 미만~44 g 이상), 소란(44 g 미만)으로 분류한다.

② 외관 판정

달걀의 외관 판정은 육안으로 판별이 가능한 난각의 청결 정도, 거친 정도, 상처의 유무, 생김새 등에 의하여 평가한다. 신선한 달걀은 난각이 꺼칠꺼칠하다.

③ 투광 판정

투광 판정은 어두운 방에서 빛(광선)을 달걀에 비춰 노른자의 위치 및 퍼진 정도, 흰자

표 11-3 달걀의 품질 기준

판정 항목		품질 기준			
		A급	B급	C급	D급
외관판정	난각	청결하며 상처가 없고 달걀의 모양과 난각(달걀껍데기)의 조직에 이상이 없는 것	청결하며 상처가 없고 달걀 모양에 이상이 없으며 난각의 조직에 약간의 이상이 있는 것	약간 오염되었으나 상처는 없으며 달걀의 모양과 난각의 조직에 이상이 있는 것	오염되어 있는 것, 상처가 있는 것, 달걀의 모양과 난각의 조직이 현저하게 불량한 것
투광판정	기실(공기주머니)	깊이가 4 mm 이내	깊이가 8 mm 이내	깊이가 12 mm 이내	깊이가 12 mm 이상
	노른자	중심에 위치하며 윤곽이 흐리나 퍼져 보이지 않는 것	거의 중심에 위치하며 윤곽이 뚜렷하고 약간 퍼져 보이는 것	중심에서 상당히 벗어나 있으며 현저하게 퍼져 보이는 것	중심에서 상당히 벗어나 있으며 완전히 퍼져 보이는 것
	흰자	맑고 결착력이 강한 것	맑고 결착력이 약간 떨어진 것	맑고 결착력이 거의 없는 것	맑고 결착력이 전혀 없는 것
할란판정	노른자	위로 솟음	약간 평평함	평평함	중심에서 완전히 벗어나 있는 것
	진한 흰자(농후난백)	많은 양의 흰자가 노른자를 에워싸고 있음	소량의 흰자가 노른자주위에 퍼져 있음	거의 보이지 않음	이취가 나거나 변색되어 있는 것
	묽은 흰자(수양난백)	약간 나타남	많이 나타남	아주 많이 나타남	
	이물질	크기가 3 mm 미만	크기가 5 mm 미만	크기가 7 mm 미만	크기가 7 mm 이상
	호우 단위	72 이상	60 이상~72 미만	40 이상~60 미만	40 미만

자료 : 축산물품질평가원, 축산물 등급판정 세부기준, 2018.

의 결착력, 달걀의 둔단부에 있는 기실의 크기 및 내부 이물질 등을 관찰하는 방법이다.

④ 비중

달걀의 비중을 이용하여 신선도를 측정하는 방법으로 신선한 달걀의 비중은 1.08~1.09이다. 저장 기간이 오래되면 수분의 증발로 달걀의 비중은 감소한다. 일반적으로 11% 소금물에 달걀을 담가 위로 떠오르는 것은 부패한 것, 가라앉는 것은 신선한 것으로 신선도를 판정할 수 있다.

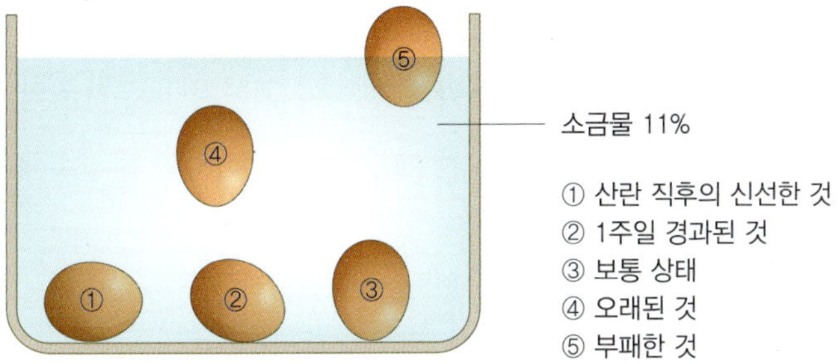

그림 11-5 11% 식염수 중의 달걀

자료 : 윤계순 외 7인, 새로 쓴 식품학 및 조리원리, 수학사, 2014.

(2) 난각 내부에 의한 품질 판정

달걀을 깬 후에 노른자와 흰자의 상태를 보고 판정하는 것으로, 품질이 좋은 달걀은 노른자가 높이 솟아 있고 흰자도 모아져 있으나, 품질이 떨어지는 달걀은 노른자와 흰자가 넓게 퍼져 있다. 난각 내부의 품질은 난백 계수, 난황 계수 및 호우 단위로 판정할 수 있다.

① 흰자위 계수

흰자위 계수(난백 계수)albumen index는 판 위에 달걀을 깨어 놓은 뒤 흰자위의 높이

그림 11-6 난각 내부의 노른자위와 흰자위의 상태

자료 : 축산물품질평가원, www.ekape.or.kr

와 직경을 측정하여 높이를 평균 직경으로 나눈 값이다. 신선한 달걀의 흰자위 계수는 0.14~0.17이며, 흰자위 계수가 감소할수록 신선도는 떨어진다.

$$\text{흰자위 계수} = \frac{\text{흰자위의 높이}}{\text{퍼진 흰자위의 평균 직경}}$$

② 노른자위 계수

노른자위 계수(난황 계수)yolk index는 판 위에 달걀을 깨어 놓은 뒤 노른자위의 높이와 직경을 측정하여 높이를 직경으로 나눈 값이다. 신선한 달걀의 노른자위 계수는 0.36~0.44이며, 신선도가 떨어지면 난황막의 탄력이 없어져 노른자위의 높이가 낮아지므로 노른자위 계수는 감소한다. 노른자위 계수가 0.25 이하인 달걀은 쉽게 터진다.

$$\text{노른자위 계수} = \frac{\text{노른자위의 높이}}{\text{노른자위의 직경}}$$

③ 호우 단위

호우 단위Haugh units는 달걀의 중량(W)과 진한 흰자위의 높이(H)를 측정하여 아래 식에 의하여 산출한 값을 말한다. 신선한 달걀의 호우 단위는 86~90이며, 호우 단위가 감소할수록 신선도는 떨어진다.

$$\text{호우 단위} = 100 \times \log(H - 1.7W^{0.37} + 7.6)$$

3) 달걀의 조리 및 이용

(1) 달걀의 조리 특성

달걀은 양질의 단백질을 제공하는 영양적으로 우수한 식품이다. 열에 의해 응고되며 흰자위로 거품을 형성할 수 있고, 노른자위의 레시틴 성분은 유화성을 나타내는 등 다양한 기능성을 가진다(표 11-4).

① 응고성

가열, 산, 알칼리, 염, 기계적 교반, 방사선 등의 처리를 하면 달걀의 흰자위와 노른자위는 응고한다. 달걀의 응고는 달걀 성분 중 주로 단백질의 변성에 의해서 일어나는 현상이다. 일반적으로 변성되기 전의 달걀 단백질은 펩타이드 사슬이 수소결합, -S-S- 결

표 11-4 달걀 조리 특성의 이용

조리 기능성	역할	음식의 예
응고성	농후제	알찜, 커스터드, 푸딩
	청정제	맑은 장국, 콩소메, 커피
	결합제	만두소, 전, 알쌈
기포성	팽창제	머랭, 시폰 케이크, 마시멜로
	간섭제	캔디, 셔벗, 아이스크림
유화성	유화제	마요네즈, 케이크 반죽
기타	색	지단
	향기	각종 음식

자료 : 윤계순 외 7인, 새로 쓴 식품학 및 조리원리, 수학사, 2014.

합에 의해 질서정연하게 연결되어 단단한 공 모양 형태를 나타내지만, 다양한 처리에 의해 변성되는 동안 일부 결합이 붕괴되어 펩타이드 결합은 노출되고 단백질 코일이 열리면서 공 모양에서 직선상으로 바뀐다. 따라서 유동성이 사라지고 젤 상태로 되며 용해도기 감소하지만 소화율은 증가한다.

달걀을 가열하면 응고되는데 이러한 성질은 알찜, 소스, 커스터드 그리고 푸딩과 같은 음식을 만들 때 농후제로 이용할 수 있다. 음식에 달걀물과 빵가루를 묻혀 튀기는 음식에 이용하거나 만두소를 서로 결착시키기 위해서 사용하며, 밀가루 반죽을 익힐 때 조직의 응고성을 증가시켜 주기도 한다. 또 콩소메를 만들 때나 고기 국물에 달걀을 넣어 끓이면 달걀이 응고될 때 기타 물질을 같이 응고 침전시키므로 국물을 맑게 하는 청정제로 이용된다. 가열 시간, 온도 및 식초, 식염, 설탕과 같은 첨가물들은 달걀의 응고성에 영향을 미친다.

ⓐ 열 시간 및 온도

흰자위는 약 60℃에서 반투명해지면서 유백색의 젤 형태로 변하며 65℃에서 완전히 응고된다. 이때의 응고물은 부드러운 질감을 가지지만 온도가 80℃ 이상이 되면 단단해진다. 노른자위는 흰자위보다 높은 온도에서 응고되는데 약 65℃ 정도에서 응고되기 시작하여 70℃에서 완전히 응고된다. 노른자위는 열에 완전히 응고되면 흰자위와는 달리 부서지기 쉬운 상태가 된다. 난황막을 터뜨려서 저은 후 노른자위를 가열하면 질감이 단단하고 질기게 응고하는데, 이는 젓는 작용에 의하여 노른자위의 미세 구조에 변화가 일어나 교차결합을 이루어 단백질이 그물 구조를 이루기 때문이다. 응고되는 속도는 고온일수록 빠르지만 고온에서 가열할수록 단단하고 질기며 수축이 심한 반면에 저온에서 가열하면 부드럽기 때문에 낮은 온도에서 서서히 가열하는 것이 좋다. 또한 단백질 농도가 낮을수록 응고되는 온도가 높고 젤은 부드럽다. 예를 들어 달걀에 물을 넣어 혼합하면 응고성이 감소하므로 응고 온도는 높아진다. 알찜이나 커스터드와 같은 음식의 조리에서 볼 수 있는 현상이다.

ⓑ 식초

달걀은 단백가가 높은 식품이며 주요 단백질들의 등전점 부근의 pH에서 열 응고성이 최대가 될 것이다. 흰자위의 주요 단백질인 오브알부민의 등전점은 pH 4.8로 가열할 때 식초를 넣으면 흰자위의 pH를 등전점으로 접근시켜 응고를 쉽게 한다. 등전점 부근에서는 낮은 온도에서도 응고가 잘 일어난다. 수란을 만들 때 이러한 성질을 이용하여 식초를 넣으면 흰자위가 쉽게 응고한다. 그러나 산을 너무 많이 첨가하여 pH 4.4가 되면 온도를 80℃ 정도로 올려야 응고되며 pH 4 이하에서는 응고하기 어렵다.

ⓒ 소금 및 우유

흰자위 단백질인 오브알부민은 열 응고에 있어서 칼슘 이온 Ca^{2+} 이나 나트륨 이온 Na^{+} 같은 양이온이 응고에 영향을 미친다. 예를 들어 달걀찜에 소금을 첨가하면 나트륨 이온 Na^{+} 이, 커스터드를 만들 때 우유의 칼슘 이온 Ca^{2+} 등이 응고가 잘 일어나도록 돕는다.

ⓓ 설탕

설탕은 단백질을 연화시키므로 응고성을 감소시켜 응고 온도를 높이는 역할을 한다. 예를 들어 달걀찜을 만들 때 설탕을 넣으면 설탕 양이 늘어날수록 단백질의 응고 온도가 높아져서 부드럽고 탄력 있는 젤을 형성된다. 커스터드를 제조할 때 설탕을 30% 이상 첨가하면 젤이 약하게 형성되어 설탕의 농도를 낮추어야 한다. 이는 설탕이 가열에 의해 단백질 분자가 풀리는 것을 억제하기 때문이다.

② 기포성

달걀을 저어 주면 기포가 형성되는데 이는 흰자위의 기능성으로, 식품의 텍스처를 가볍게 하여 팽창제 역할을 하거나 결정의 형성을 방지할 때 사용한다. 흰자위의 거품은 흰자위와 공기의 접촉면에서 교반으로 변성된 흰자위 단백질이 공기방울 입자 표면을 둘러싸며 잘 분산되어 있는 안정화된 콜로이드 분산이다. 흰자위가 교반에 의하여 쉽

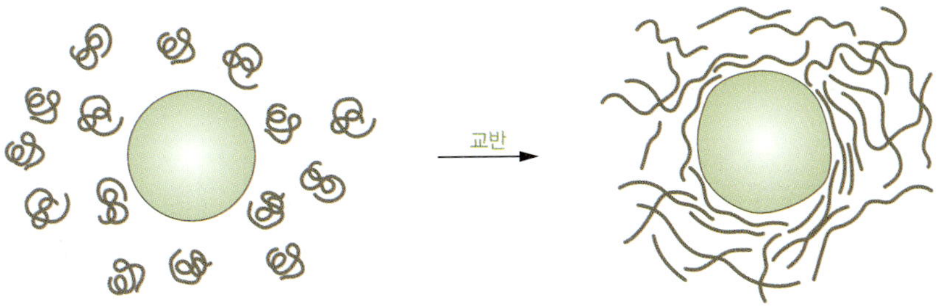

그림 11-7 교반에 의한 흰자위의 기포 형성

자료 : 김완수 외 3인, 조리과학 및 원리, 라이프사이언스, 2008.

게 거품을 형성하고 안정성 있는 기포를 얻게 되는 것은 흰자위 단백질이 공기방울 입자의 표면에 흡착되기 쉬운 성질을 가지고 있으며 이로 인해 표면장력을 낮추어 결국 공기방울의 분산을 안정화시키기 때문이다. 교반에 의해서 흰자위 단백질이 변성되면 겹쳐져 있던 폴리펩타이드 사슬이 펼쳐지고 표면에 나열 및 응집하여 막을 형성한다. 그러나 지나친 교반으로 흰자위 단백질이 변성되면 응고물이 형성되어 거품은 불안정해진다. 흰자위의 단백질 중 오보글로불린은 기포 형성에 관여하며, 일반적으로 기포가 형성되면 단백질 분자 내의 유리 상태인 황화합물 잔기sulfhydryl residue, -SH는 감소하고 이황화 결합disulfide bond, S-S은 증가한다.

난백의 기포성을 높이기 위해서는 흰자위 단백질의 조건은 점도가 낮아야 하고, 거품의 안정성을 유지하기 위해서는 점성이 커야 거품의 막이 파열되지 않는다. 달걀의 신선도, 흰자위의 종류, 온도, pH 및 첨가물 등이 흰자위의 기포성에 영향을 미친다.

ⓐ 달걀의 산란기 및 흰자위의 종류

봄과 가을에 산란된 달걀은 여름에 산란한 달걀보다 기포성이 좋으며, 신선한 달걀보다 오래된 달걀의 기포성이 좋다. 이는 봄과 가을에 산란된 달걀과 오래된 달걀에 묽은 흰자위(수양난백)가 많아 점도가 낮기 때문이다.

ⓑ 온도

흰자위는 높은 온도에서 점도가 낮아지므로 거품이 잘 일어나지만 너무 높은 온도에서 교반하면 단백질 변성이 일어나 광택이 없어지고 기포막은 약화되어 안정성이 낮아진다. 흰자위는 30℃일 때 기포력과 안정도가 가장 적당한데 이는 흰자위 단백질의 표면장력이 저하되기 때문이다. 따라서 냉장고에 저장했던 달걀을 사용하여 거품을 내려고 할 때는 우선 달걀을 실온에 꺼내 놓아 온도를 높인 후에 조리한다.

ⓒ pH

흰자위를 이용하여 거품을 낼 때 교반 중 소량의 식초나 레몬즙 등과 같은 산을 첨가하면 기포가 쉽게 형성된다. 이는 산 첨가 시 흰자위의 pH가 주요 단백질인 오브알부민의 등전점(pH 4.8)에 가까워지기 때문이다. 일반적으로 단백질의 등전점 부근에서 기포성이 가장 커진다.

ⓓ 첨가물

- 우유 : 우유의 지방구가 흰자위의 기포 형성을 저해한다. 그러나 유지가 없거나 지방구가 적은 탈지유, 무당 연유 및 균질유를 첨가하면 기포 형성에 영향을 미치지 않는다. 이는 지방의 총함량보다 지방구의 크기와 분포 상태가 더 중요하기 때문이다.
- 지방 : 지방은 흰자위의 기포 형성을 방해하는 인자이다. 따라서 극히 소량이라도 노른자위가 섞이면 기포가 잘 형성되지 않는다.
- 식염 : 식염을 첨가하면 단백질의 표면 변성을 촉진시킬 수 있어 기포 형성 능력은 좋아지지만, 기포 형성이 너무 과하고 안정성이 나빠져서 조리 제품의 품질에 나쁜 영향을 미친다.
- 산 : 기포 형성 시 산을 첨가하면 흰자위의 pH가 낮아진다. 흰자위의 기포는 흰자위의 오브알부민 등전점 부근에서 가장 많이 형성되므로 거품을 내기 전에 흰자위에 산을 첨가하면 거품의 안정성이 증가된다. 교반하기 전에 산을 첨가하면 흰자위가 응고되므로 산을 첨가할 때는 교반이 어느 정도 진행되어 거품이 형성되었을 때 소량씩 서서히 첨가하면서 계속 교반하여야 안정성 있는 기포를 만들 수 있다.
- 설탕 : 설탕은 점도를 증가시키는 역할을 해서 기포 형성에 나쁜 영향을 미친다. 반면에 기포막을 부드럽게 하여 광택이 있으며, 교반 시간은 오래 걸리지만 안정성 있는 거품이 만들어진다. 부드러운 머랭을 만들 때 처음에는 설탕을 넣지 않은 채 교반을 시작하여 거품이 어느 정도 안정하게 형성된 후 설탕을 서서히 첨가하여 거품 형성을 완료하면 부드럽고 광택이 있으며 안정성 있는 기포를 만들 수 있다.
- 기타 : 흰자위의 기포 형성 시 교반기와 용기는 기포 입자의 크기나 안정성에 영향을 미칠 수 있다. 흰자위의 거품을 내는 교반기 칼날의 면적이 넓거나 굵은 것은

가는 것보다 흰자위를 미세하게 쪼개지 못하므로 기포의 크기가 큰 상태로 있어서 교반 시간이 길어진다. 기포 형성 시 사용하기 좋은 그릇은 밑면이 좁고 둥글고 윗부분이 넓은 것이 교반기 칼날이 흰자위를 접할 확률이 많아져 효과적으로 거품을 낼 수 있다.

③ 유화성

노른자위의 유화성은 노른자위의 인지질인 레시틴과 단백질이 결합한 인지질 단백질 lecitoprotein에 의해 형성된다. 레시틴은 친수기와 친유기를 함께 갖고 있어 물과 기름의 계면장력을 떨어뜨려 유화 과정에서 표면 변성을 일으켜 분산상의 계면 보호막이 되어 유화액의 안정성을 유지해 준다. 이러한 노른자위의 유화성을 이용한 대표 식품이 마요네즈와 스펀지케이크이다. 달걀의 흰자위는 노른자위의 약 1/4 정도의 유화성을 가지는데 이를 이용한 식품이 샐러드드레싱이다.

④ 가열에 의한 달걀의 변색

달걀을 100℃ 끓는 물에 15분 이상 삶으면 노른자 표면이 암녹색으로 바뀌는 것을 볼 수 있다. 이는 노른자위에 들어 있는 황이 황화수소H_2S를 형성하여 가열이 진행됨에 따라 압력이 낮은 노른자위의 중심부로 이동하기 때문이다. 황화수소는 노른자위의 철과 결합하여 암녹색의 황화제1철FeS을 형성한다. 이 반응은 신선한 달걀보다 오래된 달걀에서 더 빈번하게 발생하는데 이는 신선도가 저하되면 pH가 증가하여 알칼리 환경에서 더 빨리 발생하기 때문이다. 이러한 변색을 막기 위해서는 달걀을 70℃ 정도의 낮은 온도에서 삶은 후 찬물에 바로 식히면 된다.

(2) 달걀을 이용한 조리

① 습열 조리

ⓐ 삶은 달걀

삶은 달걀boiled egg은 달걀이 잠길 정도의 찬물을 넣고 물이 끓기 시작하면 시머링 simmering 온도에서 반숙란은 4~6분, 완숙란은 10분 정도 가열하여 만든다. 처음부터 끓는 물에 넣어 가열하는 방법이 있는데 이때 반숙란은 6~8분, 완숙란은 10~12분 정도 끓인다. 완숙란은 완전히 응고된 상태를 말하는데 응고된 흰자위의 질감은 연하고 부드러워야 하며 노른자위는 건조된 상태여야 한다. 반숙란은 흰자위와 노른자위의 익은 정도가 반고체 상태여야 한다.

ⓑ 수란

수란poached egg은 달걀을 깨어 70~85℃의 물에 넣고 흰자위가 응고될 때까지 4~6분간 방치하여 익힌다. 85℃의 물에 찬 달걀이 여러 개 들어가면 물의 온도가 내려가므로 끓는 물에 달걀을 넣고 85℃로 유지하는 것이 중요하다. 식초나 소금을 끓는 물에 첨가하면 흰자위의 응고를 도와 수란의 모양을 만드는 데 도움을 준다. 잘 조리된 수란의 모양은 노른자위 부위가 둥글게 두툼하고 흰자위가 그 주위를 보기 좋게 둘러싸 응고된 상태이며, 흰자위의 응고물은 젤리상의 부드러움을 지녀야 한다. 한식 수란은 국자를 이용해서 모양을 만들고, 양식 수란은 끓는 물에 넣어 자연스러운 모양을 만드는 차이가 있다.

ⓒ 달걀찜과 커스터드

달걀찜과 커스터드는 달걀의 열 응고성을 이용한 대표적인 음식이다. 달걀찜이나 커스터드와 같이 달걀을 희석하는 경우 혼합물의 종류와 양에 따라 응고력과 응고에 필요한 온도와 시간 등이 크게 영향을 받는다. 너무 오래 익히거나 시간이 오래 걸리면 달걀이나 커스터드의 달걀 젤이 응고된 후 물이 빠져나오는 이장 현상이 일어나기도 한다. 달걀찜이나 커스터드는 부드럽게 응고된 형태로 촉감이 부드러운 것이 특징이다. 달걀찜은 달걀에 물, 새우젓 등을 넣고 찌는 한식 달걀찜과 달걀에 다시마 국물을 넣고 찌는 일식 달걀찜이 있다. 커스터드는 우유, 크림, 설탕, 바닐라, 달걀이나 달걀노른자의 혼합물을 177℃의 온도에서 오븐에 넣고 23~25분간 중탕으로 굽는 것이다.

② 건열 조리

ⓐ 달걀 프라이

달걀 프라이fried egg는 프라이팬에 기름을 넣고 팬이 뜨거워지면 달걀을 깨어서 익히는 것으로, 기름이 너무 작으면 달걀이 팬에 달라붙고 기름이 너무 많으면 달걀에 기름기가 많아진다. 프라이팬의 온도는 흰자위가 서서히 응고되기에 적당해야 한다. 달걀 프라이는 익힌 정도나 방법에 따라 sunny side up, over easy, over medium, over hard로 분류한다. sunny side up은 달걀의 흰자는 익히지만 노른자는 익히지 않은 상태로 노른자가 터지지 않고 위쪽을 향해 있어야 한다. Over easy는 달걀흰자가 75% 정도 익으면 달걀을 뒤집어서 흰자가 노른자를 덮은 상태에서 익히는 방법이며, over medium은 over easy에서 노른자를 더 익힌 상태, over hard는 노른가가 완전히 익은 상태이다.

ⓑ 스크램블드에그

스크램블드에그scrambled egg는 달걀에 우유, 크림과 같은 액체를 넣어 혼합한 후 프라이팬에 부어 저어 주면서 익힌다. 달걀에 첨가하는 액체의 양에 따라 입자의 크기가 작으면서 단단하거나 크면서 부드러운 스크램블드에그가 된다. 첨가하는 액체의 양이 너무 적으면 응고가 많이 되어 질겨지고 너무 많으면 덩어리가 크게 진다. 스크램블드에그는 잘게 썬 베이컨, 사과, 양파 등을 섞기도 한다.

ⓒ 오믈렛

오믈렛omelet은 달걀을 깨뜨려 노른자위와 흰자위를 잘 섞어 팬에 기름을 넣고 뜨거워지면 달걀을 붓고 저어 주면서 럭비공 모양으로 만든 것이다. 오믈렛은 달걀 단백질이 가열하면 응고되는 성질을 이용하는 식품으로 겉은 익고 속은 부드러워야 한다. 달걀만을 이용하는 것을 플레인 오믈렛plain omelet이라 하며, 오믈렛 안에 기호에 따라 양파, 피망, 햄, 양송이버섯, 치즈 등을 다져서 넣기도 한다.

ⓓ 머랭

머랭meringue에는 부드러운 것soft meringue과 단단한 것hard meringue 두 종류가 있다. 부드러운 머랭은 파이나 푸딩에, 단단한 머랭은 바삭한 후식의 밑받침이나 쿠키로 사용한다. 머랭은 흰자위를 부드러운 거품이 생기도록 저은 후에 설탕을 조금씩 넣으면서 계속 저어 굳은 거품을 만든다. 이것을 파이틀pie mold에 넣고 190℃에서 12~18분간 굽는다. 단단한 머랭은 바삭하고 부드러우면서 흰색을 띠는데, 흰자위에 주석영cream of tartar을 넣고 부드러운 거품이 형성되도록 저은 다음 바닐라 향을 넣고 설탕을 넣어 가면서 아주 단단한 거품이 형성되도록 계속 교반한다. 이것을 파이틀에 넣고 121℃에서 50~60분간 구운 다음 불을 끄고 1시간 정도 오븐에 그대로 방치하면 쿠키처럼 단단한 머랭이 만들어진다. 머랭을 덜 익혔거나 흰자위의 거품을 형성할 때 교반이 덜 되었을 경우에 바닥으로 액체가 흘러나오는 데 이러한 현상을 이장 현상이라고 한다. 너무 익히거나 흰자위 단백질이 과잉으로 응고되었을 경우 또는 설탕이 저어 주는 과정에서 충분히 용해되지 않았을 경우에는 머랭의 표면에 물방울이 맺히는 현상beading이 일어난다.

Summary

1. 우유는 약 88%의 수분, 단백질 2.8%, 지질 3.3%, 탄수화물 5%, 무기질 및 비타민 등으로 구성되어 있다.

2. 우유의 단백질은 필수아미노산들을 모두 포함하고 있는 복합 단백질로, 크게 산이나 레닌을 가하면 응고되는 카세인(casein)과 카세인이 응고된 후 유청에 남아 있는 유청 단백질로 구성되어 있다.

3. 우유는 영양소가 풍부하여 미생물이 생육하기에 좋은 조건의 식품이므로 시판되기 전에 살균 과정을 거쳐야 한다. 우유의 살균법은 저온 장시간 살균법(low temperature long time pasteurization), 고온 단시간 살균법(high temperature short time pasteurization), 초고온 살균법(ultra high temperature pasteurization)이 있다.

4. 우유는 수용액 층에서 유지방들이 뭉쳐 지방층이 분리되어 크림 층을 형성하는데, 이러한 크림 층 형성을 방지하기 위해 균질화를 한다. 균질화 처리를 한 우유는 지방층 분리를 방지하고 우유의 색을 희게 하며 표면적이 커져 소화율이 증가한다.

5. 우유를 가열하면 유청 단백질(whey protein)은 인산칼슘(calcium phosphate) 또는 지방구와 결합하여 응고 및 침전하고, 수분이 증발하며 농축되어 유청 단백질과 젖당의 비효소적 갈변 반응으로 향미가 변한다.

6. 달걀의 구조는 내용물을 싸고 있는 난각(달걀껍데기)과 그 안에 2층의 난각막이 있으며, 그 안에 흰자위(난백)와 중심부에 알끈으로 고정되어 있는 노른자위(난황)로 되어 있다. 달걀의 성분은 수분 76%, 단백질 12%, 지질 8%, 당질 1%로 대부분이 수분이지만 단백가가 높아 영양적 가치가 우수한 식품 중 하나이다.

7. 달걀의 품질 평가는 축산물품질평가원에서 실행하고 있으며, 달걀의 등급 판정은 품질 등급과 중량 규격으로 구분하고 두 가지 모두 표시해야 한다. 난각(달걀껍데기) 외부에 의한 품질 판정은 달걀의 중량, 외관 판정, 투광 판정 등이 있으며, 난각 내부에 의한 품질 판정은 달걀을 깬 후에 흰자위와 노른자위의 상태를 판정하는 것으로 품질이 좋은 달걀은 노른자위가 높이 솟아 있고 흰자위는 모아져 있는 반면에 품질이 떨어지는 달걀은 흰자위와 노른자위가 넓게 퍼져 있다. 난각 내부의 품질은 흰자위 계수, 노른자위 계수 및 호우 단위로 판정한다.

8. 흰자위와 노른자위의 응고는 주로 달걀 성분 중 단백질의 변성에 의해서 일어나는 현상이다. 달걀을 저어 주면 기포가 형성되는데 이는 흰자위의 기능성으로 식품의 텍스처를 가볍게 하여 팽창제의 역할을 하거나 결정 형성을 방지할 때 사용한다. 달걀의 유화성은 노른자위의 인지질인 레시틴과 단백질이 결합한 인지질 단백질(lecitoprotein)에 의해 형성된다.

연습문제

1. 우유 단백질 중 카세인(casein)에 대한 설명으로 옳은 것은?
   ① 우유 중의 칼슘과 결합하여 존재한다.
   ② 레닌에 의해 쉽게 응고되지 않고 분해된다.
   ③ 산에 의해 분해된다.
   ④ 가열에 의해 쉽게 응고된다.
   ⑤ 우유 중에 지방과 결합하여 존재한다.

2. 우유를 균질화시키는 목적이 아닌 것은?
   ① 지방의 분리가 방지된다.
   ② 지질의 소화가 잘 된다.
   ③ 세균 및 미생물이 발육이 저지된다.
   ④ 지방구가 안정된 상태가 된다.
   ⑤ 우유의 크림층 형성이 방지된다.

3. 우유를 가열하면 표면에 피막이 형성된다. 피막을 형성하는 우유 단백질 두 가지는?

4. 완숙달걀의 노른자위 주위가 변색되는 것에 대한 설명으로 옳은 것은?
   ① 흰자위의 황과 노른자위의 철분이 결합하여 황화철(FeS)을 형성한 것이다.
   ② 신선도가 높을수록 변색이 더 잘 일어난다.
   ③ 100℃의 끓는 물에서 15분 이상 삶으면 변색을 방지할 수 있다.
   ④ 삶는 시간을 15분 이내로 하고 삶은 직후 상온에서 식히면 변색을 방지할 수 있다.
   ⑤ 오래된 달걀을 사용하여 삶을 경우 변색이 되지 않는다.

5. 흰자위의 기포는 흰자위와 공기의 접촉면에서 교반으로 변성된 흰자위 단백질이 막을 형성하여 기포를 둘러싸 안정화된 콜로이드 분산을 형성하므로 형성된다. 흰자위의 기포 형성력에 영향을 주는 단백질은?

6. 신선한 달걀에 대한 설명으로 옳은 것은?
   ① 신선한 달걀은 기실이 크다.
   ② 신선한 달걀은 표면이 매끌매끌하다.
   ③ 신선한 달걀은 오래된 달걀보다 난황계수가 크다.
   ④ 신선한 달걀은 묽은 흰자(수양난백)가 진한 흰자(농후난백)보다 많다.
   ⑤ 신선한 달걀은 오래된 달걀보다 비중이 작다.

풀이와 정답

1. ① **2.** ③ **3.** 락트알부민, 락토글로불린 **4.** ① **5.** 오보글로불린 **6.** ③

References

김완수·신말식·이경애·김미정, **조리과학 및 원리**, 라이프사이언스, 2008.

안선정·김은미·이은정, **새로운 감각으로 새로 쓴 조리원리**, 백산출판사, 2012.

윤계순·이명희·류은순·민성희·신원선·정혜정·김지향·박옥진, **새로 쓴 식품학 및 조리원리**, 수학사, 2014.

CHAPTER **12**

채소 및 과일류

채소류와 과일류는 산이나 들에서 채취하거나 재배한 식물성 식재료를 말하며, 구분하기는 어려우나 일반적으로 채소류는 주식과 함께 부식으로 이용하는 초본류이고, 과일류는 주로 나무에 열리는 열매로 후식으로 이용한다. 채소류와 과일류는 수분을 많이 함유하고 포만감을 주며 각각 독특한 맛, 향기, 질감, 고운 색상 등으로 식욕을 자극한다.

채소류는 비교적 열량이 낮고, 과일류는 단맛이 강하며 열량원이 된다. 또한 채소류와 과일류는 비타민과 무기질이 풍부하고 식이섬유가 많아 정장 작용을 할 뿐만 아니라 다양한 종류의 식물성 생리활성물질phytochemical(파이토케미칼)을 함유하고 있어 질병 예방에 효과적인 것으로 보고되고 있다.

1. 채소류

1) 채소류의 종류 및 특성

채소류는 자연적 분류, 생태적 분류, 이용 부위별 분류 등 여러 가지 분류법이 있으나 식용하는 부위별 분류가 가장 일반적이며, 그 내용을 표 12-1에 나타내었다.

채소류의 영양 성분은 종류에 따라 차이가 있으나 일반적으로 90% 정도의 수분을 함유하고 있으며 칼슘, 칼륨, 마그네슘 등의 무기질이 풍부한 알칼리성 식품이다. 단백질과 지질이 소량 함유되어 있어 비교적 열량은 낮지만 뿌리를 식용하는 근채류의 경우 당질 함량이 높아 열량원이 된다. 수용성 비타민인 비타민 B군과 비타민 C 및 식이섬유를 풍부하게 함유하고 있어 다양한 생리 작용을 하며, 채소의 종류에 따라 엽록소

Tip 식물성 생리활성물질(phytochemical)

- 정의 : 식물에 함유되어 있는 영양소가 아닌 물질로 인체에 다양한 생리 활성을 나타내어 건강을 증진시켜 주는 화합물
- 종류 : 페놀 화합물, 각종 색소화합물, 알릴 화합물 등
- 대표적인 파이토케미칼과 생리적 기능

파이토케미칼 종류	함유 식품	색	생리적 기능
라이코펜(lycopene)	토마토, 수박	적색	전립선암 예방, 심장 질환 예방
β-카로틴(β-carotene)	살구, 당근, 고구마	주황색	항산화 작용, 암 예방, 심장 질환 예방
안토사이아닌(anthocyanin)	딸기	적색	노화 억제, 암 예방
설포라판(sulforaphane)	브로콜리	녹색	위염, 위궤양 예방
레스베라트롤(resveratrol)	포도	보라색	암 예방, 심장병 예방

표 12-1 채소류의 종류

종류	식용 부위	대표 식품
엽채류	잎	배추, 양배추, 상추, 양상추, 시금치, 근대, 아욱, 쑥갓, 청경채, 엔다이브(꽃상추)
경채류	줄기	파, 양파, 부추, 마늘, 아스파라거스, 셀러리
과채류	열매	오이, 가지, 고추, 호박
근채류	뿌리	무, 당근, 연근, 우엉
화채류	꽃	브로콜리, 콜리플라워, 아티초크

표 12-2 채소류의 영양 성분

(단위 : 가식부 100 g당)

		열량 (kcal)	수분 (g)	단백질 (g)	지질 (g)	탄수화물 (g)	무기질				비타민					폐기율 (%)
							칼슘 (mg)	인 (mg)	철 (mg)	칼륨 (mg)	레티놀 (μg)	B_1 (mg)	B_2 (mg)	β-카로틴 (μg)	C (mg)	
엽채류	배추	12	95.6	1.1	0	2.7	29	18	0.5	222	0	0.20	0.03	5	10	-
	양배추	33	89.7	1.68	0.08	7.92	45	35	0.27	241	0	0.035	0.033	13	19.56	11
	상추	29	90.6	1.8	0.2	6.4	84	33	8.7	222	0	0.23	0.16	1,095	45	-
	시금치	33	89.4	3.1	0.5	6.0	40	29	2.6	502	0	0.12	0.34	2,876	60	-
	근대	18	93.0	1.78	0.20	3.28	49	34	0.53	562	0	0.094	0.108	3,046	4.80	0
	아욱	37	87.4	3.08	0.31	7.61	267	76	0.57	426	0	0.171	0.488	3,900	41.21	23
	쑥갓	15	94.6	1.93	0.17	2.35	91	36	0.79	239	0	0.029	0.088	2,472	10.40	0
	청경채	10	95.9	1.41	0.09	1.64	87	40	0.38	366	0	0.068	0.043	753	18.51	0
경채류	파	29	91.4	1.2	0.2	6.7	25	26	1.0	239	0	0.02	0.04	8	11	13
	양파	27	92.0	0.95	0.04	6.68	15	27	0.20	145	0	0.035	0.011	2	5.88	2
	부추(재래종)	22	93.0	1.8	0.3	4.1	28	23	3.4	-	0	0.16	0.08	87	5	0
	마늘	123	65.3	7.03	0.12	26.65	8	124	0.82	357	0	0.118	0.276	0	11.86	11
	아스파라거스	15	94.6	1.9	0.1	2.8	22	61	0.5	220	0	0.12	0.13	321	5	-
과채류	오이	14	95.2	1.22	0.02	3.05	18	39	0.20	196	0	0.002	0.034	61	11.25	0
	가지	19	93.9	1.13	0.03	4.36	16	35	0.26	232	0	0.035	0.163	52	0	4
	고추	29	91.1	1.71	0.19	6.42	15	38	0.50	270	0	0.008	0.076	458	43.95	5
	애호박	22	93.1	1.07	0.09	5.14	15	38	0.23	224	0	0.038	0.08	270	3.11	4
근채류	무(왜)	21	93.7	1.1	0.1	4.5	27	23	0.4	240	0	0.02	0.03	0	22	5
	무(조선)	15	95.3	0.63	0.09	3.36	23	37	0.18	268	0	0.059	0.021	4	7.34	-
	당근	31	91.1	1.02	0.13	7.03	24	42	0.28	299	0	0.037	0.062	5,516	3.02	3
	연근	75	80.0	1.63	0.07	17.28	28	75	0.80	478	0	0.087	0.124	0	28.35	10
	우엉	69	81.0	2.61	0.06	15.29	46	87	0.80	406	0	0.019	0.110	0	0.61	15
화채류	브로콜리	32	89.4	3.08	0.20	6.32	39	68	0.80	365	0	0.033	0.143	264	29.17	18
	콜리플라워	22	92.4	1.9	0.1	4.7	12	40	0.6	304	0	0.07	0.09	12	99	0
	아티초크	47	84.94	3.27	0.15	10.51	44	90	1.28	370	0	0.072	0.066	8	11.7	60

* - : 수치가 애매하거나 측정되지 않음

자료 : 농촌진흥청 국립농업과학원, 제9개정판 국가표준 식품성분표, 2016.

chlorophyll, 카로티노이드carotenoid, 플라보노이드flavonoid, 안토사이아닌anthocyanin 등의 다양한 색소가 함유되어 있어 시각적 즐거움과 식욕을 촉진한다.

(1) 엽채류

① 배추

배추chinese cabbage는 우리나라에서 가장 중요한 채소로 잎이 많고 연하며 연녹색을 나타낸다. 동일한 크기의 배추라면 무거운 것이 좋다. 십자화과 채소로 가열하면 황화물이 분해되어 황화수소 등을 생성하므로 독특한 냄새가 난다.

② 양배추

양배추cabbage는 속이 단단하며 무겁고 완전히 결구된 상태로 광택이 나는 것이 좋다. 녹색 양배추에는 엽록소 색소가, 자색 양배추에는 안토사이아닌 색소가 발달되어 있다. 양배추는 황 성분의 배당체에 의해 독특한 향미가 나며, 비타민 A, 비타민 B군 외에 메틸메티오닌 설포늄methylmethionine sulphonium을 함유하고 있어 만성 위염, 위궤양 등에 유효하다. 독일에서는 김치와 유사한 사워크라우트sauerkraut를 만들어 먹는다.

③ 상추

상추lettuce는 생육 기간이 매우 짧고 내한성이 비교적 강하므로 연중 공급이 가능한 채소이다. 잎이 연하고 두꺼우며 줄기 부분을 잘랐을 때 락투신lactucin[1], 렉투코피신 lectucopicin 같은 우윳빛의 흰 액체가 나오는 것이 좋다. 이 유액 성분은 쓴맛을 내며 진통, 진정 작용이 있어 불면증을 해소하는 데 도움이 된다. 상추는 주로 생으로 이용하므로 흐르는 물에 3회 이상 깨끗이 씻어야 한다. 페놀 성분이 함유되어 있어 자른 단면이 갈변하기 쉬우므로 씻지 않은 상태에서 비닐 포장 또는 젖은 종이에 싸서 보관하는 것이 바람직하다.

④ 양상추

서양요리 및 샐러드 등의 용도로 활용되는 양상추head lettuce는 잎의 수가 많고 주름이 균일하며 색상이 연한 녹색인 것이 좋다. 조리할 때는 손으로 결대로 뜯는 것이 수분 유출이 적으며 얼음물에 냉각하여 사용하면 신선함을 오래 지속할 수 있다.

[1] 락투신(lactucin) : 잎상추 줄기 절단면에서 나오는 유액으로, 쓴맛을 나타내며 신경 안정 작용을 함

⑤ 시금치

다양한 비타민을 함유한 시금치spinach는 서양에서는 양파와 함께 버터에 볶는 요리로 이용하고, 우리나라는 데친 후 나물로 무치거나 국 등으로 이용하고 있다. 칼슘, 철분 등의 무기질이 함유되어 있어 다양한 생리 작용에 도움이 되나 옥살산oxalic acid(수산)이 함유되어 있어 불용성의 옥살산칼슘(수산칼슘)을 만들어 칼슘의 흡수를 저해한다.

⑥ 근대

근대chard는 더위에 강하여 주로 여름철에 재배되며, 잎이 넓고 부드러운 것이 좋다. 성숙하여 뻣뻣한 것은 껍질을 살짝 벗겨 사용하기도 하며 풋내와 흙내가 나기 쉬우므로 끓는 물에 살짝 데쳐서 이용한다. 단백질의 함량은 적으나 라이신lysine, 페닐알라닌phenylalanine 등의 필수아미노산을 많이 함유하고 있다.

⑦ 쑥갓

쑥갓crown daisy은 동아시아에서는 채소로, 유럽에서는 관상용으로 이용된다. 잎이 푸르고 싱싱하며 줄기가 너무 굵지 않고 아래쪽에도 잎이 붙어 있는 것이 좋으며, 나물, 장식, 어취 제거용으로 많이 쓰인다.

⑧ 아욱

엽채류 중에서 칼슘을 2~3배 많이 함유한 아욱whorled mallow은 연한 줄기와 잎을 이용하며 억센 것은 주물러서 풋내를 빼고 사용한다.

⑨ 청경채

청경채pak choi는 잎이 선명한 녹색을 띠고 탄력이 있으며, 아랫부분은 두껍고 단단한 것이 좋다. 가열 조리할 때는 단단한 밑 부분부터 넣는 것이 바람직하다.

⑩ 엔다이브(꽃상추)

작은 배추처럼 생긴 엔다이브endive는 국내 재배가 이루어지는 특수 채소이며, 쌉쌀한 맛과 아삭한 식감, 수분이 많아 청량감을 느낄 수 있는 것이 특징이다. 버터에 볶아 먹으면 맛이 좋으며, 일반적으로 다른 채소류와 함께 샐러드로 사용된다. 고기구이나 생선회와 함께 즐길 경우 은은한 쓴맛이 미각을 돋우고 느끼함을 없애 주며, 비스킷이나 식빵 조각에 다양한 식재료를 올린 핑거푸드로 활용하기도 한다. 엽산folic acid, 비타민 K, 식이섬유가 많아 성인병 예방 및 항암에 도움이 된다.

(2) 경채류

① 파

파spring onion는 대파, 쪽파, 실파 등 품종이 다양하다. 잎 부분은 점성이 있으므로 양념으로 사용할 때에는 흰 부분만 다져서 쓰기도 한다. 파의 자극 성분은 황화알릴류로 위액의 분비를 촉진하고 살균, 살충의 효력이 있다.

② 양파

양파onion는 탄수화물이 많이 함유되어 있으며, 자극성 향미는 황화합물로 조리 과정에서 가열하면 매운 맛은 사라지고 프로필메캅탄propyl mercaptan이 생성되어 단맛이 증가하게 된다. 양파 껍질에 존재하는 퀘세틴quercetin[2]은 고혈압 예방, 혈액 순환 개선 등의 효능을 나타낸다.

③ 부추

부추garlic chive의 향미 성분인 황화알릴은 비타민 B_1의 흡수를 촉진하고 살균 작용이 있다. 우리나라에서는 생식하거나 전, 김치의 부재료로 사용하며, 중국에서는 대가 굵고 길이가 긴 호부추를 사용하여 부추잡채 등을 만들어 먹는다.

④ 마늘

마늘garlic의 주성분은 단백질, 당질, 비타민 B_1, 철 등이며, 마늘의 약리 작용을 나타내는 성분은 알리신allicin과 스코르디닌scordinin[3]이다. 알리신은 마늘의 강한 향미 성분으로 수용성 비타민인 비타민 B_1과 결합하여 알리티아민allithiamin이라는 물질로 변화하여 체내에 저장되므로 비타민 B_1의 결핍 증상인 권태감, 무력감, 부종 등을 예방할 수 있다.

⑤ 아스파라거스

아스파라거스asparagus는 줄기가 시들지 않고 녹색이 선명하며 밑 부분이 갈변되지 않고 품종 고유의 향이 뛰어난 것이 좋다. 삶을 때는 소금물에 밑 부분부터 세워서 데치다가 눕혀서 마저 삶은 후 껍질을 벗겨 샐러드 등에 사용한다. 쌉싸름한 맛의 주성분인 아스파라긴asparagine[4]이 함유되어 있어 신진대사를 촉진하며, 고혈압을 예방하는 루

---

2 퀘세틴(quercetin) : 양파 껍질에 있는 황색 색소로 고혈압을 예방

3 스코르디닌(scordinin) : 마늘에 함유된 성분으로 항혈전 작용 및 니트로사민(nitrosamine) 생성 차단 효과를 나타냄

4 아스파라긴(asparagine) : 아스파라거스의 쌉싸름한 맛으로 신진대사를 촉진

틴rutin도 다량 함유되어 있다.

⑥ 셀러리

셀러리celery는 품종 고유의 향이 뛰어나며 밑 부분이 갈변되지 않고 줄기가 싱싱한 것이 좋다. 조리할 때는 잎을 제거하고 줄기는 껍질을 벗겨서 사용한다. 식이섬유와 글루탐산glutamic acid이 함유되어 있으며, 셀러리 특유의 방향 성분은 세나놀리드 sedanolide, 세다놀sedanol이고 아피인apiin은 혈액 순환 개선 효과가 있다.

(3) 과채류

① 오이

오이cucumber의 주요 성분은 수분이 약 95%이고 단백질, 지질, 당질의 함량은 낮아 열량이 매우 낮다. 비타민 C는 신선한 열매에 많으며, 꼭지 부분의 쓴맛 성분은 쿠쿠비타신cucurbitacin[5]으로 열에 안정적이므로 조리할 때는 제거하는 것이 좋다. 세척 시 소금으로 표면을 문질러 씻으면 깨끗할 뿐 아니라 색도 선명해진다.

② 가지

가지eggplant는 다른 채소들과 달리 비타민과 무기질의 함량이 낮고 식이섬유가 풍부하다. 보라색 색소는 안토사이아닌 배당체인 나수닌nasunin으로 조리 과정에서 쉽게 색이 변한다. 쪄서 무치는 나물 등의 물렁한 질감이 싫다면 튀김과 구이 등의 조리법으로 입맛을 돋워 주는 것도 좋은 방법이다.

③ 고추

지구상에 자생하는 고추red pepper는 종류, 크기, 모양, 매운 맛 등이 매우 다양하다. 일반적으로 풋고추는 비타민 C가 풍부하며, 조리에는 풋고추, 붉은 고추가 다양하게 이용된다. 붉은 고추는 매운 맛이 풍부하므로 건조하여 양념으로 사용하며, 고추의 매운 맛 성분인 캡사이신capsaicin[6]은 과피에 많다.

④ 호박

호박pumpkin은 채소 중에서는 전분의 함량이 풍부하고 카로틴, 비타민 B, 비타민 C를 다량 함유하고 있다. 호박은 애호박, 단호박, 늙은 호박 등의 종류에 따라 다양한 용도

5 쿠쿠비타신(cucurbitacin) : 오이 꼭지의 녹색 부분에 많은 쓴맛 물질로 외부의 생물적 위험 요소로부터 오이를 보호하는 기능을 함

6 캡사이신(capsaicin) : 고추에 함유된 매운맛 성분으로 식욕 증진 및 소화 작용을 도움

로 이용된다. 나물, 전 등에 사용하는 애호박은 껍질이 연하고 육질은 치밀하면서 단단한 것을 선택한다.

(4) 근채류

① 무

무radish는 수분이 약 90~95%, 식이섬유가 9% 정도 함유되어 있으며, 비타민 C는 껍질과 무청에 많다. 무의 매운맛과 향미 성분은 메틸메캅탄methyl mercaptan과 시니그린sinigrin[7]의 분해로 생긴 겨자유mustard oil이다. 무에는 많은 양의 다이아스테이스diastase가 함유되어 있어 소화를 촉진한다. 무는 배추와 더불어 우리 식생활에 큰 비중을 차지하며 나물, 생채, 깍두기 등 다양하게 이용된다. 구입할 때는 동일한 부피라면 좀 더 무겁고 푸른 잎이 달려 있는 것을 선택한다.

② 당근

대표적인 유색 근채류인 당근carrot은 비타민, 무기질, 식이섬유 등이 풍부하게 함유된 녹황색 채소이다. 당근에 함유된 카로틴은 생리 활성이 강한 β-카로틴β-carotene으로 체내에서 비타민 A로 전환되어 시력 보호, 야맹증 개선 효과, 항암 작용을 나타낸다. 당근에는 비타민 C를 파괴하는 비타민 C 산화효소ascorbinase가 함유되어 있어서 생으로 섭취하는 것보다 기름과 함께 가열 처리하여 섭취하는 것이 좋다.

③ 연근

연근lotus root은 전분과 식이섬유를 함유하며 클로로겐산chlorogenic acid, 타닌tannin 같은 폴리페놀 물질이 다량 함유되어 있어 절단면이 공기와 접촉하면 갈변한다. 이때 절단면의 끈끈한 성분은 단백질과 당이 결합한 뮤신mucin이다.

④ 우엉

우엉burdock의 탄수화물 대부분은 이눌린inulin과 식이섬유이며, 타닌의 함량이 높아 갈변하기 쉽다. 안토사이아닌 색소를 함유하고 있어 조리할 때 칼륨, 마그네슘 같은 무기질과 반응하여 청색을 띠기도 한다. 우엉의 맛을 유지하면서 오래 저장하려면 굵기가 균일하고 직경이 3 cm 정도인 재료를 구입하여 흙이 묻은 상태로 움 저장하는 방법이 가장 좋다.

---

[7] 시니그린(sigrinin) : 겨자의 대표적인 매운맛 성분으로 겨자씨를 갈 때 효소에 의해 분해되어 향미 성분을 향상시킴

그림 12-1 채소류의 종류

자료 : 구글(아욱, 청경채, 아티초크), www.google.com

(5) 화채류

① 브로콜리

브로콜리broccoli는 카로틴, 비타민 B, 비타민 C가 풍부하며, 위염과 위궤양을 일으키는 헬리코박터 필로리균*Helicobacter pylori*을 사멸하여 위궤양과 위염에 유효한 설포라판 sulforaphane[8]이 함유되어 있다. 진한 푸른색으로 꽃봉오리의 작은 꽃들이 조밀하고 쌀알 크기인 것을 구입한다. 상온에서는 거의 저장성이 없으므로 구입 후 최대한 빨리 이용하는 것이 바람직하다.

② 콜리플라워(꽃양배추)

콜리플라워cauliflower는 꽃봉오리의 색이 연한 노란색을 띤다. 꽃 덩어리가 크고 싱싱한 것을 구입하여 쌀뜨물에 데쳐 요리하면 유황 성분이 휘발되어 맛이 향상된다.

③ 아티초크

아티초크artichoke는 개화 직전의 꽃봉오리를 수확해서 식용하는데, 꽃봉오리의 겉 부위를 잘 깎아 내고 속 부분만 이용한다. 조리할 때 변색을 방지하기 위해 미리 식초 물에 담갔다가 사용한다. 비타민 C와 엽산이 풍부하며 콜레스테롤 저하 효능이 있는 시나린cynarin도 함유하고 있다.

2) 채소류의 조리 변화

(1) 영양 성분의 변화

채소류는 주로 생으로 이용하므로 세척 과정부터 주의해야 한다. 채소를 씻을 때 마찰로 인하여 식물 조직이 손상되어 영양 성분의 유실, 풍미 변화, 변색 등이 일어나지 않도록 한다. 채소류에는 탄수화물, 수용성 비타민, 무기질, 맛 성분, 향기 성분, 색소 등 여러 가지 수용성 성분들이 포함되어 있다. 이러한 성분들은 채소의 잘린 단면이 물에 노출되면 손실되는데, 그 손실량은 단면이 많을수록, 물에 접촉하는 시간이 길수록 커지므로 채소는 씻은 후에 용도에 맞추어 써는 것이 바람직하다. 이들 성분 중 특히 비타민 C는 채소류에 많이 함유된 성분으로 용해도가 높아 채소를 썰어 물에 담그면 단시간 내에 용출되어 손실될 뿐만 아니라 열에도 파괴되기 쉬우므로 가열하지 않고 생으

[8] 설포라판(sulforaphane) : 브로콜리에 함유된 성분으로 위암과 위궤양을 일으키는 헬리코박터 필로리균을 사멸하여 위를 보호함

로 섭취하는 것이 좋다. 수용성 성분들의 손실을 최소화하기 위해 조리할 때 조리수를 적게 사용함은 물론이고 국물까지 섭취하는 조리법의 개발이 필요하다.

반면 카로틴과 지용성 비타민의 흡수를 돕기 위해서는 기름을 사용하는 조리법이 효과적이다. 이외에도 산과 알칼리, 금속 등에 의해서도 영양소 일부가 손실될 수 있으므로 주의해야 하며, 조리할 때는 스테인리스강 재질의 조리 기구를 사용하는 것이 바람직하다.

(2) 색소 성분의 변화

채소류에 존재하는 식물성 색소는 지용성 색소와 수용성 색소로 나뉜다. 지용성 색소는 색소체에 존재하는 엽록소와 카로티노이드이고, 수용성 색소는 세포질에 녹아 있는 플라보노이드이다. 채소류에 존재하는 다양한 색소는 신선할 때에는 식욕을 촉진시킨다. 그러나 저장 및 조리 시 다양한 변화로 인해 변색 또는 퇴색되기도 한다.

① 엽록소

엽록소는 엽록체에 존재하며 다양한 종류가 있으나 식물에는 일반적으로 청록색의 엽록소 a와 황록색의 엽록소 b가 3:1의 비율로 존재한다. 엽록소 분자의 중앙에는 마그네슘 원자가 있으며, 분자량이 큰 피톨기phytol group가 에스테르 결합을 하고 있어 지용성을 나타내는데 피톨기를 잃으면 수용성으로 변한다.

② 카로티노이드

카로티노이드는 지용성의 황색, 주황색, 적색 색소로 당근에 많이 함유되어 있다. 색

표 12-3 카로티노이드의 종류와 함유 식품

종류		함유 식품
카로틴(carotene)	α-카로틴(α-carotene)	당근, 감귤류, 찻잎, 수박
	β-카로틴(β-carotene)	당근, 감귤류, 고구마
	γ-카로틴(γ-carotene)	당근, 감귤류, 살구
	라이코펜(lycopene)	토마토, 수박, 감
잔토필(xanthophyll)	루테인(lutein)	녹색 채소 잎, 호박, 오렌지
	캡산틴(capsanthin)	고추, 파프리카
	제아잔틴(zeaxanthin)	옥수수, 호박, 오렌지
	크립토잔틴(cryptoxanthin)	옥수수, 감귤류, 감, 달걀노른자
	바이올라잔틴(violaxanthin)	감, 파파야

소체 또는 엽록체에 카로틴carotene과 잔토필xanthophyll로 존재하며, 탄소 10개의 테르펜terpene이 4개 결합된 테트라테르펜tetraterpene이 기본 구조로 공액 이중결합 수가 증가할수록 붉은색은 짙어진다. 카로틴 중 일부는 비타민 A의 전구물질로 작용하는데 카로틴을 함유한 채소가 신선할수록 비타민 A의 활성이 높다.

③ 플라보노이드

플라보노이드는 넓은 의미로는 안토잔틴anthoxanthin, 안토사이아닌, 타닌이 포함되지만 좁은 의미로는 안토잔틴만을 의미한다. 플라보노이드는 2개의 벤젠핵이 탄소로 연결된 C_6-C_3-C_6의 탄소 골격을 기본 구조로 하여 식물 세포의 액포에 존재하는 수용성 색소이며, 이름은 라틴어 'flavus(노란색)'에서 유래하였다. 식물의 황색 계통의 색소를 이루고 있으며 체내의 유해 산소를 제거하는 항산화 작용을 한다.

안토잔틴은 모든 식물의 뿌리, 줄기, 잎, 과피, 꽃 등에 존재하여 자연계에 널리 분포하는 백색~황색을 띠는 색소이며, 물에 쉽게 녹으나 백색이므로 눈에 잘 띄지 않는다.

④ 안토사이아닌

안토사이아닌은 가지, 적색 양배추 등의 채소에 존재하는 적색, 보라색의 색소이다. 세포액 내에 용해되어 있으므로 세포의 반투막을 통해 침출되어 나온다.

⑤ 타닌

타닌은 식물의 줄기, 잎, 뿌리 등에 널리 함유되어 있으며 미숙한 과일, 차, 도토리 등에 존재하는 폴리페놀 물질이다. 떫은맛과 같은 특수한 맛을 식품에 부여하고 수용액에서 콜로이드성 입자를 형성하며 쉽게 확산하는 성질이 있다. 미생물과 곤충으로부터 식물을 보호하는 기능도 갖고 있다.

산소와 결합하면 쉽게 갈변하고 금속 이온과 복합 염을 형성하여 회색, 갈색, 흑청색으로 변하기도 한다. 커피나 차를 마실 때 경수를 사용하면 표면에 갈색이나 적갈색 침전이 생기는 것은 이 때문이다. 타닌은 산, 알칼리, 효소에 의해 페놀산과 당으로 분해되는 가수분해형 타닌과, 카테킨catechin, 시부올shibuol과 같이 가수분해되지 않는 축합형 타닌이 있다.

⑥ 조리에 의한 색소 성분 변화

표 12-4에 나타낸 바와 같이 엽록소는 색소 중에서 조리 온도와 조리 시에 침출된 유기산의 영향을 많이 받는다. 녹색 채소의 색을 가능한 한 선명하게 유지하고 식이섬유

표 12-4 식물성 색소

종류	엽록소 (chlorophyll)	카로티노이드 (carotenoid)	플라보노이드(flavonoid)	
			안토잔틴 (anthoxanthin)	안토사이아닌 (anthocyanin)
색	녹색	노란색, 주황색, 적색	백색, 담황색	적색, 남색, 보라색
용해성	지용성	지용성	수용성	수용성
대표적인 식품	시금치, 미나리	당근, 호박, 토마토, 살구	우엉, 연근, 무, 배, 콜리플라워	가지, 적색 양배추, 딸기, 포도
산과의 반응	페오피틴(녹갈색)	변화 없음	흰색	적색
알칼리와의 반응	클로로필린 (chlorophyllin, 선명한 녹색)	변화 없음	황색	자색 청색
금속 이온과의 반응	Cu : 선명한 녹색	변화 없음	Fe : 갈색 Al : 황색	Fe : 청색 Sn : 보라색

를 알맞게 연화하려면 조리 시 주의해야 한다. 식초를 곁들인 양념을 할 경우 처음부터 첨가하게 되면 녹색의 엽록소가 녹갈색의 페오피틴pheophytin으로 변하므로 식사 직전에 넣는 것이 바람직하다. 피클이나 익은 오이소박이처럼 산의 작용이 계속될 경우에는 페오피틴이 페오포바이드pheophorbide로 분해되어 갈색이 된다. 간혹 질긴 채소의 경우 알칼리인 식소다(탄산수소나트륨)를 사용하는 경우가 있는데 선명한 녹색은 유지할 수 있지만 지나치면 실감이 물러지고 비타민 B_1과 비타민 C가 파괴된다. 금속 중 구리는 엽록소의 마그네슘과 치환하여 안정된 녹색을 유지하므로 완두콩 통조림 제조 시 녹색을 유지하기 위해 황산동을 첨가한다.

반면 지용성 색소인 등황색의 카로티노이드는 보통 조리 과정이나 조리 온도에 크게 영향을 받지 않는다. 다만 이중결합이 많아 불포화도가 높기 때문에 장시간 가열하거나 햇빛, 산에 의해 비타민 A의 활성이 저하될 수 있는 반면에 신선한 상태의 채소류에

Tip 녹색 채소를 데치기(blanching)하는 방법

- 물의 온도 및 시간 : 끓는 물에서 단시간 데침
- 물의 양 : 채소의 5~6배가 바람직
- 첨가물 : 1%의 소금 첨가, 식소다 사용(엽록소의 녹색 유지, 영양소 파괴)
- 조리 용구 사용 : 뚜껑을 열고 데침(유기산 휘발)
- 데친 즉시 찬물에 냉각

채소 조리 시 색상 및 질감을 유지하는 방법

- 가지 : 껍질에 함유된 보라색의 안토사이아닌 배당체인 나수닌(nasunin)은 수용성 색소이므로 습열 조리 대신 튀김, 볶음 등의 건열 조리를 이용하는 것이 좋다.
- 연근 : 안토잔틴을 함유하고 있는 연근은 식초 물에 담그면 껍질을 제거할 때 공기 중에 노출되어 일어나는 갈변 현상을 방지할 뿐만 아니라 점질 물질을 약화시켜 질감을 아삭아삭하게 만든다.

기름을 사용하여 조리하면 영양소 흡수율이 증가한다.

안토사이아닌은 물에 쉽게 침출되어 조리하는 동안 탈색될 수 있으므로 장시간 수침하지 않도록 한다. 적색 양배추를 이용한 샐러드를 만들 때 사과를 첨가하거나 식초를 이용한 소스를 곁들이면 선명한 적색반응을 보인다.

(3) 향미 성분의 변화

채소류의 향미는 유기산, 알코올, 알데하이드, 에스테르 등 많은 화합물이 복합적으로 영향을 끼치며, 맛은 단맛, 신맛, 떫은맛, 쓴맛이 그 종류와 함량에 따라 달라진다. 단맛은 포도당, 과당, 자당에 의한 감미이며, 신맛은 유기산에 의한 산미로 채소는 과일에 비해 유기산 함량이 적고 대부분이 염의 형태로 존재하기 때문에 강한 맛을 나타내지는 않는다. 유기산은 아세트산acetic acid, 프로피온산propionic acid, 젖산lactic acid 등과 같이 분자가 적은 휘발성 유기산과, 시트르산citric acid, 타타르산tartaric acid, 석신산succinic acid 등과 같이 분자가 큰 비휘발성 유기산으로 나뉜다. 떫은맛은 입안을 개운하게 하고 풍미를 더해 준다.

채소류는 종류에 따라 각각 고유한 냄새를 나타내며 시금치, 쑥갓, 가지, 호박 같은 채소는 맛과 냄새가 부드러운 반면에 배추류, 마늘류 등의 채소류는 황화합물이 함유되어 있어 조리 과정에서 휘발성이 강한 저분자 황화합물로 분해되어 강한 냄새를 낸다.

① 백합과 채소

마늘, 양파, 파, 부추 등 백합과 채소는 매운맛을 가지고 있다. 매운맛의 주성분은 황을 함유하고 있는 아미노산인 시스테인cysteine의 유도체이다. 마늘의 주성분인 알리인alliin, S-allyl-L-cysteine sulfoxide[9]은 썰거나 다지면 이 물질의 분해효소 알리네이스alliinase에

[9] 알리인(alliin) : 파의 최루성 향기 성분으로 효소에 의해 알리신(allicin)으로 변화되어 체내에서 비타민 B_1의 이용을 촉진함

의해 알리신allicin을 생성한다. 알리신은 마늘의 주된 매운맛과 강한 냄새 성분이나 불안정하여 시간이 경과하면 휘발성이 강한 저분자 물질로 분해되어 불쾌취를 나타낸다. 마늘, 양파 등의 매운맛 성분은 가열하면 매운맛이 사라진다. 특히 양파는 가열하면 휘발성이 강한 저분자 황화합물로 분해되어 설탕의 50배 정도의 단맛을 내는 프로필메캅탄이 생성된다. 마늘을 양념으로 사용할 경우 불쾌한 냄새 없이 마늘 특유의 매운맛을 내기 위해서는 조리 직전 다진 것을 사용하고, 끓이는 음식에 양념으로 첨가할 때에는 향을 살리기 위해서 불에서 내리기 직전에 첨가하는 것이 좋다.

양파의 냄새 성분은 모두 휘발성이기 때문에 조리할 때 사용하는 물의 양, 가열 시간 등에 따라 양파의 맛이 달라진다. 양파의 매운맛을 살려 조리하려면 물을 사용하지 않고 조리하거나 물을 소량 사용하여 단시간 내에 가열을 끝낸다. 반대로 매운맛을 거의 내지 않고 음식을 조리하려면 오래 가열하여 매운맛 성분을 파괴시켜 휘발시키거나 다량의 물을 사용하여 희석시키면 된다.

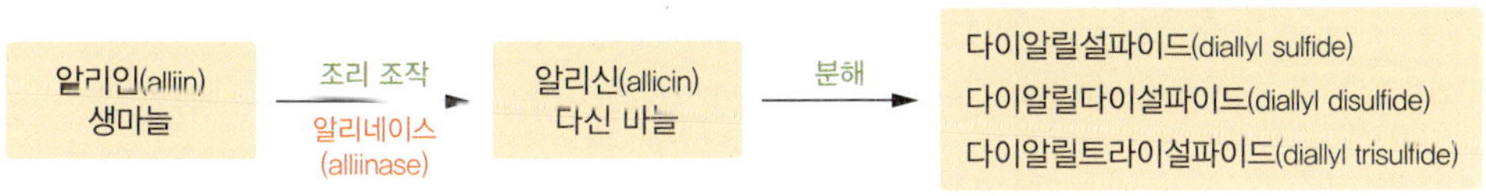

그림 12-2 백합과 채소의 냄새 성분 생성

② 겨자과 채소

배추, 무, 양배추, 갓, 케일, 브로콜리, 콜리플라워 등의 채소류와 겨자, 고추냉이 등의 가공품에는 황화합물이 함유되어 있다. 김치의 주재료인 배추는 세포 내에 존재하는 시니그린이 배추를 절단했을 때 미로시네이스myrosinase와 반응하여 알릴 아이소티오사이아네이트allyl isothiocyanate를 생성하여 매운맛을 나타낸다. 이 반응은 배추를 가열하여 어느 정도 온도가 올라갔을 때 활발하게 일어나는데 이는 이 효소의 활성 최적 온도가 30~40℃이기 때문이다. 따라서 겨자가루의 매운맛을 이용한 소스를 만들기 위해서는

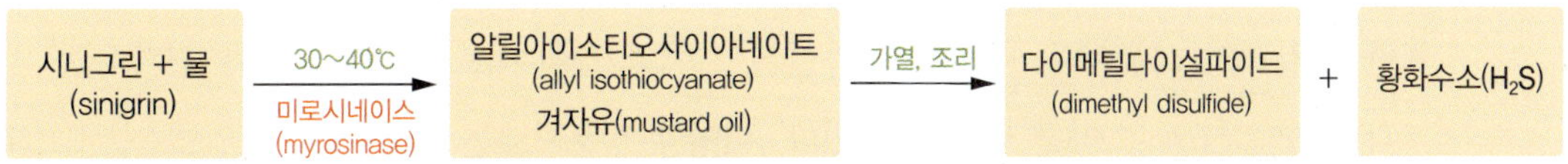

그림 12-3 겨자과 채소의 냄새 성분 생성

겨자를 따뜻한 물에 개어야 한다.

배추나 양배추를 가열하면 분자량이 적은 휘발성 물질로 분해되는데 이들 물질은 가열 시간이 길수록 증가하여 음식에 불쾌취와 좋지 못한 맛을 나타내므로 적당한 시간만 가열해야 한다.

(4) 질감의 변화

식물 세포는 세포 내보다 낮은 농도에 침지하거나 반대로 높은 농도의 소금물이나 설탕 용액에 침지하면 수분의 이동이 일어난다. 전자는 세포가 팽대해져서 아삭한 질감이 형성되므로 샐러드를 만들 때 적용하고, 반대로 후자의 경우는 삼투압에 의해 질겨지므로 김치류를 담글 때 이용한다.

일반적으로 가열 조리 시 전분의 호화, 식이섬유의 연화, 수분 흡수 등의 변화가 일어난다. 건조채소는 조리수를 흡수하여 질감이 연화되고, 신선한 채소는 조리에 의해 수분이 감소되기도 하므로 조리 온도와 시간을 고려해야 한다. 채소류를 조리할 때 식소다를 첨가하여 가열하면 단시간 가열해도 식이섬유가 분해되어 연화되며, 이를 장시간 가열하면 지나치게 분해되어 질감이 나빠진다. 반면에 염화칼슘 또는 수산화칼슘을 첨가하면 불용성 칼슘염을 형성하여 질감이 단단해지므로 오이피클이나 토마토 통조림을 만들 때 첨가하기도 한다.

2. 과일류

1) 과일류의 종류와 특성

전 세계적으로 이용되는 과일의 종류는 2,500여 종이며, 과일은 꽃의 씨방이나 그 주위 부분이 발달하여 과육을 이룬 것이다. 과일은 과육의 발달 형태에 따라 인과류, 준인과류, 핵과류, 장과류, 견과류 등으로 분류한다.

과일류의 영양 성분은 종류에 따라 차이가 있지만 수분 함량은 80% 이상이며 탄수화물과 유기산의 함량이 높아 단맛과 상쾌한 신맛을 지니고 비타민과 무기질이 풍부한 알칼리성 식품이다. 대부분의 과일은 지방의 양이 적으나 아보카도와 견과류는 각각 18.7%, 56.4~72%를 함유하고 있다. 비영양 성분으로는 알데하이드, 알코올, 에스테르 등의 화합물이 복합적으로 좋은 향미를 부여하고 아삭한 질감과 다양한 색을 나타

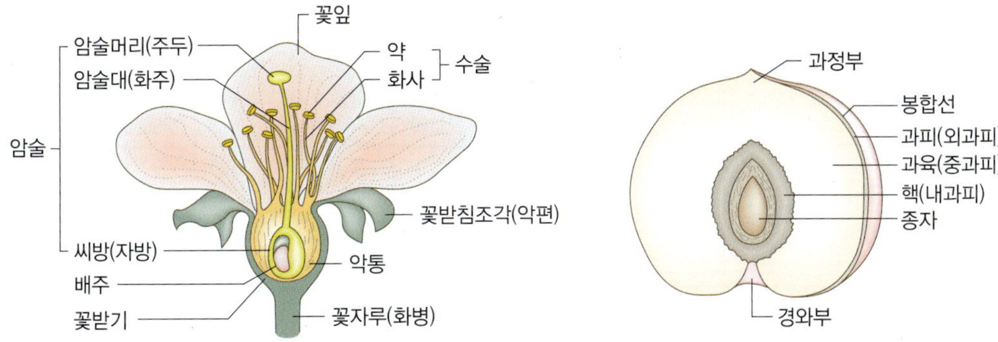

복숭아꽃　　복숭아(과실)

그림 12-4 복숭아의 꽃과 과일 구조

표 12-5 과일류의 분류와 특징

분류	특징	종류
인과류	• 꽃받침이 발달하여 과육부가 된 과일 • 씨방 안에 종자가 들어 있고 꼭지가 배꼽 반대편에 있음	사과, 배 등
준인과류	• 씨방이 발달한 진과(眞果) • 형태상 인과류와 다르지만 중심부에 종자가 모인 점은 유사	감, 감귤류 등
핵과류	• 씨방이 발달하여 과육이 된 과일 • 내과피가 단단한 핵을 이루고 안에 종자가 들어 있는 것	복숭아, 자두, 대추, 살구, 매실 등
장과류	• 중과피와 내과피가 유연하고 즙이 많은 과일	포도, 무화과 등
견과류	• 외과피가 단단한 과일	밤, 호두, 잣 등

내고 있어 기호성을 향상시킨다. 이외 생리활성물질을 비롯한 특수 성분을 함유하고 있다. 세포막이나 세포막 사이에 결착 물질로 존재하면서 조직이나 가공품의 품질에 영향을 주는 다당류인 펙틴pectin 물질은 잼, 젤리 등의 제품을 제조하는 데 이용된다.

(1) 인과류

① 사과

사과apple는 우리나라에서 가장 흔한 과일로 후지(부사), 홍옥, 국광, 아오리 등 품종이 매우 다양하다. 사과를 구입할 때에는 과즙이 많고 껍질에 탄력이 있으며 꽉 찬 느낌이 드는 것으로 선택하는데 소비톨sorbitol이 축적된 밀병water core이 많으면 단맛을 나타낸다. 상자로 구입할 경우에는 알의 굵기와 중량이 균일한 것이 좋다.

표 12-6 과일류의 영양 성분

(단위 : 가식부 100 g당)

		열량 (kcal)	수분 (g)	단백질 (g)	지질 (g)	탄수화물 (g)	무기질				비타민					폐기율 (%)
							칼슘 (mg)	인 (mg)	철 (mg)	칼륨 (mg)	레티놀 (μg)	B_1 (mg)	B_2 (mg)	β-카로틴 (μg)	C (mg)	
인과류	사과(부사)	53	85.2	0.20	0.03	14.36	4	11	0.10	107	0	-	0.019	25	1.41	12
	배(돌배)	46	87.1	0.3	0.1	12.3	3	17	0.4	100	0	0.04	0.02	0	-	22
준인과류	감(단감)	51	85.6	0.41	0.04	13.66	6	15	0.15	132	0	0.057	0.051	81	13.95	15
	귤(생)	39	89.0	0.7	0.1	9.9	13	11	-	173	0	0.13	0.04	5	44	18
핵과류	복숭아(백도)	49	85.8	0.59	0.04	13.10	4	24	0.11	216	0	0.022	0.023	3	2.10	19
	자두	26	93.2	0.5	0.6	5.3	3	12	0.2	164	-	0.04	0.03	-	5	-
	살구	30	90.9	1.20	0.05	7.12	15	22	0.45	249	0	0.078	0.032	2,280	-	7
	매실	41	89.4	1.1	1.1	7.8	28	24	3.7	301	0	0.06	0.02	14	11	-
	대추	105	70.2	1.45	0.10	27.56	14	42	0.28	310	0	0.018	0.231	25	85.99	3
	아보카도	187	71.3	2.5	18.7	6.2	9	55	0.7	720	(0)	0.10	0.21	53	15	30
	망고	61	82.9	0.72	0.10	15.97	7	17	0.18	142	0	0.035	0.054	1,392	14.85	32
장과류	딸기	36	89.7	0.8	0.2	8.9	7	30	0.4	167	0	0.03	0.02	-	71	-
	수박	31	91.1	0.79	0.05	7.83	6	12	0.18	109	0	0.024	0.030	853	-	28
	무화과(생)	54	84.6	0.6	0.1	14.3	26	16	0.3	170	(0)	0.03	0.03	15	2	15
	포도(거봉)	61	81.4	0.43	0.04	16.38	4	13	0.17	173	0	0.026	0.047	26	0.13	21
	키위	64	82.8	0.8	1.0	14.8	30	24	1.0	257	0	0.13	0.03	25	72	-
	바나나	84	76.1	1.10	0.10	21.94	7	26	0.29	346	0	0.049	0.075	25	5.94	60
견과류	밤	151	61.5	3.28	0.50	33.39	16	69	0.84	439	0	0.082	0.065	29	15.98	27
	호두(말린 것)	688	2.9	15.47	71.99	7.92	81	355	2.49	353	0	0.047	0.282	26	0	-
	은행	203	49.6	4.69	1.53	42.78	7	161	0.90	684	0	0.119	0.033	270	16.89	0
	잣	617	3.8	15.01	56.41	22.67	18	465	6.11	521	0	0.276	0.062	18	-	0

* - : 수치가 애매하거나 측정되지 않음

자료 : 농촌진흥청 국립농업과학원, 제9개정판 국가표준 식품성분표, 2016.

사과는 탄수화물과 말산malic acid(사과산)을 포함한 유기산 및 안토사이아닌계 색소를 함유하고 있으며, 과육에 폴리페놀 화합물인 카테킨과 클로로겐산 등과 효소인 폴리페놀 산화효소polyphenol oxidase가 공존하므로 절단하면 쉽게 갈변 현상이 일어난다. 수확 후 저장하면 초기에는 유기산의 함량이 감소하고 단맛이 증가하나, 시간이 경과됨에 따라 수분 감소, 질감 연화 등의 변화가 나타난다. 저장 중에 발생하는 에틸렌ethylene 가스가 다른 과일류의 변색 및 선도를 저하시키므로 분리해 보관하는 것이 바람직하다.

이산화탄소CO_2의 함량을 늘리고 산소O_2의 함량을 줄이면서 0℃ 부근에서 보관하면 저장성이 향상된다.

② 배

우리나라에서 재배되는 배pear의 품종은 일본종으로 과피가 얇고 과육이 단단하며 과즙이 풍부하고 질감은 아삭아삭하며 뒷맛이 개운하고 찌꺼기가 씹히지 않는 것이 좋은 상품이다. 배는 탄수화물, 유기산, 방향 물질을 함유하며, 펜토산pentosan과 리그닌lignin으로 이루어진 거친 질감의 석세포stone cell를 함유한다. 페놀 물질이 소량 함유되어 있어 절단하면 갈변 현상이 일어나며, 단백질 가수분해효소protease가 들어 있어 고기를 양념할 때 배즙을 첨가하면 육류가 연화된다. 2~4℃의 온도와 상대습도 85%의 조건에서 보관하거나 폴리에틸렌으로 포장해서 보관하면 저장성이 향상된다.

(2) 준인과류

① 감

감persimmon은 탄수화물과 β-카로틴, 비타민 C를 풍부하게 함유하고 있는 과일이다. 단감은 초가을에 수확하여 생과일로 이용할 수 있으나 미숙한 감은 떫은맛을 다량 함유하고 있어 후숙 과정을 거쳐 연시로 만들어 먹는다. 떫은맛을 나타내는 성분은 타닌의 일종인 시부올로 수용성이며 세포 내에 존재하여 먹을 때 혀에 녹아 떫은맛을 낸다. 그러나 감이 익으면 호흡에 의해서 생성된 알데하이드와 시부올이 결합하여 불용성 물질을 이루어 혀에 녹지 않으므로 떫은맛이 줄어든다. 감의 떫은맛을 제거하는 과정을 탈삽이라고 하며 탈삽 방법에는 여러 가지가 있다.

감은 꼭지 부위가 싱싱하고 과실 표면에 과분이 피어 있으며, 과육이 치밀하고 연하며 단맛이 있는 것을 선택한다. 곶감을 구입할 때는 흰 가루가 피어나 만니톨mannitol 성분이 많은 것을 선택하는데 너무 말라 딱딱한 것은 피하는 것이 좋다.

② 감귤류

우리나라 식생활에서 중요한 비타민 C의 급원 식품인 감귤류citrus fruit는 귤, 오렌지, 한라봉, 레몬, 금귤, 라임, 자몽 등 다양한 품종이 있다. 감귤류는 탄수화물과 시트르산 등의 유기산이 맛의 주성분이며 비타민 C, 카로틴과 쓴맛 성분인 헤스페리딘hesperidin과 나린진naringin을 함유하고 있다.

감귤류를 구입할 때는 색상이 선명하고 껍질이 얇으며 쪽수가 적고 껍질과 과육이 밀착되어 있으나 분리가 잘 되는 것을 선택한다. 감귤류는 일반적으로 3~4℃의 온도와 상대습도 85~90%의 조건에서 보관한다. 특히 귤은 겹쳐 보관하면 잘 상하므로 통풍이 잘 되도록 하여 서늘한 곳에 보관하거나 냉장 보관한다.

(3) 핵과류

① 복숭아

복숭아peach는 탄수화물, 말산 등의 유기산 및 카로틴을 함유하고 있으며, 향기 성분으로 아세트산, 카프릴산caprylic acid, 리날로올 에스터linalool ester, 아세트알데하이드acetaldehyde 등이 함유되어 있다. 구입할 때는 향기가 강하고 핵 주변에 식이섬유가 적으며 과육이 부드럽고 즙이 많은 것을 선택한다. 흐르는 물에 여러 번 세척하여 털을 제거하고 식용해야 하며, 과육의 갈변을 방지하기 위하여 레몬 또는 비타민 C를 첨가한 수용액에 침지하기도 한다. 다른 과일에 비해 저장성이 약하므로 구입한 후 빠른 시일 내에 소비하도록 한다.

② 자두

우리나라의 자두plum는 주로 황색과 적색을 띠며 생과일로 많이 이용하므로 신선도 유지가 중요하다. 자두의 영양 성분은 탄수화물과 유기산이 함유되어 있다. 구입할 때는 껍질 부분에 하얀 분이 많고 조직이 단단하며 껍질에 윤기가 나고 당도가 높은 것을 선택한다.

③ 대추

대추jujube 중 생대추는 수분 함량이 높고 비타민 C가 풍부하지만 일반적으로 생과일보다는 건조하여 이용한다. 건조 대추는 껍질이 깨끗하고 윤이 나며 갈라 보았을 때 벌레 먹지 않은 것을 선택한다. 조리할 때는 물에 담가 먼지를 씻은 다음 마른 행주로 물기를 제거한 후 사용하는데 차, 떡, 약용 등에 쓰인다. 0~4℃의 저온과 상대습도 85~90%의 조건에서 장기간 보관할 수 있으므로 밀봉하여 냉동 보관한다.

④ 살구

살구apricot는 복숭아와 유사하나 크기가 작고 과육에 β-카로틴과 라이코펜lycopene을 함유하고 있어 등황색을 띤다. 단맛이 적고 신맛을 지닌 과일로 생과일보다는 잼,

통조림 등 가공용으로 많이 사용된다. 살구씨는 청산 배당체인 아미그달린amygdalin이 함유되어 있어 행인杏仁이라 하여 한약재로 쓰인다.

⑤ **매실**

매실japanese apricot은 탄수화물의 함량이 적고 신맛이 강하므로 생으로 먹기에는 적합하지 않다. 특히 청매실에는 청산 배당체인 아미그달린이 함유되어 있어 과도하게 섭취할 경우 구토, 설사, 호흡 곤란, 마비 등의 증상이 발생한다. 반면 탄수화물의 대사를 촉진하는 시트르산 등의 유기산이 풍부하며, 특히 매실에 함유된 피크린산picric acid은 해독 작용, 장의 연동 작용을 촉진하므로 예로부터 매실주, 매실차, 장아찌 등을 만들어 먹었다.

⑥ **아보카도**

진초록의 울퉁불퉁한 모양을 가진 아보카도avocado는 올레산oleic acid 등의 지질이 풍부하여 고소한 맛이 난다. 흠집이 없으며 크기에 비해 무겁고 손바닥으로 눌러 보았을 때 잘 눌리는 것을 선택한다. 청녹색의 미숙한 과일은 실온에서 검보라빛으로 숙성시켜 샐러드, 캘리포니아 롤 등에 사용한다.

⑦ **망고**

망고mango는 탄수화물, 유기산, β-카로틴, 비타민 C를 함유하고 있으며, 과피가 담황등색인 망고와 적황색인 애플망고가 있다. 즙이 많고 향이 진하며 표면이 매끄럽고 검은 반점 없이 깨끗한 것을 선택한다. 망고는 과일로 생식하거나 주스, 건과일, 통조림, 아이스크림, 샐러드드레싱 등에 이용한다. 열대과일이므로 낮은 온도에서는 저온 장해를 일으킬 수 있어 13℃ 내외로 상온 저장한다.

(4) 장과류

① **딸기**

딸기strawberry는 비타민 C가 풍부하며, 꽃받침이 과육에 붙어 있지 않고 하늘을 향해 떠 있는 것이 달다. 과육이 약하여 저장 중 품질 저하가 우려되므로 장기 저장을 하려면 급속 동결한다. 생과일로 주로 이용하나 잼, 시럽, 아이스크림 등으로 가공하기도 한다. 딸기의 색소는 안토사이아닌계로 가공할 때 레몬즙을 첨가하면 붉은색이 더 짙어진다.

② 수박

수박watermelon은 91.1%의 수분으로 이루어져 있으며 그 외에는 대부분이 탄수화물이고 무기질 중에는 칼륨이 많이 들어 있다. 항암 작용을 하는 라이코펜과, 이뇨 작용을 촉진하여 신장염에 효과적인 시트룰린citrulline을 함유하고 있으며, 수박씨에는 단백질과 지질이 함유되어 있어 중국에서는 식사 전 음식으로 이용하기도 한다. 수박은 과육의 색에 따라 적색계, 황색계, 백색계로 분류되고 씨 없는 수박도 시판되고 있다.

③ 무화과

무화과fig는 꽃받침이 처음부터 열매 모양으로 돋아 그대로 열매가 되기 때문에 무화과라고 부른다. 적갈색이 전체적으로 균일한 잘 익은 무화과는 연시처럼 말랑말랑하고 반으로 자르면 흘러내리며 이국적인 향과 맛을 느낄 수 있다. 탄수화물이 14.3% 함유되어 있어 장관 내에서 쉽게 흡수되며 체내에서 열량원으로 이용된다. 유기산과 비타민은 적지만 무기질과 육류의 연육제로 이용되는 단백질 분해효소인 피신ficin을 함유하고 있다. 생과일은 저온에서 1주일 정도 저장 가능하나 건조시키면 장기간 보관할 수 있다.

④ 포도

포도grape는 캠벨, 거봉, 델라웨어, 청포도 등 품종이 다양하며, 포도당과 타타르산 등의 유기산이 많이 함유된 과일이다. 구입할 때는 과피가 얇고 하얀 분이 많으며, 포도송이의 아래쪽이 달콤하고 포도 알의 색과 크기가 일정한 것을 선택한다. 포도는 안토사이아닌계 적자색 색소인 오에닌oenin을 함유하고 있으며, 폴리페놀 성분인 레스베라트롤resveratrol이 함유되어 있어 암을 예방하고 심혈관 질환의 위험도를 감소시키는 효과가 있다. 종이로 포장한 상태로 보관하거나 폴리에틸렌 또는 신문지에 싸서 냉장 보관한다. 세척할 때는 미리 밀가루를 살짝 뿌린 뒤 10분쯤 경과한 후 세척하면 껍질째 식용해도 된다. 생과일로 생식하거나 와인, 식초를 제조하는 것 외에 껍질부에 다량 함유되어 있는 펙틴류를 이용하여 잼, 젤리 등으로 가공하기도 한다.

⑤ 키위

키위kiwi fruit는 식이섬유, 비타민 C, 루테인lutein, 제아잔틴zeaxanthin이 다량 함유되어 있으며, 단백질 분해효소인 액티니딘actinidin도 함유하고 있다. 구입할 때는 전체 형태가 예쁜 달걀 모양이고 전체적으로 약간 무른듯하여 손으로 눌렀을 때 탄력이 있고 말랑한 것을 선택한다. 조리할 때 물에 씻어 잔털을 제거하고 껍질을 벗겨 사용하며, 상온에서 후숙시켜 냉장 보관한다.

⑥ 바나나

바나나banana는 다른 과일과 달리 독특한 향기가 있으며, 단맛은 많고 신맛이 적은 것이 특성이다. 탄수화물을 21.9% 함유하고 있어 열량이 84 kcal로 과일 중에서는 높은 편이므로 주식으로 이용하기도 한다. 무기질 중 칼륨 함량이 높으며, 향기 성분은 아이소아밀알코올isoamyl alcohol과 아이소아밀아세트산isoamyl acetic acid 등이다. 보통 미숙과를 수확하여 후숙시켜 식용하는데 후숙하면 전분이 과당, 포도당으로 변화하여 단맛이 증가한다. 냉장고에 보관하면 저온 장해가 발생하여 단시간 내에 껍질에 반점이 생기고 검게 변하므로 종이에 싸서 실온에 보관하는 것이 좋다.

(5) 견과류

① 밤

밤chestnut은 탄수화물 33.4%, 단백질 3.3%가 함유되어 있으며, 견과류에 부족한 비타민 C가 약 16% 함유되어 있다. 속껍질에는 타닌이 있어 떫은맛을 나타내며, 칼슘과 인이 풍부하여 어린이의 성장과 성인들의 골다공증 예방에 특히 좋은 식품이다. 밤을 구입할 때는 껍질이 깨끗하고 들어 보았을 때 무겁고 주름이 없으며 윤기가 나는 갈색인 것을 선택한다. 겉껍질을 벗길 때는 미리 하룻밤 정도 물에 담가 두거나 미지근한 물에 불리면 간단히 벗길 수 있다. 속껍질을 벗겨 공기 중에 방치하면 갈변하므로 주의해야 하며, 조리할 때 명반을 넣어 삶으면 형태를 유지할 뿐만 아니라 고운 황색을 유지한다. 밤은 저장성이 없어 빨리 부패하므로 말려서 보관하거나 통조림 또는 병조림을 하여 제과, 제빵 등에 이용한다.

② 호두

호두walnut 말린 것은 15.5%의 단백질과 약 72%의 지질이 함유되어 있어 열량이 매우 높다. 특히 트립토판tryptophan 같은 필수아미노산과 필수지방산인 리놀레산linoleic acid이 풍부하여 환자, 수험생 등의 보양식으로 애용되는 식품이다. 껍질을 까지 않은 호두를 구입할 때에는 모양이 바르며 껍질이 깨지기 쉽고 윤이 나며 속이 비어 있지 않고 꽉 찬 것을 선택한다. 속껍질은 떫은맛이 강하므로 조리에 사용할 때는 벗겨 내고 사용해야 하는데 뜨거운 식초 물에 잠깐 담가 두면 잘 벗겨진다. 호두는 1~2℃의 온도에서

그림 12-5 **과일류의 종류**

장기 저장이 가능하나 오래되면 불포화지방산의 함유량이 높기 때문에 산패되어 불쾌취를 나타내기도 한다.

③ 은행

은행ginkgo nut의 주성분은 탄수화물이 42.8%로 대부분이며, 단백질과 지질은 적게 함유되어 있다. 은행에는 청산 배당체가 들어 있어 과량 섭취 시 중독 증세가 나타날 수 있다. 일반적으로 겉의 딱딱한 껍질을 제거한 후 속 알맹이를 사용하는데, 속 알맹이에 붙어 있는 속껍질은 물에 불려 벗기거나 기름을 약간 두른 프라이팬에 살짝 굴려 익힌 후 뜨거울 때 제거한다. 속껍질까지 벗긴 은행은 신선로, 마른 구절판, 은행단자 등의 음식에 이용한다.

④ 잣

잣pine nut은 탄수화물 22.7%, 단백질 15%, 지질 56.4%가 함유되어 있으며 올레산, 리놀레산 등의 불포화지방산, 비타민, 무기질 등이 함유된 고열량 식품이다. 구입할 때에는 맛이 고소하고 진한 노란색으로 윤기가 나며 건조 상태가 양호한 것을 선택한다. 보관할 때는 불포화지방산이 많아 산패가 빨리 진행되고 냄새를 흡수하므로 밀폐하여 냉동 보관하거나 장기 저장 시에는 껍질째 보관한다. 잣은 통잣, 비늘잣, 잣소금 등의 형태로 고명, 죽, 소스 등에 이용된다.

2) 과일류의 조리 및 저장 중의 변화

(1) 영양 성분의 변화

미숙한 과일은 비교적 전분 함량이 높아 단맛이 적지만 과일이 숙성됨에 따라 전분은 당으로 분해되어 단맛이 증가한다. 과일에는 신맛을 나타내는 각종 유기산이 함유되어 있는데 과일이 숙성됨에 따라 산도가 낮아져 신맛이 저하되므로 더 달게 느껴진다. 과일류에는 무기질과 비타민이 풍부하므로 생으로 섭취하는 것이 좋으나 대추, 감, 포도, 망고 등은 건조하여 이용하기도 하고 일부 과일은 통조림이나 잼 등으로 가공하기도 한다. 최근 손쉽게 섭취하는 방법으로 믹서 등의 기구를 이용해 주스로 만들어 마시는데 마쇄한 후 시간이 경과되면 영양 성분의 손실과 갈변이 일어나므로 빠르게 섭취하는 것이 바람직하다. 소금과 산을 첨가하면 비타민 C의 산화와 갈변 방지에 도움이 된다.

Tip 과일류에 함유된 대표적 유기산

유기산의 종류	함유 식품
시트르산(구연산, citric acid)	귤, 레몬, 오렌지
말산(사과산, malic acid)	사과, 살구, 복숭아, 딸기
타타르산(주석산, tartaric acid)	포도

(2) 색소 및 향기 성분의 변화

과일류에는 채소류와 유사한 색소들이 함유되어 있으며(표 12-4 참조), 특히 카로티노이드와 안토사이아닌 색소가 많이 함유되어 있다. 적색, 청색, 자색을 지니는 안토사이아닌계 색소 중에서 과일류에 존재하는 색소는 사이아니딘cyanidin, 델피니딘delphinidin, 말비니딘malvinidin, 펠라고니딘pelagonidin 등이다. 안토사이아닌 색소는 주석, 철 등의 금속과 결합하면 청색, 녹청색 등으로 변하므로 주의해야 한다. 특히 생과일과 통조림 과일을 혼합하면 이러한 현상이 나타나 식욕을 저하시킬 수 있다. 딸기잼을 제조할 때에는 색의 퇴색을 방지하기 위해 장시간 가열하지 않도록 한다.

과일류는 여러 가지 휘발성 물질에 의해서 향기가 나며, 특히 주된 향기 성분은 에스테르 화합물들이다. 에스테르는 장시간 가열하면 손실되므로 과일의 향기를 보유할 수 있도록 적당한 조리 시간을 선택해야 한다.

(3) 페놀 물질과 과일의 갈변

사과, 바나나 등의 과일 껍질을 제거하거나 과육을 절단하면 공기 중의 산소와 접촉하여 갈변한다. 갈변은 바람직하지 않은 현상이므로 최대한 방지하도록 한다. 과일류에는 타닌, 카테킨, 카페산, 티로신, 클로로겐산 등의 페놀 화합물 또는 폴리페놀 화합물이 함유되어 있고 이 물질들은 페놀 산화효소phenol oxidase 또는 폴리페놀 산화효소polyphenol oxidase에 의해 산화되어 갈변 물질을 생성하는데 이 반응을 효소적 갈변반응이라 한다. 효소적 갈변을 방지하기 위해서는 산소와의 접촉 차단을 위해 수침하거나 설탕, 레몬즙, 유기산, 비타민 C, 아황산염 등을 첨가하며, 조리할 때는 철로 만들어진 도구를 사용하지 않는다. 또는 가열 처리하여 효소를 불활성화하거나 효소의 활성을

Tip 과일류에 존재하는 안토사이아닌계 색소

색소의 종류	색소	함유 식품
사이아니딘(cyanidin)	적자색	사과, 적양파, 블랙베리, 블루베리
델피니딘(delphinidin)	청색, 청자색	가지(nasunin), 포도
말비니딘(malvinidin)	적자색, 적색	포도 껍질(oenin)
펠라고니딘(pelagonidin)	적색	딸기, 앵두

저하시키기 위해 냉장 및 냉동 보관을 하는데, 냉동 보관은 과일류의 조직 변화로 과일 자체의 독특한 질감을 잃게 한다.

(4) 펙틴 젤 형성

과일류의 껍질과 조직 내에는 펙틴질이 다량 함유되어 있어 잼, 젤리, 마멀레이드 등으로 가공하는 데 이용한다. 펙틴은 식물 조직 중에 널리 함유되어 있는 갈락투론산galacturonic acid을 기본으로 하는 복합 다당류로 프로토펙틴protopectin, 펙틴산pectinic acid, 펙트산pectic acid으로 나눌 수 있다.

① 펙틴 젤 형성에 영향을 주는 요인

- 펙틴 : 먹기에 좋은 젤의 경도는 1%이며 펙틴 분자의 길이는 충분히 긴 것이 좋다. 성숙도가 적당한 과일을 선택해야 펙틴 함량이 높으며 사과, 딸기, 감귤류, 자두 등이 젤 형성에 적합한 과일이다.
- 설탕 : 설탕은 젤 형성을 촉진하며 완성된 젤의 색상, 질감, 맛을 향상시킨다. 그러나 지나치게 많이 첨가하면 끈적한 질감, 결정 석출 등의 현상이 생길 수 있으므로 60~65% 정도 첨가하는 것이 바람직하다.
- 산 : 과즙은 pH 5 이하일 때 젤이 형성되며 최적의 pH는 3.0~3.5이다. 산의 함량이 많으면 단단한 젤을 형성한 후 분리되기 쉬우므로 0.3%의 유기산이 필요하다. 따라서 유기산이 적은 과일류는 레몬이나 오렌지 즙 등을 첨가한다.

② 젤의 종류

- 젤리jelly : 맑게 거른 과즙을 이용하여 만든 젤
- 잼jam : 과일의 과육 전부를 이용하여 점성을 띠게 농축한 젤
- 마멀레이드marmalade : 주로 감귤류를 이용하며 젤리 바탕에 과일의 껍질을 잘게 썰거나 과육의 얇은 조각이 함께 섞여 있는 젤
- 컨서브conserve : 여러 가지 과일을 혼합하여 만든 잼과 같은 젤
- 프리서브preserve : 과일을 시럽에 넣고 조리하여 연하고 투명하게 만든 젤

③ 완성된 젤 감별 방법

잼이나 젤리를 조리할 때 펙틴 젤이 적절하게 형성되어 졸이는 과정을 끝내는 지점을 젤리점jelly point이라고 하며, 젤리점은 다음과 같은 방법으로 결정한다.

Tip 이액 현상(syneresis)

- 정의 : 펙틴 젤의 저장 과정에서 펙틴 젤에 수화되었던 물 분자가 점차 분리되는 현상
- 발생 원인
  ① 분자량이 적은 펙틴과 저메톡실펙틴(메톡실기를 7% 미만 함유한 펙틴)을 이용할 때
  ② 산도가 지나치게 높을 때
  ③ 저장 용기의 위생 관리가 불량할 때

- 숟가락 시험법spoon test : 과즙을 졸이는 동안 숟가락으로 액을 흘러내리게 하여 묽은 시럽 상태로 흐르지 않고 끝이 끊어지면서 떨어지는 상태가 되면 적당하다고 판단하는 방법
- 컵 시험법cup test : 과즙을 졸이는 동안 소량의 액을 찬물이 담긴 컵에 떨어뜨렸을 때 침전하여 덩어리가 되면 적당하다고 판단하는 방법
- 온도 시험법 : 과즙 온도가 104~105℃가 되면 적당하다고 판단하는 방법

(5) 과일류의 저장 중 변화

식물은 수확한 후에는 생화학적 변화가 정지된 상태이지만, 과일류는 호흡 작용, 증산 작용 등 생화학적 반응이 진행된다. 이러한 변화는 과일의 호흡 속도에 의해 영향을 받으므로 저장 시에는 호흡 속도를 낮추기 위해 이산화탄소 농도를 높이거나 숙성시키기 위해 에틸렌 가스를 이용하기도 한다. 과일류는 호흡률이 높으면 숙성이 빠르게 진행되어 단시간 내에 신선도가 저하되므로 저온 저장으로 호흡률을 낮추고 수분과 영양소의 손실을 방지할 수 있다. 과일 중 성숙 말기에 호흡률이 급등하는 사과, 바나나, 복숭아, 망고 등 호흡기climacteric rise(급등형) 과일은 덜 익은 상태에서 수확하여 실온에서 저장하며 숙성시킨다. 반면에 감귤류, 딸기, 포도 등과 같이 수확 후에 호흡률이 증가하지 않는 비호흡기nonclimacteric rise(비급등형) 과일은 충분히 숙성한 후에 수확하는 것이 맛이 좋다.

과일은 숙성함에 따라 엽록소가 분해되어 카로티노이드와 안토사이시아닌 색소가 드러나고, 효소 작용에 의해 조직이 연화되며 전분이 분해되어 단맛이 증가한다. 또한 숙성할수록 산도는 저하하고 향기는 증가되며 떫은맛이 줄어든다.

과일을 저장할 때에는 수분이 건조되지 않도록 포장하여 냉장 보관하는 것이 일반적

이지만 바나나를 비롯한 열대과일은 냉장 저장하면 저온 장해가 발생하여 연부 현상이 일어나므로 실온에 보관한다. 상업적으로는 저장 중 일어나는 바람직하지 않는 현상을 줄이고 상품의 품질을 유지하며 장기간 저장하기 위하여 기체상의 가스 조성을 바꾸는 공기 조절 저장controlled atmosphere storage(CA 저장, 가스 저장법)을 한다.

Summary

1. 채소류는 잎, 줄기, 뿌리, 꽃 부분을 식용하는 초본 식물로 식용 부위에 따라 엽채류, 경채류, 근채류, 과채류, 화채류로 분류한다.

2. 상추는 락투신(lactucin)이 함유되어 있어 신경 안정 작용 등을 나타내며, 생식할 경우 흐르는 물에 3회 이상 깨끗이 씻어서 이용한다. 시금치는 줄기와 잎이 진한 녹색을 띠며 뿌리의 붉은색이 진한 것을 선택하여 끓는 물에 데친 후 이용한다.

3. 갓은 시니그린(sinigrin)이 함유되어 있어 미로시네이스(myrosinase)에 의해 발효되어 매운맛을 나타내고, 아스파라거스는 아스파라긴(asparagine)과 루틴(rutin)을 함유한다.

4. 배추와 무는 동일한 크기일 경우 무거운 것을 선택하고, 당근은 주황색으로 중심부까지 착색된 것을 선택한 후 기름을 이용하여 조리하면 β-카로틴을 효율적으로 섭취할 수 있다.

5. 양파는 퀘세틴(quercetin)을 함유하고 있어 고혈압 예방에 도움이 되고, 매운 맛 성분은 가열하면 프로필메캅탄(propyl mercaptan)으로 변해 단맛이 난다. 마늘의 매운맛 성분인 알리신(allicin)은 비타민 B_1과 결합하여 알리티아민(allithiamin)이라는 물질로 변화하여 체내에 저장되므로 비타민 B_1 결핍증을 예방하는 데 도움이 된다.

6. 우엉과 연근은 조리할 때 갈변되는 것에 유의해야 한다. 우엉의 껍질은 둔탁한 기구를 이용해 제거하여 껍질 부분의 향이 손실되지 않도록 하고, 연근은 껍질째 솔로 문질러 씻고 꼭지를 자른 다음 칼로 껍질을 세로로 벗겨 손질한다.

7. 오이의 꼭지 부분에는 쓴맛을 내는 쿠쿠비타신(cucurbitacin)이 함유되어 있으며, 고추에는 캡사이신(capsaicin)이라는 매운맛 성분이 함유되어 있어 식욕 증진 및 소화 작용을 돕는다.

8. 과일류는 꽃의 씨방이나 그 주위 부분이 발달하여 과육을 이룬 것으로 인과류, 준인과류, 핵과류, 장과류, 견과류로 분류한다. 과일류는 수분 함량이 많은 반면 단백질, 지질의 함량은 적으며, 비타민과 무기질이 함유되어 있어 체내 대사 조절을 돕고 상쾌한 맛과 다양한 색으로 기호성을 증가시킨다. 아울러 펙틴을 함유하고 있어 잼, 젤리 등으로 가공할 수 있다.

9. 감의 떫은맛 성분은 타닌의 일종인 시부올(shibuol)이며 감이 익으면 호흡에 의해 생성된 알데하이드와 결합하여 불용성 물질이 되므로 떫은맛이 감소된다. 감의 떫은맛을 제거하는 과정을 탈삽이라고 한다.

10. 살구, 매실 등의 핵과류에는 청산 배당체인 아미그달린(amygdalin)이 함유되어 있고, 바나나를 포함한 열대과일류는 냉장고에 넣어 두면 냉해가 발생하므로 종이에 싸서 실온에 보관한다.

11. 일부 과일류에는 고기를 연화시키는 연육 효소가 함유되어 있으며, 무화과의 피신(ficin), 키위의 액티니딘(actinidin), 파파야의 파파인(papain), 파인애플의 브로멜린(bromelin)이 대표적이다.

12. 견과류에는 올레산(oleic acid), 리놀레산(linoleic acid) 등의 불포화지방이 함유되어 있으므로 산패를 방지하기 위해 밀폐하여 보관한다. 조리할 때는 물, 식초 물 등에 침지하여 속껍질을 제거한 후 이용한다.

13. 펙틴은 식물 조직 중에 널리 함유되어 있는 갈락투론산(galacturonic acid)을 기본으로 하는 복합 다당류로 프로토펙틴(protopectin), 펙틴산(pectinic acid), 펙트산(pectic acid)으로 나누며, 펙틴 젤을 형성하기 위한 최적 조건은 1%의 펙틴, 60~65%의 설탕, pH 3.0~3.5이다.

14. 과일류는 수확 후에도 호흡 작용, 증산 작용 등 생화학적 반응이 진행되며, 이러한 변화는 과일의 호흡 속도에 의해 영향을 받으므로 저장 시에는 호흡 속도를 낮추기 위해 이산화탄소 농도를 높이거나 숙성시키기 위해 에틸렌 가스를 이용하기도 한다.

15. 채소류 및 과일류에는 탄수화물, 수용성 비타민, 무기질, 맛 성분, 향기 성분, 색소 등 여러 가지 수용성 성분들이 있다. 이 성분들은 단면이 노출되면 손실이 나타나는데 그 손실량은 단면이 많을수록, 물과 열에 접촉하는 시간이 길수록 커지므로 가열하지 않고 생으로 섭취하는 것이 바람직하다.

16. 채소류 및 과일류에 존재하는 색소는 지용성과 수용성으로 나뉜다. 지용성 색소는 색소체에 존재하는 엽록소(chlorophyll)와 카로티노이드(carotenoid)이고, 수용성 색소는 세포질에 녹아 있는 플라보노이드(flavonoid)이다. 채소류와 과일류에 존재하는 다양한 색소는 신선할 때에는 식욕을 촉진하지만 저장 및 조리 과정에서 다양한 변화로 인해 변색 또는 퇴색되기도 하므로 주의해야 한다.

연습문제

1. 식용 부위에 따른 채소류의 분류로 옳은 것은?

① 엽채류 – 뿌리 식용 – 무, 당근
② 화채류 – 줄기 식용 – 연근, 우엉
③ 과채류 – 열매 식용 – 오이, 호박
④ 근채류 – 잎 부분 식용 – 배추, 시금치
⑤ 경채류 – 꽃 – 식용 – 브로콜리, 콜리플라워

2. 녹색채소를 데칠 때 뚜껑을 열고 고온 단시간 조리할 경우 선명한 녹색을 나타내는 이유는?

① 약산에 의해 페오피틴(pheophytin)이 생성된다.
② 알칼리에 의해 델피니딘(delphinidin)이 생성된다
③ 강산에 의해 페오포바이드(pheophorbid)가 생성된다.
④ 알칼리에 의해 클로로필라이드(chlorophyllide)가 생성된다.
⑤ 세포 내 공기의 제거로 엽록소(chlorophyll)가 표면에 노출된다.

3. 갓의 매운 맛 성분과 관련된 효소는?

① 라이페이스(lipase)
② 아밀레이스(amylase)
③ 프로테이스(protease)
④ 다이아스테이스(diastase)
⑤ 미로시네이스(myrosinase)

4. 당근을 가장 효율적으로 섭취할 수 있는 조리 방법은?

① 볶기
② 찌기
③ 삶기
④ 굽기
⑤ 데치기

5. 양파를 가열 조리하면 단맛이 나는 물질은?

① 시트랄(citral)
② 퀘세틴(quercetin)
③ 카테킨(catechin)
④ 폴리페놀(polyphenol)
⑤ 프로필메캅탄(propyl mercaptan)

6. 우엉을 선별, 손질, 보관, 조리하는 방법 중 올바른 것은?

① 따뜻한 곳에 종이에 싸서 보관한다.
② 오랜 기간 저장할 경우에는 냉동 저장한다.
③ 껍질 제거 시 날카로운 칼로 매끈하게 다듬는다.
④ 껍질 제거 후 갈변 방지를 위해 식초 물에 침지한다.
⑤ 모양이 굽지 않은 것으로 직경이 3 cm 정도인 것을 선택한다.

7. 오이 꼭지에 함유된 쓴맛 성분은?

① 루틴(rutin)
② 나린진(naringin)
③ 후물론(humulon)
④ 테오브로민(theobromine)
⑤ 쿠쿠비타신(cucurbitacin)

8. 고추에 함유된 매운맛 성분은?

① 베타인(betain)
② 아데닌(adenine)
③ 카로틴(carotene)
④ 캡사이신(capsaicin)
⑤ 캡산틴(capsanthin)

9. 가지에 함유된 보라색 색소는?

① 나수닌(nasunin) ② 라이코펜(lycopene) ③ 카로틴(carotene)
④ 엽록소(chlorophyll) ⑤ 플라보노이드(flavonoid)

10. 알칼리성 조리수로 채소를 조리할 때 일어나는 변화로 옳은 것은?

① 비휘발성 유기산이 희석된다.
② 안토잔틴계 색소가 황색으로 변색된다.
③ 엽록소(chlorophyll)의 색이 녹갈색으로 변색된다.
④ 안토사이아닌계 색소가 적색으로 변색된다.
⑤ 카로티노이드계 색소가 청색으로 변색된다.

11. 과일이 숙성될 때 일어나는 현상은?

① 유기산이 감소하여 신맛이 감소한다.
② 수용성 펙틴이 불용성 펙틴으로 변한다.
③ 당이 전분으로 변하여 단맛이 증가한다.
④ 타닌이 수용성으로 변하여 떫은맛이 감소한다.
⑤ 엽록소가 분해되어 카로티노이드와 안토사이아닌 색소가 나타난다.

12. 과일류의 저장 중 발생하는 변화로 옳은 것은?

① 호흡 작용 : 호흡과 대사 작용에 의해 과일류의 수분 일부가 증발하게 되는 작용
② 호흡률 급상승 : 수확 후 일정 기간이 경과해도 호흡량에 큰 차이를 보이지 않는 현상
③ 후숙 : 미숙한 상태로 수확한 후 적당한 온도와 습도를 유지하며 저장해 완숙 과일에 가까운 상태가 되도록 하는 과정
④ 증산 작용 : 수확 후에 생명 유지를 위해 계속 호흡하는 것으로 과일의 종류와 저장 환경에 따라 달라지는 작용
⑤ 비호흡률 급상승 : 수확 후에 일정 기간이 경과하면 호흡량이 급격히 증대하여 성분 변화와 품질 저하가 일어나는 현상

13. 감에 존재하는 떫은 맛 성분은?

① 시부올(shibuol) ② 에틸렌(ethylene) ③ 밀병(water core)
④ 만니톨(mannitol) ⑤ 라이코펜(lycopene)

14. 살구, 매실 등에 함유된 청산 배당체 성분은?

① 나린진(naringin) ② 리모넨(limonene) ③ 석세포(stone cell)
④ 아미그달린(amygdalin) ⑤ 헤스페리딘(hesperidin)

15. 과일류에 함유된 연육 효소가 옳게 연결된 것은?

① 파파야 – 피신(ficin) ② 배 – 브로멜린(bormelin) ③ 무화과 – 파파인(papain)
④ 키위 – 액티니딘(actinidin) ⑤ 파인애플 – 카텝신(cathepsin)

16. 호두와 잣에 많이 함유된 지질 성분은?

① 올레산(oleic acid)　② 로르산(lauric acid)　③ 리놀레산(linoleic acid)
④ 부티르산(butyric acid)　⑤ 아라키돈산(arachidonic acid)

17. 잼, 젤리를 만들기 위한 최적의 조건은?

① 펙틴 0.5%, 설탕 45%, pH 4.5　② 펙틴 1.0%, 설탕 55%, pH 4.5　③ 펙틴 1.0%, 설탕 65%, pH 3.5
④ 펙틴 0.5%, 설탕 45%, pH 3.5　⑤ 펙틴 1.0%, 설탕 55%, pH 3.5

18. 펙틴 젤 제조 시 발생하는 이액 현상의 원인은?

① 산도가 지나치게 낮을 때　② 과량의 설탕을 사용했을 때　③ 고메톡실펙틴을 이용할 때
④ 분자량이 큰 펙틴을 사용했을 때　⑤ 저장 용기의 위생 관리가 불량할 때

19. 과일류는 섭취 시 신맛을 느낄 수 있으나 채소류는 신맛을 느낄 수 없는 이유는?

20. 바나나를 냉장고에 저장할 경우 검은 반점이 생기는 원인은?

풀이와 정답

1. ③　**2.** ⑤　**3.** ⑤ 라이페이스(lipase)는 지질, 아밀레이스(amylase)는 탄수화물, 프로테이스(protease)는 단백질을 분해하는 효소이다. 다이아스테이스(diastase)는 마, 무 등에 함유된 소화를 촉진하는 효소이다.　**4.** ① 당근에 함유된 β-카로틴은 지용성 물질로 습열 조리보다는 기름에 볶는 건열 조리법을 사용할 때 흡수율이 증가한다.　**5.** ⑤　**6.** ④　**7.** ⑤ 루틴(rutin)은 메밀, 나린진(naringin)은 밀감껍질, 후물론(humulon)은 맥주, 테오브로마인(theobromine)은 코코아 종자에 함유되어 있는 쓴맛 성분이다.　**8.** ④ 베타인(betain), 아데닌(adenine)은 고추의 감칠맛 성분이며, 캡산틴(capsantin), 카로틴(carotene)은 고추의 붉은 색소이다.　**9.** ①　**10.** ②　**11.** ③　**12.** ③ 과일류의 저장 중 발생하는 변화는 다음과 같다. 증산 작용 : 호흡과 대사 작용에 의해 과일류의 수분 일부가 증발하는 작용, 호흡 작용 : 수확 후에 생명 유지를 위해 계속 호흡하는 것으로 과일의 종류와 저장 환경에 따라 달라지는 작용, 호흡률 급상승 : 수확 후에 일정 기간이 경과하면 호흡량이 급격히 증대하여 성분 변화와 품질 저하가 일어나는 현상, 비호흡률 급상승 : 수확 후에 일정 기간이 경과해도 호흡량에 큰 차이를 보이지 않는 현상　**13.** ① 에틸렌(ethylene)은 식물 호르몬의 종류이며, 밀병(water core)은 소비톨 성분이 축적되어 과육을 투명하게 하고 단맛이 증가되는 사과에 함유된 성분이다. 또한 만니톨(mannitol)은 곶감 표면에 존재하는 흰 가루 성분이며, 라이코펜(lycopene)은 토마토에 함유된 색소 성분이다.　**14.** ④ 헤스페리딘(hesperidin), 나린진(naringin)은 감귤류에 존재하는 쓴맛 성분이며, 리모넨(limonene)은 감귤류에 함유된 향기 성분이다. 석세포(stone cell)는 배의 거친 질감을 나타내는 성분이다.　**15.** ④　**16.** ③　**17.** ③　**18.** ⑤　**19.** 신맛은 유기산이 내는 산미인데 채소류는 과일류에 비해 유기산의 함량이 적고 그 대부분이 염의 형태로 존재하므로 강한 맛을 나타내지 않는다. 유기산은 아세트산(acetic acid), 프로피온산(propionic acid), 젖산(lactic acid) 등과 같이 분자가 적은 휘발성 유기산과 시트르산(citric acid), 타타르산(tartaric acid), 석신산(succinic acid) 등과 같이 분자가 큰 비휘발성 유기산으로 나뉘며, 휘발성 유기산은 가열 시 휘발하므로 녹색채소를 데칠 때에는 뚜껑을 열고 데친다.　**20.** 바나나를 포함한 열대과일류는 냉장고에 보관하면 저온 장해가 발생하여 단시간 내에 껍질에 반점이 생기고 검게 변하므로 종이에 싸서 실온에 보관하는 것이 바람직하다.

References

김숙희·윤예리·이나겸·이윤정·임용숙·최진영, **식품학 및 조리원리**, 지구문화사, 2018.

김향숙·오명숙·황인경, **조리과학**, 수학사, 2014.

노봉수·이승주·백형희·이재환·윤현근·정승현·이희섭, **생각이 필요한 식품재료학**, 수학사, 2017.

농촌진흥청 국립농업과학원, **제9개정판 국가표준 식품성분표**, 2016.

박문옥·김용식, **최신 조리원리**, 효일, 2019.

안미령·유주연·전태연·나정숙·배현수·이윤정·이미영·조한용, **메뉴개발을 위한 조리원리**(에센스), 지구문화사, 2016.

안선정·김은미·이은정, **새로운 감각으로 새로 쓴 조리원리**, 백산출판사, 2016.

윤계순·이명희·류은순·민성희·신원선·정혜정·김지향·박옥진, **새로 쓴 식품학 및 조리원리**, 수학사, 2014.

이경애·문보경·황자영·이인선, **이해하기 쉬운 조리원리**, 파워북, 2019.

이주희·김미리·민혜선·이영은·송은승·권순자·김미정·송효남, **과학으로 풀어쓴 식품과 조리원리**, 교문사, 2014.

조미자·강옥주·계인숙·김명숙·김병숙·김애정·문숙희·박재희·박희옥·이근종·이미경·이미영·최은영·최진영·한정순, **조리원리**, 교문사, 2015.

홍진숙·박혜원·박란숙·명춘옥·신미혜·최은정·정혜정·최은희, **식품재료학**, 교문사, 2019

구글, www.google.com

국립농산물 품질관리원, www.naqs.go.kr

FOOD

PRINCIPLES and PREPARATIONS

CHAPTER **13**

콩류 및 서류

콩류는 콩과 식물의 자엽을 식용하는 식물로 대두, 팥, 녹두, 강낭콩 등이 대표적이다. 콩류는 다른 식물성 식품과 달리 생물가가 높은 양질의 단백질을 함유하고 있어 영양적으로도 우수할 뿐만 아니라 환경에 대한 적응성이 우수하고 재배가 용이하며 대체로 수분 함량이 적어 저장과 수송이 편리하므로 다양한 조리 가공에 활용되고 있다. 최근에는 콩류에 함유된 식물성 생리활성물질의 기능성이 알려지면서 건강식품으로도 인정받고 있다.

서류는 식물의 뿌리나 땅속줄기가 비대해진 것으로 다량의 전분을 함유한 감자, 고구마, 토란, 마 등이 해당한다. 수분 함량이 많아 곡류 및 콩류에 비해 저장성은 낮지만 열량이 높아 주식과 부식으로 이용되며 전분, 당면, 알코올 등의 원료로도 쓰인다.

1. 콩류

1) 콩류의 종류 및 성분

콩류는 곡류 및 서류에 비해 단백질과 지질 함량이 높으며, 비타민 B 복합체, 칼륨, 인 등의 무기질이 풍부한 알칼리성 식품이다(표 13-1). 종류별로 구성 성분의 차이가 있으므로 표 13-2와 같이 분류한다.

(1) 콩류의 영양 성분

① 단백질

단백질은 콩류의 가장 중요한 성분으로 종류에 따라 9~36%를 함유하고 있다. 특히 대두에는 36.2%의 단백질이 함유되어 있으며, 1인 1회 분량을 기준으로 비교하면 육류에 비해 약 1/2 정도를 함유한다. 콩류 단백질은 양적인 면 외에 필수아미노산이 풍부하므로 곡류 의존적인 식생활을 하는 사람에게 부족한 필수아미노산인 라이신lysine을 보충해 줄 수 있다. 따라서 밥을 지을 때 콩류와 곡류를 혼합하면 단백질의 질을 향상시키는 데 효과적이다. 대두의 주단백질은 묽은 염류에 용해되는 글로불린globulin에 속하는 글리시닌glycinin과 알부민albumin에 속하는 레구멜린legumelin이며, 무기질에 침전되는 성질을 이용하여 두부를 제조한다.

② 지질

단백질과 더불어 콩류의 중요한 성분인 지질은 종류에 따라 0.3~42.6%의 지방을 함

표 13-1 콩류의 영양 성분

(단위 : 가식부 100 g 중)

	열량 (kcal)	수분 (g)	단백질 (g)	지질 (g)	탄수화물 (g)	무기질				비타민					폐기율 (%)
						칼슘 (mg)	인 (mg)	철 (mg)	칼륨 (mg)	레티놀 (μg)	B_1 (mg)	B_2 (mg)	β-카로틴 (μg)	C (mg)	
콩(대두)	409	11.2	36.21	14.71	32.99	260	660	6.66	1,838	0	0.553	0.384	11	3.27	0
팥(적)	339	13.7	21.91	1.33	59.84	64	393	5.05	1,341	0	0.558	0.233	0	4.57	0
녹두	352	9.4	24.51	1.52	60.15	100	441	4.11	1.420	0	0.156	0.358	243	5.29	0
강낭콩	172	56.1	8.80	0.86	32.38	49	281	3.11	730	0	0.449	0.124	53	2.12	43
완두	114	71.0	7.92	0.44	19.51	36	174	2.08	356	0	0.186	0.141	383	11.90	47
땅콩	520	10.8	25.74	42.57	18.36	67	425	3.07	746	0	0.389	0.212	4	0	–
동부	163	58.5	11.2	0.3	28.4	28	89	3.3	–	0	0.32	0.41	11	13	0
잠두	341	10.98	26.12	1.53	58.29	103	421	6.70	1,062	0	0.555	0.333	32	1.4	0
병아리콩(인도산)	373	10.8	17.27	5.66	63.14	153	367	4.74	1,085	0	0.646	0.124	23	0	0
작두	125	68.0	9.0	0.3	21.5	85	133	0.8	398	0	0.65	0.06	16	16	78

* – : 수치가 애매하거나 측정되지 않음

자료 : 농촌진흥청 국립농업과학원, 제9개정판 국가표준 식품성분표, 2016.

표 13-2 콩류의 종류

콩류의 구성 성분	콩류의 종류
단백질과 지질의 함량이 높은 콩류	대두, 땅콩
단백질과 탄수화물의 함량이 높은 콩류	팥, 녹두, 강낭콩, 완두, 농부
비타민 C 함량이 높은 콩류	풋콩, 미성숙 완두콩, 껍질콩

유하는 것이 있으며, 지방의 양이 많은 대두는 식용유의 원료로 사용된다. 정제하지 않은 대두유(콩기름)에는 인지질인 레시틴lecithin[1]이 포함되어 있으며 식품 가공에서 다른 지질과 물이 잘 섞이도록 돕는 유화제[2] 역할을 한다. 대두유에는 올레산oleic acid, 리놀레산linoleic acid, 리놀렌산linolenic acid 등의 불포화지방산이 다량 함유되어 있으므로 필수지방산의 중요한 급원이 된다. 공기와 접촉하면 산패에 의한 변질이 쉽게 일어나므로

1 레시틴(lecithin) : 대두, 달걀노른자, 동물 조직에 존재하는 인지질로 강한 유화 작용을 나타내므로 다양한 지질 식품의 유화제로 사용

2 유화제 : 물과 기름처럼 서로 섞일 수 없는 물질이 잘 섞이게 도와주는 물질. 한 분자 내에 친수성 기와 친유성 기를 모두 갖고 있으며 두 물질의 가교 역할을 함

콩류 및 콩류 제품을 보관할 때 주의해야 한다.

③ **탄수화물**

대부분의 콩류에 함유되어 있는 탄수화물은 주로 소화되지 않는 라피노스raffinose, 스타키오스stachyose와 같은 삼당류나 사당류이다. 이들은 위에서 소화되지 않고 장내 세균에 의해 분해되어 가스를 발생하므로 식품 가공 시에는 제거하였으나, 현재는 이러한 물질의 생리적 기능이 연구되면서 올리고당으로 상품화되어 있다. 또 미숙한 콩은 전분을 함유하지만 완숙된 콩에는 거의 없으며 팥, 녹두, 강낭콩, 동부 등은 전분 함량이 높아 묵과 당면의 원료로 이용한다.

④ **비타민과 무기질**

콩류는 곡류에 비해 칼슘, 인, 철 등의 무기질과 비타민 B 복합체가 풍부하게 함유되어 있다. 그러나 인은 대부분 피틴phytin과 결합 상태로 존재하므로 무기질의 이용이 제한되며, 비타민 C는 거의 함유되어 있지 않다. 콩, 녹두를 이용하여 콩나물, 숙주나물로 발아시키면 성장할 때 비타민 C의 함량이 높아진다.

⑤ **색소와 페놀 화합물**

콩류는 종류에 따라 노란색, 검은색, 붉은색 등 각기 고유의 색소 성분을 함유하고 있다. 대두의 노란색은 플라보노이드계 색소인 아이소플라본isoflavone의 제니스테인genistein, 다이제인daidzein 등으로 대두의 떫은맛, 쓴맛, 비린내처럼 좋지 않은 맛의 원인 물질이지만 식물성 에스트로겐estrogen으로 작용하여 갱년기 여성의 골다공증 예방, 항

Tip 콩 유용 성분의 기능성

구분	기능성
단백질	콜레스테롤 농도 저하
지질	심혈관계 질환 예방, 두뇌 발달 촉진
식이섬유	장 기능 개선
아이소플라본	항암(유방, 난소암), 골다공증 개선
안토사이아닌	항산화 및 노화 방지, 항암
레시틴	치매, 알츠하이머 예방·치료
토코페롤	항산화 및 노화 방지

암, 항산화 작용, 심혈관 질환 예방 등 여러 가지 생리 활성을 나타낸다. 검정콩의 껍질 색은 안토사이아닌계 색소인 크리산테민chrysanthemin으로 콩조림을 할 때 철, 주석 등과 결합하면 윤기 있는 검은색이 되므로 두꺼운 무쇠 솥을 이용하기도 한다.

⑥ 특수 성분

콩류는 영양적으로 우수한 식품이지만 조직이 단단하고 소화 흡수율이 낮으며 트립신 억제제trypsin inhibitor[3], 헤마글루티닌hemagglutinin, 사포닌saponin[4] 같은 특수 성분이 함유되어 있어 가공하여 사용하는 것이 좋다. 트립신 억제제는 단백질의 소화 흡수를 저해하며, 헤마글루티닌은 혈구 응집성 독소이나 100℃에서 4~5분 정도 가열 처리하면 변성되어 활성을 상실하므로 단백질의 소화율이 향상된다. 사포닌은 물에 침지하거나 가열할 때 거품을 형성하는 물질로 과량 섭취 시 장을 자극하여 설사를 유발하므로 충분히 우려내고 사용하는 것이 좋다.

(2) 콩류의 종류

① 대두

대두soybean는 껍질이 얇고 깨끗하며, 색이 노랗고 윤기가 나며 이물질이 없는 것을 선택한다. 크기에 따라 대립, 중립, 소립으로 나뉘며 대립은 콩조림 등에, 중립은 두부나 된장 등에, 소립은 나토natto 제조에 사용한다.

② 팥

팥azuki bean의 구성 성분 중 60%가 탄수화물로 대부분이 전분이며 세포섬유에 둘러싸여 소화효소의 침투가 어려워 삶아도 풀처럼 끈적이지 않고 소화가 잘 되지 않는 것이 특징이다. 비타민 B_1 함량이 비교적 높으며, 장을 자극하는 사포닌을 함유하고 있으므로 처음 삶은 물은 버리고 조리한다. 또 표피에는 사이아니딘cyanidin[5] 배당체가 들어 있어 아린 맛이 난다. 맛의 관점에서 보면 시고 단맛이 강한 팥은 쓴맛의 수수와 함께 조리하면 각각의 약점이 감춰지기 때문에 예로부터 수수팥떡, 수수부꾸미 등으로 이용

3 트립신 억제제(trypsin inhibitor) : 단백질의 분해를 돕는 효소인 트립신의 작용을 방해하는 물질. 생콩에 함유되어 있으므로 가열하여 섭취하도록 한다.

4 사포닌(saponin) : 콩류, 특히 팥에 존재하며 거품을 내는 물질이며, 식이섬유와 함께 배변 촉진 작용을 하나 과량 섭취 시 용혈 작용을 하는 물질

5 사이아니딘(cyanidin) : 팥의 아린 맛을 나타내는 배당체

해 왔다.

③ 녹두

녹두mung bean는 구성 성분 중 60%가 탄수화물로 대부분이 전분이며, 펜토산pentosan, 갈락탄galactan, 헤미셀룰로스hemicellulose 및 엽산을 함유하고 있다. 청포묵, 떡소, 떡고물, 녹두죽, 빈대떡, 당면 등으로 이용되며, 콩나물처럼 발아시켜 숙주나물로 이용한다.

④ 강낭콩

강낭콩kidney bean은 줄기 모양, 종실의 크기 및 용도에 따라 구분하며, 품종에 따라 적색, 흑색, 흰색 등 다양한 색을 가진다. 종실이 작고 꼬투리가 부드러운 어린 강낭콩은 채소용으로 이용하며, 녹두처럼 탄수화물의 함량이 많아 밥에 넣어 혼식하거나 양갱 등의 원료로 사용한다.

⑤ 완두

비오틴biotin, 콜린choline[6], 비타민 C가 풍부한 완두garden pea는 둥근 모양에 줄기색이 녹색에서 황록색을 띠며 털이 없고 감미가 가장 높을 때 수확해야 가공성이 좋다. 미숙한 완두는 통조림용으로 사용하며, 선명한 녹색을 유지하기 위해 통조림을 제조할 때 황산동[7]을 첨가한다. 꼬투리의 단단한 정도에 따라 경협종과 연협종으로 나누며, 연협종의 어린 꼬투리는 채소 요리로 이용한다.

⑥ 땅콩

콩류 중 유일하게 땅속에서 성장하는 땅콩peanut은 단백질과 지질 함량이 높은 고열량 식품이다. 아미노산 조성이 대두처럼 우수하지는 않으나 불포화지방을 다량 함유하고 있다. 땅콩은 볶거나 쪄서 간식 및 후식으로 이용하거나 제과, 제빵 등의 재료로 사용한다. 보관 시 곰팡이 독소인 아플라톡신aflatoxin[8]에 오염될 수 있으므로 주의해야 하며, 변색되거나 산패취가 나는 땅콩은 폐기한다.

6 콜린(choline) : 신경 전달 물질인 아세틸콜린과 인지질인 레시틴 등 생체화합물의 중요한 구성물로 동식물 식품에 널리 존재. 항지방간 인자로 신장 장애와 고혈압 예방에 도움을 줌

7 황산동 : 완두를 통조림으로 가공할 때 엽록소의 변색을 방지하게 위해 첨가하는 물질

8 아플라톡신(aflatoxin) : 땅콩박 등에 기생하는 *Aspergillus flavus*에 의해 생성된 독성 물질. 일반적인 식품의 가공 처리로는 파괴되지 않는 강력한 발암 물질로 간, 위, 신장 등에 암을 유발함

⑦ **동부**

동부cowpea의 색상은 백색, 흑색, 갈색, 적자색 또는 혼합색 등으로 매우 다양하다. 밥에 넣어 혼식하거나 떡고물로 이용하며 전분으로는 묵을 만들기도 한다.

⑧ **누에콩(잠두)**

누에콩faba bean(잠두)은 꼬투리가 누에 모양이며 누에가 고치를 지을 때쯤 익어간다고 하여 붙여진 이름이다. 누에콩에 함유된 58%의 탄수화물은 대부분 전분이며 기억력 증진에 도움이 되는 콜린을 함유하고 있다. 미숙한 누에콩은 생채소로 이용하며, 종자와 잎은 지혈제 및 이뇨제로 쓰인다.

⑨ **병아리콩**

인도의 중요한 식량 작물인 병아리콩chick pea은 단백질, 아연, 엽산이 풍부하여 채식주의자의 중요한 단백질 공급원이다. 주로 밀가루나 보릿가루와 혼용하거나 수프 등으로 활용하며, 서아시아(중동) 지역에서는 병아리콩을 다진 마늘, 양파, 파슬리, 쿠민, 고수의 씨와 잎 등과 함께 갈아 만든 반죽을 둥근 모양으로 튀긴 팔라펠falafel이란 음식을 즐겨 먹는다.

그림 13-1 **콩류의 종류**

⑩ **렌즈콩**

렌즈콩lentil은 스페인산 올리브유, 그리스 요구르트, 일본 나토, 한국 김치 등과 더불어 세계 5대 건강식품으로 선정될 정도로 영양이 풍부하다. 풍미가 우수하고 걸쭉한 질감을 나타내는 렌즈콩은 수프와 각종 음식에 널리 사용한다.

⑪ **작두콩**

열대 아시아가 주산지인 작두콩sword bean의 종자에는 세포 응집 작용을 나타내는 콘카나발린 Aconcanavalin A라는 단백질이 함유되어 있으며, 품종 중 적색종은 꼬투리를, 백색종은 종실을 이용한다.

2) 콩류의 조리 및 가공품

(1) 콩류의 조리

① **흡습성**

대부분의 콩류는 수분 함량이 10~17%로 건조시켜 저장하므로 조리할 때 가열 시간의 단축 및 연화를 위하여 조리하기 전에 일정 시간 수침한 후 사용한다. 수분의 흡수 속도는 저장 기간, 보존 상태, 물의 온도에 따라 다르나 20℃ 내외의 상온에서 5~6시간 동안 물을 많이 흡수하고 그 이후에는 흡수 속도가 저하되며 20시간 후에는 포화 상태에 이른다. 팥은 표피가 단단하고 흡수 속도가 느리기 때문에 수침보다는 삶아서 이용한다. 콩류를 물에 수침할 때 온도가 높을수록 흡수와 팽윤이 촉진되며, 소금, 식소다를 첨가하면 식이섬유와 펙틴질도 연화된다. 다만 식소다를 과량 첨가하면 맛이 나빠지고 비타민 B_1이 파괴되므로 주의해야 한다. 조리할 때 경수를 사용하면 경수의 칼슘 이온Ca^{2+}과 마그네슘 이온Mg^{2+}이 콩의 펙틴 물질과 결합하여 가열 시 콩의 연화를 저해하므로 연수로 조리해야 한다. 또한 압력 용구를 이용하여 콩류의 조리 시간을 단축시킬 수도 있다.

Tip 조리 시 팥을 이용하는 올바른 방법

팥은 다른 콩류와는 달리 껍질이 수분을 흡수하기 전에 내부 안쪽으로 물이 흡수되어 자엽이 부풀기 때문에 껍질이 갈라지는 현상이 발생한다. 이때 자엽 내부에 있는 영양 성분이 용출되어 영양 성분의 손실과 맛이 나빠지는 동시에 부패할 수도 있다. 따라서 팥은 물에 불리는 것보다 삶아서 사용하는 것이 바람직하다. 다만 사포닌 등의 성분이 용출되므로 처음 삶은 물은 버리고 새로운 물에 삶아서 조리에 이용한다.

② **응고성**

대두에 존재하는 대표적인 단백질 글리시닌과 레구멜린은 물에 용출되어 pH 4~5 정도의 등전점에서 침전하며, 칼슘염(황산칼슘, $CaSO_4,2H_2O$; 염화칼슘, $CaCl_2,2H_2O$)과 마그네슘염($MgCl_2$, $6H_2O$), 글루코노델타락톤glucono-δ-lactone과 같은 응고제를 첨가하면 응고한다. 이와 같은 성질을 이용한 식품이 두부이다.

먼저 콩으로 두유를 만들어 온도가 70~80℃가 되면 대두 중량의 2~4%의 응고제를 첨가한다. 이때 응고제의 사용량이 많거나 가열 시간이 길면 두부는 단단해지고, 반대로 응고제가 부족하면 추출된 전량이 응고하지 못한다. 사용하는 응고제의 종류에 따라서도 두부의 특성이 달라진다. 황산칼슘을 응고제로 사용하면 불용성이라 더운 물에 희석해서 사용해야 하는 단점은 있지만 두부의 색상이 좋고 수율이 좋으며, 글루코노델타락톤은 조직이 부드러워져서 순두부 제조에 이용된다.

③ **기포성**

콩류에는 사포닌이 함유되어 있는데 이 물질은 기포성이 있어 수침 또는 가열 시 거품을 일으키는 성질이 있다. 콩류를 이용하여 조리할 때 거품이 생기면 식용유를 떨어뜨리거나 된장을 첨가하면 된다.

표 13-3 콩의 이용

이용 방법	종류
종실 이용	콩자반, 콩 튀김, 혼식, 콩가루 등
발효	메주, 간장, 된장, 청국장 등
추출	두유, 두부, 콩기름, 콩 단백 등
발아	콩나물, 숙주나물

(2) 콩류의 가공품

콩류는 콩 종실 전체를 직접 이용하거나 발효, 추출, 발아 등의 방법으로 가공하여 식용하여 왔다. 일반적으로 콩류는 소화 흡수가 어려워 가공 처리를 거쳐 다양한 식품으로 이용하고 있다.

표 13-4 콩류 제품의 영양 성분

(단위 : 가식부 100 g당)

	열량 (kcal)	수분 (g)	단백질 (g)	지질 (g)	탄수화물 (g)	무기질				비타민				
						칼슘 (mg)	인 (mg)	철 (mg)	칼륨 (mg)	레티놀 (μg)	B_1 (mg)	B_2 (mg)	β-카로틴 (μg)	C (mg)
콩(대두)	409	11.2	36.21	14.71	32.99	260	660	6.66	1,838	0	0.553	0.384	11	3.27
두부	97	81.2	9.62	4.63	3.75	64	158	1.54	132	0	0.032	0.179	0	0
비지	74	82.8	3.5	1.5	11.7	66	25	2.3	113	0	0.07	0.03	0	0
두유	70	86.6	4.4	3.6	4.7	17	53	0.7	-	0	0.04	0.04	0	0
콩나물	36	89.5	4.64	1.36	3.80	48	85	0.67	218	0	0.114	0.085	6	1.80
숙주나물	13	95.6	1.73	0.05	2.34	13	27	0.22	84	0	0.070	0.058	5	7.24
간장(재래)	83	60.0	3.72	0.01	16.96	21	46	0.19	456	0	0.065	0.290	0	3.27
된장(재래)	193	47.8	13.73	7.25	18.94	79	218	2.07	539	0	0.588	0.837	0	11.20

* - : 수치가 애매하거나 측정되지 않음

자료 : 농촌진흥청 국립농업과학원, 제9개정판 국가표준 식품성분표, 2016.

① **두유**

두유는 콩을 불려 갈은 후 끓여서 걸러 만든 제품이다. 콩국이라고도 부르며 오래 전부터 가정에서 만들어 먹던 음식이다. 일반적으로 우유에 알레르기가 있는 유아나 우유의 젖당lactose을 소화하기 어려운 성인에게 우유를 대체할 수 있는 식품으로 고단백 음료이다. 두유는 콩이 함유한 단백질 중 약 90%의 수용성 단백질을 추출한 것으로 글리시닌은 우유의 카세인casein과 유사한 아미노산 조성을 갖는다. 그러나 우유에 비해 칼슘을 포함한 영양소가 부족하므로 우유 대용으로 사용할 때에는 부족한 영양소의 보충이 필요하다.

② **두부**

중국 한나라 때 처음 만들어진 이래 우리나라, 일본 등지에서 많이 식용해 온 식품 중의 하나로 동물성 단백질이 부족한 우리 식생활에서는 중요한 위치를 차지하였다. 두부는 두유를 만들어 응고, 탈수, 성형 과정을 거쳐 제조하며, 주성분인 단백질과 지질의 함유량은 제조법에 따라 수분의 양이 다르므로 차이가 있다. 두부의 소화 흡수율은 95%이며 독특한 맛과 탄력 있는 질감을 가지고 있어 기호성도 우수하다. 다만 수분의 양이 많기 때문에 냉장 상태에서 3일 정도 유통이 가능하므로 보관에 유의해야 한다.

Tip 두부 가공품

- 유부(튀긴 두부) : 단단한 두부를 얇게 썰어 110~120°C에서 튀긴 후에 180~200°C에서 황갈색이 될 때까지 다시 튀겨 기호성과 보존성을 증가시킨 제품이다. 기름으로 인하여 공기와 접촉 시 산패될 수 있으므로 유의해야 한다.
- 동결 두부 : 두부를 동결시켜 해동한 후 탈수, 건조시킨 제품으로 독특한 조직감과 질감이 형성되며 풍미와 저장성이 우수하다.

③ 콩나물, 숙주나물

콩나물과 숙주나물은 각각 콩과 녹두의 싹을 틔워 생육한 것이다. 콩나물과 숙주나물에는 단백질, 비타민, 무기질이 비교적 많이 함유되어 있으며 특히 비타민 B_1, 비타민 B_2, 비타민 C의 함량이 높다. 콩 자체에 들어 있지 않은 비타민 C는 싹이 발아하면 생성되는데 싹이 난 후 5~6일 동안 비타민 함량이 늘어나다가 그 후부터는 줄어든다.

콩나물에는 아미노산의 일종인 아스파라긴산asparaginic acid이 들어 있어 알코올 섭취 후 체내에 생성되는 아세트알데하이드acetaldehyde를 감소시키는 작용을 하므로 숙취 해소에 효과적인 것으로 알려져 해장국의 재료로 이용된다. 나물을 요리할 때에는 조리 시간이 짧아야 영양소 파괴가 적으며, 소금을 약간 첨가한 후 조리하면 비타민 C의 파괴를 줄일 수 있다. 콩나물을 끓이는 도중 뚜껑을 열면 콩 또는 콩나물에 함유된 불포화 지방산이 리폭시제네이스lipoxygenase에 의해 산화되어 비린내가 나므로 주의해야 한다.

④ 간장, 된장

우리나라의 대표적인 전통 장류이자 발효식품인 간장과 된장은 원료가 되는 콩을 쪄서 메주를 만들어 볕에 말린 후 장독에 넣고 18%의 소금물을 부은 다음 발효시켜 걸러 낸 액을 달이면 간장이 되고, 남은 건더기를 숙성시키면 된장이 된다. 간장과 된장

표 13-5 콩류 가공품의 소화율

종류	소화율(%)	종류	소화율(%)
간장	98	콩가루	83
두유	95	콩장	68
두부	95	볶은 콩	60
된장	85	비지	60

자료 : 이주희 외 7인, 과학으로 풀어쓴 식품과 조리원리, 교문사, 2014.

의 주원료는 과거에는 주로 콩을 사용하였으나 구수한 맛과 더불어 단맛을 증가시키기 위해 쌀, 보리, 밀 등의 곡류를 혼합하여 사용하고 있다. 발효와 관련된 대표적인 미생물은 고초균*Bacillus subtilis*과 황국균*Aspergillus oryzae*이다.

간장은 제조 방법에 따라 발효법(재래식 간장, 개량식 간장)과 산분해법(아미노산 간장)으로 나뉘며, 농도 및 원료에 따라서 다양하게 분류할 수 있다. 산분해법으로 제조된 아미노산 간장은 분해 중 생성되는 물질의 안전성 논란이 있었다. 일반적으로는 개량식 간장에 아미노산 간장을 혼합하여 제조한 간장이 많다. 간장을 만들 때는 살균, 효소 불활성화, 갈색화 반응을 촉진하고 간장의 농도를 조절하기 위해서 가열한다.

간장, 된장은 발효 시 단백질 분해효소와 탄수화물 분해효소에 의해 단백질은 아미노산으로 분해되어 구수한 맛을 내고 탄수화물은 단맛을 나타낸다. 이와 동시에 내염성 효모가 번식하여 유기산 생성 균이 증가하여 아세트산, 젖산 등이 생성되므로 신맛이 혼합되고, 제조 시 첨가한 소금으로 짠맛이 부여되며, 알코올 발효로 방향 물질이 생성된다. 이로써 우리 식생활에서 빼놓을 수 없는 조미식품이 완성된다.

건더기인 메주를 건져서 담는 된장은 재래식 된장, 개량식 된장과 이 2가지 방법을 절

표 13-6 된장의 종류

분류		종류	특성
재래식 된장		막된장(된장)	메주에 소금물을 넣어 발효시킨 후 간장을 걸러 내고 난 메주로 담근 장
		토장	막된장에 메줏가루와 소금물을 넣어 염분을 조정하여 2~3개월 후에 먹는 된장
개량식 된장			콩과 곡류를 함께 넣어 메주를 만든 후 말려 소금물을 붓고 한 달가량 지난 후에 다른 독에 메주를 옮겨 담으면서 켜켜이 소금을 뿌려 만든 된장
절충식 된장			굵게 빻은 메주를 미리 소금물에 되직하게 개어 삭혀 두었다가 간장을 뜨고 남은 메주에 섞어 만든 된장
별미장	봄	막장	메주를 가루 내어 속성으로 담근 된장
	여름	집장	채소류를 침장(沈醬)하는 방법으로 채소류를 장과 밀기울과 함께 말똥 속에 묻어 그 열로 발효시킨 것으로, 겨울에 부족하기 쉬운 무기질, 비타민, 단백질의 급원이 되는 식품
		생황장	삼복 중에 누룩을 이용하여 콩과 섞어서 담근 장
	가을	청태장	해콩인 청태로 메주 덩어리를 만든 후에 콩잎을 덮어 담근 장
		팥장	팥과 밀가루로 메주를 쑤어 말렸다가 소금물을 부어 담근 장
	겨울	청국장	콩을 삶아 볏짚의 고초균(*Bacillus subtilis*)을 이용하여 40°C의 온도에서 2~3일 발효시켜서 소금, 마늘, 고춧가루 등을 넣고 마쇄하여 만든 된장

충한 절충식 된장 및 계절에 따라 담는 별미장이 있다. 별미장으로는 봄에 담는 막장, 여름에 담는 집장, 생황장, 가을에 담는 청태장, 팥장, 그리고 겨울에 담는 청국장 등이 있다. 된장을 담을 때는 항아리를 깨끗이 씻어 말린 후 소금을 골고루 뿌리고 된장을 담은 다음 눌러 담고 웃소금을 뿌린 후 뚜껑을 덮어 보관한다. 보관 시 숯과 건고추를 넣어 잘 밀봉하여 이물질이 혼입되지 않도록 유의하며 햇볕이 잘 드는 곳에 보관한다.

⑤ 고추장

예로부터 각 가정에서 전통 방식으로 된장, 간장과 함께 담가 온 고추장은 고춧가루를 주원료로 하여 쌀, 찹쌀, 보리, 밀 등의 전분을 당화하여 얻은 단맛, 소금의 짠맛, 고춧가루의 매운맛과 메줏가루의 미생물에 의해 분해되어 생성된 맛 성분이 어우러진 조미식품이다. 먼저 쌀을 비롯한 곡류에 엿기름을 넣고 삭힌 다음 고춧가루와 메줏가루를 넣고 소금으로 염도를 맞춘 후 발효시켜 제조한다.

⑥ 기타 콩류 가공 제품

- 나토natto : 일본식 청국장으로 콩을 삶은 후 납두균*Bacillus natto*을 이용하여 40℃ 전후에서 발효시켜 실 같은 끈적끈적한 물질이 생성되도록 만든 것으로, 생으로 먹거나 간장 또는 겨자를 곁들여 먹는다.
- 템페tempe : 인도네시아의 전통 발효식품으로 콩을 삶아 종균*Rhizopus oligosporus*을 접종하여 발효시킨 것으로 생으로 섭취하기보다는 수프에 넣어 먹는다.
- 콩 단백 : 탈지 대두에서 단백질을 분리하여 이것을 섬유상으로 만들어 육류와 유사한 조직을 갖도록 가공한 대두 가공품이다. 동물성 지방의 과잉 섭취에서 오는 생활습관병 문제 등을 해소하고 건강 지향적인 제품 개발을 위해 다양한 연구가 진행되고 있으며, 젤 형성, 유화성 등이 있어 여러 제품에 첨가되어 활용된다.
- 콩잎 김치 : 우리나라 내륙 지방에서 담가 먹던 김치의 한 종류로, 항아리에 콩잎 다발을 차곡차곡 넣고 굵은 소금을 뿌린 후 잠길 정도로 물을 붓고 한 달 정도 두면 콩잎 특유의 강한 냄새가 사라지며 삭는다. 이렇게 준비된 콩잎을 깨끗이 씻어 고춧가루, 마늘, 참깨, 간장, 물엿, 멸치젓으로 갖은 양념을 준비하여 한 장씩 켜켜이 발라 만든다.

2. 서류

1) 서류의 종류 및 성분

서류는 뿌리나 땅속줄기가 발달한 것으로 식용을 목적으로 재배하는 식물이다. 수분이 60~97%로 많아 저장성이 낮으나 단위면적당 생산량이 곡류보다 높으므로 경제적인 열량원이다. 서류는 다량의 탄수화물을 함유하고 있으나 상대적으로 단백질과 지질의 함량은 낮은 편이다. 칼슘, 칼륨 등의 함량이 높고 비교적 안정한 형태로 존재하는 비타민이 함유되어 있다(표 13-7).

(1) 감자

① 선별 기준

감자potato는 고랭지산 남작으로 알이 굵고 형태가 균일하며, 싹이 나지 않고 살이 단단하며 껍질이 녹색으로 변색되지 않고 적당히 건조되어 보관하기 좋은 것을 선택한다.

② 구조 및 영양 성분

감자는 얇은 코르크층으로 색소를 포함하는 주피와 전분 입자를 저장하는 후피, 그리고 감자의 생육에 필요한 물질의 통로인 관다발 고리 등으로 구성되어 있다. 감자의 대부분을 차지하는 수심부는 전분 함량이 많은 외수부와 전분 함량이 적은 내수부로

표 13-7 서류의 영양 성분

(단위 : 가식부 100 g당)

	열량 (kcal)	수분 (g)	단백질 (g)	지질 (g)	탄수화물 (g)	무기질				비타민					폐기율 (%)
						칼슘 (mg)	인 (mg)	철 (mg)	칼륨 (mg)	레티놀 (μg)	B_1 (mg)	B_2 (mg)	β-카로틴 (μg)	C (mg)	
감자	67	81.9	2.01	0.04	15.08	9	33	0.58	412	0	0.060	0.027	0	10.51	9
고구마	154	60.6	1.01	0.11	37.19	15	49	0.45	370	0	0.065	0.027	32	7.12	11
토란	71	80.8	2.08	0.14	15.77	11	55	0.59	520	0	0.081	0.022	10	1.21	12
마	63	83.1	1.84	0.12	14.05	9	52	0.44	417	0	0.119	0.053	0	3.84	20
곤약	6	96.5	0.2	tr	3.0	75	10	0.5	12	(0)	(0)	(0)	-	(0)	0
돼지감자	35	81.4	2.18	0.09	14.92	17	100	0.53	561	0	0.044	0.088	0	1.34	12
야콘	62	83.8	0.7	0.1	14.7	5	12	2.2	199	0	0.10	0.02	80	5	0

* - : 수치가 애매하거나 측정되지 않음
tr : 식품 성분 함량이 미량 존재
( ) : 인용되었거나 산출된 성분
자료 : 농촌진흥청 국립농업과학원, 제9개정판 국가표준 식품성분표, 2016.

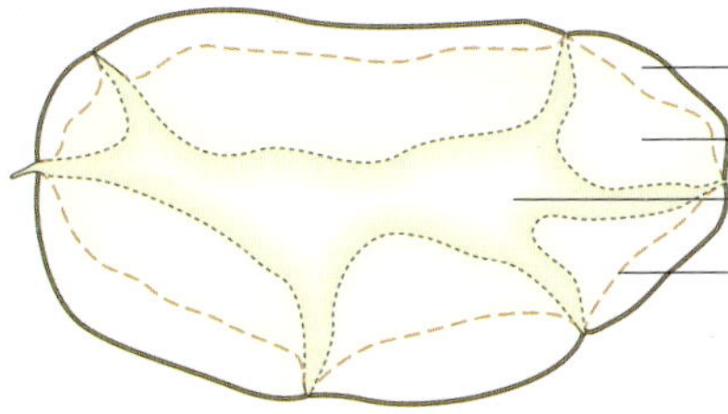

그림 13-2 감자의 내부 구조
자료 : 김향숙 외 2인, 조리과학, 수학사, 2014.

나뉜다. 감자는 고구마에 비해 수분 함량(81.9%)이 많고 전분 함량이 적으며 단맛이 적다. 단백질은 글로불린계 투베린tuberin으로 필수아미노산을 골고루 함유하고 있다. 무기질 중 칼륨과 인을 다량 함유하고 있으며, 상대적으로 칼슘과 철의 함량은 낮다. 비타민 B_1, 비타민 C, 니아신을 함유하며, 특히 비타민 C는 조리 시 안정성이 높아 손실률이 비교적 적다.

감자에는 솔라닌solanine[9]이라는 유독 성분이 있는데 알칼로이드 배당체의 일종으로, 감자의 싹, 눈, 녹색으로 변한 껍질 부분에 함유되어 있다. 다량 섭취할 경우 복통, 현기증, 마비 등의 증상을 유발하므로 싹이나 녹색 부분은 제거하고 식용하는 것이 바람직하다.

③ 재료 손질 및 보관

감자는 껍질을 벗기거나 절단하여 공기 중에 방치하면 갈변 현상이 일어난다. 이는 효소적 반응의 일종으로 세포 내에 함유된 티로시네이스tyrosinase라는 산화효소가 노출되면서 티로신에 반응하여 DOPA3,4-dihydroxy phenylalanine라는 중간물질을 거쳐 퀴논 형태가 된 후 여러 과정을 거쳐 최종적으로 멜라닌melanin이라는 갈색 물질을 만든다. 갈변화와 관련이 있는 효소는 수용성이므로 절단한 감자를 수침 또는 비타민 C 등을 첨가한 물에 담그거나 진공 포장하면 방지할 수 있다.

감자를 저장할 때에는 저장 온도에 따라 영양 성분의 변화가 일어난다. 실내온도에서 저장하면 호흡 작용이 활발하게 진행되고, 저온에서 저장하면 전분이 당화되어 단맛이

9 솔라닌(solanine) : 감자의 눈, 싹, 녹색으로 변한 껍질 부분에 존재하는 알칼로이드계 화합물. 다량 섭취하면 복통, 현기증, 마비 등의 증상을 유발

감자의 효소적 갈변 방지법

- 수침 : 갈변화 효소의 용출 및 산소와의 접촉을 차단
- 첨가물 : 식초, 소금, 비타민 C 이용
- 가열 : 갈변화 효소의 불활성화
- 진공 포장 : 산소와의 접촉 차단

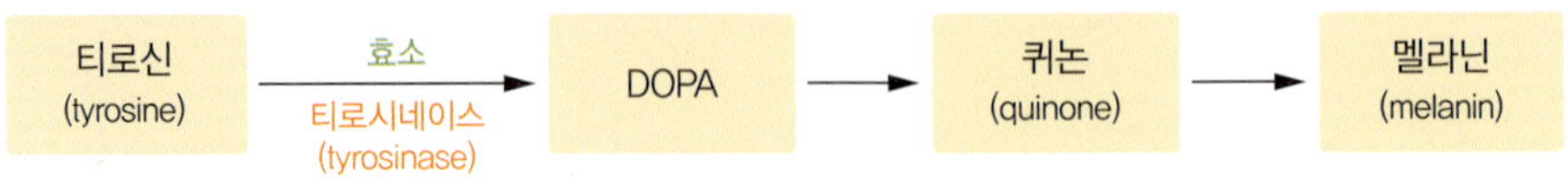

그림 13-3 감자의 효소적 갈변반응

증가하게 된다. 저장 시 햇볕을 쪼이면 발아하고 녹색으로 변하여 독성이 생길 수 있으므로 주의해야 한다.

(2) 고구마

① 선별 기준

고구마sweet potato는 모양이 매끈하고 단단하며 표피 색이 밝고 선명한 적자색으로 흙 등의 이물질 제거 정도가 뛰어나고 표면이 적당하게 건조된 것을 선택한다.

② 구조 및 영양 성분

고구마는 함유 색소에 따라 고구마 껍질의 외부 색이 다른 주피와, 전분 입자와 타닌을 함유하여 공기 접촉 시 갈변되는 피층, 그리고 전분이 풍부한 유세포로 구성되어 주

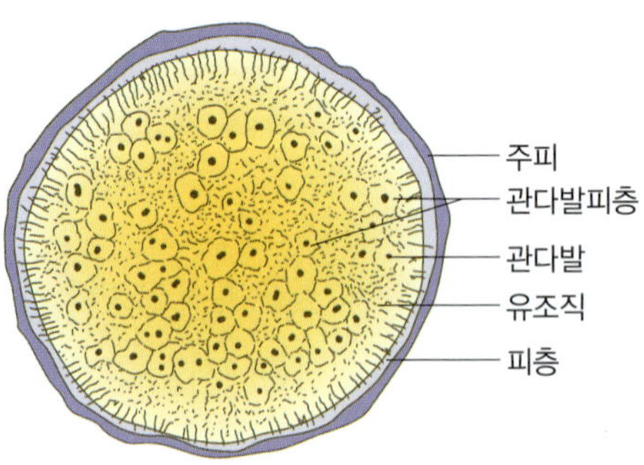

그림 13-4 고구마의 단면 구조

자료 : 김향숙 외 2인, 조리과학, 수학사, 2014.

Tip 고구마의 특수 현상

- 큐어링(curing) : 상처가 생긴 고구마를 31~35°C, 습도 90%에서 5~6일 보존하여 상처 부위에 표피와 같은 코르크층이 형성되도록 하여 병원균 침입을 방지하는 처리 방법
- 관수 현상 : 고구마를 수중에 오래 방치하면 굽거나 삶아도 조직이 연화되지 않고 생고구마와 같은 질감이 유지되는 현상. 이 현상은 고구마의 칼슘과 마그네슘 이온이 세포막의 펙틴과 결합하여 펙틴산을 형성하기 때문에 나타남

로 식용하는 중심주로 구성되어 있다.

고구마는 감자에 비해 수분 함량(60.6%)이 적고 주성분은 탄수화물로 대부분이 전분이며 그 외 자당, 포도당 등을 함유하고 있다. 단백질은 글로불린계 이포마인ipomain이며 라이신, 트레오닌threonine의 함량이 높다. 비타민은 비타민 B_1, 비타민 C, β-카로틴이 함유되어 있으며 육질의 색이 황색일수록 카로틴의 함량이 높다. 서류 중 식이섬유를 가장 많이 함유하고 있어 변비, 혈청 콜레스테롤 감소에 도움이 된다.

고구마에는 특수 성분인 얄라핀jalapin이 함유되어 있는데 일종의 수지 배당체로 고구마 흑변의 원인 물질이다. 이 성분은 물에 녹지 않으며 미숙한 상태일 때에는 함유량이 높다가 수확 후에는 점차 감소한다.

③ 재료 손질 및 보관

고구마에는 클로로겐산chlorogenic acid이 함유되어 있어 절단하면 폴리페놀 산화효소polyphenol oxidase에 의해 산화되어 감자와 마찬가지로 갈변 현상을 일으킨다(감자의 갈변 현상 참조). 고구마는 저장성이 낮아 연부병, 흑반병에 걸려 상하기 쉬우므로 보관에 유의해야 한다. 고온에 저장하면 호흡 작용이 증가하고 영양분이 소모되며 발아로 상품성이 저하되므로 12~15°C에 보관한다.

(3) 토란

① 선별 기준

토란taro은 흙이 반드시 묻어 있고 동글동글한 타원형이며 껍질을 벗기면 흰색을 띠는 것을 선택한다.

② 영양 성분

수분을 81% 함유하고 있으며 탄수화물은 주로 전분으로 구성되어 덱스트린dextrin과

그림 13-5 서류의 종류

자당을 함유하므로 단맛을 낸다. 토란에 함유된 점질물은 갈락탄galactan[10]이며, 아린 맛은 호모겐티스산homogentisic acid[11]과 옥살산oxalic acid이다.

③ 재료 손질 및 보관

토란의 점질물인 갈락탄은 당단백질로 수용성 물질이며 가열 도중 끓어 넘치는 원인이 될 뿐만 아니라 열의 전도와 조미료의 침투를 방해하므로, 미리 끓는 물에 데쳐 사용하거나 1%의 소금을 첨가하여 가열하면 응고되어 침전한다. 토란의 아린 맛은 페닐알라닌phenylalanine과 티로신tyrosine에서 생성된 호모겐티스산과 옥살산으로 식초, 소금을 첨가한 물에 침지하거나 쌀뜨물에 데쳐 사용한다.

토란은 냉장고에 넣지 않고 흙이 묻은 채로 젖은 신문지에 싸서 보관하는 것이 좋으나, 5℃ 이하가 되면 부패하므로 따뜻한 곳에서 움 저장하기도 한다.

(4) 마

마yam는 굵기가 균일하고 도톰하며 무거운 것을 선택한다. 주성분은 전분 및 단백질과 만난mannan이 결합한 뮤신mucin[12]이며, α-아밀레이스를 포함한 소화효소가 풍부하여 소화를 촉진한다. 점성이 강하여 갈아서 생식하거나 가열해도 영양소의 손실이 적

10 갈락탄(galactan) : 토란에 함유된 식이섬유로 배변 촉진 효과를 나타냄
11 호모겐티스산(homogentisic acid) : 토란의 아린 맛 성분으로 조리 시 식초, 소금, 쌀뜨물을 이용하여 줄일 수 있음
12 뮤신(mucin) : 글로불린과 만난(mannan)이 결합한 점성 물질로 당단백질의 일종

으므로 삶아서 이용하기도 한다. 공기 중에서 갈변하므로 마쇄 시 주의해야 한다.

(5) 구약감자

구약감자elephant food에는 수용성 식이섬유로 소화가 어려운 글루코만난glucomannan이 많이 함유되어 있어 이를 이용하여 묵처럼 젤화시켜 곤약을 만든다. 글루코만난은 젤 형성력, 다른 검류 및 전분류와 상승 작용, 유동적 특성으로 인해 식품산업에서 다양하게 이용되며, 장내세균에 의해 분해되므로 정장 작용을 한다. 곤약은 특이한 향이 있으므로 조리 시 끓는 물에 데쳐서 사용한다.

(6) 돼지감자

맛이 없어 돼지의 사료로 쓰이고 뚱딴지로도 불리는 돼지감자jerusalem artichoke는 작은 감자 정도의 크기이며 전분은 거의 없고 대부분이 이눌린inulin[13]으로 체내에서 소화되지 않는다. 불쾌한 냄새 때문에 생식 또는 익혀서 먹기에 부적합하나 된장에 절여 먹으면 풍미가 개선된다.

(7) 카사바

카사바cassava는 다른 서류에 비해 단백질의 함량은 적으나 칼슘과 비타민 C가 풍부한 것으로 알려져 있다. 카사바는 쓴맛을 지닌 고미종과 단맛을 지닌 감미종으로 나뉘며, 고미종은 청산 화합물인 라미나린laminaline[14]을 함유하고 있으므로 식용할 경우에는 유독 성분을 제거하기 위해 수침, 분쇄, 가열 등의 방법을 적용한다. 감미종은 삶아서 식용하고, 고미종은 제빵 원료, 전분 제조, 주정용으로 이용한다. 카사바 뿌리에서 분리한 전분을 타피오카tapioca라고 하며, 작은 공 모양의 타피오카 펄로 가공하여 디저트, 음료 등에 사용한다.

(8) 야콘

야콘yacon은 전분과 이눌린의 양이 매우 적고 포도당, 과당, 자당, 올리고당의 형태로 탄수화물을 저장하므로 단맛이 강하다. 주로 샐러드, 과일로 생식하며 배와 같은 아삭한 질감을 갖고 있어 '땅속의 배'라고도 불린다. 단맛은 수확 직후에는 적으나 저장 기

---

13 이눌린(inulin) : 돼지감자에 존재하는 난소화성 물질. 변비, 다이어트, 당뇨병 치료 식이로 사용

14 라미나린(laminaline) : 카사바에 존재하는 청산 화합물로 쓴맛과 독성이 있음

간이 길어질수록 높아진다. 야콘의 잎에는 폴리페놀 성분 함량이 높아 건강기능식품으로 주목받고 있다.

2) 서류의 조리 및 가공품

(1) 서류의 조리

① 감자의 조리

감자는 맛이 담백하여 다양한 음식에 주재료 또는 부재료로 쓰이며 질감에 따라 적절한 조리법을 선택한다. 단백질이 많고 전분이 적을수록 점질粘質을 나타내며, 수분 함량이 많고 비중이 낮아 가열하면 외관은 약간 투명해지는데 식감이 촉촉하고 입자들이 끈끈하게 달라붙으므로 기름을 사용하는 조림, 튀김 등의 용도로 적합하다. 반면 단백질이 적고 전분이 많을수록 분질粉質을 나타내며 조리 후 보슬보슬하여 입자들이 쉽게 분리된다. 보슬보슬한 식감이 있으므로 굽거나 쪄서 으깨어 먹는 매시트포테이토 mashed potato에 적합하다.

감자 전분은 가열 조리하면 팽창하고 호화되어 맛과 소화율이 좋아지고 단맛도 증가할 뿐만 아니라 식이섬유는 연화되고 가용성 펙틴이 증가하여 조직이 부드러워진다. 그러나 굽거나 튀기면 아미노산과 탄수화물에 의한 갈색화 반응이 진행되는데 저온에 저장한 감자에서 특히 심하게 일어나므로 튀김용 감자는 저온이 아닌 실온에 저장하는 것이 좋다. 감자를 조리할 때 발생하는 비타민 C의 손실을 방지하기 위해서는 깨끗이 씻어 껍질째 조리하여 섭취하는 것이 바람직하다.

② 고구마의 조리

고구마도 감자와 마찬가지로 점질과 분질로 나뉜다. 점질은 전분이 비교적 적고 분질은 전분이 많다. 고구마는 자체 내의 수분으로 충분히 호화될 수 있다. 고구마 전분도 호화되면 소화가 잘 되며, 식이섬유가 연화되고 가용성 펙틴이 증가하여 조직이 부드러워진다. 고구마는 화덕에서 구우면 가장 맛있는데 이는 복사열에 의해 수분이 증발하고 가열되는 동안 충분히 β-아밀레이스β-amylase에 의해 당화되어 단맛이 증가하기 때문이다. β-아밀레이스의 활성 최적 온도는 55~65℃이므로 고구마를 서서히 가열하여 내부 온도를 유지하면 강한 단맛을 내는 군고구마를 만들 수 있다. 따라서 짧은 시간 내에 조리되는 전자레인지에서 구우면 단맛이 적을 수밖에 없다.

고구마를 조리할 때 명반을 넣어 삶으면 단백질을 응고시켜 조직을 치밀하게 하고, 세포막에 존재하는 펙틴질이 명반과 결합하여 불용성 염을 형성하므로 형태를 유지할 뿐만 아니라 고운 황색을 유지한다. 고구마를 튀길 때 튀김옷에 식소다를 첨가하면 고구마의 표면이 녹색으로 변하는데, 이는 고구마에 함유되어 있는 클로로겐산이 알칼리와 작용하여 생긴 변화이다.

(2) 서류 가공품

① 감자 가공품

- 매시트포테이토mashed potato : 보슬보슬하고 점성이 없어야 하므로 충분히 숙성된 분질 감자를 익혀 뜨거운 상태에서 바로 체에 내려 세포를 분리시킨다. 뜨거울 때에는 펙틴이 용해되어 유동성이 크기 때문에 세포 분리가 용이하나 식으면 세포들이 다시 결착하여 분리되기 어려우므로 주의한다.
- 감자튀김french fried potato : 분질 감자를 120~150℃, 180~190℃의 기름에서 두 번 튀겨 내어 표면은 바삭하고 속은 완전히 익도록 엷은 갈색으로 튀긴 감자 요리이다. 자른 단면에 전분이 남아 있으면 끈적거리고 서로 달라붙으므로 전분을 완전히 제거한 뒤 튀겨야 한다.
- 감자칩potato chip : 얇게 썬 감자를 130~140℃, 180℃의 기름에서 두 번 튀겨내어 수분 함량이 5% 이하가 되도록 만든 감자 요리이다. 감자튀김과 마찬가지로 전분은 완전히 제거하고 튀긴다.
- 기타 : 감자 가루로 가공하여 조리용, 가공용, 과자 제조용이나 엿 등의 원료로 사용한다.

② 고구마의 가공

고구마는 생으로 또는 여러 가지 방법으로 조리하여 간식이나 주식 대용으로 활용한다. 고구마는 전분, 물엿, 제과용, 주정, 당면 등의 가공 원료로 사용될 뿐만 아니라 고구마 줄기는 나물 또는 사료로도 이용하는 등 식생활에서 다양하게 활용되고 있다.

Summary

1. 콩류는 구성 성분에 따라 단백질과 지질의 함량이 높은 콩류(대두, 땅콩)와, 단백질과 탄수화물 함량이 높은 콩류(팥, 녹두, 강낭콩, 완두, 동부), 그리고 비타민 C의 함량이 높아 채소적 성질을 갖는 콩류(풋콩, 미성숙 완두콩, 껍질 콩)로 나뉜다.
2. 콩은 두유, 두부, 콩나물 외에 간장, 된장 같은 다양한 발효식품의 재료로 사용한다. 다만 트립신 억제제(trypsin inhibitor), 헤마글루티닌(hemagglutinin) 등의 독성 물질이 존재하므로 생으로 섭취하지 말고 가열하여 이용한다.
3. 팥은 전분이 많이 함유된 콩류이며, 거품을 내고 과량 섭취 시 용혈 작용을 하는 사포닌(saponin)과 아린 맛을 나타내는 배당체 사이아니딘(cyanidin) 등의 성분이 함유되어 있다.
4. 완두는 미숙할 때 데쳐서 냉동 보관하거나 통조림용으로 이용한다. 통조림 제조 시 황산동을 첨가하면 선명한 녹색을 유지할 수 있으나 다량의 비타민 C가 파괴된다.
5. 땅콩은 간식용, 수프, 식용유, 피넛 버터 등 다양한 음식의 재료로 이용한다. 다만 아플라톡신(aflatoxin)이라는 곰팡이 독소에 오염될 수 있으므로 보관에 주의해야 한다.
6. 서류는 덩이줄기나 덩이뿌리에 전분 등의 영양분을 축적하여 비대해진 것으로 감자, 고구마, 토란, 마, 곤약, 돼지감자, 카사바, 야콘 등이 있다.
7. 감자는 투베린(tuberin), 고구마는 이포마인(ipomain)이라는 독특한 단백질을 함유하고 있으며, 고구마는 큐어링(curing) 처리로 저장성을 향상시킬 수 있다.
8. 토란의 점질물인 갈락탄은 가열 도중 끓어 넘치는 원인이 되며 열전도와 조미료의 침투를 방해하므로 미리 끓는 물에 데치거나 1%의 소금을 첨가하여 가열한 후 사용한다. 토란의 아린 맛은 호모겐티스산(homogentisic acid)과 옥살산(oxalic acid) 때문이며 식초, 소금을 첨가한 물에 침지하거나 쌀뜨물에 데쳐 사용한다.
9. 마의 점질물은 뮤신(mucin)이며 α-아밀레이스를 포함한 소화효소가 함유되어 있어 소화가 용이하다. 돼지감자는 생식이나 삶아 먹기에는 부적당하여 조림, 튀김, 주정용으로 이용되며, 이눌린(inulin)은 난소화성 물질로 변비, 당뇨병 등에 효과가 있다.
10. 카사바는 타피오카 전분 제조에 이용되며, 청산화합물인 라미나린(laminaline)이 함유되어 있으므로 물로 우려내거나 가열하여 독소를 파괴한 뒤 이용한다.

연습문제

1. 영양 성분에 의한 콩류 분류 시 단백질과 지질의 함량이 높은 것은?

① 팥, 대두 ② 녹두, 완두 ③ 대두, 땅콩
④ 완두, 강낭콩 ⑤ 청태콩, 껍질콩

2. 콩을 연화하기 위해 첨가하는 물질은?

① 식용유 ② 설탕 ③ 식초
④ 식소다 ⑤ 염화칼슘

3. 된장 발효 시의 변화로 틀린 것은?

① 소금 : 짠맛 ② 당화 작용 : 단맛 ③ 유기산 발효 : 신맛
④ 알코올 발효 : 쓴맛 ⑤ 단백질 분해 : 구수한 맛

4. 거품을 내는 팥의 성분으로 식이섬유와 함께 배변 촉진 작용을 하나 과량 섭취 시 용혈 작용을 나타내는 성분은?

① 레시틴(lecithin) ② 사포닌(saponin) ③ 사이아니딘(cyanidin)
④ 헤마글루티닌(hemagglutinin) ⑤ 트립신 억제제(trypsin inhibitor)

5. 땅콩에 존재하는 곰팡이 독소는?

① 솔라닌(solanine) ② 뉴로톡신(nourotoxin) ③ 아플라톡신(aflatoxin)
④ 엔테로톡신(enterotoxin) ⑤ 테트로도톡신(tetrodotoxin)

6. 청국장 제조와 관련 있는 미생물은?

① *Bacillus natto* ② *Bacillus subtilis* ③ *Aspergillus oryzae*
④ *Aspergillus flavus* ⑤ *Rhizopus oligosporus*

7. 완두 통조림을 제조할 때 엽록소의 녹색을 유지하기 위해 첨가하는 물질은?

① 식소다 ② 황산동 ③ 아황산염
④ 아질산염 ⑤ 베이킹파우더

8. 콩류의 가공품 중 소화율이 가장 높은 것은?

① 콩장 ② 비지 ③ 된장
④ 두부 ⑤ 콩가루

9. 두부를 만들 때 응고되는 콩 단백질은?

① 제인(zein) ② 글루텐(gluten) ③ 투베린(tuberin)
④ 글리시닌(glycinin) ⑤ 이포마인(ipomain)

10. 콩나물을 끓일 때 뚜껑을 열면 비린내가 나는 원인 물질은?

① 라이페이스(lipase) ② 알리네이스(allinase) ③ 프로테이스(protease)
④ β-아밀레이스(β-amylase) ⑤ 리폭시제네이스(lipoxygenase)

11. 서류에 대한 설명으로 옳은 것은?

① 다량의 탄수화물을 함유한다.
② 철분, 칼슘, 인의 함량이 높다.
③ 단백질과 지질을 많이 함유한다.
④ 비타민의 함량이 높은 편이나 조리 시 파괴된다.
⑤ 냉해를 받지 않으므로 저장 및 보관이 편리하다.

12. 감자의 선별 기준으로 옳은 것은?

① 싹이 나고 살이 단단한 것
② 알이 굵고 형태가 균일한 것
③ 껍질이 녹색으로 변색되어 있는 것
④ 외피에 물기가 많아 싱싱하게 보이는 것
⑤ 저장품일 경우 표피에 주름이 많고 무른 것

13. 고구마의 상처 부위에서 볼 수 있는 백색 액체로 강한 점성을 나타내며 흑변의 원인 물질인 것은?

① 얄라핀(jalapin) ② 멜라닌(melanin) ③ 다이제인(daidzein)
④ 제니스테인(genistein) ⑤ 아이소플라본(isoflavone)

14. 고구마를 수중에 오래 방치하면 굽거나 삶아도 조직이 연화되지 않고 생고구마와 같은 질감이 되는 특수 현상은?

① 경화 현상 ② 관수 현상 ③ 동유 처리
④ 갈변 현상 ⑤ 큐어링(curing) 처리

15. 토란에 존재하는 점성이 있는 식이섬유로 배변 촉진 효과가 있는 물질은?

① 뮤신(mucin) ② 갈락탄(galactan) ③ 옥살산(oxalic acid)
④ 라미나린(laminaline) ⑤ 호모겐티스산(homogentisic acid)

16. 토란 조리 시 점질물과 아린 맛을 제거하기 위해 사용하는 첨가 물질은?

① 간장 ② 맛술 ③ 고추
④ 소금 ⑤ 마늘

17. 마를 생으로 섭취해도 소화가 잘되는 이유와 관련 있는 효소는?

① 라이페이스(lipase) ② 프로테이스(protease) ③ 페놀 분해효소(phenolase)
④ 퍼옥시데이스(peroxidase) ⑤ α-아밀레이스(α-amylase)

18. 돼지감자에 존재하는 난소화성 물질로 당뇨 치료에 도움이 되는 물질은?

① 이눌린(inulin) ② 콜린(choline) ③ 갈락탄(galactan)
④ 라미나린(laminaline) ⑤ 올리고프럭탄(oligofractan)

19. 팥을 조리에 이용할 때 물에 불리지 않고 삶는 이유는?

20. 감자의 효소적 갈변을 방지하는 방법은?

풀이와 정답

1. ③ **2.** ④ 콩을 연화하기 위해서는 물에 침지하여 팽윤시키거나 식소다와 같은 알칼리성 물질을 사용하거나 압력 용구를 사용하여 조리한다. **3.** ④ 된장 숙성 시 알코올 발효는 방향 물질을 생성한다. **4.** ② 레시틴(lecithin)은 콩에 존재하는 인지질로 유화제로 사용되며, 사이아니딘(cyanidin)은 팥의 아린 맛을 나타내는 배당체이다. 헤마글루티닌(hemagglutinin)은 혈구 응집성 독소이고, 트립신 억제제(trypsin inhibitor)는 단백질의 소화 흡수를 저해한다. **5.** ③ **6.** ② **7.** ② **8.** ④ **9.** ④ **10.** ⑤ **11.** ① **12.** ② **13.** ① **14.** ② **15.** ② **16.** ④ **17.** ⑤ **18.** ① **19.** 팥은 다른 콩류와는 달리 껍질이 수분을 흡수하기 전에 내부 안쪽으로 물이 흡수되어 자엽이 부풀기 때문에 껍질이 갈라지는 현상이 발생한다. 이때 자엽 내부에 있는 영양 성분이 용출되어 영양 성분의 손실은 물론 맛이 나빠지며 부패할 수도 있다. 따라서 팥은 물에 불리는 것보다 삶는 것이 바람직하다. **20.** 감자는 껍질을 벗기거나 절단하여 공기 중에 방치하면 갈변 현상이 나타난다. 갈변화와 관련 있는 효소는 수용성이므로 절단한 감자를 수침하여 갈변화 효소의 용출 및 산소와의 접촉을 차단하거나, 식초, 소금, 비타민 C 등을 첨가한 물에 담그거나 진공 포장하여 방지할 수 있다.

References

김숙희·윤예리·이나겸·이윤정·임용숙·최진영, **식품학 및 조리원리**, 지구문화사, 2018.

김향숙·오명숙·황인경, **조리과학**, 수학사, 2014.

노봉수·이승주·백형희·이재환·윤현근·정승현·이희섭, **생각이 필요한 식품재료학**, 수학사, 2017.

농촌진흥청 국립농업과학원, **제9개정판 국가표준 식품성분표**, 2016.

박문옥·김용식, **최신 조리원리**, 효일, 2019.

안미령·유주연·전태연·나정숙·배현수·이윤정·이미영·조한용, **메뉴개발을 위한 조리원리**(에센스), 지구문화사, 2016.

안선정·김은미·이은정, **새로운 감각으로 새로 쓴 조리원리**, 백산출판사, 2016.

윤계순·이명희·류은순·민성희·신원선·정혜정·김지향·박옥진, **새로 쓴 식품학 및 조리원리**, 수학사, 2014.

이경애·문보경·황자영·이인선, **이해하기 쉬운 조리원리**, 파워북, 2019.

이주희·김미리·민혜선·이영은·송은승·권순자·김미정·송효남, **과학으로 풀어쓴 식품과 조리원리**, 교문사, 2014.

조미자·강옥주·계인숙·김명숙·김병숙·김애정·문숙희·박재희·박희옥·이근종·이미경·이미영·최은영·최진영·한정순, **조리원리**, 교문사, 2015.

홍진숙·박혜원·박란숙·명춘옥·신미혜·최은정·정혜정·최은희, **식품재료학**, 교문사, 2019.

국립농산물 품질관리원, www.naqs.go.kr

CHAPTER **14**

해조류, 한천, 젤라틴 및 버섯류

1. 해조류

해조류는 바다에 사는 식물의 총칭으로 서양보다는 동양에서 많이 이용하는 식품이다. 해조류는 주로 날 것 또는 건조품으로 이용하며, 비교적 단백질을 많이 함유하고 있으나 열량 공급원보다는 무기질과 비타민의 풍부한 공급원으로 이용되고 있다. 해조류의 탄수화물은 비소화성 복합 다당류로 체내에는 소화시킬 수 있는 효소가 없어 에너지원으로 이용할 수 없지만 만복감을 주는 섬유성 식품으로 다양하게 활용되고 있다.

1) 해조류의 분류 및 종류

우리나라 연안에 서식하는 해조류의 종류는 400여 종이지만 식용할 수 있는 것은 50여 종이다. 해조류는 서식하는 바다의 깊이와 색에 따라 엽록소chlorophyll의 녹색소를 가진 녹조류, 황색의 카로티노이드carotenoid 색소를 지닌 갈조류, 적색의 피코에리트린phycoerythrin 색소를 가진 홍조류로 분류된다.

(1) 녹조류

녹조류는 해수면에 가장 가까운 곳에서 서식하는 조류이며, 엽록소를 함유하고 있어 광합성에 의해 녹색을 나타낸다. 대표적인 종으로 파래, 청각, 클로렐라, 매생이 등이 있다.

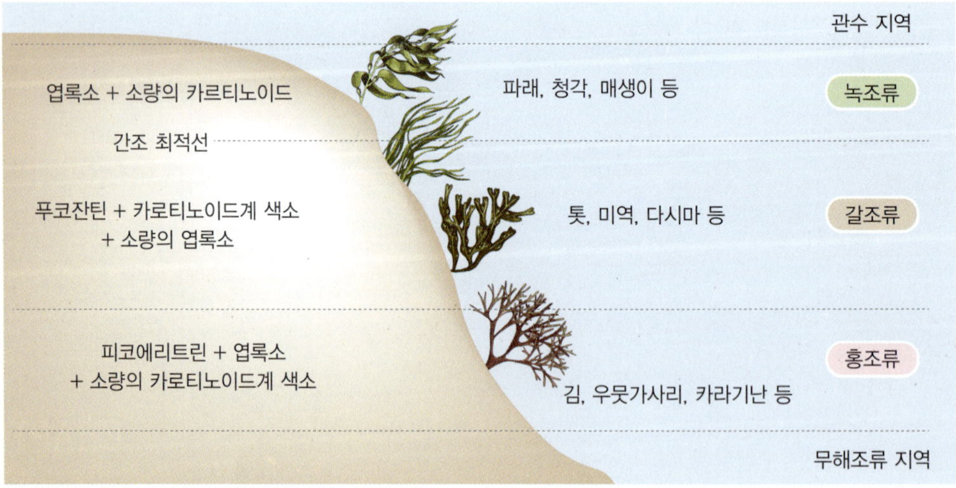

그림 14-1 해조류의 분류

자료 : 안미령 외 7인, 메뉴개발을 위한 조리원리(에센스), 지구문화사, 2016.

① 파래

파래는 선명한 녹색을 띠며 칼슘, 철 등의 무기질을 많이 함유하고 있는 강한 알칼리성 식품이다. 요오드와 비타민류도 다량 존재하며, 선명한 녹색을 띤 어린잎으로 광택이 있는 것이 좋은 파래이다. 김처럼 말려서 가공하여 사용하거나 생채나 무침 등을 해서 먹는다.

② 청각

청각은 바다의 얕은 곳에서 자라거나 돌, 바위, 조개껍질 등에 부착하여 자라기도 한다. 칼슘과 요오드가 다량 함유되어 있는 알칼리성 식품이다. 주로 생것으로 이용하며 샐러드, 냉국, 물김치 등에 곁들인다.

③ 클로렐라

클로렐라chlorella는 단백질 특히 아미노산 중 라이신lysine의 함량이 높은 조류이다. 세포가 단단한 헤미셀룰로스hemicellulose와 셀룰로스cellulose로 둘러싸여 있어 소화율이 낮으며 마그네슘, 황, 칼륨, 나트륨 등이 고르게 분포한다. 그 외에도 필수지방산이 균형 있게 들어 있으며 비타민과 핵산 관련 물질도 함유하고 있다.

④ 매생이

매생이는 청정 지역에서 서식하며 파래와 유사하나 파래보다 가늘고 부드러운 녹조류이다. 철과 칼륨을 많이 함유하고 있으며, 풍부한 식이섬유와 알긴산alginic acid은 몸속의 노폐물을 배출하는 데 뛰어난 효과가 있다. 주로 국을 끓이거나 국수 반죽에 첨가하여 이용한다.

(2) 갈조류

갈조류에는 카로티노이드인 β-카로틴과 푸코잔틴fucoxanthin 등의 색소가 함유되어 있어서 갈색을 나타낸다. 건조시킨 갈조류 표면의 흰 가루는 만니톨mannitol로 단맛을 부여해 준다. 라이신의 유도체인 라미닌laminine이 혈압을 낮추는 역할을 하며, 변비 예방에는 갈조류에 존재하는 알긴산이 효과적이다.

① 미역

우리나라에서 가장 많이 생산되는 해조류 중의 하나이며, 보통 건조 미역은 물에 담가 불려서 사용하는데 물을 흡수하면 부피가 5배 정도 증가한다. 미역의 영양 성분은 수분이 약 80%이며, 당질과 무기질이 비교적 많이 함유되어 있다. 미역의 다당류는 체내에서 소화되지 않고 그대로 배설되므로 열량원으로 이용되지 않는다. 섬유질을 5~15% 가지고 있어서 다당류와 함께 장벽을 자극하므로 정장 효과가 있다.

무기질과 비타민의 좋은 급원 식품이며, 칼슘과 요오드가 많이 함유되어 있는 알칼리성 식품이다. 미역의 점성 물질은 알긴산에 의한 것으로 금속 흡수 능력이 강하여 유해 금속 제거에 유용하며 유해 금속의 체내 흡수를 억제한다. 피를 맑게 하고 혈액 순환을 원활하게 하는 역할도 하므로 산모와 성인병에 좋다. 생미역은 검은색이나 뜨거운 물에 데치면 엽록소와 결합되어 있던 지단백질이 변성되어 엽록소의 녹색이 표면화되어 녹색으로 변한다.

② 다시마

다시마는 대부분 건조시켜 사용하는데 건조 다시마 표면의 흰 가루인 만니톨이 단맛을 낸다. 그 외에 글루탐산glutamic acid, 아스파트산aspartic acid, 석신산succininc acid 등이 감칠맛을 더한다. 다시마의 영양 성분은 미역과 유사하여 칼슘과 요오드의 함량이 높다. 다시마는 빛깔이 검고 조직이 두꺼울수록 좋은 제품이며, 검은색에 약간 녹갈색을 띠는 것이 특히 우량품으로 취급된다. 빛깔이 붉게 변한 것이나 잔주름이 있는 것은 좋지 않다. 다시마는 국물을 우리거나 튀각, 부각, 다시마차 등으로 사용된다.

③ 톳

톳은 칼슘, 철, 요오드 등의 무기질을 다량 함유하고 있는 알칼리성 식품이다. 날로 먹으면 비린 맛이 있으나 데친 후에 볶음, 샐러드, 냉국 등으로 이용한다.

(3) 홍조류

홍조류는 피코에리트린, 피코사이안phycocyan, 엽록소, 카로티노이드 등의 색소를 가지고 있어 적색을 나타낸다.

① 김

식품으로 인기가 좋아 수요가 많은 해조류로 대부분 양식하며, 겨울에 생산되는 김이 맛도 좋고 단백질 함량도 풍부하다. 김은 단백질이 35~40%이고, 각종 무기질 중 특히 칼슘, 철, 인과 비타민 A, 비타민 B, 비타민 C, 비타민 D 등이 풍부한 해조류이다. 김에는 한천, 식이섬유, 소비톨sorbitol, 둘시톨dulcitol 등이 들어 있으며, 단맛과 감칠맛을 가진 아미노산인 글리신glycine, 알라닌alanine의 함량이 높아 김 특유의 감칠맛을 나타낸다.

김을 구울 때 순간적으로 녹색으로 되는 것은 적색인 피코에리트린이 탈수소화되어 피코사이안으로 변하기 때문이다. 또 오래되면 붉게 변하는 것은 오랫동안 빛(광선) 또는 공기와 접촉함으로써 잔토필xanthophyll이나 엽록소가 분해되기 때문이다. 보통 건조김, 맛김, 김부각, 조미김 등으로 이용된다.

② **우뭇가사리**

우뭇가사리를 물에 넣고 푹 삶아 다당류를 추출한 것이 한천이다. 한천은 아가로스agarose, 아가로펙틴agaropectin의 혼합물로 미생물 배지에 주로 사용되며, 젤을 형성하는 특징이 있다. 식용으로는 양갱, 잼, 젤리 등에 펙틴 대용으로 사용하며, 요구르트의 유청 분리 방지, 양조 공업의 청정제, 식품 공업의 안정제, 젤 형성제, 증점제 등으로 사용된다.

2) 해조류의 성분

해조류의 영양 성분은 지질의 함량이 낮은 반면에 비타민과 무기질의 함량은 풍부하다. 특히 요오드의 함량이 높다.

(1) 탄수화물

해조류는 다량의 탄수화물을 함유하고 있다. 탄수화물의 주성분은 점성 다당류이며 그 외에 전분, 식이섬유 등을 함유한다.

- 알긴산alginic acid : 미역, 다시마 같은 갈조류의 세포막 성분인 다당류로, 칼슘 또는 나트륨과 결합한 상태로 갈조류에 존재하는데 이를 알긴algin이라고 한다.

Tip 한천과 곤약의 차이

한천은 우뭇가사리와 같은 해조류에서 추출한 재료로 제조한 것으로 젤 형성 능력이 있어 응고제 같은 역할을 하며 양갱이나 과일 젤리 등에 사용된다. 반면에 곤약은 구약감자라는 식물이 주원료이며 그 전분을 이용하여 묵의 형태로 제조한 것이다.

Tip 알긴산(alginic acid)

갈조류인 미역이나 다시마에서 추출한 다당류로 주성분은 D-만누론산(D-mannuronic acid)이다. 증점제나 안정제로 아이스크림에 큰 결정이 생기는 것을 방지하고, 디저트 푸딩, 젤 제조에 사용한다. 인체에는 분해효소가 없어 소화하기 어려우나 몸에 해로운 중금속을 몸 밖으로 배출시키는 기능을 한다.

표 14-1 해조류의 영양 성분

(단위 : 가식부 100 g당)

	열량 (kcal)	수분 (%)	단백질 (g)	지질 (g)	회분 (g)	탄수화물 (g)	무기질					비타민				
							칼슘 (mg)	철 (mg)	인 (mg)	칼륨 (mg)	나트륨 (mg)	레티놀 (μg)	B_1 (mg)	B_2 (mg)	니아신 (mg)	C (mg)
김(말린 것)	165	10.4	35.5	1.7	7.8	43.3	412	18.6	472	-	-	0	1.15	2.70	11.9	71
다시마(말린 것)	110	12.3	7.4	1.1	34.0	45.2	708	6.3	186	7,500	3,100	0	0.22	0.45	4.5	18
모자반(말린 것)	129	10.2	15.2	1.7	27.2	45.7	935	67.3	233	-	-	0	0.21	0.61	2.5	2
미역(말린 것)	149	6.3	20.31	4.83	24.91	43.65	1,109	6.10	355	432	7,535	0	0	0.101	3.80	0
우뭇가사리(생것)	46	70.3	4.2	0.2	3.8	18.5	183	3.9	47	-	-	0	0.04	0.43	1.1	15
청각(생것)	8	92.1	1.4	0.4	4.5	1.6	37	2.5	12	-	-	0	0.01	0.05	1.4	9
클로렐라(말린 것)	174	10.3	45.3	7.2	11.5	25.7	117	73.4	1,536	-	-	-	-	-	-	-
톳(삶아서 말린 것)	135	15.8	6.2	0.8	17.5	59.7	1,250	47.0	93	-	-	0	0.01	0.11	2.0	0
파래(말린 것)	144	15.2	23.8	0.6	13.7	46.7	652	17.2	150	-	-	-	0.40	0.52	10.0	10

* - : 수치가 애매하거나 측정되지 않음

자료 : 농촌진흥청 국립농업과학원, 제9개정판 국가표준 식품성분표, 2016.

- 푸코이딘fucoidin 및 푸신fuscin : 알긴산과 유사한 성분으로 펙틴과 같은 점질물이다.
- 라미나린laminarine : 미역 등 갈조류의 세포벽에 들어 있는 복합 다당류이다.
- 카라기난carrageenan : 세포벽을 구성하는 다당류로 알긴산과 같이 식품의 안정제, 젤 형성제, 증점제로 사용할 수 있다.

(2) 지질

해조류에는 지질의 함량이 극히 낮아 건조시킨 해조류에는 1% 내외로 존재한다. 지용성인 카로티노이드계 색소가 대부분이다.

(3) 단백질

건조시킨 해조류에는 10~30%의 단백질이 함유되어 있으며, 특히 김에는 단백질의 함량이 40% 정도로 높다. 김의 구수한 맛은 글리신에 의한 것이며, 다시마에는 글루탐산이 많아 감칠맛을 낸다. 해조류에는 필수아미노산의 함유량이 높은데 특히 트립토판tryptophan, 트레오닌threonine, 페닐알라닌phenylalanine 등은 높으나 메티오닌methionine, 라이신 등의 함량은 적다.

(4) 무기질과 비타민

해조류는 무기질이 풍부한 알칼리성 식품이며 특히 요오드, 나트륨, 칼슘, 인, 철의 함량이 높다. 홍조류와 녹조류에는 카로틴carotene의 함량이 높아 비타민 A의 효력이 있으며, 티아민의 양은 적으나 리보플라빈과 니아신의 함량이 높다. 신선한 해조류의 경우 비타민 C의 함량도 높은 편이다.

(5) 색소

- 녹조류 : 주색소는 엽록소이며, 그 외에 카로티노이드를 함유하고 있다.
- 갈조류 : 주색소는 황갈색의 푸코잔틴이며, 그 외에 엽록소와 카로티노이드를 소량 함유한다.
- 홍조류 : 주색소는 붉은색의 피코에리트린이며, 그 외에 피코사이안과 엽록소, 카로틴, 잔토필을 함유한다. 붉은색의 피코에리트린은 일종의 색소 단백질로 산성 상태에서는 붉은색이고 알칼리 상태에서는 푸른색이며, 가열하면 탈수소되어 푸른색의 피코사이안으로 변한다. 김을 구우면 파랗게 변하는 이유가 이 때문이다.

(6) 방향성 물질 및 감칠맛 물질

갈조류의 냄새는 터펜terpene계 물질이 원인이며, 녹조류와 홍조류에서는 함황계 화합물이 냄새의 원인 물질이다. 김의 냄새는 디이메틸설파이드dimethyl sulfide에 의한 것이며, 글리신, 알라닌 등의 유리아미노산이 많아 구수한 맛을 나타낸다. 다시마에는 글루탐산이 나트륨과 화합하여 형성한 글루탐산모노나트륨monosodium glutamate이 구수한 맛을 낸다.

Tip β-카로틴(β-carotene)

β-이오논 핵을 2개 가지므로 2분자의 비타민 A를 생성하며 당근, 고구마, 호박, 감귤, 녹차 등의 녹색 식물에 함유되어 있다. 색깔과 영양 때문에 식품첨가물로 이용된다. β-카로틴은 암과 심장 질환 등의 성인병 예방에 효과적이며 체내에 흡수되면 비타민 A로 변하므로 면역반응 및 식욕 등 생리적 과정에 관여하기도 한다.

Tip 함황계 화합물

주로 채소류나 향신료의 매운맛 성분인 휘발성 황화합물은 음식물의 향미를 크게 상승시키는 역할을 한다. 냄새에 관여하는 황화합물의 종류는 매우 다양하여 이황화물(disulfides), 티올(thiols), 아이소티오사이아네이트(isothiocyanates), 티아졸(thiazoles) 등을 포함하고 있다. 유황기는 냄새 수용체에 쉽게 결합하기 때문에 일반적으로 강한 냄새 특성을 나타낸다.

2. 한천과 젤라틴

해조류에 함유된 다당류의 형태인 한천agar과 동물성 단백질인 젤라틴gelatin은 그 성분 자체만으로는 큰 의미가 없다. 그러나 최근 이들을 상업적으로 이용한 젤형 식품은 가공식품 및 조리식품으로서의 상품적 가치가 높아지고 있다.

1) 한천의 특성

(1) 한천의 성분 및 제조

한천은 홍조류인 우뭇가사리에서 추출한 복합 다당류를 동결 건조한 것으로 한천의 중요 성분은 갈락탄galactan이다. 한천의 구조는 젤 형성이 뛰어난 아가로스와 젤 형성은 약하나 점탄성이 높은 아가로펙틴의 혼합물이다. 한천은 우뭇가사리 등 홍조류의 세포간질에 함유되어 있는 한천질을 용출시켜 응고, 동결한 후 해동, 건조시킨 것이다. 홍조류의 추출액을 여과, 냉각하여 만들어진 젤을 썰어 동결시키면 젤에 함유된 수분이 빠져나가고, 냉동과 해동 과정을 반복하면 수용성 불순물들이 제거된다. 그 후 건조, 탈수 과정을 거쳐 크기와 굵기를 조절하여 다양한 모양과 형태로 상품화하고 있다.

한천은 미지근하거나 따뜻한 물에 용해시키면 졸sol 상태의 콜로이드 용액이 되고 이를 냉각시키면 응고하는 성질이 있다. 이러한 성질을 이용하여 다른 식품과 같이 혼합하여 응고제로 활용할 수 있는데 식품을 응고시켜 질감을 좋게 하는 역할을 한다. 이외에도 유화제, 증점제, 농후제, 안정제, 증량제 등의 목적으로도 첨가할 뿐만 아니라 혈액 제제, 미생물 배지 등 의약용으로도 유용하게 사용된다. 한천은 주성분이 탄수화물이지만 체내에서 소화 및 흡수되지 않아 저열량식으로도 많이 활용된다.

(2) 한천의 성질 및 특성

한천의 녹는점은 80~100℃이며, 가열한 한천 수용액은 30℃ 부근에서 응고하기 시작하여 탄력성이 있는 젤이 된다. 한천의 녹는점 및 응고 온도는 농도에 따라 달라지는데, 농도가 높을수록 녹는점은 높고 높은 온도에서 빨리 응고할 수 있다.

① 흡수 및 팽윤

한천은 물에 용해되지 않으나 보수성이 좋아 물에 담그면 수분을 흡수하여 팽윤한다. 한천의 흡수 팽윤은 한천의 종류, 물의 온도, 수질, 침지 시간, pH 등에 따라 달라진다. 일반적으로 굵은 한천은 팽윤되기까지의 침지 시간이 길고, 분말 한천은 굵은 한천에 비해 빨리 팽윤된다. 물의 pH에 따라서도 팽윤도가 다른데, 중성의 물 상태에서 팽윤도가 가장 높고 다음은 알칼리성이며 산성에서 팽윤도가 가장 낮다.

② 가열 용해 및 응고

흡수 팽윤한 한천에 물을 넣고 가열하면 용해되는데 이를 냉각하면 젤을 형성한다. 한천의 녹는점은 80~100℃로 젤라틴보다 높으며, 농도가 높을수록 녹는점이 높다. 한천의 농도는 낮을수록 빨리 용해되며, 2% 이상이면 용해되기 어렵다.

한천은 보통 실온 이상인 28~35℃에서 응고되는데 온도가 낮아질수록 단단하고 빨리 굳으며, 이때 그물 구조를 형성하여 유동성을 잃고 젤화된다. 한천의 젤 형성은 0.2~0.3%의 저농도에서 이루어지므로 식품 중 가장 우수한 젤화제이다. 한천은 보통 0.2~1.5% 이상의 농도에서 젤을 형성하는데 한천의 농도가 높으면 높을수록 응고 시간이 빠르고 단단한 젤이 만들어진다. 그러나 한천의 농도가 너무 높으면 단단하고 결이 갈라져 좋지 않다. 일반적으로 조리에 사용되는 한천의 농도는 0.5~1.0%이다.

③ 이액 현상

한천 젤은 제조된 후 시간이 경과하면 표면으로 수분이 흘러나오는데 이를 이액 현상 syneresis이라고 한다. 이액 현상은 시간이 지남에 따라 젤의 조직을 구성하고 있는 그물 구조가 서서히 수축하게 됨으로써 그물 구조 사이에 갇혀 있는 자유수가 빠져나오는 것으로, 이를 방지하기 위해서는 한천과 설탕의 농도를 높여 주고(한천 농도 1% 이상, 설탕 농도 60% 이상) 가열 시간을 길게 해야 한다.

2) 젤라틴의 특성

(1) 젤라틴의 성분 및 제조

젤라틴은 동물의 결체 조직에 존재하는 콜라겐collagen을 부분적으로 가수분해하여 얻는 유도 단백질이다. 젤라틴은 동물의 뼈나 인대 조직, 표피 등을 알칼리 또는 묽은 산으로 가수, 가열하면 섬유상 구조가 분해되어 졸 상태의 단백질 용액인 콜로이드 용액이 만들어지는데 이것을 정제하여 식용 젤라틴으로 만든다. 젤라틴은 동물성 단백질이기는 하나 트립토판, 메티오닌 등의 필수아미노산의 함량이 부족한 불완전 단백질이다.

(2) 젤라틴의 성질 및 특성

① 흡수 팽윤과 가열 용해

젤라틴은 한천과 마찬가지로 흡수성이 있어 물에 침지하면 흡수하여 팽윤한다. 젤라틴은 중량의 6~10배에 해당하는 물을 흡수하며, 장시간 담가 두면 무한 팽윤한다. 흡수 팽윤된 젤라틴은 한천보다 잘 녹는다. 흡수 팽윤된 젤라틴을 35~40℃로 가열하면 용해되며, 그 이상의 높은 온도에서는 팽윤 속도가 더 빨라진다. 또한 흡수 표면적이 클수록 팽윤 속도가 빨라지는데, 분말 상태의 경우 5분 정도면 용해되나 판상의 젤라틴은 20~30분간 담가 두어야 용해가 시작된다.

② 응고

젤라틴을 물에 담가 두면 물을 흡수하거나 용해된다. 이것을 냉각시키면 겔을 형성하여 응고된다. 대체로 젤라틴은 3~4%의 농도에서 겔을 형성하며, 젤라틴의 함량이 클수록 형성된 겔의 견고성도 강해진다. 젤라틴의 겔화 온도는 20℃ 이하의 낮은 온도에서 응고가 시작되므로 일반적으로 온도가 낮을수록 형성된 겔의 견고성은 커진다. 따라서 냉장 온도에서 냉각시켜야 안정된 구조의 겔 상태가 되므로 이러한 응고 성질을 이용하여 찬 후식이나 얼린 후식에 이용할 수 있다.

젤라틴의 농도와 온도에 따라 응고 시간이 달라지므로 온도가 낮을수록 더 빠르게 최대 경도에 도달할 수 있다. 기온이 높은 여름철에는 2배 정도 농도를 높여 주어야 계속해서 응고 상태의 젤라틴을 유지할 수 있다. 그 뿐만 아니라 젤라틴은 한천보다 녹는점이 낮으므로 체온에서 쉽게 녹아 질감이 부드럽고 단맛을 쉽게 느낄 수 있기 때문에 같은 농도의 당을 첨가해도 한천보다 젤라틴이 더 달게 느껴진다.

3) 한천과 젤라틴의 조리 특성 및 비교

(1) 한천 조리 시 첨가물의 영향

① 설탕

한천의 농도가 일정할 때에 첨가하는 설탕의 농도가 높을수록 겔의 강도도 증가하여 점성 및 탄력성을 증가시킨다. 이는 한천 분자에 수화된 물 분자가 설탕의 탈수 작용에 의해 제거됨으로써 한천 분자 간의 결합이 촉진되기 때문으로 설명할 수 있다. 겔을 방치하면 포함되어 있는 액체가 이액 현상으로 빠져나오게 되는데 한천은 이액 현상이 심한 편이다. 이를 방지하기 위해서는 설탕을 첨가하여 안정된 젤리를 형성함으로써 이액 현상은 줄이고 투명도는 높일 수 있다.

한천은 농도가 같을 때 설탕을 첨가하면 첨가하지 않았을 때에 비하여 응고 온도가 높아진다. 1%의 한천 용액에 설탕을 첨가하지 않았을 경우에는 응고 온도가 33℃ 정도이지만, 여기에 60%의 설탕을 첨가하면 응고 온도가 5℃ 정도 상승하여 약 38℃로 올라간다. 다만 설탕을 75% 이상 첨가하면 젤 구조가 만들어지기 어려워 오히려 젤의 강도가 저하되므로 첨가하는 설탕의 양에 주의해야 한다.

② 산(과일즙)

한천 용액에 과일즙을 첨가하는 경우 젤의 형성 능력이 저하되는데 이는 과일즙에 함유되어 있는 유기산의 성분이 가수분해를 일으켜 젤 형성을 방해하기 때문이다. 이를 방지하기 위해서는 한천 용액을 가열하여 완전히 용해시킨 후 60℃까지 식혀서 과일즙을 첨가하도록 한다.

③ 우유

소량의 우유 첨가는 젤 형성에 영향을 미치지 않으나 많은 양의 우유를 첨가하면 우유의 단백질과 지질이 한천 젤의 그물 구조의 방해 요인으로 작용하게 된다. 우유를 첨가하기 위해서는 한천의 농도를 높여 주어야 한다.

④ 달걀흰자

달걀흰자의 거품을 첨가하면 비중이 가벼워 한천과 어울리지 못하고 위로 떠서 분리될 가능성이 크다. 이를 방지하기 위해서는 달걀흰자에 설탕을 첨가하여 안정된 거품으로 분리를 방지하도록 한다.

⑤ 팥앙금

대표적인 한천 이용 식품인 양갱을 만들 때 팥뿐만 아니라 고구마, 밤 등을 재료로 이용해 만들기도 한다. 팥앙금은 비중이 무거워서 가라앉을 수 있으므로 한천 용액이 응고되기 직전인 40℃ 전후일 때 고형물을 넣어서 잘 저은 후 굳히는 것이 좋다.

(2) 한천의 이용

① 양갱

한천에 물을 가하여 30분 이상 침지시킨 후 가열하여 용해시킨 다음 설탕을 넣고 끓여 준다. 끓으면 팥앙금을 넣고 다시 끓여 성형하여 냉각시킨 후 팥앙금과 한천이 분리되지 않도록 40℃를 유지하면서 응고시킨 것이 양갱이다.

② 과일 젤리

한천을 물에 담가 충분히 흡수시킨 후 설탕을 넣고 가열, 용해한 다음에 60℃에서 일정량의 과일즙을 넣고 주형mold에 부어 냉각, 응고시킨다.

③ 미생물 배양 배지

미생물을 배양하기 위한 배지에 한천을 가하여 물을 첨가한 뒤 121℃에서 15분간 멸균한다. 멸균이 끝나면 페트리 접시petri dish에 부어 냉각, 응고시킨다.

④ 식품 가공

젤라틴의 대용품, 유화제, 분산제, 안정제 등으로 사용된나. 또한 제과류의 응고제, 유제품류의 안정제, 통조림류의 중량제 및 보습제 등으로 첨가하기도 한다.

⑤ 공업용

견직물과 제지 등에 호료, 방수 및 방음으로 사용된다.

(3) 젤라틴 조리 시 첨가물의 영향

① 설탕

첨가하는 설탕의 첨가량이 증가할수록 젤의 강도를 감소시켜 부드러운 젤리를 형성한다. 이는 설탕이 젤라틴 분자와 단단한 그물 구조를 형성하는 것을 방해하는 인자로 작용하기 때문이며, 설탕의 농도가 증가할수록 젤의 강도는 감소된다. 젤라틴에 첨가하는 설탕의 농도는 20~25%가 적당하다.

② 산(과일즙)

젤라틴에 과일즙이나 레몬즙 등을 첨가하여 pH를 낮추어도 pH 4.6~8.2 구간이라면 형성된 젤라틴 젤의 견고성에 영향을 미치지 않는다. 다만 이보다 더 강산성일 경우는 서서히 젤라틴 분자에 가수분해를 일으켜 견고성을 감소시킴으로써 젤라틴의 응고를 방해한다. 따라서 산성이 강한 과일즙을 첨가하는 경우에는 젤라틴 용액과 함께 가열하기보다는 젤라틴 용액을 가열하여 식힌 다음 과일즙을 혼합하는 것이 산에 의한 젤라틴의 가수분해를 방지하는 방법이다. 산이나 과일즙을 첨가할 때는 젤라틴의 농도를 높이는 것이 바람직하고, 첨가시키는 젤라틴 용액은 미리 10℃에서 보관하는 것이 좋다.

③ 염

젤라틴 젤의 견고성에 대해 염류의 종류나 양은 큰 영향을 끼치지 않으나 기본적으로 소금은 물의 흡수를 막아 젤의 강도를 높이는 것으로 알려져 있다. 따라서 염의 경우는 산과 반대로 응고물을 형성하므로 순수한 물이나 연수보다는 무기질 함량이 높은 경수로 제조한 젤라틴 젤리가 더 단단한 응고물을 형성할 수 있다.

④ 효소

단백질 분해효소는 불안전 단백질인 젤라틴을 분해하여 젤 형성 능력을 저하시킨다. 젤라틴을 제조할 때에 파인애플 과즙이나 키위 과즙 등을 첨가하려면, 이들 과즙에 포함되어 있는 단백질 분해효소가 젤라틴의 젤 형성 능력을 방해하지 못하도록 통조림을 사용하거나 또는 과즙을 미리 가열하여 효소를 불활성화시키는 것이 좋다.

(4) 젤라틴을 이용한 음식

① 젤라틴 디저트

과일과 과일즙, 설탕, 젤라틴을 섞어 과일 젤리나, 젤라틴과 달걀흰자를 이용한 마시멜로, 저칼로리 식품의 특별한 조직감과 질감을 지니는 젤리 과자의 제조에 이용된다.

② 족편

족편은 소의 족에 함유된 콜라겐을 가열하여 젤라틴을 만든 후에 굳힌 식품이다. 최근에는 양지머리나 사태 등을 이용하여 고깃국물을 만든 후 젤라틴을 10% 정도 첨가하여 굳히는 방법을 이용하기도 한다.

표 14-2 한천과 젤라틴의 특성 비교

구분	한천	젤라틴
급원 성분	• 홍조류인 우뭇가사리에서 추출한 식물성 다당류	• 동물의 결제 조직인 콜라겐에서 추출한 동물성 단백질
녹는점	• 80℃ 이상	• 40~50℃ 이상
응고 온도	• 30~35℃ 전후	• 10℃
사용 농도	• 0.8~1.5%	• 3~4%
특성	• 응고 온도가 높아 조리와 이용이 편리 • 녹는점이 높아 질감이 단단하고 거칠며 단맛의 역치가 높음	• 응고 온도가 낮아 냉각, 냉동 가공 식품에 이용 • 녹는점이 낮아 여름에 취급하기 불편하며 조직이 부드러움
이용 예	• 과일 젤리, 양갱, 미생물용 배지	• 과일 젤리, 디저트, 족편

③ **식품 가공 시 사용**

젤라틴은 식품용 유화제 또는 안정제로 사용하며, 식품의 건조 억제를 위한 피막이나 코팅제로도 사용한다. 젤라틴이 타닌과 불용성 염을 형성하는 성질을 이용하여 과즙의 타닌을 제거하는 데 사용되기도 한다.

3. 버섯류

1) 버섯류의 성분

버섯류는 엽록소가 없어 독립영양이 불가능하므로 다른 생물에 기생하며, 식물 분류상 담자균류에 속한다. 특유의 향과 감칠맛이 있어 기호성이 높은 식품이다. 버섯에는 무기질과 섬유소가 다량 함유되어 있으며, 비타민 B군과 비타민 D 전구물질인 에고스테롤ergosterol이 존재한다. 콜레스테롤 대사를 촉진하며, 항바이러스, 항암 작용이 있다고 알려져 건강식품으로도 그 수요가 점점 증가하고 있다.

(1) 버섯의 일반 성분

버섯은 수분 함량이 90% 이상이며 탄수화물 2~6%, 단백질 2~4%, 지질 0.2~0.4% 정도를 함유하고 있다.

표 14-3 버섯류의 일반 성분

(단위 : 가식부 100 g당)

	열량 (kcal)	수분 (%)	단백질 (g)	지질 (g)	회분 (g)	탄수화물 (g)	무기질					비타민				
							칼슘 (mg)	철 (mg)	인 (mg)	칼륨 (mg)	나트륨 (mg)	레티놀 (μg)	B_1 (mg)	B_2 (mg)	니아신 (mg)	C (mg)
느타리버섯	18	90.5	2.68	0.08	0.74	6.00	0	0.66	104	291	1	0	0.150	0.196	5.454	0.63
목이버섯(말린것)	167	13.4	10.28	0.96	4.25	71.11	762	1.33	321	1,190	63	0	0.007	0.777	-	0
석이버섯(말린것)	165	12.9	11.75	0.96	5.92	68.47	47	54.60	89	403	6	0	0	0.284	2.277	0
송이버섯	21	89.0	2.05	0.15	0.68	8.12	1	1.85	33	317	1	0	0.016	0.402	3.758	1.18
싸리버섯	20	90.1	2.8	0.6	0.8	5.7	41	6.2	44	-	-	0	0.09	0.43	46.3	3
양송이버섯	15	91.7	3.56	0.19	0.84	3.71	2	0.88	112	392	6	0	0.057	0.423	4.551	0
팽이버섯	20	89.2	2.20	0.22	0.84	7.54	2	1.03	83	353	2	0	0.075	0.184	1.204	0
표고버섯	18	90.8	2.0	0.3	0.8	6.1	6	0.6	28	180	5	0	0.08	0.23	4.0	-

* - : 수치가 애매하거나 측정되지 않음

자료 : 농촌진흥청 국립농업과학원, 제9개정판 국가표준 식품성분표, 2016.

① 탄수화물

버섯에 들어 있는 탄수화물은 포도당, 만니톨, 트레할로스trehalose, 덱스트린dextrin으로 구성되어 있으며 전분은 함유하고 있지 않다. 섬유소의 함유량이 많아 약 2% 정도에 이른다.

② 지질

버섯의 지질 함량은 0.2%로 매우 적은 양을 함유하고 있으나, 그중 유리지방산과 비비누화물의 비율이 높다.

③ 단백질

버섯의 전체 비율 중 단백질은 2~4% 정도 함유하고 있는데, 주로 아미노산의 형태로 존재한다. 아미노산은 버섯의 감칠맛을 담당하며, 주로 글루탐산, 루신leucine, 알라닌 등이 존재한다.

④ 비타민 및 무기질

버섯은 비타민 B군의 좋은 급원으로 비타민 B_1, B_2, B_6, 니아신의 함량이 높고, 비타민 D 전구물질인 에고스테롤이 0.2~0.3% 들어 있어 자외선에 의해 비타민 D_2로 된다.

(2) 버섯의 특수 성분

버섯의 구수한 맛은 아미노산과 핵산 성분인 구아닐산guanylic acid, GMP에 의한 것이고, 종양의 발육을 억제하는 것으로 알려진 렌티난lentinan도 존재한다. 렌티오닌lenthionine은 표고버섯의 독특한 향미를 담당하는 성분으로 황화합물이고, 마스터게올matsutakeol은 송이버섯의 방향 성분이다. 버섯의 주색소는 플라보노이드flavonoid계 색소이다. 독버섯에는 무스카린muscarine, 뉴린neurine 등의 독성분이 함유되어 있으므로 식용하지 않도록 주의해야 한다.

2) 버섯류의 종류와 이용

일반적으로 버섯은 곰팡이의 한 종류로 재배 버섯과 야생 버섯으로 나뉜다. 전 세계적으로는 약 1,000여 종 정도의 식용 버섯이 존재하는데, 그중 재배가 가능한 버섯은 20여 종 정도이다. 버섯은 맛뿐만 아니라 향과 질감이 우수하므로 조리할 때는 버섯의 특징을 잘 살리는 것이 중요하다.

(1) 표고버섯

표고버섯은 우리나라에서 가장 많이 재배하고 있는 버섯으로 건표고는 생표고버섯과는 달리 특유의 향이 있으며, 건조 과정에서 구아닐산을 생성하는 효소와 향의 주성분인 레티오닌을 생성하는 효소가 작용하여 향과 감칠맛이 증가한다. 국물을 많이 이용하는 우리나라 식생활에서는 국물의 맛을 내는 데 건표고버섯을 많이 사용한다. 표고버섯은 식이섬유인 베타글루칸과 비타민 D의 전구물질인 에고스테롤을 다량 함유하고 있으며, 자외선을 쬐면 비타민 D_2가 생성되므로 건표고가 생표고보다 영양적으로 우수하다.

표고버섯은 갓의 살이 두툼한 것이 좋은데 봄에 생산되는 것이 가을에 생산되는 것보다 갓이 더 두툼하고 향도 풍부하다. 건표고는 미지근한 물이나 설탕물에 담가 불려 사용하는데 6~7배 정도 무게가 증가할 수 있다. 이때 너무 뜨거운 물에 담그면 표고버섯 특유의 향이 사라지므로 주의해야 한다. 표고버섯은 전, 찌개, 찜 등 다양한 요리에 사용되며, 전을 부칠 때는 크기가 작은 것을 사용하는 것이 좋고 얇게 저며 채로 썰어 쓸 것은 크고 두꺼운 것을 선택한다.

(2) 송이버섯

송이버섯은 살아 있는 소나무의 뿌리에서 자라므로 인공 재배가 어려운 종이다. 송이버섯의 영양 성분은 무기질 중 칼륨의 함량이 높으며 비타민 B_1, 비타민 B_2, 비타민 D 전구물질인 에고스테롤이 함유되어 있으나 비타민 A와 비타민 C는 들어 있지 않다. 송이버섯의 감칠맛은 구아닐산, 아스파트산, 글루탐산에 의한 것이며, 시남산메틸methyl cinnamate과 마스터게올에 의해 특유의 좋은 향을 갖는다. 말린 송이버섯은 10% 이상의 만니톨을 함유하고 있다.

송이는 향이 진하고 색이 선명하며 갓의 피막이 터지지 않고 자루가 굵고 짧으면서 살이 두껍고 탄력성이 큰 것이 좋다. 조리할 때 고유의 향을 보존하기 위해서는 양념을 강하게 하지 않는 것이 좋으며, 열을 가하지 않고 먹어야 송이버섯만의 독특한 향미를 즐길 수 있다. 구이, 탕, 전골, 산적, 볶음 등에 주로 사용하며, 향기가 손실되지 않도록 먹기 바로 전이나 조리 마지막 단계에 넣도록 한다.

(3) 양송이버섯

양송이버섯은 유럽이 원산지이며 전 세계적으로 가장 많이 생산되고 가장 소비가 많은 버섯이다. 송이버섯에 비해 갓이 부드럽고 자루가 짧으며 백색을 띤다. 우리나라에서 재배되고 있는 알래스카종은 저온에서도 성장이 양호한 장점이 있으나 티로시네이스tyrosinase에 의한 효소적 갈변이 일어나는 단점도 있다. 썰거나 상처가 나면 티로시네이스에 의해 갈변 현상이 일어나므로 식초 물이나 레몬즙을 뿌려 갈변을 방지한다. 양송이버섯은 육류 요리에 잘 어울리며 샐러드의 재료나 구이, 수프, 피자, 전골 등에 사용된다.

(4) 느타리버섯

느타리버섯은 가을철에 참나무나 오리나무 등의 활엽수 뿌리에서 자라며, 향이나 맛은 약한 편이다. 육질은 흰색에 가까운 회백색을 띠며, 씹히는 조직감이 좋아서 거의 모든 요리에 잘 어울린다. 씻을 때 조직이 부서질 수 있으므로 살짝 데쳐 물기를 제거한 뒤 사용하면 좋다. 느타리버섯은 모양이 어느 정도 균일하고 두꺼우며 고유의 색과 윤기가 있는 것을 선택하는 것이 좋다. 볶음, 선골, 구이, 찌개, 나물, 튀김, 무침, 볶음 등의 재료로 사용한다.

(5) 목이버섯

활엽수에 기생하여 자라며 형태가 사람의 귀 모양과 비슷하게 생겨 목이버섯이라고 한다. 흰색과 흑갈색 두 종류가 있으며 주로 건조된 형태로 판매되므로 물에 불려 사용해야 한다. 물에 불릴 때는 찬물에 불려 기중을 잘라내고 사용하며, 물에 불리면 5배가량 부피가 증가한다. 다른 버섯에 비해 식이섬유의 함량이 높아 정장 작용에 좋다. 맛과 향이 강하고 씹는 질감이 좋으며 음식에 독특한 색을 부여할 수 있어 수프, 볶음, 잡채 등에 사용하며, 주로 중국 음식에 많이 사용된다.

(6) 팽이버섯

활엽수의 마른 가지에 기생하는 천연의 팽이버섯은 갓이 덜 핀 것을 사용하는 것이 좋다. 팽이버섯은 특유의 달콤한 향미와 씹히는 조직감이 좋고 비타민 B_1, 비타민 B_2가 풍부하게 들어 있으며 에고스테롤도 함유되어 있다. 조리할 때는 밑동을 자르고 물에 살짝 씻어 날 것 그대로 사용하거나 구이, 찌개, 전골 등에 넣기도 한다. 오래 가열하면

그림 14-2 **버섯류**

질감이 질겨지므로 조리 시 마지막에 넣는 것이 좋다.

(7) 석이버섯

바위에 붙어서 자라고 귀처럼 생겼다고 하여 석이버섯이라 하며 검정색을 띤다. 마른 버섯을 불릴 때에는 미지근한 물에서 불려 꼭지를 따고 양손으로 비벼 씻어서 안쪽의 이끼를 제거한 후 사용한다. 조리할 때에는 참기름에 볶아 사용하며, 고명으로 얹을 때에는 말아서 채를 썰거나 다져서 달걀흰자에 섞어 지단을 부쳐 사용하기도 한다.

(8) 싸리버섯

싸리 빗자루 같이 생겼다고 하여 싸리버섯이라 이름이 붙여졌다. 주로 구이, 무침 등에 이용하는데 독성이 있어서 주의해서 식용해야 하는 버섯이다.

(9) 새송이버섯

송이버섯 대용으로 개발된 버섯으로, 송이버섯과 모습이 유사하나 송이보다는 기둥이 두껍고 갓이 작다. 송이버섯보다 맛과 향은 덜하지만 조직이 치밀하고 씹는 맛이 송이버섯과 비슷하다. 필수아미노산의 함량이 높아 우수한 단백질 공급원이며, 식이섬유, 각종 비타민과 무기질이 다른 버섯에 비해 많이 함유되어 있다. 식생활에 많이 사용되는 버섯 중의 하나로 주로 찌개, 전골, 구이, 전 등에 넣는다.

Summary

1. 해조류의 종류는 크게 녹조류(해수면에 가장 가까운 곳에서 서식하는 해조류로, 엽록소를 함유하고 있어 광합성에 의해 녹색을 띠며 파래, 청각, 클로렐라, 매생이 등이 대표종)와 갈조류〔카로티노이드인 β-카로틴과 푸코잔틴 등의 색소가 함유되어 있어 갈색을 나타내며, 라이신의 유도체 라미닌(laminine)이 혈압을 낮춤. 건조시킨 갈조류 표면의 흰 가루는 만니톨(mannitol)로 단맛을 부여하며 미역, 다시마, 톳, 모자반 등이 대표종〕, 그리고 홍조류〔피코에리트린(phycoerythrin), 피코사이안(phycocyan), 엽록소, 카로티노이드 등의 색소를 가지고 있어 적색을 띠며 김과 우뭇가사리 등이 대표종〕으로 나뉜다.
2. 해조류의 영양 성분을 정리하면 다음과 같다.
   - 탄수화물 : 다량의 탄수화물을 함유하고 있으며, 탄수화물의 주성분은 점성 다당류이고 그 외에 전분, 섬유소 등을 함유
   - 지질 : 지질 함량이 극히 낮아 건조시킨 해조류에는 1% 내외로 존재하며, 카로티노이드계 색소가 대부분
   - 단백질 : 건조시킨 해조류에는 10~30%의 단백질이 함유되어 있으며, 특히 김에는 40% 정도로 높음
   - 무기질과 비타민 : 무기질이 풍부한 알칼리성 식품이며 특히 요오드, 나트륨, 칼슘, 인, 철의 함량이 높음. 홍조류와 녹조류에는 카로틴의 함량이 높아 비타민 A의 효력이 있으며, 티아민의 양은 적으나 리보플라빈과 니아신의 함량은 높음
   - 색소 : 해조류의 주색소는 녹조류는 엽록소, 갈조류는 푸코잔틴, 홍조류는 피코에리트린
   - 방향성 물질 및 감칠맛 물질 : 갈조류의 냄새는 테르펜계 물질이 원인이며, 녹조류와 홍조류는 함황계 화합물이 냄새의 원인 물질
3. 한천은 홍조류인 우뭇가사리에서 추출한 복합 다당류를 동결 건조한 것으로, 아가로스와 아가로펙틴의 혼합물이다. 미지근하거나 따뜻한 물에 용해시키면 졸 상태의 콜로이드 용액이 되고 이를 냉각시키면 응고하는 성질이 있는데 이를 이용하여 다른 식품과 같이 혼합하여 응고제로 활용한다. 식품을 응고시키고 질감을 좋게 하는 역할을 한다.
4. 한천의 녹는점은 80~100℃이며, 가열한 한천의 수용액은 30℃ 부근에서 응고하기 시작하여 탄력 있는 젤이 된다. 한천의 녹는점과 응고 온도는 농도에 따라 달라지는데 농도가 높을수록 녹는점이 높고 높은 온도에서 빨리 응고된다.
5. 젤라틴은 동물의 결체 조직에 존재하는 콜라겐을 부분적으로 가수분해하여 얻은 유도 단백질이다. 동물의 뼈나 인대 조직, 표피 등을 알칼리 또는 묽은 산으로 가수, 가열하면 섬유상 구조가 분해되어 졸 상태의 단백질 용액인 콜로이드 용액이 만들어지는데 이것을 정제하여 식용 젤라틴으로 만든다.

6. 젤라틴을 물에 담가 두면 물을 흡수하거나 용해된다. 이를 냉각시키면 젤을 형성하여 응고된다. 젤라틴은 대체로 3~4%의 농도에서 젤을 형성하는데 젤라틴의 함량이 클수록 형성된 젤의 견고성도 강해진다. 젤라틴은 20℃ 이하의 낮은 온도에서 응고가 시작되므로 온도가 낮을수록 형성된 젤의 견고성은 커진다.

7. 버섯에 들어 있는 탄수화물은 주로 포도당, 만니톨, 트레할로스, 덱스트린이며 식이섬유의 양이 많다. 지질의 함량은 0.2%로 매우 적으며, 단백질의 양은 버섯 전체 비율 중 2~4% 정도 함유하고 있는데 주로 아미노산의 형태로 존재한다. 비타민 B군의 좋은 급원이며, 비타민 D 전구물질인 에고스테롤이 0.2~0.3% 들어 있다. 이외에 특수 성분으로는 버섯의 구수한 맛을 내는 아미노산과 핵산 성분인 구아닐산, 그리고 렌티난, 렌티오닌이 존재한다. 버섯의 주색소는 플라보노이드계 색소이다.

8. 버섯류의 종류로는 다음과 같은 것이 있다.
   - 표고버섯 : 우리나라에서 가장 많이 재배되는 버섯으로, 식이섬유인 베타글루칸과 비타민 D의 전구물질인 에고스테롤을 다량 함유하고 있어 영양적으로 우수하며, 독특한 향미 물질은 레티오닌이다.
   - 송이버섯 : 살아 있는 소나무의 뿌리에서 자라는 버섯으로 비타민 B_1, 비타민 B_2, 비타민 D 전구물질인 에고스테롤의 함량이 높다. 송이버섯의 감칠맛은 구아닐산, 아스파트산, 글루탐산에 의한 것이며, 시남산메틸과 마스터게올에 의해 특유의 좋은 향을 갖는다.
   - 양송이버섯 : 원산지는 유럽이나 전 세계적으로 가장 많이 생산되는 버섯으로, 썰거나 상처가 나면 티로시네이스(tyrosinase)에 의해 효소적 갈변 현상이 일어나므로 식초 물이나 레몬즙을 뿌려 갈변을 방지하는 것이 좋다.

연습문제

1. 미역 등의 갈조류에 들어 있는 점성을 나타내는 수용성 황산다당류은?

① 만니톨　② 알긴산　③ 구아닐산
④ 글루탐산　⑤ 피코에리트린

2. 젤라틴 젤에 대한 설명으로 옳은 것은?

① 소금을 첨가하면 응고가 잘 되지 않는다.
② 과일주스를 다량 첨가하면 응고가 쉽다.
③ 용해된 젤라틴은 농도가 높을수록 빨리 응고한다.
④ 용해된 젤라틴은 온도가 높을수록 빨리 응고한다.
⑤ 설탕 농도가 높을수록 겔의 강도가 증가한다.

3. 한천으로 만든 젤리의 저장 시 나타나는 이액 현상을 설명한 것으로 옳은 것은?

① 저장 온도가 높을수록 이액량이 적다.
② 산을 첨가하면 이액량이 적다.
③ 설탕의 첨가량이 적을수록 이액량이 적다.
④ 한천 농도가 높을수록 이액량이 적다.
⑤ 가열 시간이 길수록 이액량은 많아진다.

4. 비타민 D의 전구물질인 에고스테롤을 많이 함유하고 있는 식품은?

① 호박　② 상추　③ 오이
④ 다시마　⑤ 표고버섯

풀이와 정답

1. ② 알긴산은 미역, 다시마의 식이섬유로 점성을 나타낸다. 만니톨은 다시마의 흰 가루 성분이고, 구아닐산은 버섯의 감칠맛을 부여한다. 글루탐산은 다시마의 감칠맛 성분이며, 피코에리트린은 김의 홍색 색소이다. **2.** ③ 과일즙, 레몬즙 등의 산의 성분은 젤라틴의 응고를 방해하며, 다량의 설탕은 젤의 강도를 감소시킨다. 소금은 물의 흡수를 막아 겔의 강도를 높여준다. 젤라틴은 온도가 낮을수록, 농도가 높을수록 빨리 응고된다. **3.** ④ 한천 젤은 제조 후 시간이 경과하면 표면으로 수분이 흘러나오게 되는데 이를 이액 현상이라고 한다. 한천 농도가 높고 가열 시간이 길면 젤의 강도가 커지기 때문에 이액량이 적다. 젤을 방치하는 온도가 낮아도 이액량은 적어지고, 설탕 첨가량이 많을수록 이액량은 적어진다. **4.** ⑤ 비타민 D는 식물성 식품에는 에고스테롤로 분포하며 버섯류에 많고, 동물성 식품에는 정어리, 가다랑어 등 어패류에 많이 존재한다.

References

강경심·윤재영·이진미·최영진·최은정, **조리원리**, 창지사, 2018.

김숙희·윤예리·이나겸·이윤정·임용숙·최진영, **식품학 및 조리원리**, 지구문화사, 2018.

김향숙·오명숙·황인경, **조리과학**, 수학사, 2014.

농촌진흥청 국립농업과학원, **제9개정판 국가표준 식품성분표**, 2016.

박춘란·한경선·김현정, **조리과학**, 문운당, 2017.

안미령·유주연·전태연·나정숙·배현수·이윤정·이미영·조한용, **메뉴개발을 위한 조리원리**, 지구문화사, 2016.

윤계순·이명희·류은순·민성희·신원선·정혜정·김지향·박옥진, **새로 쓴 식품학 및 조리원리**, 수학사, 2014.

이형주·문태화·노봉수·장판식·백형희·이광근·김석중·유상호·이기원, **식품화학**, 수학사, 2014.

정은자·조경련, 김동희, **조리원리**, 진로, 2013.

CHAPTER 15

식품의 감각평가

1. 감각평가의 정의

감각평가sensory evaluation(관능평가)는 식품의 자극을 제공하고 그에 대한 사람의 반응을 측정, 분석 및 해석하는 학문이다(Stone and Sidel 2004; Lawless and Haymann, 2010). 우리 용어로는 관능평가보다는 감각평가 또는 감각과학sensory science을 사용하는 것이 바람직하다(권미라 외, 2018). 감각과학은 식품의 특성을 정성적으로 표현이 가능하고, 특성의 강도는 정량적으로 나타낼 수 있어서 제품 개발, 품질 관리, 골드 스탠다드gold standard(기준이 되는 표준 품질) 정립 등에 사용할 수 있고, 궁극적으로 소비자의 기호도를 측정할 수 있다. 식품의 조리는 주요 목적이 섭취의 용이성 증대 및 기호도 상승 등에 있고, 영양이 우수한 음식도 궁극적으로 섭취되지 않으면 체내에서 이용할 수 없기 때문에 조리된 식품의 기호도를 측정하는 능력은 식품 영양인에게 매우 중요하다.

2. 감각평가 시료 준비

감각평가를 시행할 때에 시료 간 실제 차이를 측정하기 위해서는 여러 가지 주의사항이 필요하다. 실험 환경(조명, 환기, 준비 장소, 출입 장소 등), 시료 준비(도구, 시료 선정, 준비, 제시 번호, 제시 등), 참여 패널(시료 평가 방법) 등을 통제해야 하며, 특히 시료를 준비하는 과정에서 인위적으로 시료의 차이가 생기지 않도록 주의해야 한다.

시료 준비에 적절한 도구는 시료에 따라 다르지만 저울, 계량컵, 타이머, 유리 용기, 스테인리스강 재질 용기 등이 있다. 향기 성분이 전이될 수 있는 플라스틱 재질 용기나 나무도마 같은 재질은 새로운 요인으로 작용할 수 있으므로 사용하지 않는다. 음료를 제공하는 컵의 색에 따른 초콜릿 음료의 향미 인식과 기호도에 대한 연구에서(Piqueras-Fiszman & Spence, 2012) 짙은 크림색과 주황색 컵을 사용하였을 때에 초콜릿 향미를 더 강하게 느끼고 기호도도 증가하였다는 결과가 있으므로, 감각평가 시에는 동일한 제품의 흰색 또는 아주 옅은 황백색off-white의 용기를 사용하는 것이 바람직하다. 시료를 준비하는 과정에서 고려해야 할 사항으로는 제공할 시료의 분량, 준비 과정, 시간 엄수, 온도(조리 완료, 보관 온도, 제시 온도 등), 준비 후 제시 전까지의 시간, 시료 표기에 3자리 난수 사용 등이 있다.

시료를 제시할 때 고려해야 할 것은 동반 물질carrier 또는 첨가물의 사용 유무이다.

대체적으로 차이식별검사에서는 첨가물을 사용하지 않지만, 소비자조사에서는 첨가물을 사용하는 경우가 있다. 예를 들면 커피를 평가할 때 설탕이나 우유/크림의 첨가를 허용한다거나, 올리브유의 평가에 무염 식빵 또는 크래커를 동반 물질로 제시하는 경우이다. 이때에도 첨가물의 첨가량이 동일하고 동반 물질을 균질하게 제공하여 평가하는 시료의 차이로 인식되지 않도록 주의해야 한다. 시료 평가 사이에 입을 헹구는 물질로는 주로 물과 무염 크래커를 제공한다.

3. 감각평가의 종류

감각평가는 차이식별검사와 더불어 훈련된 패널이 평가에 참여하는 객관적 분석 방법과 소비자들의 기호도, 의견, 행동 등을 평가하는 주관적 분석 방법으로 크게 나뉜다.

1) 차이식별검사

차이식별검사difference test의 목적은 두 시료 간에 감각적 차이가 있는지를 평가하는 것이다. 식품의 일부 원료가 바뀌었을 때, 제조 공정에 변화가 있을 때, 포장 또는 저장 환경 등이 바뀌었을 때에 전체적으로 식품에 차이가 발생했는지를 평가하기 때문에 산업체에서 보편적으로 사용하는 감각평가 방법이다. 묘사 분석 패널을 모집할 때에 시료 분별 능력을 평가하는 네 활용하기도 한다. 차이식별검사에는 삼점검사triangle test, 일-이점 검사duo-trio test, 5중2선검사two-out-of-five test, 동일-비동일 검사same/difference test; simple difference test, A-부A검사A-Not A test 등이 있으며, 평가해야 하는 시료의 특성과 평가 목적, 패널의 친밀도 정도 등을 고려하여 평가 방법을 선정한다. 훈련된 패널 또는 소비자가 참여할 수 있으나 혼용하여 사용하지는 않는다. 결과 분석은 미리 결정한 유의 수준에 따라 전체 평가 횟수 대비 몇 회의 정답이 있어야 유의미한 차이가 있는지 계산된 표를 보고 판단한다(Lawless & Heymann 2010; Meilgaard et al., 2015). 통계 분석이 따로 필요 없으므로 이용하기에 편리하다는 장점이 있다.

2) 묘사 분석

묘사 분석descriptive sensory evaluation은 훈련된 패널이 참여하여 평가하는 식품의 감각 특성(attribute, characteristics, descriptor 등으로 표현)을 정성적으로 제시하고 그 강도를 정량적(숫자)으로 나타낸다. 이러한 감각 특성이 출현하는 시간적 순서와 전체적인 인상 또한 묘사 분석의 구성 요소이다. 감각 특성에는 외관, 향, 향미, 조직감, 촉감 등이 포함되며(제7장 참조), 감각 특성을 나타내는 '용어'와 정의 및 이해를 도울 수 있는 참고

척 도

(1) 범주 척도

① 11점 척도

0 1 2 3 4 5 6 7 8 9 10

(전혀 없음) (매우 강함)

② 0~15점 척도(0.5점 간격)

0 0.5 1 1.5 2 2.5 3 3.5 4 4.5 5 5.5 6 6.5 7 7.5 8 8.5 9 9.5 10 10.5 11 11.5 12 12.5 13 13.5 14 14.5 15

(전혀 없음) (매우 강함)

(2) 선척도

① 10 cm 선척도

0 — 10

감각 특성 (전혀 없음) — 감각 특성 (매우 강함)

② 15 cm 선척도

0 — 15

감각 특성 (전혀 없음) — 감각 특성 (매우 강함)

(3) 강도 추정 척도

① 기준 물질의 강도 수치 제시(with a modulus)

처음 시음하실 음료의 '단맛'의 강도는 25입니다. 이 값과 비교하여 이후 평가하는 시료의 '단맛' 강도를 평가하여 주십시오.

기준 시료 : 25
시료 366 : ________
시료 583 : ________

② 기준 물질의 강도 수치 미제시(without a modulus)

평가할 특성은 '단맛'입니다. 기준 음료의 '단맛'을 임의로 결정하고, 그 값과 비교하여 이후 평가하는 시료의 '단맛' 강도를 평가하여 주십시오.

시료 475 : ________ (기준 시료)
시료 366 : ________
시료 583 : ________

그림 15-1 척도

Tip 식당 평가(restaurant review)

조리된 음식을 판매하는 식당에 대한 평가 별점이 기호도 평가에서 사용하는 5점 척도와 매우 유사하다. 'Google map' 또는 'Trip advisor' 등에서는 방문했던 소비자들이 제공한 정보를 종합적으로 제시하고 있으며, 방문을 계획하고 있는 소비자는 이 자료를 활용해서 방문 여부를 결정하기도 한다.

	식당 A(맥도날드, 피렌체)	식당 B(Il Vezzo)	식당 C(Simbiosi Organic)
간단한 설명	패스트푸드	이탈리안 식당	유기농 피자, 파스타, 커피
평균 평점(평가자 수)	3.3(1,994)	4.7(396)	4.2(1,592)
평점 표시	★★★☆☆	★★★★★	★★★★☆
가격 표시	€	€€	

물질과 참고 물질의 강도 등으로 구성된다. 예를 들어 오렌지주스를 평가한 연구에서 (Lotong et al., 2002) 오렌지Orange ID를 '오렌지의 주스, 펄프 또는 껍질을 연상시키는 특성으로 입안에서 인식되는 향'이라 정의하고, 오렌지유를 참고 물질로 선택하고 그 향의 강도가 0에서 15점 척도를 사용할 때에 12라고 제시하였다. 이러한 특성이 얼마나 인지되는지는 양적 특성인 강도로서 나타낸다. 하지만 이용하는 묘사 분석의 방법에 따라 참고 물질의 강도를 제시하지 않는 것도 있다. 척도로는 범주 척도category scale, 선 척도line scale, 강도 추정 척도magnitude estimation 등을 사용한다(그림 15-1).

묘사 분석 구성 요인 중 하나인 감각 특성의 시간적 출현 순서는 물리적, 화학적 특성에 영향을 받는다. 즉 시료가 어떻게 준비 및 제시, 평가되는지, 시료의 온도, 제시량, 농도 등에 영향을 받을 수 있다. 시간적 요소가 반영된 특성으로 뒷맛(후미)을 평가하거나, 섭취(시간)에 따른 특성의 변화가 중요한 시료인 경우에는 강도 변화 측정 분석법 time intensity analysis을 선택하여 평가하기도 한다. 시간에 따라 시료의 특성이 변하는 예로는 추잉검, 아이스크림, 시리얼과 우유 등이 있다.

전체적인 인상overall impression은 제품의 여러 특성에 대한 종합적 평가로 전체적인 향 또는 향미의 강도로 표현하거나, 향미의 균형balance, 조화로움blend, 향미의 풍부함amplitude 등으로 표현할 수 있다. 다만 이는 기호도의 평가가 아니므로 해석에 주의해야 한다.

묘사 분석의 방법에는 향미 프로필 묘사 분석flavor profile descriptive analysis, 정량적 묘사 분석quantitative descriptive analysis®, QDA®, 조직감 프로필 묘사 분석texture profile descriptive analysis, 스펙트럼 묘사 분석spectrum descriptive analysis 등이 있으나, 여기에서는 패널 훈련의 정도가 가장 낮은 정량적 묘사분석에 대해서만 기술하였다.

(1) 정량적 묘사 분석

정량적 묘사 분석은 스탠퍼드 연구소Stanford Research Institute에서 개발하였으며(Stone & Sidel, 2004), 이전에 개발된 향미 프로필 방법(Caul, 1957)과 비교해 보면 좀 더 통계 분석이 중요한 방법이다(Hootman, 1992). 훈련된 패널에게 시료와 참고 물질 등을 제시하고 용어 개발을 거친 후에 패널 개개인이 각자의 방식대로 상대적 강도를 평가하는 것으로, 처음에는 15 cm 선척도를 사용하였다. 패널의 수는 8~12명 정도로 다른 방법에 비하여 많은 편이며, 평가 도중 다른 사람으로 대체할 수 없다. 패널을 모집할 때에는 감각 특성을 언어적으로 표현할 수 있으며, 차이식별검사로 평가할 때 차이를 인지할 수 있는 사람으로 선정하고, 강도 평가 등에 극단적인 태도를 가진 사람은 배제한다. 패널 훈련 시 감각 특성 용어를 개발하여 참여하는 패널이 동의할 수 있는 목록을 작성하고, 각 특성의 평가 과정을 표준화한다. 선척도 등 척도를 이용하여 강도를 기록하고, 필요에 따라 패널의 감각 특성에 대한 이해를 돕기 위한 표준 물질을 제공할 수 있다.

연습 평가를 거친 후에 부스 등 개별 평가가 가능한 환경에서 평가를 진행한다. 평가 시에는 용어 목록과 정의, 평가용 설문지, 필기도구, 냅킨, 시료를 뱉을 수 있는 컵, 물, 입가심용 크래커 등을 동일하게 제공한다. 시료를 제공하는 시간 간격을 특정하고, 시료 평가 사이에는 입가심을 하도록 한다. 시료의 제시는 연구 계획에 따라 한 번에 한 개의 시료를 제시하고, 보통 3자리 난수표로 표기한다. 척도는 15 cm 선척도를 이용하여 개별 패널이 평가하는 강도를 표시하도록 하는데 선척도의 왼쪽 끝에서부터 거리를 측정하여 강도의 세기로 표기한다. 온라인 프로그램 등을 사용하면 자동으로 숫자로 변환하여 데이터로 저장하는 것도 있다.

평가는 3~4회 정도 반복하고, 결과는 통계적으로 분석한다. 분산 분석을 이용하여 제품의 차이가 유의미한지 평가하고, 그 결과는 스파이더 맵 등을 이용하여 나타낸다. 다만 패널이 개별적으로 강도를 평가하기 때문에 실험 결과의 반복적 도출이 어렵다는 한계점이 있다. 결과의 도표로 사용하는 스파이더 맵의 경우 특성 간 강도 비교를 하는 것으로 오해를 일으키기 쉽다. 이러한 한계를 극복하기 위하여 묘사 분석 패널의 훈련 및 유지에 비용이 많이 소요됨에도 불구하고, 향미 프로필 방법을 개선하여 사용하거나 스펙트럼 묘사 분석 방법을 이용하기도 한다.

3) 소비자조사

소비자조사consumer test는 식품(또는 소비재)에 대한 소비자의 기호도, 의견, 제품 특성에 대하여 알고자 할 때 사용할 수 있어서 신제품 개발, 제품의 유지 또는 개선, 시장 성공 가능성 평가, 제품 카테고리 평가 등에 적용된다. 정량적 평가에는 소비자 선호도 조사, 선호도 순위, 기호도조사, 정해진 시간 내의 섭취량 측정 등이 있고, 정성적 평가에서는 포커스 그룹, 인터뷰, 관찰 등이 사용되는 대표적 방법이다(권미라 외, 2018). 여기에서는 소비자 기호도조사와 포커스 그룹에 대해서만 기술하기로 한다.

(1) 소비자 기호도조사의 정량적 방법

소비자 기호도조사는 기호 척도hedonic scale를 사용하여 소비자가 제시된 시료를 얼마나 좋아하는지를 평가한다. 그 외에 감각 특성에 대한 기호도와 기호에 대한 의견 등

Tip 기호도 대조 효과와 코스 요리

감각평가를 할 때에 시료의 제시 순서에 따라 기호도가 영향을 받는다. 특히 첫 번째 시료의 경우 기호도가 높은 편으로 알려져 있으므로 시료의 제시 순서가 균형을 잡을 수 있도록 실험 계획을 세운다. 또 평가되는 시료 간에도 기호도에 영향을 미칠 수 있다. 예를 들어 기호도가 매우 높은 시료 뒤에 평가되는 보통 수준의 시료는 실제보다 낮게 평가되기도 하고〔대조 효과(contrast effect)〕, 전체적으로 기호도가 낮은 시료와 함께 평가를 받은 우수한 시료의 기호도가 다른 시료와 같이 낮게 평가되기도 한다〔그룹 효과(group effect)〕.

코스 요리에서 기호도 대조 효과가 적용되는지를 평가한 연구에서, 전채요리의 맛을 우수 또는 보통 수준으로 하고 같은 파스타를 주요리로 제한하였다. 이때 전채요리의 맛이 우수하여 기호도가 높았을 때는 주요리의 기호도가 전채요리의 맛이 보통이었을 때보다 유의적으로 낮았다는 보고가 있었다(Lahne & Zellner, 2015). 하지만 전채요리와 주요리의 요리법(cuisine)이 달라지면(예를 들어 전채요리는 태국 음식, 주요리는 이탈리아 음식 등) 기호도의 대조 효과는 나타나지 않는다고 한다(Lahne et al., 2017).

알리올리오와 토마토 브루쉐다

을 추가로 평가할 수 있다. 시료는 무작위 순서, 또는 시료 제시가 균형이 있도록 한 윌리암 라틴정방설계Williams Latin square design(Cochran & Cox,1992) 등 미리 준비된 실험 디자인에 따라 하나씩 제시하도록 한다. 시료 특성에 따라서는 한 번에 모두 제시하고 평가 순서를 특정할 수도 있다. 소비자에게 각 시료를 맛보고, 본인의 기호에 따라 척도를 기입하도록 한다. 분석은 평균 기호도를 계산하여 도표로 나타내기도 하고, 분산 분석을 사용하기도 한다. 유의미한 차이가 있으면 간접적으로 평가된 선호도가 성립된다.

평가하고자 하는 소비자의 특성을 특정(예를 들어 커피를 주 3회 이상 섭취하는 20대 여성)한 후에 대표성 있는 소비자를 모집하도록 한다. 고려할 수 있는 특성으로는 연령대, 성별, 수입 정도, 거주 지역, 교육 정도, 식품 소비(구매) 여부, 섭취 빈도 등이 있다. 소비자를 대상으로 평가하기 어려운 상황에서는 회사 또는 가까이 위치한 계열사의 직원을 상대로 평가할 수 있으나, 소비자보다 회사 제품에 좀 더 친숙하여 기호도에 오류가 생길 수 있음을 감안해야 한다. 반면에 소비자 모집 기간이 짧고 비용이 절감되는 등의 장점도 있다.

소비자 기호도조사는 조사 장소에 따라 실험실laboratory test, 소비자 모집이 용이한 장

표 15-1 소비자 기호도 실험 장소에 따른 장단점 비교

실험 장소	장점	단점
실험실 (laboratory test)	• 장소의 편리성 • 실험 도구 보유 • 시료 준비가 용이함 • 비용과 시간 절약 • 참여자 모집에 걸리는 시간이 짧은 편 • 참여자가 실험 방법에 익숙함	• 소비자 참여 제한 • 참여자가 식품을 접하는 시간이 짧음 • 제품에 대한 정보 노출 등으로 오류 발생 가능성 있음
소비자 모집 용이 장소(중심지역) (central location test, CLT)	• 여러 식품(제품)의 평가가 가능 • 시료의 필요량이 적음 • 평가 기간이 짧음 • 평가 환경에 대한 조절이 용이	• 현실을 반영하는 정도가 낮음 • 인위적 평가 환경으로 인한 오류 발생 가능성 있음 • 가족, 친구 등 주변인의 의견이 반영되지 않음 • 시간 흐름에 따른 변화, 포장 용기의 수행도, 준비 과정 등은 평가되지 않음 • 반복 사용 평가에는 적합하지 않음
소비자의 가정 (home use test, HUT)	• 실제 사용하는 현실을 반영 • 포장 용기, 준비 과정 등의 평가 • 실험 진행에 따른 영향이 적음 • 제품 특성 및 실험 목적에 따라 HUT가 필요	• 실험 환경에 대한 조절이 안 됨 • 시료의 양이 많이 필요 • 주변인의 의견에 영향을 받을 수 있음 • 실험 기간이 길어짐 • 시료 간 직접적인 비교가 어렵고, 평가할 수 있는 시료 개수 제한 • 중도 탈락률이 높음 • 비용이 많이 들 수 있음

소에서 시행하는 중심지역검사central location test, CLT, 소비자의 집에서 시행하는 가정 사용 검사home use test, HUT로 나눌 수 있다. 표 15-1에 나타낸 것처럼 여러 가지 장단점이 있으므로 실험 목적에 가장 적합한 평가 방법을 선택한다.

시료번호 : 785

실험 날짜 : ○○○○년 ○○월 ○○일
소비자 번호 : ○○○○

제시된 (녹차) 시료의 2/3을 섭취하시고 얼마나 좋아하는지 표기해 주세요.

대단히 싫어함 좋지도 싫지도 않음 대단히 좋아함

제시된 (녹차) 시료의 향미*를 얼마나 좋아하는지 표기해 주세요.

대단히 싫어함 좋지도 싫지도 않음 대단히 좋아함

제시된 (녹차) 시료의 쓴맛**이 강도를 표기해 주세요.

대단히 싫어함 좋지도 싫지도 않음 대단히 좋아함

※ 이 (녹차) 시료의 좋은 점, 싫은 점, 또는 개선할 점에 대하여 기술해 주세요.

____

____

____

* 시료의 종류에 따라 기호도에 영향을 미칠 수 있는 특성이 달라질 수 있으므로 이를 고려하여 기호도 설문을 개발한다.
예) 녹차 : 전반적인 기호도, 향미, 향, 쓴맛, 떫은맛에 대한 기호도(Lee et al., 2010)
밀크티 : 색 기호도, 전반적인 기호도, 단맛, 우유 향미, 블랙티(홍차) 향미에 대한 기호도(Choi & Lee, 2019)

** 시료의 주요한 특성의 강도 인식에 대해 질문할 수도 있다.
예) 녹차 : 쓴맛, 떫은맛(Lee et al., 2010)
밀크티: 단맛, 우유 향미, 블랙티 향미(Choi & Lee, 2019)

그림 15-2 9점 척도를 이용한 기호도 설문의 예

소비자의 기호도를 측정하는 데 사용되는 척도로는 3점, 5점, 7점, 9점 등이 있으며, 연구에서는 9점 기호 척도nine-point hedonic scale가 가장 널리 이용되고 있다. 조사 대상자나 상황 등을 고려하여 보다 단순한 설문을 해야 할 경우에는 5점 척도를 사용하는 것이 현실적일 수 있다. 척도에 얼굴 표정(이모티콘 등)을 활용한 연구도 활발히 진행되고 있다. 보통 가장 중요한 질문은 전체적인 기호도이므로 먼저 평가할 수 있도록 제일

※ 박스에 표기(9점 척도)

대단히 싫어함 　　　　좋지도 싫지도 않음 　　　　대단히 좋아함

※ 숫자로 표기(9점 척도)

1	2	3	4	5	6	7	8	9
대단히 싫어함								대단히 좋아함

※ 언어 표기(9점 척도)

대단히 싫어함 – 매우 싫어함 – (보통) 싫어함 – 약간 싫어함 – 좋지도 싫지도 않음 – 약간 좋아함 – (보통) 좋아함 – 매우 좋아함 – 대단히 좋아함

※ 그림으로 표기

① 7점 척도

대단히 싫어함 / 매우 싫어함 / 싫어함 / 좋지도 싫지도 않음 / 좋아함 / 매우 좋아함 / 대단히 좋아함

② 5점 척도

대단히 싫어함 / 싫어함 / 좋지도 싫지도 않음 / 좋아함 / 대단히 좋아함

그림 15-3 기호도 척도 표시의 예

위에 위치하도록 하지만, 외관 기호도 평가가 필요한 경우에는 외관에 대한 기호도를 먼저 평가하고 전체적인 기호도를 평가한다. 이외에도 식품의 중요한 특성에 따라 향미, 향, 조직감 등에 대한 기호도를 추가로 질문하기도 한다.

각 시료에 대한 기호도 질문 말미에 소비자의 의견을 기입하도록 하여 추후 데이터 분석에 보조 자료로 사용할 수도 있다(Lee et al., 2010).

(2) 소비자 기호도조사의 정성적 연구 방법

정성적 연구 방법은 '무엇을, 어떻게, 왜?'라는 질문에 답이 필요할 때 사용할 수 있다. 시제품, 콘셉트, 아이디어, 서비스 등에 대한 소비자의 의견이나 태도를 알고자 할 때 포커스 그룹이나 인터뷰 등의 방법을 선택할 수 있고, 소비자가 제품을 사용하는 것을 관찰할 수도 있다. 다만 포커스 그룹이나 인터뷰, 관찰을 진행하는 연구원에 대한 훈련이 전제되어야 한다.

포커스 그룹은 대개 8명에서 12명 정도의 소비자가 연구 목적에 적절한 조건을 고려하여 참여하며, 제품이나 시제품 등에 대한 의견을 토론식으로 제시한다. 포커스 그룹의 진행자가 연구에 필요한 질문을 하며 토론을 진행하지만, 본인의 의견이나 옳고 그름을 제시하지 않도록 해야 한다. 보조 진행자는 토론의 내용을 원활하게 기록해야 한다. 토론은 대체로 1~2시간 정도 지속되며, 토론에 참여하는 소비자의 성향 또는 의견에 따라 상반된 결과가 노출될 수 있으므로 최소한 3그룹 이상 진행해야 한다. 토론은 참여자의 동의를 받아 녹음, 녹화 등을 진행하여 데이터화한다. 정성적 연구이므로 '참여자의 몇 %가 동의하였다' 하는 식의 정량적 결과를 도출하지 않도록 주의한다.

정성적 연구는 신제품 개발 단계에서 콘셉트 또는 시제품에 대한 소비자의 의견을 알고자 할 때 활용할 수 있다. 또한 소비자가 제품에 대해 사용하는 언어(특성 용어), 사용 방법, 의견, 습관 등을 알고자 할 때, 소비자의 기호도에 중요한 특성을 가리고자 할 때에도 사용할 수 있다. 정량적 평가 이후 결과의 해석이 어려울 때에도 정성적 연구로 소비자의 진의를 파악할 수 있으며, 정량적 평가 이전에 실시하여 설문지 등을 개발할 때에 소비자에게 중요한 특성, 소비자가 이해할 수 있는 언어 사용 등을 참고하는 데 활용하기도 한다(권미라 외, 2018).

정량적 평가와 비교하여 정성적 평가에는 참여하는 소비자의 수가 적은 편이기 때문에 실험에 걸리는 시간이 짧고 비용이 적게 들며 통계적 분석이 필요 없다는 장점이 있는 반면에, 훈련된 포커스 그룹 진행자 또는 인터뷰 진행자가 필요하고 정성적 데이터 분석에 시간이 오래 걸리는 단점이 있다.

Tip 감각 과학의 활용 : 미각 교육(sensory education)

어렸을 때 섭취한 음식은 어른이 되어서도 선호도에 영향을 미칠 수 있으므로(Kimura et al., 2010), 어린이의 식습관에 영향을 미치는 것에 대한 연구가 다양하게 이루어지고 있다. 특히 미각 교육은 어린이들이 보다 다양한 음식을 섭취하는 데 효과가 있는 것으로 알려져 있다(Mustonen & Tuorila, 2010). 사용하는 재료를 추가하여 향미의 복잡성 또는 강도를 다르게 한 음식의 기호도에 대한 미각 교육의 영향을 평가한 연구에서는, 향미가 복잡한 음식에 대한 반복 섭취로 기호도가 상승하여 10개월 후에 재평가하였을 때는 미각 교육을 꾸준히 받은 어린이들의 기호도가 높게 유지되었음이 확인되었다(Reverdy et al., 2010). 이 연구에서 소개된 미각 교육의 구성 요소들은 다음과 같다.

1. 오감(five senses)
2. 맛(taste) : 5미(단맛, 짠맛, 신맛, 쓴맛, 감칠맛)와 삼차 신경 감각〔(trigeminal sensation) 떫은맛, 매운맛, 따금한 맛(prickling)〕
3. 시각(vision) : 색이 기대에 미치는 영향, 시각 인지에 사용되는 언어
4. 후각(olfaction) : 냄새를 맡고 어떤 냄새와 유사한지 기억해 보기
5. 촉각과 청각(tactile & hearing) : 식품의 온도, 조직감, 일관성 등과 관련
6. 향(aroma) : 입안 음식에서 인지되는 음식의 향과 코로 맡는 냄새 구분, 온도의 영향 등
7. 향미(flavor) : 맛, 후각, 향(2. 4. 6.의 강의)을 동시에 재현함
8. 음식 준비 : 음식을 준비하는 즐거움 경험, 식습관에 대한 토론
9. 선호도 : 음식에 대한 선호도를 토론, 새로운 음식에 대한 기호
10. 지역 특산품 : 학생들이 가져온 다른 지역 특산품을 맛보며 문화에 대해 토론
11. 마무리 강의 : 음식을 평가할 때 지금까지 배운 내용이 사용될 수 있도록 정리
12. 식사 평가 : 식당에서 함께 식사하며 같이 하는 즐거움, 향미 평가 등

우리나라의 미각 교육은 우리 음식과 패스트푸드 비교, 식사 예절, 음식상 차려 보기 등으로 변형되기도 하였다(박보경, 2013). 최근 연구에서 다양한 채소에 반복적으로 노출되는 것이 한 종류의 채소일 때보다 효과적이었다는 결과가 있으므로(Poelman et al., 2019), 미각 교육을 통하여 다양한 채소와 과일 등을 섭취하게 하는 것은 어린이의 올바른 식습관 형성에 도움이 될 것이다.

Summary

1. 감각평가의 정의 : 감각평가(관능평가, sensory evaluation)는 식품의 자극을 제공하고 그에 대한 사람의 반응을 측정, 분석 및 해석하는 학문이다.
2. 시료 준비 : 시료를 준비하는 과정에서 인위적으로 시료의 차이가 생기지 않도록 주의해야 한다.
3. 차이식별검사의 목적은 두 시료 간에 감각적 차이가 있는지 평가하는 데 있다.
4. 차이식별검사의 종류 : 삼점검사, 일-이점 검사, 5중2선검사, 동일-비동일 검사, A-부A검사 등이 있다.
5. 묘사분석의 요소는 감각 특성, 강도, 출현의 시간적 순서, 인상 등이다.
6. 묘사분석의 종류로는 향미 프로필, 정량적 묘사 분석, 조직감 프로필, 스펙트럼, 시간-강도법 등이 있다.
7. 척도의 종류는 범주 척도, 선척도, 강도 추정 척도 등이 있다.
8. 소비자 기호도조사 : 기호 척도를 사용하여 소비자가 제시된 시료를 얼마나 좋아하는지를 평가하는 것으로, 시료에 중요한 감각 특성에 대한 기호도와 기호에 대한 의견 등을 추가로 평가하기도 한다.
8. 대조 효과 : 기호도가 매우 높은 시료 뒤에 평가되는 보통 수준의 시료는 실제보다 낮게 평가되는 경향을 말한다.
9. 그룹 효과 : 전체적으로 기호도가 낮은 시료와 함께 평가를 받은 우수한 시료의 기호도가 다른 시료와 같이 낮게 평가되는 경향을 말한다.
10. 소비자 실험 장소 : 실험실, 소비자 모집이 용이한 장소, 또는 소비자의 집에서 평가한다. 실험 장소에 따라 장단점이 있으며, 평가가 가능한 시료의 개수와 노출 시간, 시료의 필요량, 실험 환경에 대한 조절 정도 등이 다르다.
11. 소비자 정성적 연구 방법 : '무엇을, 어떻게, 왜?'라는 질문에 답이 필요할 때 사용한다. 시제품, 콘셉트, 아이디어, 서비스 등에 대한 소비자의 의견이나 태도를 알고자 할 때 포커스 그룹이나 인터뷰 등의 방법을 선택하며, 소비자가 제품을 사용하는 것을 관찰하는 연구도 포함된다.
12. 미각 교육을 하는 이유 : 어렸을 때 섭취한 음식은 어른이 되어서도 선호도에 영향을 미칠 수 있다. 특히 미각 교육은 어린이들이 보다 다양한 음식을 섭취하는 데 효과가 있다.

연습문제

1. 감각평가에 속하지 않는 평가법은?

① 차이식별검사　　② 포커스 그룹　　③ 산도 측정　　④ 묘사 분석

2. 시료 준비 과정에서 세심한 주의가 필요한 이유는?

3. 커피를 평가할 경우 시료 준비 과정에서 고려해야 할 점은?

4. 식당에서 매우 맛있는 식사를 한 후, 제공된 디저트가 어디서나 찾을 수 있는 평범한 맛이어서 기호도가 크게 낮아졌다. 이 경험은 감각평가의 어떤 오류와 가장 비슷한가?

① 후광 효과　　② 대조 효과　　③ 그룹 효과　　④ 기대 효과

5. A사는 HMR 식품을 개발하여 소비자의 기호도를 평가하고자 한다. 식품은 동일하나 용기 및 용량이 달라서 소비자들이 직접 가열해 보고 향미와 조직감, 준비 과정, 분리수거까지 전반적인 소비 과정에 대한 정보를 수합하고 싶은데 적당한 실험 방법은?

① 실험실 기호도 평가　　② 차이식별검사

③ 가정 사용 검사(HUT) : 소비자의 가정으로 시료를 보내어 평가

④ 중심지역검사(CLT): 소비자 모집이 용이한 장소에서 기호도 평가

6. 대개 8명에서 12명 정도의 소비자가 참여하여 제품, 콘셉트, 아이디어, 시제품, 서비스 등에 대한 의견을 토론하고, '무엇을, 어떻게, 왜?'라는 질문에 답을 줄 수 있는 연구 방법은?

① 차이식별검사　　② 묘사 분석　　③ 소비자 인터뷰

④ 관찰 연구　　⑤ 포커스 그룹

풀이와 정답

1. ③ 산도 측정은 화학적 분석 방법이다. **2.** 시료를 준비하는 과정에서 인위적으로 시료의 차이가 생기지 않도록 해야 하기 때문이다. 시료 준비 과정에서 편견이 생기면 시료 차이로 인한 결과인지, 준비 과정의 오류에서 기인한 것인지 알 수 없다. **3.** 시료를 준비하는 과정에서 고려해야 할 사항으로는 제공할 시료의 분량, 준비 과정, 시간 엄수, 온도(조리 완료, 보관 온도, 제시 온도 등), 준비 후 제시 전까지의 시간, 시료 표기에 3자리 난수 사용 등이 있다. 커피의 경우는 시료의 분량이 50 mL라고 결정이 되었다면, 준비 과정을 고려하여(커피 메이커 사용 여부 등), 준비할 때 필요한 커피(원두, 분쇄기), 커피메이커, 필터, 물 등의 분량을 넉넉히 준비해야 한다. 사전에 준비한 시료의 보관 온도 및 장소도 고려한다. 커피의 준비 시간 및 용량에 따른 온도 변화, 보관 온도, 제시 온도 등을 측정하여 실험 계획에 반영한다. 동반 물질(설탕, 크림 등)의 제공 여부도 결정해야 한다. **4.** ② 기호도가 매우 높은 시료 뒤에 평가되는 보통 수준의 시료는 실제보다 낮게 평가되는 대조 효과이다. **5.** ③ 소비자가 준비 설명을 잘 따라하는지, 용기의 개폐는 쉬웠는지, 가열 조리 결과에 대한 기호도는 어떠하였는지, 세척 및 분리수거는 용이하였는지 등 시료의 기호도와 더불어 용기, 준비 과정 등에 대한 정보를 얻을 수 있다. **6.** ⑤

권미라·노봉수·이승주·이영승·이지현·이혜성·조인희·최낙언, 식품의 감각평가와 기호적 품질관리, 수학사, 2018.

박보경, 초등학생 미각교육 프로그램 개발과 적용 및 치료 효과. 이화여자대학교 대학원 박사학위논문, 2013.

Caul J.F., The profile method of flavor analysis. In *Advances in Food Research*, Vol 7 (E.M. Mrak and G.F. Stewart, eds.) pp. 1-40, Academic Press, New York, NY. 1957.

Cochran W.G. & Cox G.M., *Experimental Designs*. John Wiley & Sons Inc. 1992.

Hootman R.C., *Manual on descriptive analysis testing for sensory evaluation*. Philadelphia, PA, USA: ASTM. 52p. 1992.

Kimura A., Wada Y., Ohshima K., Yamaguchi Y., Tsuzuki D., Oka T., Dan I., Eating habits in childhood relate to preference for traditional diets among young Japanese. *Food Quality and Preference*, 21, 843-848, doi:10.1016/j.foodqual.2010.05.002, 2010.

Lahne J., Pepino R., Zellner D., You'll spoil your dinner: Attenuating hedonic contrast in meals through cuisine mismatch. *Food Quality and Preference*, 56:101-106. doi:10.1016/j.foodqual.2016.10.002, 2017.

Lahne J. & Zellner D., The great is the enemy of the good: Hedonic contrast in a coursed meal, *Food Quality and Preference*, 45, 70-74. doi: 10.1016/j.foodqual.2015.05.009, 2015.

Lawless H.T. & Heymann H., *Sensory evaluation of food*. 2nd edition. New York, NY, USA: Springer Verlag. doi:10.1007/978-1-4419-6488-5, 2010.

Lee J., Chambers IV E., Chambers D.H., Chun S.S., Oupadissakoon C., Johnson D.E., Consumer acceptance for green tea by consumers in the United States, Korea and Thailand. *Journal of Sensory Studies*, 25(s1):109-132. doi:10.1111/j.1745-459X.2010.00287.x, 2010.

Lotong V., Chambers D.H., Dus C., Chambers IV E., Civille G.V., Matching results of two independent highly trained sensory panels using different descriptive analysis methods. *Journal of Sensory Studies*, 17. 429-444. doi:10.1111/j.1745-459X.2002.tb00357.x, 2002.

Meilgaard M.C., Civille G.V., Carr B.T., *Sensory evaluation techniques*, 5th edition. CRC

Press: Boca Raton, FL, USA, 2015.

Mustonen S. & Tuorila H., Sensory education decreases food neophobia score and encourages trying unfamiliar foods in 8-12-year-old children. *Food Quality and Preference* 21, 353-360, doi:10.1016/j.foodqual.2009.09.001, 2010.

Piqueras-Fiszman B. & Spence C., The influence of the color of the cup on consumers' perception of a hot beverage. *Journal of Sensory Studies*, 27, 324-331. doi:10.1111/j.1745-459X.2012.00397.x, 2012.

Poelman A.A.M., Delahunty C.M., Broch M., de Graaf C., Multiple vs single target vegetable exposure to increase young children's vegetable intake. *Journal of Nutrition Education and Behavior*, 51(8), 985-992, 2019.

Reverdy C., Schlich P., Koster E.P., Ginon E., Lange C., Effect of sensory education on food preferences in children. *Food Quality and Preference*, 21(7), 794-804. doi:10.1016/j.foodqual.2010.03.008, 2010.

Stone H. & Sidel J.L., *Sensory evaluation practices.* 3rd edition. San Diego, CA: Elsevier Academic Press, 2004.

https://www.google.com/maps/search/firenze+restaurants/ (Accessed 2019/9/23)

찾아보기

영문

A

B

C

D

E

F

G

저자 소개

주세영 현재 건국대학교 글로컬캠퍼스 식품학 전공 교수
연세대학교 식품영양학과 학사
연세대학교 식품영양학과 석사
Rutgers University, Food Science, 식품화학전공 박사

계인숙 현재 경남정보대학교 식품영양과 교수
부산대학교 식품영양학과 학사
부산대학교 식품영양학과 석사
부산대학교 식품영양학과 박사

김미정 현재 국립창원대학교 식품영양학과 교수
동아대학교 식품과학부 학사
동아대학교 식품영양학과 석사
University of Georgia, Food Science and Technology, 식품학 전공 박사

김지상 현재 경남대학교 식품영양학과 교수
경희대학교 식품영양학과 학사
경희대학교 식품영양학과 석사
경희대학교 식품영양학과 식품화학 전공 박사

배인영 현재 극동대학교 식품영양학과 교수
한양대학교 식품영양학과 학사
한양대학교 식품영양학과 석사
한양대학교 식품영양학과 박사

이지현 현재 국립부산대학교 식품영양학과 교수
부산대학교 식품영양학과 학사
Kansas State University, Human Nutrition, 감각과학 전공 석사
Kansas State University, Human Nutrition, 감각과학 전공 박사

장세은 현재 을지대학교 식품영양학과 교수
덕성여자대학교 식품영양학과 학사
경희대학교 식품영양학과 석사
경희대학교 식품영양학과 박사

재미있는 식품과 조리원리

2020년 2월 20일 초판 인쇄
2020년 2월 25일 초판 발행

저 자 주세영 · 계인숙 · 김미정 · 김지상 · 배인영 · 이지현 · 장세은

발행인 이 영 호
발행처 **수 학 사**
06653 서울특별시 서초구 효령로 263
출판등록 1953년 7월 23일 No.16-10
전화번호 02) 584-4642(代) 팩스 02) 521-1458
http://www.soohaksa.co.kr
디자인 북큐브

정가 24,000원

ISBN 978-89-7140-729-5 93590